◀ 互联网＋新编全功能实战型教材 ▶

中文版 Premiere Pro CC

影视片头创意与设计案例教程

（含微课）

主　编　韩天应　黄　岩　吕　瑞

副主编　吴玉荣　王志华　胡祎琳　李志成

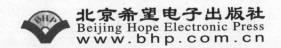
北京希望电子出版社
Beijing Hope Electronic Press
www.bhp.com.cn

内 容 简 介

　　本书由浅入深、循序渐进地介绍了 Premiere Pro CC 2017 的使用方法和操作技巧。

　　全书共 14 章，包括初识 Premiere Pro CC 2017、基础操作、添加与设置标记、影视剪辑技术、转场特效、视频特效、字幕特技的应用、音频效果的添加与编辑、文件的导出与设置、常用片头字幕制作技法、常用音频的编辑技巧、影视特技编辑技术点播等内容。在本书的最后两章，按照工作实际应用安排了电视台片头案例、商业广告案例两个领域共 7 个精选指导案例，详细介绍了制作步骤，让读者融会贯通、举一反三、逐步精通，成为实战高手。

　　本书适合作为大中专院校数字媒体艺术、视频编辑、广告制作和电视节目制作等相关专业教材，同时也可以作为社会各类初、中级影视后期剪辑培训班的教学用书，本书还适合从事广告设计、动画片头制作、影视广告制作和电视节目制作人员学习使用。

　　本书配套光盘包含书中 206 个案例的多媒体影音教学、素材文件和最终作品效果文件，绘声绘影的讲解让您一学就会、一看就懂。

图书在版编目（CIP）数据

　　中文版 Premiere Pro CC 影视片头创意与设计案例教
程 ／ 韩天应，黄岩，吕瑞主编. -- 北京 ： 北京希望电
子出版社，2020.8（2023.8重印）
　　ISBN 978-7-83002-781-0

　　Ⅰ. ①中… Ⅱ. ①韩… ②黄… ③吕… Ⅲ. ①视频编
辑软件－教材 Ⅳ. ①TP317.53

　　中国版本图书馆 CIP 数据核字(2020)第 154715 号

出版：北京希望电子出版社	封面：赵俊红
地址：北京市海淀区中关村大街 22 号	编辑：李 萌
中科大厦 A 座 10 层	校对：龙景楠
邮编：100190	开本：889mm×1194mm　1/16
网址：www.bhp.com.cn	印张：19（全彩印刷）
电话：010-82626270	字数：590 千字
传真：010-62543892	印刷：唐山唐文印刷有限公司
经销：各地新华书店	版次：2023 年 8 月 1 版 2 次印刷

定价：78.00 元

前 言 PREFACE

Adobe Premiere Pro CC 2017是Adobe公司推出的一款非常优秀的视频编辑软件，它以其编辑方式简便实用、对素材格式支持广泛等优势，得到众多视频编辑工作者和爱好者的青睐。Premiere Pro CC 2017的功能比以前的版本更加强大，不仅可以在计算机上编辑、观看更多文件格式的电影，还可以实时预览，具有多重嵌套的时间线窗口以及包含环绕声效果的全新的声音工具、内置的YUV调色工具，强有力的Photoshop文件处理能力、图像波形和矢量显示器、全新的更加方便的控制窗口和面板，而且可以全部自定义快捷键；不仅可以通过外部设备进行电影素材的采集，还可以将作品输出到录影带，尤其可以直接输出制作DVD。同时Premiere Pro CC 2017还具有强大的字幕编辑功能，完全可以创建广播级的字幕效果。

本书以206个实例向读者详细介绍了Premiere Pro CC 2017的强大图像处理及图形绘制等功能。本书注重理论与实践紧密结合，实用性和可操作性强，相对于同类Premiere实例书籍，本书具有以下特色：

- 信息量大。本书采用案例教程的编写形式，兼具技术手册和应用专著的特点，206个实例为每一位读者架起一座快速掌握Premiere Pro CC 2017使用与操作的"桥梁"；206种设计理念令每一个从事影视设计的专业人士在工作中灵感迸发；206种艺术效果和制作方法使每一位初学者融会贯通、举一反三。

- 注重方法的讲解与技巧的总结。本书特别注重对各实例制作方法的讲解与技巧总结，在介绍具体实例制作详细操作步骤的同时，对于一些重要而常用的实例的制作方法和操作技巧做了较为精辟的总结。

- 技术含量高。本书实例丰富，技术含量高，与实践紧密结合，每个实例都倾注了作者多年的实践经验，每个功能都经过了技术验证。

- 操作步骤详细。本书中各实例的操作步骤介绍非常详细，即使是初级入门的读者，只需一步一步按照本书中介绍的步骤进行操作，一定能做出相同的效果。

- 适用广泛。本书内容全面、结构合理、图文并茂、实例丰富、讲解清晰，适合作为大中专院校数字媒体艺术、视频编辑、广告制作和电视节目制作等相关专业教材，同时也可以作为社会各类初、中级影视后期剪辑培训班的教学用书，本书还适合从事广告设计、动画片头制作、影视广告制作和电视节目制作人员学习使用。

本书由无锡城市职业技术学院的韩天应、天津城市建设管理职业技术学院的黄岩和湖南外贸职业学院的吕瑞担任主编，由河南轻工职业学院的吴玉荣、郑州工业安全职业学院的王志华、湖南科技职业学院的胡祎琳和湖南国防工业职院的李志成担任副主编。本书的相关资料可扫封底微信二维码或登录 www.bjzzwh.com获得。

本书总结了作者多年从事影视编辑工作的实践经验，目的是帮助想从事影视制作行业的广大读者迅速入门并提高学习和工作效率，同时对有一定视频编辑经验的朋友也有很好的参考作用。

由于编者水平有限，书中难免有疏漏之处，恳请广大读者批评指正。

编者

目 录 CONTENTS

第6章 视频特效

第7章 字幕特技的应用

第 1 章　初识Premiere Pro CC 2017

本章主要介绍Premiere Pro CC 2017软件中的一些基础知识和基本操作。作为Premiere的初级用户，在没有正式使用这个软件之前，先了解和学习一下软件的工作环境和基本的文件操作是非常必要的。

实例001　安装Premiere Pro CC 2017

安装Premiere Pro CC 2017需要64位操作系统，安装Premiere Pro CC 2017软件的方法非常简单，只需根据提示便可轻松地完成安装，具体操作步骤如下：

素材	无
场景	无
视频	视频教学 | Cha01 |实例001 安装Premiere Pro CC 2017.MP4

❶ 将Premiere Pro CC 2017的安装光盘放入计算机的光驱中，双击【Set-up. exe】，运行安装程序，首先进行初始化，如图1-1所示。

❷ 弹出如图1-2所示的界面，说明正在安装Premiere Pro CC 2017软件。

图1-1　初始化界面

图1-2　安装进度

知识链接

Premiere 安装的配置要求

Premiere Pro CC 2017的安装版本要求操作系统必须是64位，因此，建议用户的操作系统为Windows 7或以上版本（在Windows XP下不能安装）。

安装Premiere Pro CC 2017的系统要求具体如下：

1. Windows版本

- Intel. Core. 2 Duo 或 AMD Phenom. II处理器；需要64位支持。
- 需要64位操作系统：Microsoft Windows Vista Home Premium，Business，Ultimate 或 Enterprise（带有 Service Pack 1）或者Windows 7及以上版本。
- 2GB内存（推荐4GB或更大内存）。
- 4GB可用硬盘空间用于安装；安装过程中需要额外的可用空间（无法安装在基于闪存的可移动存储设备上）。
- 1 280×900像素的屏幕，Open GL 2.0兼容图形卡。

- 编辑压缩视频格式需要转速为7 200 r/min的硬盘驱动器；未压缩视频格式需要RAID 0。
- ASIO协议或Microsoft Windows Driver Model兼容声卡。

需要OHCI兼容型IEEE 1394端口进行DV和HDV捕获、导出到磁带并传输到DV设备。

- 双层DVD（DVD+/-R刻录机用于刻录DVD；Blu-ray刻录机用于创建Blu-ray Disc媒体）兼容DVD-ROM驱动器。
- GPU加速性能需要经Adobe认证的GPU卡。
- 需要Quick Time7.6.6软件实现Quick Time功能。
- 在线服务需要宽带Internet连接。

2. Mac OS X版本

- Intel多核处理器（含64位支持）。
- Mac OS X v10.6.8或v10.7版本；GPU加速性能需要Mac OS X v10.8。
- 4GB内存（推荐8GB或更大内存）。
- 4GB可用硬盘空间用于安装；安装过程中需要额外的可用空间（无法安装在使用区分大小写的文件系统的卷或基于闪存的可移动存储设备上）。
- 编辑压缩视频格式需要7200转硬盘驱动器；未压缩视频格式需要RAID 0。
- 1 280×900像素的屏幕；Open GL2.0兼容图形卡。
- 双层DVD（DVD+/-R刻录机用于刻录DVD；Blu-ray刻录机用于创建Blu-ray Disc媒体）兼容DVD-ROM驱动器。
- 需要Quick Time 7.6.6软件实现Quick Time功能。
- GPU加速性能需要经Adobe认证的GPU卡。
- 在线服务需要宽带Internet连接。

3. 软件版本的选择

如果系统是32位，那么只有CS2、CS3、CS4可供选择。CS4安装在Windows 7下可能会出现快捷键丢失，但用户可以尝试在互联网上搜索、下载快捷键文件。

版本区间	适用系统	
2.0~CS4	Win XP	Win 7/8（32bit）
CS5~CC 2017	Win 7（64bit）	Win 8（64bit）

实例002　启动与退出Premiere Pro CC 2017

安装完软件后，下面学习如何启动和退出Premiere Pro CC 2017，具体操作步骤如下：

素材	无
场景	无
视频	视频教学|Cha01|实例002 启动与退出Premiere Pro CC 2017.MP4

❶ 选择【开始】|【所有程序】|【Premiere Pro CC 2017】选项，单击鼠标右键，在快捷菜单中选择【发送到】|【桌面快捷方式】命令，如图1-3所示，即可在桌面创建Premiere Pro CC 2017快捷方式。

图1-3　选择【桌面快捷方式】命令

❷ 在启动过程中会弹出一个Premiere Pro CC 2017初始化界面，如图1-4所示。

图1-4　Premiere Pro CC 2017初始界面

❸ 进入开始界面，如图1-5所示。

❹ 同样，退出Premiere Pro CC 2017的方法也非常简单。在Premiere Pro CC 2017中，单击软件窗口右上角的【关闭】按钮，即可退出软件，如图1-6所示。

图1-5　Premiere Pro CC 2017开始界面

图1-6　退出Premiere Pro CC 2017

 知识链接

Premiere 的应用领域及就业范围

Adobe Premiere是目前流行的非线性编辑软件，是数码视频编辑的强大工具，它作为功能强大的多媒体视频、音频编辑软件，应用范围广泛，是视频爱好者使用最多的视频编辑软件之一。

Premiere应用范围如下：
1. 专业视频数码处理
2. 字幕制作
3. 视频短片编辑与输出
4. 企业视频演示
5. 教育

Premiere应用行业如下：
1. 出版行业
2. 教育行业
3. 影视行业
4. 广告行业

图1-10　单击【是，确定删除】按钮

实例003　使用控制面板卸载Premiere Pro CC 2017

下面介绍如何使用控制面板卸载Premiere Pro CC 2017。用户可以单击电脑左下角的【开始】按钮，选择【控制面板】选项，然后选择要卸载的程序，对软件进行卸载，具体操作步骤如下：

素材	无
场景	无
视频	视频教学	Cha01 |实例003 控制面板卸载Premiere Pro CC 2017.MP4

❶ 执行【开始】|【控制面板】命令，如图1-7所示。

图1-7　执行【控制面板】命令

❷ 在弹出的界面中单击【卸载程序】文字，如图1-8所示。

图1-8　单击【卸载程序】文字

❸ 弹出【卸载或更改程序】界面，在此选择【Adobe Premiere Pro CC 2017】，单击【卸载/更改】按钮，如图1-9所示。

图1-9　选择要卸载的软件

❹ 弹出【Premiere Pro CC（2017）卸载程序】界面，在此单击【是，确定删除】按钮，如图1-10所示。

❺ 弹出【卸载】界面，在此会显示卸载进度，如图1-11所示。

❻ 卸载完成后，在弹出的【卸载完成】界面中单击【关闭】按钮，如图1-12所示。

图1-11　卸载进度

图1-12　卸载完成

实例004　使用金山毒霸卸载Premiere Pro CC 2017

除了上面介绍的卸载方法，用户还可以使用【金山毒霸】或者【360管家】等软件进行卸载。下面以金山毒霸为例卸载Premiere Pro CC 2017，具体操作步骤如下：

素材	无
场景	无
视频	视频教学	Cha01 |实例004 使用金山毒霸卸载Premiere Pro CC 2017.MP4

❶ 单击【开始】按钮，执行【开始】|【所有程序】|【金山毒霸】命令，如图1-13所示。

❷ 在弹出的【金山毒霸】界面中，选择【软件管家】选项，如图1-14所示。

图1-13 执行【金山毒霸】命令

图1-14 选择【软件管家】选项

③ 在弹出的界面中单击【卸载】按钮，在【软件名称】列表中选择【Adobe Premiere Pro CC 2017】，单击【卸载】按钮，如图1-15所示。

④ 等待卸载即可。

图1-15 【软件卸载】界面

实例005 新建项目

每当启动Premiere Pro CC 2017应用程序时，都会出现一个【开始】小窗口，而不是直接创建一个Premiere项目。下面介绍如何在Premiere Pro CC 2017中通过命令新建项目。

素材	无
场景	无
视频	视频教学	Cha01 |实例005新建项目.MP4

① 在启动Premiere Pro CC 2017应用程序时，在弹出的【开始】小窗口中单击【新建项目】按钮，如图1-16所示。

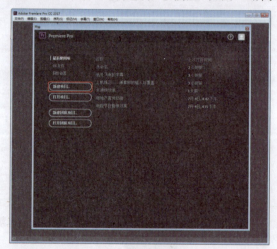

图1-16 单击【新建项目】按钮

② 在弹出的【新建项目】对话框中，单击右侧的【浏览】按钮，设置将要保存的路径位置，单击【确定】按钮，并为其命名，如图1-17所示，即可新建项目文件。

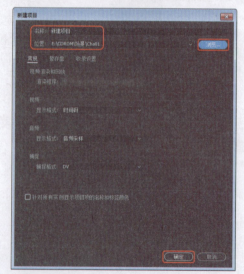

图1-17 【新建项目】对话框

知识链接

1. 新建序列

继续上一实例的操作，下面介绍如何新建序列，具体操作步骤如下：

（1）按Ctrl+N组合键，弹出【新建序列】对话框。在【序列预设】选项卡的【可用预设】对话框中选择【DV-PAL】|【标准48kHz】预设格式作为项目文件的格式，如图1-18所示。

图1-18　新建序列

（2）单击【确定】按钮，进入工作界面，如图1-19所示。

图1-19　进入工作界面

2. 新建文件夹

继续上一实例的操作，下面介绍如何新建文件夹，具体操作步骤如下：

（1）在【项目】面板中的空白处单击鼠标右键，在弹出的菜单中选择【新建素材箱】命令，如图1-20所示。

图1-20　选择【新建素材箱】命令

（2）新建一个素材箱，然后为其命名，如图1-21所示。

图1-21　新建素材箱并重命名

3. 打开项目

下面介绍如何在Premiere Pro CC 2017中打开项目文件，具体操作步骤如下：

（1）启动Premiere Pro CC 2017，在弹出的【开始】界面中单击【打开项目】按钮，如图1-22所示。

图1-22　单击【打开项目】按钮

（2）在弹出的【打开项目】对话框中选择要打开的文件，如图1-23所示。

图1-23　选择要打开的文件

4. 关闭项目

下面介绍如何关闭项目文件，具体操作步骤如下：

（1）打开项目文件后，在菜单栏中执行【文件】|【关闭项目】命令，如图1-24所示。

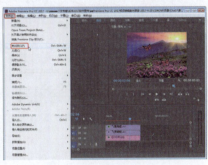

图1-24　执行【关闭项目】命令

（2）关闭项目文件后的工作界面如图1-25所示。

图1-25　关闭文件后的界面

实例006　将项目文件另存为

下面介绍如何将项目文件另存为，首先打开项目文件，然后根据菜单栏中的命令进行操作，具体操作步骤如下：

素材	素材|Cha01|飞舞的蝴蝶.prproj
场景	素材|Cha01|蝴蝶效应.prproj
视频	视频教学 | Cha01 |实例006 将项目文件另存为.MP4

❶ 打开【飞舞的蝴蝶.prproj】项目文件，选择菜单栏中的【文件】|【另存为】命令，如图1-26所示。

图1-26 执行【另存为】命令

❷ 在弹出的【保存项目】对话框中，选择需要保存的路径，并将其命名，单击【保存】按钮即可，如图1-27所示。

图1-27 设置保存路径和名称

▶▶ 知识链接

1. 将项目文件保存为副本

下面介绍如何在Premiere Pro CC 2017中将项目文件保存为副本，具体操作步骤如下：

（1）打开项目文件后，在菜单栏中执行【文件】|【保存副本】命令，如图1-28所示。

图1-28 执行【保存副本】命令

（2）在弹出的【保存项目】对话框中选择需要保存的路径，单击【保存】按钮，如图1-29所示。

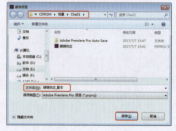

图1-29 设置保存路径

2. 影视编辑色彩与常用图像

色彩和图像是影视编辑中必不可少的部分，一个好的影视作品需要用好的色彩搭配和漂亮的图片结合而成。另外，在制作时需要对色彩的模式、图像类型、分辨率等有一个充分的了解，这样在制作中才能够知道自己所需要的素材类型。

1）色彩模式

色彩模式是数字世界中表示颜色的一种算法。在数字世界中，为了表示各种颜色，人们通常将颜色划分为若干分量。由于成色原理的不同，决定了显示器、投影仪、扫描仪这类靠色光直接合成颜色的颜色设备和打印机、印刷机这类靠使用颜料的印刷设备在生成颜色方式上的区别。

在计算机中表现色彩，是依靠不同的色彩模式来实现的。下面将介绍几种编辑中常见的色彩模式：

（1）RGB色彩模式

● RGB颜色是由红、绿、蓝三原色组成的色彩模式。图像中所有的色彩都是由三原色组合而来的。

● 三原色中的每一种色一般都可包含256种亮度级别，三个通道合成起来就可显示完整的彩色图像。电视机或监视器等视频设备就是利用光色三原色进行彩色显示的，在视频编辑中，RGB是唯一可以使用的配色方式。

● 在RGB图像中的每个通道一般可包含28个不同的色调；通常所提到的RGB图像包含三个通道，因此，在一幅图像中可以有224（约1670万）种不同的颜色。

● 在Premiere中可以通过对红、绿、蓝三个通道数值的调节，来调整对象色彩。三原色中每一种都有一个0～255的取值范围，当三个值都为0时，图像为黑色，三个值都为255时，图像为白色。三原色如图1-30所示。

（2）灰度模式

灰度模式属于非彩色模式，如图1-31所示，它只包含256级不同的亮度级别，只有一个Black通道。剪辑人员在图像中看到的各种色调都是由256种不同强度的黑色所表示的。灰度图像中的每个像素的颜色都要用8位二进制数字存储。

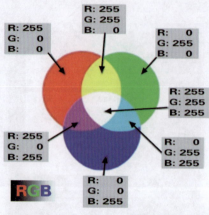

图1-30 三原色

图1-31 灰度模式

（3）Lab色彩模式

Lab颜色通道由一个亮度通道和两个色度通道a、b组成。其中a代表从绿到红的颜色分量变化；b代表从蓝到黄的颜色分量变化。

Lab色彩模式作为一个彩色测量的国际标准，基于最初的CIE 1931色彩模式。1976年，这个模式被定义为CIELab，它解决了彩色复制中由于不同的显示器或不同的印刷设备而带来的差异的问题。Lab色彩模式是在与设备无关的前提下产生的，因此，它不考虑剪辑人员所使用的设备。

（4）HSB色彩模式

HSB色彩模式基于人对颜色的心理感受而形成，它将色彩看成三个要素：色调（Hue）、饱和度（Saturation）和亮度（Brightness）。因此这种色彩模式比较符合人的主观感受，可让使用者觉得更加直观。它可由底与底对接的两个圆锥体立体模型来表示。其中，轴向表示亮度，自上而下由白变黑；径向表示饱和度，自内向外逐渐变高；而圆周方向则表示色调的变化，形成色环。

（5）CMYK色彩模式

CMYK色彩模式也称作印刷色彩模式，如图1-32所示为CMYK色彩模式下的图像，是一种依靠反光的色彩模式，和RGB类似，CMY是三种印刷油墨名称的首字母：Cyan（青色）、Magenta（品红色）和Yellow（黄色）。而K取的是Black（黑色）最后一个字母，之所以不取首字母，是为了避免与蓝色（Blue）混淆。从理论上来说，只需要CMY三种油墨就足够了，它们三个加在一起就应该得到黑色。但是由于目前制造工艺还不能造出高纯度的油墨，CMY相加的结果实际是一种暗红色，所以需要K来进行补充黑色，CMYK颜色表如图1-33所示。

图1-32　CMYK色彩模式下的图像

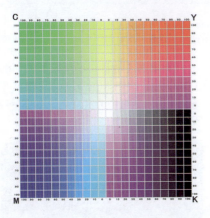

图1-33　CMYK颜色表

2）色彩的分类与特性

自然界中有许多种色彩，如香蕉是黄色的，天是蓝色的，橘子是橙色的、草是绿色的等，色彩五颜六色，千变万化。平时所看到的白色光，经过分析在色带上可以看到，它包括红、橙、黄、绿、青、蓝、紫七种颜色，各颜色间自然过渡。其中，红、绿、蓝是三原色，三原色通过不同比例的混合可以得到各种颜色。色彩有冷色、暖色之分，冷色给人的感觉是安静、冰冷；而暖色给人的感觉是热烈、火热。冷色、暖色的巧妙运用可以产生意想不到的效果。

我国古代把黑、白、玄（偏红的黑）称为"色"，把青、黄、赤称为"彩"，合称"色彩"。现代色彩学也把色彩分为两大类，即无彩色系和有彩色系。无彩色系是指黑和白，只有明度属性；有彩色系有三个基本特征，分别为色相、纯度和明度，在色彩学上也称它们为色彩的"三要素"或"三属性"。

（1）色相

色相指色彩的名称，这是色彩最基本的特征，是一种色彩区别于另一种色彩的最主要的因素。如紫色、绿色和黄色等代表不同的色相。观察色相要善于比较，色相近似的颜色也要区别，比较出它们之间的微妙差别。这种相近色中求对比的方法在写生时经常使用，如果掌握得当，能形成一种色调的雅致、和谐、柔和、耐看的视觉效果。将色彩按红→黄→绿→蓝→红依次过渡渐变，即可得到一个色相环，如图1-34所示。

图1-34　色相环

（2）明度

明度指色彩的明暗程度。明度越高，色彩越亮；明度越低，颜色越暗。色彩的明度变化产生出浓淡差别，这是绘画中用色彩塑造形体、表现空间和体积的重要因素。初学者往往容易将色彩的明度与纯度混淆起来，一说要使画面明亮些，就赶快调粉加白，结果明度是提高了，色彩纯度却降低了，这就是色彩认识的片面性所致。明度差的色彩更容易调和，如紫色与黄色、暗红与草绿、暗蓝与橙色等。

（3）纯度

纯度指色彩的鲜艳程度，纯度高则色彩鲜亮；纯度低则色彩黯淡，含灰色。颜色中以三原色红、绿、蓝为最高纯度色，而接近黑、白、灰的颜色为低纯度色。凡是靠视觉能够辨认出来的，具有一定色相倾向的颜色都有一定的鲜灰度，而其纯度的高低取决于它含中性色黑、白、灰总量的多少。

3）图像

计算机图像可分为两种类型：位图图像和矢量图像。

（1）位图图像

位图图像是由单个像素点组成的图像，我们称之为位图图像，又称为点阵图像或绘制图像，位图图像是依靠分辨率的图像，每一幅都包含着一定数量的像素。剪辑人员在创建位图图像时，就必须制定图像的尺寸和分辨率。数字化后的视频文件也是由连续的图像组成的。位图图像如图1-35所示。

图1-35　位图图像

（2）矢量图像

矢量图像是与分辨率无关的图像。它通过数学方程式来得到，由数学对象所定义的直线和曲线组成。在矢量图像中，所有的内容都是由数学定义的曲线（路径）组成，这些路径曲线放在特定位置并填充有特定的颜色。移动、缩放图片或更改图片的颜色都不会降低图像的品质，如图1-36所示。

图1-36　矢量图像

矢量图像与分辨率无关，将它缩放到任意大小打印在输出设备上，都不会遗漏细节或损伤清晰度。因此，矢量图像是文字（尤其是小字）和线条图形的最佳选择，矢量图像还具有文件数据量小的特点。

Premiere Pro CC 2017中的字幕里的图像就是矢量图像。

4）像素

像素是构成图形的基本元素，是位图图形的最小单位。像素有三种特性：

像素与像素间有相对位置。

像素具有颜色能力，可以用bit（位）来度量。

像素都是正方形的。像素的大小是相对的，它依赖于组成整幅图像像素的数量多少。

5）分辨率

（1）图像分辨率

图像分辨率是指单位图像线性尺寸中所包含的像素数目，通常以dpi（点/英寸）为计量单位。打印尺寸相同的两幅图像，高分辨率的图像比低分辨率的图像所包含的像素多。比如：

打印尺寸为1×1平方英寸的图像，如果分辨率为72 dpi，包含的像素数目就为5 184（72×72=5 184）；如果分辨率为300 dpi，图像中包含的像素数目则为90 000。

要确定使用的图像分辨率，应考虑图像最终发布的媒介。如果制作的图像用于计算机屏幕显示，图像分辨率只需满足典型的显示器分辨率（72 dpi或96 dpi）即可。如果图像用于打印输出，那么必须使用高分辨率（150 dpi或300 dpi），低分辨率的图

像打印输出会出现明显的颗粒和锯齿边缘。如果原始图像的分辨率较低，由于图像中包含的原始像素的数目不能改变，因此，仅提高图像分辨率不会提高图像品质。分辨率为300dpi和分辨率为50dpi时的对比如图1-37所示。

图1-37　分辨率为300dpi对比分辨率为50dpi的效果

（2）显示器分辨率

显示器分辨率是指显示器上每单位长度显示的像素或点的数目。通常以dpi（点/英寸）为计量单位。显示器分辨率取决于显示器尺寸及其像素设置，PC显示器典型的分辨率为96 dpi。在平时的操作中，图像的像素被转换成显示器像素或点。这样，当图像的分辨率高于显示器的分辨率时，图像在屏幕上显示的尺寸比实际的打印尺寸大。图1-38所示为设置显示器的屏幕分辨率为1024×768时的对话框界面显示。

图1-38　屏幕分辨率

实例007　新建键盘布局预设

在Premiere中，用户可以新建键盘布局，然后在该布局中，创建自己习惯使用的快捷键，下面我们来介绍如何在Premiere中新建键盘布局预设：

素材	无
场景	无
视频	视频教学 |Cha01 |实例007 新建键盘布局预设.MP4

❶ 打开项目文件后，选择菜单栏中的【编辑】|【快捷键】命令，如图1-39所示。

图1-39　执行【快捷键】命令

❷ 单击【键盘布局预设】右侧的【另存为】按钮，在弹出的【键盘布局设置】对话框中为其命名，如图1-40所示。

图1-40　弹出【键盘布局设置】对话框

❸ 单击【确定】按钮，如图1-41所示，单击【键盘快捷键】中的【另存为】按钮，完成新建键盘布局预设。

图1-41　新建键盘布局预设

知识链接

删除键盘布局预设

下面介绍如何在Premiere Pro CC 2017中删除键盘布局预设，具体操作步骤如下：

（1）打开随书配套资源中的素材|Cha01|删除键盘布局预设.prproj素材文件，然后在菜单栏中执行【编辑】|【快捷键】命令，如图1-42所示。

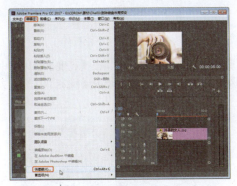

图1-42　执行【快捷键】命令

（2）在弹出的【键盘快捷键】对话框中，选择【键盘布局预设】布局预设，单击【键盘布局预设】右侧的【删除】按钮，如图1-43所示。

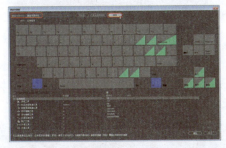

图1-43　删除【键盘布局预设】选项

实例008　编辑键盘快捷键

在使用Premiere软件时，用户可以在首选项中设置快捷键，以便操作，下面我们来介绍一下如何在Premiere中编辑键盘快捷键：

素材	素材|Cha01|编辑键盘快捷键.prproj
场景	无
视频	视频教学|Cha01|实例008 编辑键盘快捷键.MP4

❶ 打开随书配套资源中的素材|Cha01|编辑键盘快捷键.prproj素材文件，如图1-44所示。

图1-44　打开素材文件

❷ 选择菜单栏中的【编辑】|【快捷键】命令，如图1-45所示。

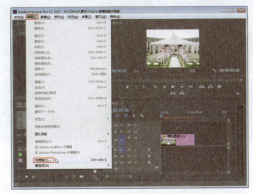

图1-45　执行【快捷键】命令

❸ 在弹出的【键盘快捷键】对话框中，选择【选择工具】命令，并单击【清除】按钮，如图1-46所示。

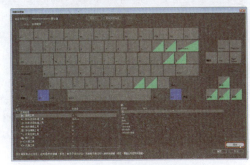

图1-46　编辑快捷键

❹ 将其快捷键更改为【F2】，如图1-47所示。

图1-47　更改快捷键

1. 还原键盘快捷键

若要还原键盘快捷键，可单击对话框中的【还原】按钮，即可将命令的快捷键还原为更改前的快捷键。

2. 清除键盘快捷键

若要清除键盘快捷键，可单击对话框中的【清除】按钮，即可将当前选中的快捷键删除。

3. 搜索快捷键

下面将讲解如何搜索快捷键，具体操作步骤如下：

（1）打开【键盘快捷键】对话框，在对话框左下方的文本框中输入要查找的快捷键，在下方列表中出现了与此快捷键相关的快捷键列表，如图1-48所示。

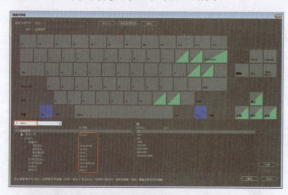

图1-48　输入要查找的快捷键

（2）若要准确地查找某个快捷键组合，可以输入此快捷键组合，如图1-49所示。

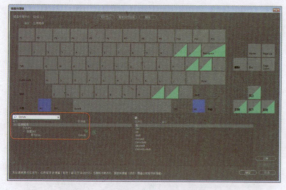

图1-49　搜索快捷键

知识链接

Premiere 软件与AE软件的区别

AE（After Effects）是Premiere的兄弟产品，是一套动态图形的设计工具和特效合成软件。它有着比Premiere更加复杂的结构和更难的学习难度，主要应用于Motion Graphic设计、媒体包装和VFX（视觉特效）。

而Premiere是一款剪辑软件，用于视频段落的组合与拼接，并提供一定的特效与调色功能。Premiere和AE可以通过Adobe动态链接联动工作，满足日益复杂的视频制作需求。

实例009　设置界面亮度

下面将讲解如何设置界面亮度，具体操作步骤如下：

素材	无
场景	无
视频	视频教学 | Cha01 | 实例009 设置界面亮度.MP4

❶ 启动Premiere Pro CC 2017软件，在菜单栏中执行【编辑】|【首选项】|【外观】命令，如图1-50所示。

图1-50　执行【外观】命令

❷ 弹出【首选项】对话框，在【亮度】选项组中拖动按钮，调整工作界面的亮度，单击【确定】按钮，如图1-51所示。

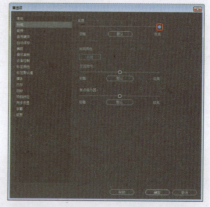

图1-51　调整工作界面的亮度

❸ 返回工作界面中，即可看到改变后的效果，如图1-52所示。

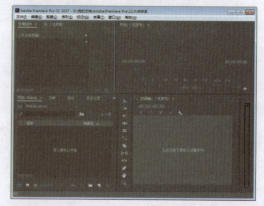

图1-52　更改界面后的效果

实例010 设置自动保存

在首选项中可以设置文件的自动保存时间，下面我们来介绍如何设置自动保存：

素材	素材|Cha01|设置自动保存.prproj
场景	无
视频	视频教学 | Cha01 |实例010 设置自动保存.MP4

① 打开随书配套资源中的素材\|Cha01\|设置自动保存.prproj素材文件，如图1-53所示。

图1-53　打开素材文件

② 选择菜单栏中的【编辑】\|【首选项】\|【自动保存】命令，如图1-54所示。

图1-54　执行【自动保存】命令

③ 弹出【首选项】对话框，如图1-55所示。

图1-55　【首选项】对话框

④ 根据个人需求在对话框中对其进行设置，然后单击【确定】按钮即可，如图1-56所示。

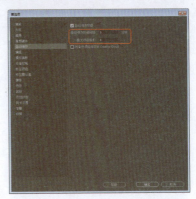

图1-56　设置【自动保存】

▶▶ 知识链接

常用的影视编辑基础术语

在使用Premiere Pro CC 2017的过程中，会涉及许多专业术语。理解这些术语的含义，了解这些术语与Premiere Pro CC 2017的关系，是充分掌握Premiere Pro CC 2017的基础。

1. 帧

帧是组成影片的每一幅静态画面，无论是电影或者电视，都是利用动画的原理使图像产生运动。动画是一种将一系列差别很小的画面，以一定速率连续放映而产生出运动视觉的技术。根据人类的视觉暂留现象，连续的静态画面可以产生运动效果。构成动画的最小单位为帧（Frame），即组成动画的每一幅静态画面，一帧就是一幅静态画面，如图1-57所示。

图1-57　帧

2. 帧速率

帧速率是视频中每秒包含的帧数。物体在快速运动时，人眼对于时间上每一个点的物体状态会有短暂的保留现象。例如在黑暗的房间中晃动一只发光的手电筒，由于视觉暂留现象，看到的不是一个亮点沿弧线运动，而是一道道的弧线。这是由于手电筒在前一个位置发出的光还在人的眼睛里短暂保留，它与当前手电筒的光芒融合在一起，因此组成一段弧线。由于视觉暂留的时间非常短，为10^{-1}秒数量级，所以为了得到平滑连贯的运动画面，必须使画面的更新达到一定标准，即每秒钟所播放的画面要达到一定数量，这就是帧速率。PAL制影片的帧速率是25帧/秒，NTSC制影片的帧速度是29.97帧/秒，电影的帧速率是24帧/秒，二维动画的帧速率是12帧/秒。

3. 采集

采集是指从摄像机、录像机等视频源获取视频数据，然后通过IEEE 1394接口接收和翻译视频数据，将视频信号保存到计算机的硬盘中的过程。

4. 源

源指视频的原始媒体或来源。通常指便携式摄像机、录像带等。配音是音频的重要来源。

5. 字幕

字幕可以是移动文字提示、标题、片头或文字标题。

6. 故事板

故事板是影片可视化的表示方式，单独的素材在故事板上被表示成图像的略图。

7. 画外音

对视频或影片的解说、讲解通常称为画外音，经常使用在新闻、纪录片中。

8. 素材

素材是指影片中的小片段，可以是音频、视频、静态图像或标题。

9. 转场（转换、切换）

转场就是在一个场景结束到另一个场景开始之间出现的内容。通过添加转场，剪辑人员可以将单独的素材和谐地融合成一部完整的影片，转场效果如图1-58所示。

图1-58　转场特效

10. 流

这是一种新的因特网视频传输技术，它允许视频文件在下载的同时被播放。流通常被用于大的视频或音频文件。

11. NLE

NLE是指非线性编辑。传统的在录像带上的视频编辑是线性的，因为剪辑人员必须将素材按顺序保存在录像带上，而计算机的编辑可以排成任何顺序，因此被称为非线性编辑。

特别提示

为了方便学习和使用本书，建议读者安装方正和汉仪字库。

12. 模拟信号

模拟信号是指非数字信号。大多数录像带使用的是模拟信号，而计算机则使用的是数字信号，用1和0处理信息。

13. 数字信号

数字信号是用1和0组成的计算机数据，相对于模拟信息的数字信息。

14. 时间码

时间码是指用数字的方法表示视频文件的一个点相对于整个视频或视频片段的位置。时间码可以用于做精确的视频编辑。

15. 渲染

渲染是将节目中所有源文件收集在一起，创建最终的影片的过程。

16. 制式

所谓制式，是指传送电视信号所采用的技术标准。基带视频是一个简单的模拟信号，由视频模拟数据和视频同步数据构成，用于接收端正确地显示图像，信号的细节取决于应用的视频标准或者"制式"（NTSC/PAL/SECAM）。

17. 节奏

一部好片子的形成大多源于节奏。视频与音频紧密结合，使人们在观看某部片子时，不但有情感的波动，还要在看完后对这部片子整体有个感觉，这就是节奏的魅力，它是音频与视频的完美结合。节奏是在整体片子的感觉基础上形成的，它也象征一部片子的完整性。

18. 宽高比

视频标准中的第2个重要参数是宽高比，可以用两个整数的比来表示，也可以用小数来表示，如4∶3或1.33。电影、SDTV（标清电视）和HDTV（高清晰度电视）具有不同的宽高比，SDTV的宽高比是4∶3或1.33；HDTV和扩展清晰度电视（EDTV）的宽高比是16∶9或1.78；电影的宽高比从早期的1.333到宽银幕的2.77。由于输入图像的宽高比不同，便出现了在某一宽高比屏幕上显示不同宽高比图像的问题。像素宽高比是指图像中一个像素的宽度和高度之比，帧宽高比则是指图像的一帧的宽度与高度之比。某些视频输出使用相同的帧宽高比，但使用不同的像素宽高比。例如：某些NTSC数字化压缩卡产生4∶3的帧宽高比，使用方像素（1.0像素比）及640×480分辨率；DV-NTSC采用4∶3的帧宽高比，但使用矩形像素（0.9像素比）及720×486分辨率。

第 ② 章 基础操作

本章将对Premiere Pro CC 2017的工作区进行简单介绍，包括如何应用不同的工作区、编辑工作区等。此外，本章将对导入不同格式及种类的素材文件进行简单介绍。

实例011 应用【效果】工作区

下面将讲解如何应用【效果】工作区，具体操作步骤如下：

素材	素材|Cha02|应用【效果】工作区.prproj
场景	场景|Cha02|实例011 应用【效果】工作区.prproj
视频	视频教学 | Cha02 |实例011 应用【效果】工作区.MP4

① 打开随书配套资源中的素材\|Cha02\|应用【效果】工作区.prproj素材文件，在菜单栏中执行【窗口】\|【工作区】\|【效果】命令，如图2-1所示。

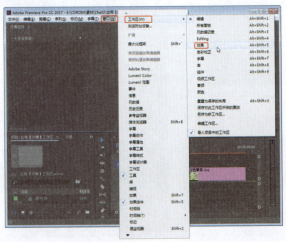

图2-1 执行【效果】命令

② 应用【效果】工作区效果如图2-2所示。

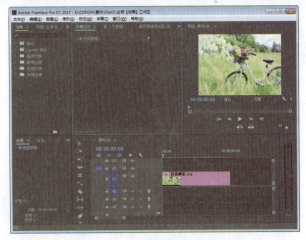

图2-2 应用【效果】工作区效果

实例012 应用【音频】工作区

下面将讲解如何应用【音频】工作区，具体操作步骤如下：

素材	素材|Cha02|应用【音频】工作区.prproj
场景	场景|Cha02|实例012 应用【音频】工作区.prproj
视频	视频教学 | Cha02 |实例012 应用【音频】工作区.MP4

① 打开随书配套资源中的素材\|Cha02\|应用【音频】工

作区.prproj素材文件，在菜单栏中执行【窗口】|【工作区】|【音频】命令，如图2-3所示。

图2-3　执行【音频】命令

❷ 应用【音频】工作区效果如图2-4所示。

图2-4　应用【音频】工作区效果

实例013
新建工作区

下面将讲解如何新建工作区，具体操作步骤如下：

素材	素材|Cha02|新建工作区.prproj
场景	场景|Cha02|实例013 新建工作区.prproj
视频	视频教学 | Cha02 |实例013 新建工作区.MP4

❶ 打开随书配套资源中的素材|Cha02|新建工作区.prproj素材文件，如图2-5所示。

图2-5　打开素材文件

❷ 在菜单栏中执行【窗口】|【工作区】|【另存为新工作区】命令，如图2-6所示。

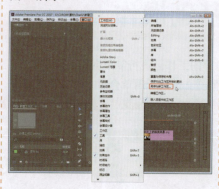

图2-6　执行【另存为新工作区】命令

❸ 弹出【新建工作区】对话框，在【名称】右侧的文本框中输入名称，如图2-7所示。

❹ 单击【确定】按钮，然后可根据需要在场景中更改其位置，如图2-8所示。

实例014　删除工作区

下面将讲解如何删除工作区，具体操作步骤如下：

素材	素材|Cha02|删除工作区.prproj
场景	无
视频	视频教学 | Cha02 |实例014 删除工作区.MP4

❶ 打开随书配套资源中的素材|Cha02|删除工作区.prproj素材文件，如图2-9所示。

图2-9　打开素材文件

❷ 在菜单栏中执行【窗口】|【工作区】|【编辑工作区】命令，如图2-10所示。

❸ 弹出【编辑工作区】对话框，如图2-11所示。

❹ 选择要删除的工作区，单击【删除】按钮，即可将工作区删除，如图2-12所示，单击【确定】按钮。

图2-7　输入名称

图2-8　设置完成后的效果

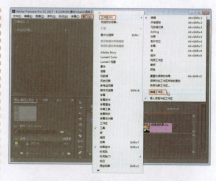

图2-10　执行【编辑工作区】命令

图2-11　【编辑工作区】对话框

图2-12　删除工作区

知识链接

重置工作区

下面将讲解如何重置工作区，具体操作步骤如下：

（1）在菜单栏中执行【窗口】|【工作区】|【重置为保存的布局】命令，如图2-13所示。

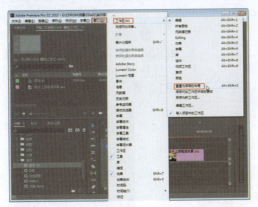

图2-13　执行【重置为保存的布局】命令

（2）此时即可重置工作区，如图2-14所示。

图2-14　重置工作区

实例015　拖曳面板

下面将讲解如何拖曳面板，具体操作步骤如下：

素材	无
场景	无
视频	视频教学|Cha02|实例015 拖曳面板.MP4

❶ 新建项目文件后，进入Premiere Pro CC 2017操作界面，如图2-15所示。

图2-15　Premiere Pro CC 2017操作界面

❷ 选择需要移动的面板，将鼠标光标放置在面板的名称处，然后将其拖至合适的位置，并调整面板的大小，如图2-16所示。

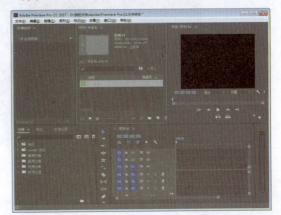

图2-16　拖拽面板

知识链接

显示浮动面板

下面将讲解如何显示浮动面板，具体操作步骤如下：

（1）新建项目文件后，在面板名称处单击鼠标右键，在弹出的菜单中选择【浮动面板】命令，如图2-17所示。

图2-17　选择【浮动面板】命令

（2）显示浮动面板效果如图2-18所示。

图2-18 显示浮动面板

固定面板

继续上面的操作，选择浮动面板，然后将鼠标光标放置在面板的名称处，将面板拖至合适的位置后松开鼠标左键，即可固定面板，如图2-19所示。

图2-19 固定面板

实例016 导入视音频素材

视频和音频素材文件是常用的素材文件，下面将讲解如何导入视音频素材，具体操作步骤如下：

素材	素材|Cha02|视音频.avi
场景	场景|Cha02|实例016 导入视音频素材.prproj
视频	视频教学｜Cha02｜实例016 导入视音频素材.MP4

❶ 首先运行Premiere Pro CC 2017软件，在开始界面中，单击【新建项目】按钮，如图2-20所示。

❷ 弹出【新建项目】对话框，为其指定保存路径及名称，单击【确定】按钮，如图2-21所示。

图2-20 单击【新建项目】按钮

图2-21 设置名称和路径

❸ 按Ctrl+N组合键，弹出【新建序列】对话框，在【序列预设】选项卡下选择【DV-PAL】|【标准48kHz】选项，单击【确定】按钮，如图2-22所示。

图2-22 新建序列

❹ 新建项目文件后，在【项目】面板的空白处单击鼠标右键，在弹出的快捷菜单中选择【导入】命令，如图2-23所示。

图2-23 选择【导入】命令

❺ 弹出【导入】对话框，选择随书配套资源中的素材\|Cha02\|视音频.avi素材文件，单击【打开】按钮，如图2-24所示。

图2-24 导入素材文件

⑥ 导入视音频素材文件完成，在【项目】中查看导入的素材文件，然后将其拖至【序列】窗口中，弹出【剪辑不匹配警告】对话框，单击【保持现有设置】按钮，如图2-25所示。

图2-25 单击【保持现有设置】按钮

⑦ 导入视音频后效果，如图2-26所示。

图2-26 导入视音频后的效果

知识链接

视频编辑常识

1. 导入图像素材

图像素材是静帧文件，可以在 Premiere Pro CC 2017中被当作视频文件使用，导入图像素材文件时，首先设置其默认持续时间，导入图像素材的具体操作步骤如下：

（1）新建【DV-PAL】|【标准48kHz】选项的序列，单击【确定】按钮，如图2-27所示。

图2-27 新建序列

（2）新建项目文件后，在菜单栏中选择【编辑】|【首选项】|【常规】命令，如图2-28所示。

图2-28 执行【常规】命令

（3）弹出【首选项】设置对话框，将【静止图像默认持续时间】设置为75帧，即3s，然后单击【确定】按钮，如图2-29所示。

图2-29 设置【静止图像默认持续时间】

（4）在菜单栏中选择【文件】|【导入】命令，如图2-30所示。

图2-30 执行【导入】命令

（5）弹出【导入】对话框，选择随书配套资源中的素材|Cha02|图像素材.jpg素材文件，单击【打开】按钮，如图2-31所示。

图2-31 导入素材文件

（6）将选择的图像素材文件导入【项目】面板中，可以看到默认持续时间为3s，与前面的设置一致，然后将其拖至【序列】窗口中，在【效果控件】面板中将【缩放】设置为20，如图2-32所示。

图2-32 将图像文件拖至【序列】窗口中

2. 导入序列文件

序列文件是带有统一编号的图像文件，只把序列文件中的一张图片导入至Premiere Pro CC 2017中，它就是静态图像文件，如果将它们按照序列全部导入，系统就自动将其整体作为一个视频文件，导入序列文件的具体操作步骤如下。

（1）弹出【新建序列】对话框，在【序列预设】选项卡下选择【DV-PAL】|【标准48kHz】选项，单击【确定】按钮，如图2-33所示。

图2-33 新建序列

（2）新建项目文件后，在【项目】面板空白处，单击鼠标右键，在弹出的快捷菜单中选择【导入】命令，如图2-34所示。

图2-34　选择【导入】命令

（3）弹出【导入】对话框，选择随书配套资源中的素材|Cha02|序列文件，打开【序列文件】文件夹选择【001.jpg】，然后选中【图像序列】复选框，单击【打开】按钮，如图2-35所示。

图2-35　选中【图像序列】复选框

（4）在【项目】中查看导入的素材文件，然后将其拖至【序列】窗口中，弹出【剪辑不匹配警告】对话框，单击【保持现有设置】按钮，如图2-36所示。

图2-36　单击【保持现有设置】按钮

（5）在【序列】窗口中选择置入的素材文件，然后单击鼠标右键，在弹出的快捷菜单中选择【速度/持续时间】命令，如图2-37所示。

（6）弹出【剪辑速度/持续时间】对话框，设置【持续时间】为00:00:04:00，单击【确定】按钮，如图2-38所示。在【效果控件】面板中将【缩放】设置为50，设置完成后在【节目】窗口中单击▶按钮预览效果。

图2-37　选择【速度/持续时间】命令

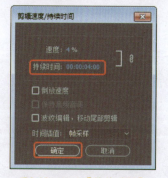

图2-38　设置【持续时间】

3. 导入图层文件

图层文件也为静帧图像文件，但是图层文件包含了多个相互独立的图像图层。在Premiere Pro CC 2017中，可以将图层文件的所有图层作为一个整体导入，也可以单独导入其中的一个图层，导入图层文件的具体操作步骤如下：

（1）弹出【新建序列】对话框，在【序列预设】选项卡下选择【DV-PAL】|【标准48kHz】选项，单击【确定】按钮，如图2-39所示。

图2-39　新建序列

（2）新建项目文件后，在【项目】面板空白处，双击鼠标左键，弹出【导入】对话框，选择随书配套资源中的素材|Cha02|图层文件.psd素材文件，单击【打开】按钮，如图2-40所示。

图2-40　导入素材文件

（3）弹出【导入分层文件：图层文件】对话框，单击【导入为：】右侧的下拉按钮，选择【各个图层】，单击【确定】按钮，如图2-41所示。

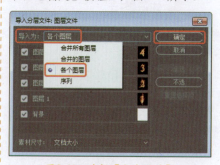

图2-41　选择【各个图层】

（4）将图层文件导入【项目】面板中，如图2-42所示。

图2-42　导入图层文件

第 ③ 章　添加与设置标记

　　本章将主要介绍Premiere Pro CC 2017软件中的添加与设置标记，添加与设置标记可以帮助用户在序列中对齐素材或切换，还可以快速寻找目标。

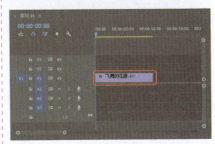

图3-3　添加标记出入点

实例017　标记出入点

　　在【源监视器】窗口中，标记出入点，就定义了操作的区域，将项目面板中的素材文件拖至视频轨道中，此时单击播放按钮即可播放标记区域内的视频内容。具体操作步骤如下：

素材	素材|Cha03|飞舞的花瓣.avi
场景	场景|Cha03|实例017 标记出入点. prproj
视频	视频教学 | Cha03 |实例017 标记入点和出点.MP4

　　❶ 首先新建项目，将【序列】设置为【DV-PAL】|【标准48kHz】选项，在【项目】面板的空白处双击鼠标，在弹出的对话框中选择素材【飞舞的花瓣.avi】素材文件，单击【打开】按钮即可导入素材文件，如图3-1所示。

　　❷ 在【项目】面板中双击【飞舞的花瓣.avi】素材文件，将其在【源监视器】窗口中打开，如图3-2所示。

图3-2　导入到源监视器

　　❸ 将当前时间设置为00:00:05:09，单击【标记入点】按钮 ，再将当前时间设置为00:00:15:23，然后再单击【标记出点】按钮 ，如图3-3所示。

　　❹ 将【项目】面板中的【飞舞的花瓣.avi】素材文件拖至【V1】视频轨道中，如图3-4所示。

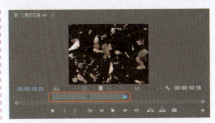

图3-4　拖曳素材文件

　　❺ 按空格键，即可在【节目监视器】窗口中预览效果，如图3-5所示。

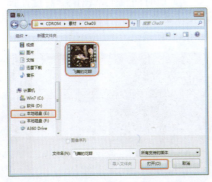

图3-1　选择素材文件

图3-5　预览效果

知识链接

标记素材

【源监视器】窗口的标记工具用于设置素材片段的标记，【节目监视器】窗口的标记工具用于设置序列中时间标尺上的标记。

为【源监视器】窗口中的素材设置标记点的方法如下：

（1）在【源监视器】窗口中选择要设置标记的素材。

（2）在【源监视器】窗口中找到设置标记的位置，然后单击【添加标记】按钮为该处添加一个标记点，可以按键盘上的M键，也可以在菜单栏中选择【标记】|【添加标记】命令，如图3-6所示。

图3-6　选择【添加标记】命令

💬 **提示**

按M键时，需要将输入法设置为英文状态，此时按M键才会起作用。

【添加章节标记】：在编辑标识线的位置添加一个章节标记。

用户可在此为素材添加章节标记，为素材添加章节标记的方法如下：

（1）在【源监视器】窗口中选择需要添加标记的位置，单击鼠标右键，在弹出的快捷菜单中选择【添加章节标记】命令，如图3-7所示。

（2）在弹出的对话框中将其【名称】设置为【章节标记】，单击【章节标记】，其他参数为默认设置，如图3-8所示。

图3-7　选择【添加章节标记】命令

图3-8　【标记】对话框

（3）设置完成后，单击【确定】按钮，即可在【源监视器】窗口中为素材添加章节标记，如图3-9所示。

图3-9　查看章节标记

➡ **实例018 转到入点**

查找目标标记入点方法：在【源监视器】窗口中单击【转到入点】按钮，可以找到入点。具体操作步骤如下：

素材	素材|Cha03|壁画视频.avi
场景	场景|Cha03|转到出入点.prproj
视频	视频教学|Cha03|实例018 转到入点.MP4

❶ 首先新建项目，将【序列】设置为【DV-PAL】|【标准48kHz】选项，在【项目】面板的空白处双击鼠标，在弹出的对话框中选择素材【壁画视频.avi】素材文件，单击【打开】按钮即可导入素材文件，如图3-10所示。

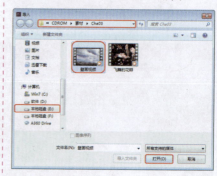

图3-10　选择素材文件

❷ 然后在【项目】面板中双击【壁画视频.avi】素材文件，将其在【源监视器】窗口中打开，如图3-11所示。

图3-11　导入到源监视器

❸ 将当前时间设置为00:00:08:07，单击【标记入点】按钮，再将当前时间设置为00:00:21:29，然后再单击【标记出点】按钮，如图3-12所示。

图3-12　添加标记出入点

❹ 在时间轴上单击鼠标右键，弹出快捷菜单，选择【转到入点】命令，如图3-13所示。

图3-13　选择【转到入点】命令

⑤ 执行该命令后，就可以看到此按钮 跳转到入点位置，如图3-14所示。

图3-14 执行命令后的效果

实例019
转到出点

查找目标标记出点方法：在【源监视器】窗口中单击【转到出点】按钮 ，可以找到出点。具体操作步骤如下：

素材	素材|Cha03|壁画视频.avi
场景	场景|Cha03|转到出入点.prproj
视频	视频教学|Cha03|实例019转到出点.MP4

❶ 继续上一个实例的操作，在时间轴上单击鼠标右键，弹出快捷菜单，选择【转到出点】命令，如图3-15所示。

图3-15 选择【转到出点】命令

❷ 执行该命令后，就可以看到此按钮 跳转到出点位置，如图3-16所示。

图3-16 执行命令后的效果

实例020
清除入点

如果要清除入点，直接在时间轴上单击鼠标右键，在弹出的快捷菜单中选择【清除入点】命令。具体操作步骤如下：

素材	素材|Cha03|001.avi
场景	场景|Cha03|清除入点.prproj
视频	视频教学|Cha03|实例020清除入点.MP4

❶ 首先新建项目，将【序列】设置为【DV-PAL】|【标准48kHz】选项，在【项目】面板的空白处双击鼠标，在弹出的对话框中选择素材【001.avi】素材文件，单击【打开】按钮即可导入素材文件，如图3-17所示。

图3-17 选择素材文件

❷ 在【项目】面板中双击【001.avi】素材文件，将其在【源监视器】窗口中打开，如图3-18所示。

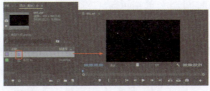

图3-18 导入到源监视器

❸ 将当前时间设置为00:00:03:11，单击【标记入点】按钮 ，再将当前时间设置为00:00:09:03，单击【标记出点】按钮 ，如图3-19所示。

图3-19 添加标记出入点

❹ 在时间轴上单击鼠标右键，在弹出的快捷菜单中选择【清除入点】，如图3-20所示。

❺ 执行该命令后入点被清除，如图3-21所示。

图3-20 选择【清除入点】命令

图3-21 清除入点后的效果

实例021
清除出点

如果要清除出点，直接在时间轴上单击鼠标右键，在弹出的快捷菜单中选择【清除出点】命令。具体操作步骤如下：

素材	素材|Cha03|001.avi
场景	场景|Cha03|清除出点.prproj
视频	视频教学|Cha03|实例021清除出点.MP4

❶ 继续上一个实例的操作，在时间轴上单击鼠标右键，在弹出的快捷菜单中选择【清除出点】，如图3-22所示。

图3-22 选择【清除出点】命令

❷ 执行该命令后出点被清除，如图3-23所示。

图3-23 清除出点后的效果

实例022
清除出点和入点

如果要清除出入点，直接在时间轴上单击鼠标右键，在弹出的快捷菜单中选择【清除入点和出点】命令。具体操作步骤如下：

素材	素材|Cha03|001.avi
场景	场景|Cha03|清除出点和入点. prproj
视频	视频教学 | Cha03 |实例022 清除出点和入点.MP4

❶ 首先新建项目，将【序列】设置为【DV-PAL】\|【标准48kHz】选项，在【项目】面板的空白处双击鼠标，在弹出的对话框中选择【001.avi】素材文件，单击【打开】按钮即可导入素材文件，如图3-24所示。

图3-24　选择素材文件

❷ 在【项目】面板中双击【001. avi】素材文件，将其在【源监视器】窗口中打开，如图3-25所示。

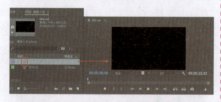

图3-25　导入源监视器

❸ 将当前时间设置为00:00:03:11，单击【标记入点】按钮 ，再将当前时间设置为00:00:09:03，然后再单击【标记出点】按钮 ，如图3-26所示。

图3-26　标记出入点

❹ 在时间轴上单击鼠标右键，在弹出的快捷菜中选择【清除入点和出点】，如图3-27所示。

图3-27　选择【清除入点和出点】命令

❺ 执行该命令后出、入点被清除，如图3-28所示。

图3-28　清除出入点后的效果

实例023
清除所选的标记

如果要清除所选的标记，直接在时间轴上单击鼠标右键，在弹出的快捷菜单中选择【清除所选的标记】命令。具体操作步骤如下：

素材	素材|Cha03|002. prproj
场景	场景|Cha03|清除标记. prproj
视频	视频教学 | Cha03 |实例023 清除所选的标记.MP4

❶ 打开随书配套资源中的素材\|Cha03\|002.prproj素材文件，在时间轴上单击鼠标右键，在弹出快捷菜单中选择【清除所选的标记】命令，如图3-29所示。

图3-29　选择【清除所选的标记】命令

❷ 即可在【源监视器】窗口中看到清除后的效果，如图3-30所示。

图3-30　清除后的效果

实例024
清除所有标记

如果要清除所有标记，直接在时间轴上单击鼠标右键，在弹出的快捷菜单中选择【清除所有标记】命令。具体操作步骤如下：

素材	素材|Cha03|002. prproj
场景	场景|Cha03|清除标记. prproj
视频	视频教学 | Cha03 |实例024 清除所有标记.MP4

❶ 打开随书配套资源中的素材\|Cha03\|002.prproj素材文件，在时间轴上单击鼠标右键，在弹出的快捷菜单中选择【清除所有标记】命令，如图3-31所示。

图3-31　选择【清除所有标记】命令

❷ 即可在【源监视器】窗口中看到清除后的效果，如图3-32所示。

图3-32　清除后的效果

第 4 章 影视剪辑技术

剪辑视频对于普通家庭来说，不再是遥不可及的梦想。拍一段喜欢的视频并进行相应的剪辑，如剪辑片段、合并、加上文字注解等，分享给朋友或上传到流行的视频网站，体验一下自编自导的感觉。本章就将对影视剪辑的一些必备理论和剪辑语言进行较详细的介绍，剪辑人员对于剪辑理论的掌握是非常必要的。

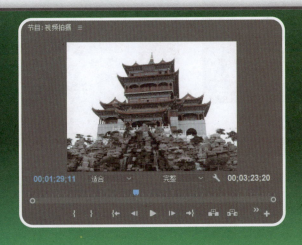

实例025　在【项目】面板中为素材重命名

下面将介绍如何在【项目】面板中为素材重命名，具体操作步骤如下：

素材	素材|Cha04|001.avi
场景	场景|Cha04|实例025 在【项目】面板为素材重命名. prproj
视频	视频教学 | Cha04 |实例025 在【项目】面板为素材重命名.MP4

❶ 在【项目】面板中空白处双击鼠标，弹出【导入】对话框，选择随书配套资源中的素材\|Cha04\|001.avi文件，如图4-1所示。

图4-1　选择要导入的素材文件

❷ 单击【打开】按钮，即可将选中的素材添加到【项目】面板中，如图4-2所示。

❸ 确认该素材处于选中状态，在菜单栏中选择【剪辑】|【重命名】命令，如图4-3所示。

图4-2　将选中的素材添加到【项目】面板中

图4-3　选择【重命名】命令

❹ 执行该操作后，即可在【项目】面板中为该素材文件进行命名，命名后的效果如图4-4所示。

图4-4　对素材文件重命名

> 💬 **提示**
>
> 剪辑即是通过为素材添加入点和出点，从而截取其中好的视频片段，将它与其他视频进行结合，形成一个新的视频片段。

实例026　在【序列】窗口为素材重命名

下面将介绍如何在【序列】窗口中为素材重命名，具体操作步骤如下：

素材	无
场景	场景|Cha04|实例026 在【序列】窗口为素材重命名.prproj
视频	视频教学 |Cha04|实例026 在【序列】窗口为素材重命名.MP4

① 继续上面的操作,在【项目】面板中选择添加的视频文件,按住鼠标将其拖至【序列】窗口中,如图4-5所示。

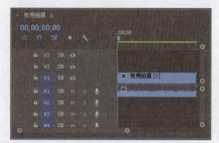

图4-5 将视频拖至【序列】窗口中

② 确认该对象处于选中状态,在菜单栏中选择【剪辑】|【重命名】命令,如图4-6所示。

图4-6 执行【重命名】命令

③ 在弹出的对话框中将【剪辑名称】设置为【视频】,如图4-7所示。

图4-7 重命名素材

④ 设置完成后,单击【确定】按钮,执行该操作后,即可为其重命名,如图4-8所示。

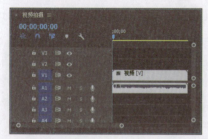

图4-8 重命名后的效果

知识链接

认识监视器窗口

在监视器窗口中有两个监视器:

【源】监视器与【节目】监视器,分别用来显示素材与作品在编辑时的状况。图4-9为【源】监视器,显示和设置节目中的素材;图4-10为【节目】监视器,显示和设置序列。

图4-9 【源】监视器

图4-10 【节目】监视器

在【源】监视窗口中,单击窗口标题栏右侧的按钮 ☰ ,将弹出下拉菜单,其中提供了已经调入序列中的素材列表,可以更加快速便捷地浏览素材的基本情况,如图4-11所示。

图4-11 查看素材的基本情况

安全区域的产生是由于电视机在播放视频图像时,屏幕的边会切除部分图像。这种现象叫作"溢出扫描"。而不同的电视机溢出的扫描量不同,所以要把图像的重要部分放在安全区域内。在制作影片时,需要将重要的场景元素、演员、图表放在动

作安全区域内;将标题、字幕放在标题安全区域内,如图4-12所示,位于工作区域外侧的方框为运动安全区域,位于内侧的方框为标题安全区域。

单击【源】监视器窗口或【节目】监视器窗口下方的【安全框】按钮 ▢ ,可以显示或隐藏素材窗口和项目窗口中的安全区域。

图4-12 设置安全框

实例027
制作子剪辑

下面将介绍如何在Premiere中制作子剪辑,具体操作步骤如下:

素材	无
场景	场景|Cha04|实例027 制作子剪辑.prproj
视频	视频教学|Cha04|实例027 制作子剪辑.MP4

① 继续上面的操作,在【序列】窗口中选中该素材文件,如图4-13所示。

图4-13 选中素材文件

② 确认该对象处于选中状态,在菜单栏中选择【剪辑】|【制作子剪辑】命令,如图4-14所示。

图4-14 执行【制作子剪辑】命令

③ 在弹出的对话框中使用其默认的设置，如图4-15所示。

图4-15　【制作子剪辑】对话框

④ 设置完成后，单击【确定】按钮，执行该操作后，即可制作一个子剪辑，如图4-16所示。

图4-16　制作子剪辑

实例028
编辑子剪辑

制作完子剪辑后，用户可以根据需要对其进行编辑，从而达到所需的要求。下面将介绍如何编辑子剪辑，具体操作步骤如下：

素材	无
场景	场景|Cha04|实例028 编辑子剪辑.prproj
视频	视频教学 | Cha04 |实例028 编辑子剪辑.MP4

① 继续上面的操作，在【项目】面板中选中制作的子剪辑，如图4-17所示。

图4-17　选择制作的子剪辑对象

② 确认该对象处于选中状态，在菜单栏中选择【剪辑】|【编辑子剪辑】命令，如图4-18所示。

③ 在弹出的【编辑子剪辑】对话框中将【子剪辑】选项组中的【开始】

设置为00:00:05:02，如图4-19所示。

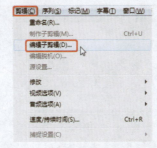

图4-18　执行【编辑子剪辑】命令

图4-19　设置【开始时间】

④ 设置完成后，单击【确定】按钮，执行该操作后，即可改变该剪辑的开始时间，将当前时间设置为00:00:27:08，按住鼠标将子剪辑拖至【序列】窗口中，并与编辑标识线对齐，如图4-20所示。

图4-20　将子剪辑拖至【序列】窗口

⑤ 继续选中该对象，在【效果控件】中将【缩放】设置为110，如图4-21所示。

图4-21　设置【缩放】参数

⑥ 设置完成后，按空格键预览效果，即可发现子剪辑的开始时间发生的变化，如图4-22所示。

图4-22　预览效果

实例029
禁用素材

在Premiere Pro CC 2017中，为了更好地观察不同的视频效果，用户可以根据需要禁用不必要的视频文件，下面将对其进行简单的介绍，具体操作步骤如下：

素材	无
场景	场景|Cha04|实例029 禁用素材.prproj
视频	视频教学 | Cha04 |实例029 禁用素材.MP4

① 继续上面的操作，选择【V1】视频轨道中的【视频拍摄.子剪辑001】对象，如图4-23所示。

图4-23　选择【视频拍摄.子剪辑001】对象

② 在菜单栏中选择【剪辑】|【启用】命令，如图4-24所示。

图4-24　选择【启用】命令

❸ 执行该操作后，即可将所选中的视频禁用，如图4-25所示。

图4-25　禁用视频

❹ 当用户按空格键进行播放时，即可发现【V1】视频轨道中的视频将不

再播放，调整后的效果如图4-26所示。

图4-26　调整后的效果

❻ 执行该操作后，即可打开【剪辑速度/持续时间】对话框，在该对话框中将【持续时间】设置为00:00:09:06，如图4-32所示，设置完成后，单击【确定】按钮即可。

图4-32　设置【持续时间】

实例030　设置素材速度/持续时间

素材的持续时间严格地说是素材播放的时长，在Premiere Pro CC 2017中，用户可以根据需要设置材质的速度/持续时间，下面将对其进行简单介绍，具体操作步骤如下：

素材	素材|Cha04|002.wmv
场景	场景|Cha04|实例030 设置素材速度/持续时间.prproj
视频	视频教学 | Cha04 |实例030 设置素材速度/持续时间.MP4

❶ 在【项目】面板中空白处双击鼠标，弹出【导入】对话框，选择随书配套资源中的素材|Cha04|002.wmv素材文件，如图4-27所示。

图4-27　导入素材文件

❷ 单击【打开】按钮，即可将选中的素材添加到【项目】面板中，如图4-28所示。

图4-28　将素材添加到【项目】面板中

❸ 按住鼠标将其拖至【时间轴】面板中，如图4-29所示。

图4-29　将素材拖至视频轨道中

❹【节目】监视器中显示效果如图4-30所示。

图4-30　显示效果

❺ 确认该对象处于选中状态，右击鼠标，在弹出的快捷菜单中选择【速度/持续时间】命令，如图4-31所示。

图4-31　选择【速度/持续时间】命令

实例031　使用选择工具裁剪素材

下面将介绍如何使用【选择工具】裁剪素材，具体操作步骤如下：

素材	素材|Cha04|003.wmv
场景	场景|Cha04|实例031 使用选择工具裁剪素材.prproj
视频	视频教学 | Cha04 |实例031 使用选择工具裁剪素材.MP4

❶ 在【项目】面板中空白处双击鼠标，弹出【导入】对话框，选择随书配套资源中的素材|Cha04|003.wmv素材文件，如图4-33所示。

图4-33　导入素材文件

❷ 单击【打开】按钮，即可将选中的素材添加到【项目】面板中，如图4-34所示。

图4-34　将素材添加到【项目】面板中

❸ 按住鼠标将其拖至【序列】窗口中，如图4-35所示。

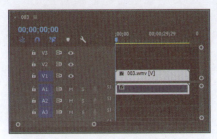

图4-35　拖曳素材文件

❹ 选中该对象，将【选择工具】放在要缩短或拉长的素材边缘上，【选择工具】变成了缩短光标 ，拖动鼠标以缩短该素材，如图4-36所示。

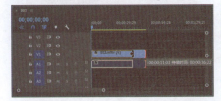

图4-36　裁剪素材

实例032
使用波纹编辑工具

使用【波纹编辑工具】拖动对象的出点可改变对象长度，下面将介绍如何使用【波纹编辑工具】来调整对象，具体操作步骤如下：

素材	素材|Cha04|003.wmv
场景	场景|Cha04|实例032 使用波纹编辑工具.prproj
视频	视频教学 | Cha04 |实例032 使用波纹编辑工具.MP4

❶ 导入【003.wmv】文件，并将其拖至【序列】窗口中，选择【波纹编辑工具】 ，在【序列】窗口中选择添加的对象，如图4-37所示。

图4-37　选择添加的对象

❷ 将鼠标移至素材的结束处，当光标变为 时，按住鼠标进行拖动，如图4-38所示，释放鼠标后，将会完成对素材的调整。

图4-38　调整素材

知识链接

1. 使用【滚动编辑工具】

下面将介绍如何使用【滚动编辑工具】来调整对象，具体操作步骤如下。

（1）导入【003.wmv】文件，并将其拖至【序列】窗口中，选择【滚动编辑工具】 ，在【序列】窗口中选择添加的对象，如图4-39所示。

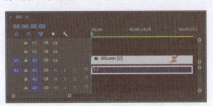

图4-39　选择添加的对象

（2）将鼠标移至素材的结束处，当光标变为 时，按住鼠标进行拖动，如图4-40所示，释放鼠标后，将会完成对素材的调整。

图4-40　调整素材

2. 使用【剃刀工具】

当用户使用【剃刀工具】切割一个素材时，实际上是建立了该素材的两个副本。用户可以在编辑标识线中锁定轨道，保证在一个轨道上进行编辑时，其他轨道上的素材不被影响。下面将介绍如何应用【剃刀工具】，具体操作步骤如下：

（1）导入【003.wmv】文件，并将其拖至【序列】窗口中，选择【剃刀工具】 ，将鼠标移至图4-41所示的位置上。

（2）单击鼠标，即可完成对素材的切割，效果如图4-42所示。

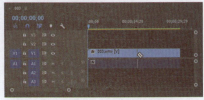

图4-41　使用【剃刀工具】

图4-42　切割对象

实例033
使用滑动工具

下面将介绍如何使用滑动工具，具体操作步骤如下：

素材	素材|Cha04|003.wmv
场景	场景|Cha04|实例033 使用滑动工具.prproj
视频	视频教学 | Cha04 |实例033 使用滑动工具.MP4

❶ 使用剃刀工具，切割素材后，选择【滑动工具】 ，并在【序列】窗口中选择图4-43所示的对象。

图4-43　选择视频对象

❷ 将鼠标移至选中对象的左侧，按住鼠标将其向右进行拖动，如图4-44所示，释放鼠标后，即可完成对该对象的调整。

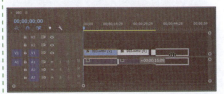

图4-44　使用【滑动工具】拖动视频

知识链接

DV视频和模拟视频

一般来说，生活中常见的家用微型便携式摄像机记录的信号是数字信号，这种摄像机又叫作"DV摄像机"。鉴于DV摄像机的数字信号便于处理、损耗小等优点，一些专业的摄像机也有向数字化方向发展的趋势。

传统的PAL制式、NTSC制式的视频素材都是模拟信号。计算机处理的视频都是数字信号。外部模拟视频输入过程就是一个模拟/数字的转换过程，也称为A/D模数转换。

模拟信号是指在时间和幅度方向上都是连续变化的信号，数字信号是指在时间和幅度方向上都是离散的信号。模拟/数字转换分为两步：第一步是把信号转换为时间方向离散的信号，而每一个离散信号在幅度方向连续；第二步是把这样的信号转换为时间、幅度方向都是离散的数字信号。第一步过程称为采样，第二步过程称为量化。

采样是根据这一频率的时钟脉冲，获得该时刻的信号幅度值。采样时的时钟频率称为采样频率，采样频率越高，效果越好，但需要的存储空间也越大。采样获得的信号在幅度方向上是在这一范围内连续的值。

奈奎斯特采样定理描述了采样的频率应该满足的条件：令f为所采样信号的最高变化频率，那么采样频率必须不低于$2f$，才可以正确地反映原信号。其中，最低的采样频率$2f$称为奈奎斯特频率。

量化是把采样获得的信号在幅度方向上进一步离散化的过程。在电压信号的变化范围内取一定的间隔，在这个间隔范围内的电压值都规定为某一个确定值来进行量化。例如，如果在计算机中用4比特编码来表示量化结果，则可以进行16级的量化。把电压的变化范围平均划分为16级电平，每一级对应值分别在0~15之间。

由于一般的视频信号都采用YUV格式，进行量化也是按照各个分量来进行的。人眼对于图像中色度信号的变化不敏感，而对亮度信号的变化敏感。利用这个特性，可以把图像中表达颜色的信号去掉一些，而人眼不易察觉。所以一般U、V信号都可以进行压缩，而整体效果并不差。另外，人眼对于图像细节的分辨能力有一定的

限度，从而可以把图像中的高频信号去掉而不易察觉。利用人眼的这些视觉特性进行采样，就有了不同的采样格式。不同的采样格式是指YUV三种信号的打样频率的比例关系不同。它们的比例关系通常采用【Y：U：V】的形式表示，常用的采样格式有4:4:4、4:1:1、4:2:2、4:2:0等。

实例034 添加安全框

安全区域的产生是由于电视机在播放视频图像时，屏幕的边会切除部分图像，下面将介绍如何添加安全框，具体操作步骤如下：

素材	素材|Cha04|004.avi
场景	场景|Cha04|实例034 添加安全框.prproj
视频	视频教学|Cha04|实例034 添加安全框.MP4

❶ 在【项目】面板中空白处双击鼠标，弹出【导入】对话框，选择随书配套资源中的素材\|Cha04\|004.avi素材文件，如图4-45所示。

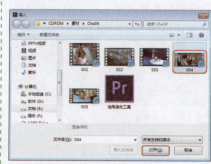

图4-45　导入素材文件

❷ 单击【打开】按钮，即可将选中的素材添加到【项目】面板中，如图4-46所示。

图4-46　将素材添加到【项目】面板中

❸ 按住鼠标将其拖至【序列】窗口中，如图4-47所示。

图4-47　将视频拖至【序列】窗口中

❹ 节目监视器中的效果如图4-48所示。

图4-48　播放效果

❺ 在【节目】监视器窗口中单击【按钮编辑器】按钮，如图4-49所示。

图4-49　单击【按钮编辑器】按钮

❻ 在弹出的界面中选择【安全框】按钮，按住鼠标将其拖至图4-50所示的位置。

图4-50　添加安全框按钮

❼ 释放鼠标后，单击【确定】按钮，即可添加该按钮，添加后的效果，如图4-51所示。

图4-51　添加后的效果

⑧ 单击【安全框】按钮，即可应用安全框，如图4-52所示。

图4-52　应用安全框

实例035
提升编辑

使用【提升】按钮对影片进行删除修改时，只会删除目标轨道中选定范围内的素材片段，对其前、后的素材以及其他轨道上素材的位置都不会产生影响。下面将介绍如何提升编辑，具体操作步骤如下：

素材	素材|Cha04|005.avi
场景	场景|Cha04|实例035 提升编辑.prproj
视频	视频教学 | Cha04|实例035 提升编辑.MP4

① 导入【005.avi】，按住鼠标将其拖至【序列】窗口中，如图4-53所示。

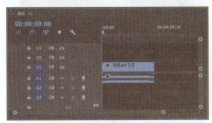

图4-53　拖曳素材文件

② 将当前时间设置为00:00:16:15，在【节目】监视器窗口中单击【标记入点】按钮，为其添加入点，如图4-54所示。

图4-54　添加标记入点

③ 再将当前时间设置为00:02:45:00，如图4-55所示。

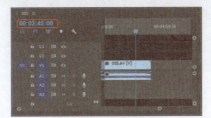

图4-55　设置当前时间

④ 在【节目】监视器窗口中单击【标记出点】按钮，为其标记出点，如图4-56所示。

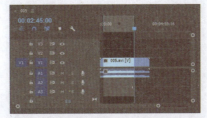

图4-56　添加标记出点

⑤ 在【节目】监视器窗口中单击【提升】按钮，如图4-57所示。

图4-57　单击【提升】按钮

⑥ 执行该操作后，即可将标记的位置删除，如图4-58所示。

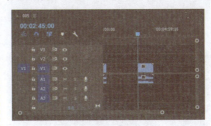

图4-58　删除后的效果

知识链接

1. 提取编辑

使用【提取】按钮可以对影片进行删除修改，不但会删除目标选择栏中指定的目标轨道之中指定的片段，还会将其后的素材前移，填补空缺。而且，对于其他未锁定轨道之中位于该选择范围之内的片段也一并删除，并将后面的所有素材前移。

（1）导入【005.avi】，按住鼠标将其拖曳至【序列】窗口中，将当前时间设置为00:00:24:00，如图4-59所示。

图4-59　拖曳素材文件

（2）在【节目】监视器窗口中单击【标记入点】按钮，为其添加入点，如图4-60所示。

图4-60　添加入点

（3）再将当前时间设置为00:03:07:11，如图4-61所示。

图4-61　设置当前时间

（4）在【节目】监视器窗口中单击【标记出点】按钮，为其标记出点，如图4-62所示。

图4-62　单击【标记出点】按钮

（5）在【节目】监视器窗口中单击【提取】按钮，如图4-63所示。

（6）执行该操作后，即可将标记的位置删除，效果如图4-64所示。

图4-63　单击【提取】按钮

图4-64　删除标记位置

2.插入编辑

使用插入工具置入片段时，凡是处于时间标识点之后(包括部分处于时间指示器之后)的素材都会向后推移。

（1）继续上面的操作，在【序列】窗口中将当前时间设置为00:00:16:03，如图4-65所示。

图4-65　设置当前时间

（2）在【项目】面板中双击鼠标，在弹出的【导入】对话框中选择随书配套资源中的素材|Cha04|001.avi素材文件，如图4-66所示。

图4-66　导入素材文件

（3）单击【打开】按钮，即可将选中的素材添加到【项目】面板中，如图4-67所示。

（4）确认导入的对象处于选中状态，双击该对象，即可打开【源】监

视器窗口，如图4-68所示。

图4-67　添加素材

图4-68　打开【源】监视器窗口

（5）在【源】监视器窗口中单击【标记入点】按钮，为其添加入点，如图4-69所示。

（6）再在【源】监视器窗口中单击【插入】按钮，即可将该文件插入，效果如图4-70所示。

图4-69　添加入点

图4-70　插入素材

实例036
覆盖编辑

下面将介绍如何覆盖编辑，具体操作步骤如下：

素材	素材|Cha04|006.avi
场景	场景|Cha04|实例036 覆盖编辑.prproj
视频	视频教学	Cha04 |实例036 覆盖编辑.MP4

❶ 继续上面的操作，将当前时间设置为00:00:45:03，如图4-71所示。

图4-71　设置当前时间

❷ 按Ctrl+I组合键，导入【006.avi】素材文件，在【项目】面板中双击【006.avi】，在【源】监视器窗口中将当前时间设置为00:00:12:15，单击【标记入点】按钮，为其标记入点，如图4-72所示。

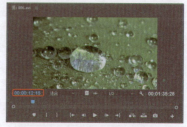

图4-72　设置当前时间

❸ 在【源】监视器窗口中将当前时间设置为00:00:16:10，单击【标记出点】按钮，为其标记出点，如图4-73所示。

图4-73　标记出点

❹ 在【源】监视器窗口中单击【覆盖】按钮，即可将其覆盖到【序列】窗口中，如图4-74所示。

图4-74　覆盖素材

知识链接

Premiere Pro CC支持的文件格式

1.支持导入的视频和动画文件格式

Premiere Pro CC 支持导入的视频和动画文件格式：

- 3GP，3G2（3G流媒体的视频编码格式）
- Arri Raw
- ASF（Netshow，仅Windows）
- AVI（DV-AVI和Microsoft AVI）
- DV（DV stream，一种Quick Time格式）
- FLV（Flash Video）
- GIF（CompuServe GIF）
- M1V（MPEG-1 Video file）
- M2T（Sony HDV）
- M2TS（Blu-ray BDAV MPEG-2 Transport Stream和AVCHD）
- M4V（MPEG-4 Video File）
- MOV（QuickTime，在Windows中需要QuickTime Player）
- MP4（XDCAM EX）
- MPEG/MPE/MPG MPEG-1/MPEG-2
- MPEG, M2V DVD-compliant MPEG-2
- MTS AVCHD
- MXF（Media eXchange Format/P2 Movie: Panasonic Op-Atom variant of MXF with video in DV/DVCPRO/DVCPRO 50/DVCPRO HD/AVCIntra/XDCAM HD Movie/Sony XDCAM HD 50 (4:2:2)/Avid MXF Movie）
- R3D（RED R3D Files数字电影摄像机格式）
- SFW
- VOB（DVD光盘视频）
- WMV（Windows Media，仅Windows）

2. 支持导入的声音格式

在Premiere Pro CC中，用户可以导入的声音格式文件如下：

- AAC（MPEG-2 Advance Audio Coding File）
- AC3（包括5.1环绕声）
- AIFF/AIF（Audio Interchange File Format）
- ASND（Adobe Sound Document）
- AVI（Audio Video Interleaved）
- WAVE
- M4A（MPEG-4音频标准文件）
- MP3（Moving Picture Experts Group Audio）

- MPEG/MPG
- WMA
- WAV

3. 支持的图像和图像序列格式

Premiere Pro CC所支持的图像和图像序列格式如下：

- AI/EPS（Adobe Illustrator和Illustrator序列）
- BMP
- DPX
- EPS（Encapsulated PostScript专用打印机描述语言）
- GIF（Graphics Interchange Format图像互换格式和序列）
- ICO（仅Windows）
- JPEG（JPE，JPG，JFIF）
- PICT
- PNG
- PSD
- PSQ
- PTL/PRTL（Adobe Premiere字幕）
- TGA/ICB/VDA/VST
- TIF/TIFF（Tagged Image File Format图像和序列）

4. 支持的软件项目文件格式

Premiere Pro CC置入的软件项目文件格式如下：

- AAF（Advanced Authoring Format）
- AEP，AEPX（After Effects Project）
- CSV，PBL，TXT，TAB Batch lists
- EDL（CMX3600 EDLs）
- OMF
- PLB（Adobe Premiere 6.x bin）Windows only
- PRPROJ（Premiere Pro Project）
- PSQ（Adobe Premiere 6.x Bin，仅Windows）
- XML（FCP XML）

实例037 解除视音频的链接

在编辑工作中，经常需要将编辑标识线窗口中的视音频链接素材的视频和音频部分分离，下面将介绍解除视音频的链接，具体操作步骤如下：

素材	素材|Cha04|解除视音频的链接.prproj
场景	无
视频	视频教学 | Cha04 |实例037 解除视音频的链接.MP4

❶ 打开随书配套资源中的素材\|Cha04\|解除视音频的链接.prproj素材文件，在【序列】窗口中选择如图4-75所示的对象。

❷ 在该对象上右击鼠标，在弹出的快捷菜单中选择【取消链接】命令，如图4-76所示，执行该操作后，即可将选中的对象取消视音频的链接。

图4-75 选择素材文件

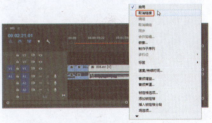

图4-76 取消视音频链接

实例038 链接视频和音频

很多时候也需要将各自独立的视频和音频链接在一起，作为一个整体调整。下面将介绍链接视音频，具体操作步骤如下：

素材	无
场景	无
视频	视频教学 | Cha04 |实例038 链接视频和音频.MP4

❶ 继续上面的操作，在【序列】窗口中按住Shift键选择如图4-77所示的两个对象。

图4-77 选择素材文件

❷ 在该对象上右击鼠标，在弹出

的快捷菜单中选择【链接】命令，如图4-78所示，执行该操作后，即可将选中的对象进行链接。

图4-78 视音频链接

知识链接

影视剪辑工作基本流程

影片剪辑的制作流程主要分为素材的采集与输入、素材编辑、特效处理、制作字幕和输出播放5个步骤。

1. 素材采集与输入

素材采集是将外部的视频经过处理转换为可编辑的素材；输入主要是将其他软件处理后的图像、声音等素材，导入到 Premiere Pro CC 2017中。

2. 素材编辑

素材编辑就是设置素材的入点与出点，以选择最合适的部分，然后按顺序组接不同素材的过程。

3. 特效处理

对于视频素材，特效处理包括转场、特效与合成叠加；对于音频素材，特效处理包括转场和特效。

非线性编辑软件功能的强弱，往往体现在这方面。配合硬件Premiere Pro CC 2017能够实现特效的实时播放。

4. 字幕制作

字幕是影视节目中非常重要的部分。在Premiere Pro CC 2017中制作字幕很方便，可以实现非常多的效果，并且还有大量的字幕模板可以选择。

5. 输出播放

节目编辑完成后，可以输出到录像带上，可以生成视频文件，用于网络发布、刻录VCD/DVD以及蓝光高清光盘等。

实例039 编组素材

下面将介绍如何对素材进行编组，具体操作步骤如下：

素材	素材|Cha04|007.avi、008.avi
场景	无
视频	视频教学|Cha04|实例039 编组素材.MP4

❶ 新建项目，按Ctrl+N组合键，新建【DV PAL】\|【标准48kHz】序列文件，在【项目】面板中空白处双击鼠标，弹出【导入】对话框，选择随书配套资源中的素材\|Cha04\|007.avi、008.avi素材文件，如图4-79所示。

图4-79 选择素材文件

❷ 单击【打开】按钮，即可将选中的素材添加到【项目】面板中，如图4-80所示。

图4-80 添加到【项目】面板

❸ 选择【007.avi】，按住鼠标将其拖曳至【序列】窗口中，弹出【剪辑不匹配警告】对话框，单击【保持现有设置】按钮，在【效果控件】中将【缩放】设置为80，如图4-81所示。

图4-81 设置缩放

❹ 选择【008.avi】，将其与【007.avi】素材文件首尾相连，在【效果控件】中将【缩放】设置为80，如图4-82所示。

图4-82 设置缩放

❺ 在【序列】窗口中按住Shift键选中置入的两个对象，如图4-83所示。

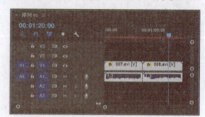

图4-83 选择对象

❻ 在选中的对象上右击鼠标，在弹出的快捷菜单中选择【编组】命令，如图4-84所示，执行该操作后，即可将选中的两个对象进行编组。

图4-84 编组对象

提示

群组的素材无法改变其属性，如改变群组的不透明度或施加特效等，这些操作仍然只针对单个素材有效。

实例040 取消编组

下面将介绍如何对素材取消编组，具体操作步骤如下：

素材	无
场景	无
视频	视频教学|Cha04|实例040 取消编组.MP4

❶ 继续上面的操作，在【序列】窗口中选择如图4-85所示的对象。

❷ 在选中的对象上右击鼠标，在弹出的快捷菜单中选择【取消编组】命令，如图4-86所示，执行该操作后，即可将选中的对象取消编组。

图4-85　选择对象

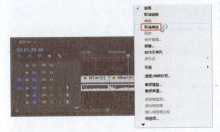

图4-86　取消编组

实例041
嵌套素材

Premiere 在非线性编辑软件中引入了合成的嵌套概念，可以将一个编辑标识线嵌套到另一个编辑标识线中，作为一整段素材使用。下面将介绍如何对素材进行嵌套，具体操作步骤如下：

素材	无
场景	场景|Cha04|实例041　嵌套素材.prproj
视频	视频教学|Cha04|实例041　嵌套素材.MP4

❶ 继续上面的操作，在【项目】面板中右击鼠标，在弹出的快捷菜单中选择【新建项目】|【序列】命令，如图4-87所示。

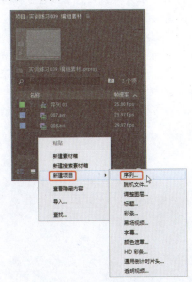

图4-87　选择【序列】命令

❷ 在弹出的对话框中使用其默认设置，如图4-88所示。

图4-88　新建序列

❸ 单击【确定】按钮，在【项目】面板中选择【008.avi】，按住鼠标将其拖至【序列02】窗口中，在弹出的对话框中选择【保持现有设置】，如图4-89所示。

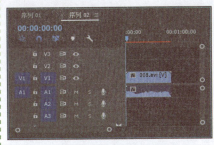

图4-89　拖曳素材文件

❹ 切换至【序列01】窗口中，在【项目】面板中选择【序列02】，按住鼠标将其拖至【V2】视频轨道中，如图4-90所示。

图4-90　将【序列02】拖至视频轨道中

> 💬 提示
>
> 不能将一个没有剪辑的空序列作为嵌套素材使用。

🔹 知识链接
线性与非线性编辑

一般来讲，电影电视节目的制作需要专业的设备、场所及专业技术人员，这都由专业公司来完成。不过近年来，影像作品应用领域呈现出了多样化的趋势，除了电影电视之外，在广告、网络多媒体以及游戏开发等领域也得到了充分的应用。同时随着摄像机的便携化、数字化以及计算机技术的普及，影像制作已走入了普通家庭。从影像存储介质角度上看，影视剪辑技术的发展经历了胶片剪辑、磁带剪辑和数字化剪辑等阶段。从编辑方式角度看，影视剪辑技术的发展经历了线性剪辑和非线性剪辑的阶段。

1. 线性编辑

线性剪辑是一种基于磁带的剪辑方式。它利用电子手段，根据节目内容的要求将素材连接成新的连续画面。通常使用组合编辑将素材顺序编辑成新的连续画面，然后再以插入编辑的方式对某一段进行同样长度的替换。但要想删除、缩短、加长中间的某一段就非常麻烦了，除非将那一段以后的画面抹去，重新录制。

线性编辑方式有如下优点：

（1）能发挥磁带随意录、随意抹去的特点。

（2）能保持同步与控制信号的连续性，组接平稳，不会出现信号不连续、图像跳闪的感觉。

（3）声音与图像可以做到完全吻合，还可各自分别进行修改。

线性编辑方式的不足之处有以下几点：

（1）效率较低。线性编辑系统是以磁带为记录载体，节目信号按时间线性排列，在寻找素材时录像机需要进行卷带搜索，只能按照镜头的顺序进行搜索，不能跳跃进行，非常浪费时间，编辑效率低下，并且对录像机的磨损也较大。

（2）无法保证画面质量。影视节目制作中一个重要的问题就是母带翻版时的磨损。传统编辑方式的实质是复制，是将源素材复制到另一盘磁带上的过程。而模拟视频信号在复制时存在着衰减，信号在传输和编辑过程中容易受到外部干扰，造成信号的损失，图像品质难以保证。

（3）修改不方便。线性编辑方式是以磁带的线性记录为基础，一般只能按编辑顺序记录，虽然插入编辑方式允许替换已录磁带上的声音或图像，但是这种替换实际上只能替掉旧的。它要求替换的片段和磁带上被替换的片段时间一致，而不能进行增删，不能改变节目的长度。这样对节目的修改非常不方便。

（4）流程复杂。线性编辑系统连线复杂，设备种类繁多，各种设备性能不同，指标各异，会对视频信号造成较大的衰减。并且需要众多操作人员，过程复杂。

（5）流程枯燥。为制作一段十多分钟的节目，往往要对长达四五十分钟的素材反复审阅、筛选、搭配，才能大致找出所需的段落，然后需要大量的重复性机械劳动，过程较为枯燥，会对创意的发挥产生副作用。

（6）成本较高。线性编辑系统要求硬件设备多，价格昂贵，各个硬件设备之间很难做到无缝兼容，极大地影响了硬件的性能发挥，同时也给维护带来了诸多不便。由于半导体技术发展迅速，设备更新频繁，所以成本较高。

因此，对于影视剪辑来说，线性编辑是一种急需变革的技术。

2. 非线性编辑

非线性编辑是相对于线性编辑而言的。非线性编辑借助计算机来进行数字化制作，几乎所有的工作都在计算机里完成，不再需要那么多外部设备，对素材的调用也非常方便，不用反反复复在磁带上寻找，突破单一的时间顺序编辑限制，可以按各种顺序排列，具有快捷简便、随机的特性。非线性编辑可以

多次编辑，信号质量始终不会变低，节省了设备人力，提高效率。非线性编辑需要专用的编辑软件和硬件，现在绝大多数的电视电影制作机构都采用了非线性编辑系统。

从非线性编辑系统的作用来看，它能集录像机、切换台、数字特技机、编辑机、多轨录音机、调音台、MIDI创作、时基等设备于一身，几乎包括了所有的传统后期制作设备。这种高度的集成性，使得非线性编辑系统的优势更为明显，在广播电视界占据越来越重要的地位。

图4-91　非线性编辑系统

3. 非线性编辑的特点

非线性编辑系统有如下特点：

（1）信号质量高。在非线性编辑系统中，信号质量损耗较大的缺陷是不存在的，无论如何编辑、复制次数有多少，信号质量都始终保持在很高的水平。

（2）制作水平高。在非线性编辑系统中，大多数的素材都存储在计算机硬盘上，可以随时调用，不必费时费力地逐帧寻找，能迅速找到需要的那一帧画面。整个编辑过程就像文字处理一样，灵活方便。同时，多种多样、花样翻新、可自由组合的特技方式，使制作的节目丰富多彩，将制作水平提高到一个新的层次。

（3）系统寿命长。非线性编辑系统对传统设备的高度集成，使后期制作所需的设备降至最少，有效地降低了成本。在整个编辑过程中，录像机只需要启动两次，一次输入素材，一次录制节目带，避免了录像机的大量磨损，使录像机的寿命大大延长。

（4）升级方便。影视制作水平的不断提高，对设备也不断地提出新的要求，这一矛盾在传统编辑系统中很难解决，因为这需要不断投资。而使用非线性编辑系统，则能较好地解决这一矛盾。非线性编辑系统所采用的是易于升级的开放式结构，支持许多第三方的硬件和软件。通常，功能的增加只需要通过软件的升级就能实现。

（5）网络化。网络化是计算机的一大发展趋势，非线性编辑系统可充分利用网络方便地传输数码视频，实现资源共享，还可利用网络上的计算机协同创作，方便对于数码视频资源的管理和查询。目前在一些电视台中，非线性编辑系统都在利用网络发挥着更大的作用。

非线性编辑方式的不足之处有以下几点：

（1）需要大容量存储设备，录制高质量素材时需要更大的硬盘空间。

（2）前期摄像仍需用磁带，非线性编辑系统仍然需要磁带录像机。

（3）计算机稳定性要求高，在高负荷状态下计算机可能会发生死机现象，造成工作数据丢失。

（4）制作人员综合能力要求高，要求制作人员在制作能力、美学修养、计算机操作水平等方面均衡发展。

第 **5** 章　转场特效

　　本章将介绍如何在影片上添加转场特效，这对于剪辑人员来说是非常重要的，对视频的好与坏起着决定性的作用，巧妙地为影片添加各式各样的转场特效可以使影片具有很强的视觉感染力。

实例042　【立方体旋转】过渡效果

　　【立方体旋转】过渡效果可以使图像A旋转以显示图像B，两幅图像映射到立方体的两个面，如图5-1所示，具体操作步骤如下：

素材	素材|Cha05|A01.jpg、A02.jpg
场景	场景|Cha05|实例042 【立方体旋转】过渡效果.prproj
视频	视频教学 | Cha05 |实例042 【立方体旋转】过渡效果.MP4

图5-1　【立方体旋转】特效

　　❶ 在【项目】面板中空白处双击鼠标，弹出【导入】对话框，打开随书配套资源中的素材\|Cha05\|A01.jpg、A02.jpg素材文件，单击【打开】按钮即可导入素材，如图5-2所示。

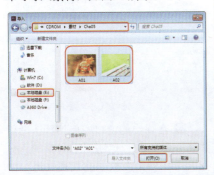

图5-2　选择要导入的素材文件

　　❷ 在菜单栏中单击【文件】按钮，在弹出的下拉列表中选择【新建】\|【序列】命令，如图5-3所示。

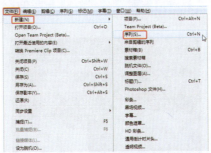

图5-3　选择【序列】命令

　　❸在弹出的窗口中使用默认设置并单击【确定】，然后将打开后的素材拖入【序列】面板中的【V1】视频轨道中，如图5-4所示。

　　❹ 切换到【效果】窗口打开【视频过渡】文件夹，选择【3D运动】下的【立方体旋转】过渡特效，如图5-5所示。

图5-4　将素材拖入视频轨道

图5-5　选择【立方体旋转】特效

　　❺ 将其拖至【序列】面板中的两个素材之间，如图5-6所示。

图5-6　拖入特效

　　❻ 按空格键进行播放。

实例043　【翻转】过渡效果

【翻转】过渡效果使图像A翻转到所选颜色后，显示图像B，如图5-7所示，具体操作步骤如下：

素材	素材|Cha05|A03.jpg、A04.jpg
场景	场景|Cha05|实例043　【翻转】过渡效果. prproj
视频	视频教学|Cha05|实例043　【翻转】过渡效果.MP4

图5-7　【翻转】特效

❶ 在【项目】面板中空白处双击鼠标，在弹出的【导入】对话框中，打开随书配套资源中的素材|Cha05|A03.jpg、A04.jpg素材文件，单击【打开】按钮即可导入素材，如图5-8所示。

图5-8　打开素材文件

❷ 在菜单栏中单击【文件】按钮，在弹出的下拉列表中选择【新建】|【序列】命令，如图5-9所示。

图5-9　选择【序列】命令

❸ 在弹出的窗口中使用默认设置并单击【确定】，然后将打开后的素材拖入【序列】面板中的【V1】视频轨道中，如图5-10所示。

图5-10　将素材拖至视频轨道

❹ 切换到【效果】窗口打开【视频过渡】文件夹，选择【3D运动】下的【翻转】过渡特效，如图5-11所示。

图5-11　选择【翻转】特效

❺ 将其拖至【序列】面板中的素材上，如图5-12所示。

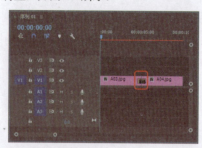
图5-12　拖入特效

❻ 切换到【效果控件】窗口中单击【自定义】按钮，打开【翻转设置】对话框对特效进行进一步的设置，如图5-13所示。

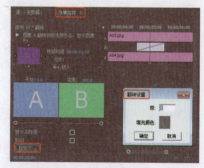
图5-13　【翻转设置】对话框

提　示

【带】：输入翻转的图像数量。
【填充颜色】：设置空白区域颜色。

❼ 按空格键进行播放。

实例044　【交叉划像】过渡效果

【交叉划像】过渡效果：打开交叉形状擦除，以显示图像A下面的图像B，如图5-14所示，具体操作步骤如下：

素材	素材|Cha05|A05.jpg、A06.jpg
场景	场景|Cha05|实例044　【交叉划像】过渡效果. prproj
视频	视频教学|Cha05|实例044　【交叉划像】过渡效果.MP4

图5-14　【翻转】特效

❶ 在【项目】面板中空白处双击鼠标，弹出【导入】对话框，打开随书配套资源中的素材|Cha05|A05.jpg、A06.jpg素材文件，单击【打开】按钮即可导入素材，如图5-15所示。

图5-15　打开素材文件

❷ 在菜单栏中单击【文件】按钮，在弹出的下拉列表中选择【新建】|【序列】命令，如图5-16所示。

图5-16　选择【序列】命令

❸ 在弹出的窗口中使用默认设置并单击【确定】，然后将打开后的素材拖入【序列】面板中的视频轨道，如图5-17所示。

图5-17 将素材拖入视频轨道

④ 切换到【效果】窗口打开【视频过渡】文件夹,选择【划像】下的【交叉划像】过渡效果,如图5-18所示。

⑤ 将其拖至【序列】面板中两个素材之间,如图5-19所示。

图5-18 选择【交叉划像】特效

图5-19 拖入特效

⑥ 按空格键进行播放。

实例045 【圆划像】过渡效果

【圆划像】过渡效果产生一个圆形的效果,如图5-20所示,具体操作步骤如下:

素材	素材|Cha05|A07.jpg、A08.jpg
场景	场景|Cha05|实例045 【圆划像】过渡效果. prproj
视频	视频教学 | Cha05 |实例045 【圆划像】过渡效果.MP4

图5-20 【圆划像】特效

① 在【项目】面板中空白处双击鼠标,弹出【导入】对话框,打开随书配套资源中的素材\|Cha05\|A07.jpg、A08.jpg素材文件,单击【打开】按钮即可导入素材,如图5-21所示。

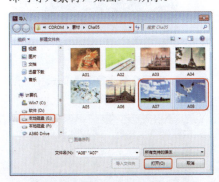

图5-21 打开素材

② 在菜单栏中单击【文件】按钮,在弹出的下拉列表中选择【新建】\|【序列】命令,如图5-22所示。

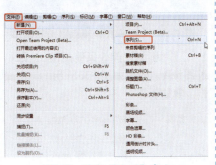

图5-22 选择【序列】命令

③ 在弹出的窗口中使用默认设置并单击【确定】,然后将打开后的素材拖入【序列】面板中的视频轨道,如图5-23所示。

④ 切换到【效果】窗口打开【视频过渡】文件夹,选择【划像】下的【圆划像】过渡效果,如图5-24所示。

图5-23 将素材拖入到视频轨道

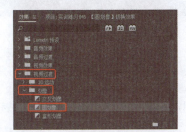

图5-24 选择【圆划像】特效

⑤ 将其拖至【序列】面板中两个素材之间,如图5-25所示。

图5-25 拖入特效

⑥ 按空格键进行播放。

知识链接

【盒形划像】过渡效果

【盒形划像】过渡效果:打开矩形擦除,以显示图像A下面的图像B,效果如图5-26所示。

图5-26 【盒形划像】特效

实例046 【菱形划像】过渡效果

【菱形划像】过渡效果:打开菱形擦除,以显示图像A下面的图像B,效果如图5-27所示,具体操作步骤如下:

素材	素材|Cha05|A09.jpg、A10.jpg
场景	场景|Cha05|实例046 【菱形划像】过渡效果. prproj
视频	视频教学 | Cha05 |实例046 【菱形划像】过渡效果.MP4

图5-27 【菱形划像】特效

❶ 在【项目】面板中空白处双击鼠标，弹出【导入】对话框，打开随书配套资源中的素材|Cha05|A09.jpg、A10.jpg素材文件，单击【打开】按钮即可导入素材，如图5-28所示。

图5-28 打开素材文件

❷ 在菜单栏中单击【文件】按钮，在弹出的下拉列表中选择【新建】|【序列】命令，如图5-29所示。

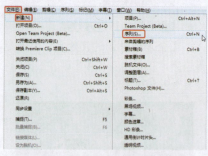

图5-29 选择【序列】命令

❸ 在弹出的窗口中使用默认设置并单击【确定】，然后将打开后的素材拖入【序列】面板中的视频轨道，如图5-30所示。

图5-30 将素材拖入到视频轨道

❹ 切换到【效果】窗口打开【视频过渡】文件夹，选择【划像】下的【菱形划像】过渡特效，如图5-31所示。

图5-31 选择【菱形划像】特效

❺ 将其拖至【序列】面板中的两个素材之间，如图5-32所示。

图5-32 拖入特效

❻ 按空格键进行播放。

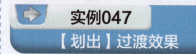

实例047
【划出】过渡效果

【划出】过渡效果使图像B逐渐扫过图像A，效果如图5-33所示。具体操作步骤如下：

素材	素材|Cha05|A11.jpg、A12.jpg
场景	场景|Cha05|实例047 【划出】过渡效果. prproj
视频	视频教学 | Cha05 |实例047 【划出】过渡效果.MP4

图5-33 【划出】效果

❶ 在【项目】面板中空白处双击鼠标，弹出【导入】对话框，打开随书配套资源中的素材|Cha05|A11.jpg、A12.jpg素材文件，单击【打开】按钮即可导入素材，如图5-34所示。

❷ 在菜单栏中单击【文件】按钮，在弹出的下拉列表中选择【新建】|【序列】命令，如图5-35所示。

图5-34 打开素材文件

图5-35 选择【序列】命令

❸ 在弹出的窗口中使用默认设置并单击【确定】，然后将打开后的素材拖入【序列】面板中的视频轨道，如图5-36所示。

图5-36 将素材拖入视频轨道

❹ 切换到【效果】窗口打开【视频过渡】文件夹，选择【擦除】下的【划出】过渡效果，如图5-37所示。

图5-37 选择【划出】过渡效果

❺ 将其拖至【序列】面板中的两个素材之间，如图5-38所示。

图5-38 拖入特效

❻ 按空格键进行播放。

实例048　【双侧平推门】过渡效果

【双侧平推门】过渡效果使图像A以开、关门的方式过渡转换到图像B，如图5-39所示，具体操作步骤如下：

素材	素材|Cha05|A13.jpg、A14.jpg
场景	场景|Cha05|实例048 【双侧平推门】过渡效果. prproj
视频	视频教学 | Cha05 |实例048 【双侧平推门】过渡效果.MP4

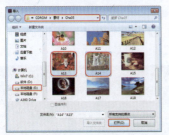

图5-39　【双侧平推门】效果

❶ 在【项目】面板中空白处双击鼠标，弹出【导入】对话框，打开随书配套资源中的素材\|Cha05\|A13.jpg、A14.jpg素材文件，单击【打开】按钮即可导入素材，如图5-40所示。

图5-40　打开素材文件

❷ 在菜单栏中单击【文件】按钮，在弹出的下拉列表中选择【新建】|【序列】命令，如图5-41所示。

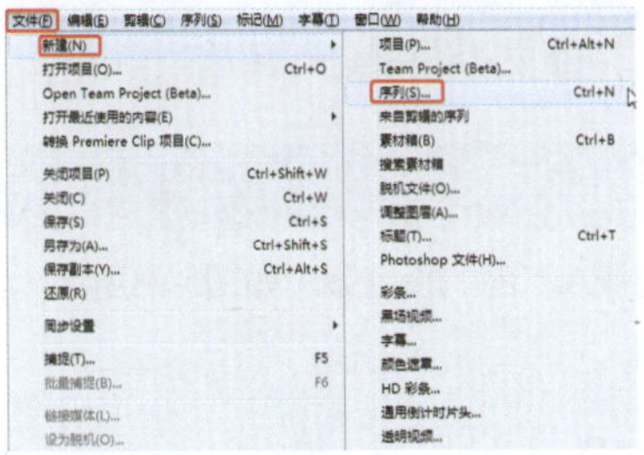

图5-41　打开素材文件

❸ 在弹出的窗口中使用默认设置并单击【确定】，然后将打开后的素材拖入【序列】面板中的视频轨道，如图5-42所示。

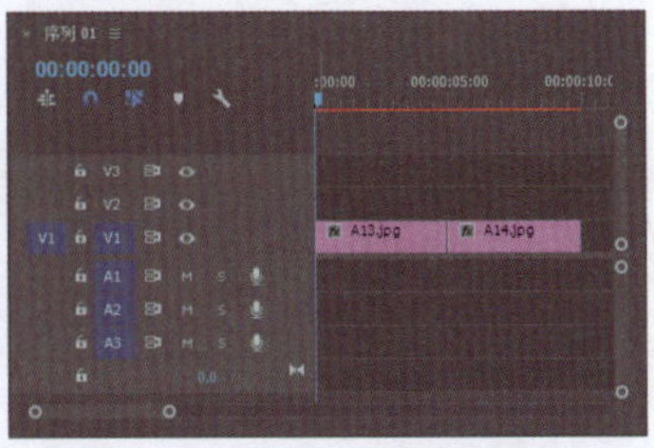

图5-42　将素材拖入视频轨道

❹ 切换到【效果】窗口打开【视频过渡】文件夹，选择【擦除】下的【双侧平推门】过渡效果，如图5-43所示。

图5-43　选择【双侧平推门】特效

❺ 将其拖至【序列】面板中的两个素材之间，如图5-44所示。

图5-44　拖入特效

❻ 按空格键进行播放。

实例049　【带状擦除】过渡效果

【带状擦除】过渡效果：图像B在水平、垂直或对角线方向上呈条形扫除图像A，逐渐显示，效果如图5-45所示。具体操作步骤如下：

素材	素材|Cha05|A15.jpg、A16.jpg
场景	场景|Cha05|实例049 【带状擦除】过渡效果. prproj
视频	视频教学 | Cha05 |实例049 【带状擦除】过渡效果.MP4

图5-45　【带状擦除】特效

❶ 在【项目】面板中空白处双击鼠标，弹出【导入】对话框，打开随书配套资源中的素材\|Cha05\|A15.jpg、A16.jpg素材文件，单击【打开】按钮即可导入素材，如图5-46所示。

图5-46　打开素材文件

❷ 在菜单栏中单击【文件】按钮，在弹出的下拉列表中选择【新建】|【序列】命令，如图5-47所示。

图5-47　选择【序列】命令

❸ 在弹出的窗口中使用默认设置单击【确定】，然后将打开后的素材，拖入【序列】面板中的视频轨道，如图5-48所示。

图5-48　将素材拖入视频轨道

❹ 切换到【效果】窗口打开【视频过渡】文件夹，选择【擦除】下的【带状擦除】过渡效果，如图5-49所示。

图5-49　选择【带状擦除】特效

⑤ 将其拖至【序列】面板中的素材上，如图5-50所示。

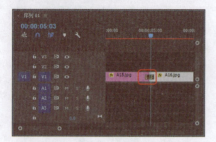

图5-50 拖入特效

⑥ 切换到【效果控件】窗口中单击【自定义】按钮，打开【带状擦除设置】对话框对特效进行进一步的设置，如图5-51所示。

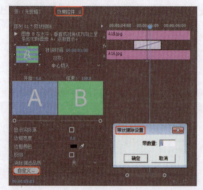

图5-51 打开【带状擦除设置】对话框

提示

【带数量】：设置切换时条带的数量。

⑦ 按空格键进行播放。

实例050 【径向擦除】过渡效果

【径向擦除】过渡效果使图像B从图像A的一角扫入画面，如图5-52所示，具体操作步骤如下：

素材	素材|Cha05|A17.jpg、A18.jpg
场景	场景|Cha05|实例050 【径向擦除】过渡效果. prproj
视频	视频教学 | Cha05 |实例050 【径向擦除】过渡效果.MP4

图5-52 【径向擦除】效果

① 在【项目】面板中空白处双击鼠标，弹出【导入】对话框，打开随书配套资源中的素材|Cha05|A17.jpg、A18.jpg素材文件，单击【打开】按钮即可导入素材，如图5-53所示。

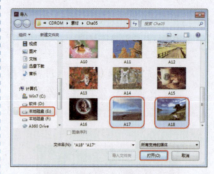

图5-53 打开素材文件

② 在菜单栏中单击【文件】按钮，在弹出的下拉列表中选择【新建】|【序列】命令，如图5-54所示。

图5-54 选择【序列】命令

③ 在弹出的窗口中使用默认设置并单击【确定】，然后将打开后的素材拖入【序列】面板中的视频轨道，如图5-55所示。

图5-55 将素材拖入视频轨道

④ 切换到【效果】窗口打开【视频过渡】文件夹，选择【擦除】下的【径向擦除】过渡效果，如图5-56所示。

图5-56 选择【径向擦除】特效

⑤ 将其拖至【序列】面板两个素材之间，如图5-57所示。

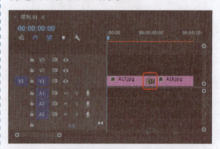

图5-57 拖入特效

⑥ 按空格键进行播放。

实例051 【插入】过渡效果

【插入】过渡效果：斜角擦除以显示图像A下面的图像B，如图5-58所示，具体操作步骤如下：

素材	素材|Cha05|A19.jpg、A20.jpg
场景	场景|Cha05|实例051 【插入】过渡效果. prproj
视频	视频教学 | Cha05 |实例051 【插入】过渡效果.MP4

图5-58 【插入】效果

① 在【项目】面板中空白处双击鼠标，弹出【导入】对话框，打开随书配套资源中的素材|Cha05|A19.jpg、A20.jpg素材文件，单击【打开】按钮

即可导入素材，如图5-59所示。

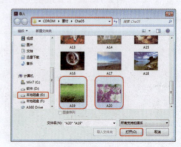

图5-59 打开素材文件

②在【项目】面板中空白处双击鼠标，并在菜单栏中单击【文件】按钮，在弹出的下拉列表中选择【新建】|【序列】命令，如图5-60所示。

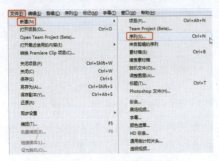

图5-60 选择【序列】命令

③在弹出的窗口中使用默认设置并单击【确定】，然后将打开后的素材拖入【序列】面板中的视频轨道，如图5-61所示。

图5-61 将素材拖入视频轨道

④切换到【效果】窗口打开【视频过渡】文件夹，选择【擦除】下的【插入】过渡效果，如图5-62所示。

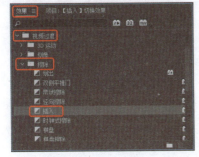

图5-62 选择【插入】特效

⑤将其拖至【序列】面板两个素材之间，如图5-63所示。

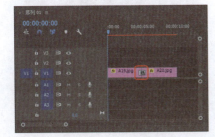

图5-63 拖入特效

⑥按空格键进行播放。

实例052 【时钟式擦除】过渡效果

【时钟式擦除】过渡效果使图像A以时钟放置方式过渡到图像B，效果如图5-64所示。具体操作步骤如下：

素材	素材|Cha05|A21.jpg、A22.jpg
场景	场景|Cha05|实例052 【时钟式擦除】过渡效果.prproj
视频	视频教学|Cha05|实例052 【时钟式擦除】过渡效果.MP4

图5-64 【时钟式擦除】效果

①在【项目】面板中的空白处双击鼠标，弹出【导入】对话框，打开随书配套资源中的素材\|Cha05\|A21.jpg、A22.jpg素材文件，单击【打开】按钮即可导入素材，如图5-65所示。

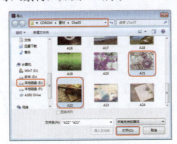

图5-65 打开素材文件

②在菜单栏中单击【文件】按钮，并在弹出的下拉列表中选择【新建】|【序列】命令，如图5-66所示。

图5-66 选择【序列】命令

③在弹出的窗口中使用默认设置并单击【确定】，然后将打开后的素材拖入【序列】面板中的视频轨道，如图5-67所示。

图5-67 将素材拖入视频轨道

④切换到【效果】窗口打开【视频过渡】文件夹，选择【擦除】下的【时钟式擦除】过渡效果，如图5-68所示。

图5-68 选择【时钟式擦除】特效

⑤将其拖至【序列】面板两个素材之间，如图5-69所示。

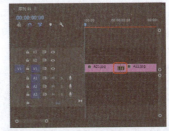

图5-69 拖入特效

⑥按空格键进行播放。

实例053 【棋盘擦除】过渡效果

【棋盘擦除】过渡效果：棋盘显示图像A下面的图像B，效果如图5-70所示。具体操作步骤如下：

素材	素材|Cha05|A23.jpg、A24.jpg
场景	场景|Cha05|实例053 【棋盘擦除】过渡效果.prproj
视频	视频教学|Cha05|实例053 【棋盘擦除】过渡效果.MP4

图5-70 【棋盘擦除】效果

❶ 在【项目】面板中的空白处双击鼠标，弹出【导入】对话框，打开随书配套资源中的素材|Cha05|A23.jpg、A24.jpg素材文件，单击【打开】按钮即可导入素材，如图5-71所示。

图5-71 打开素材文件

❷ 在菜单栏中单击【文件】按钮，在弹出的下拉列表中选择【新建】|【序列】命令，如图5-72所示。

图5-72 选择【序列】命令

❸ 在弹出的窗口中使用默认设置并单击【确定】，然后将打开后的素材拖入【序列】面板中的视频轨道，如图5-73所示。

图5-73 将素材拖入视频轨道

❹ 切换到【效果】窗口打开【视频过渡】文件夹，选择【擦除】下的【棋盘擦除】过渡效果，如图5-74所示。

图5-74 选择【棋盘擦除】特效

❺ 将其拖至【序列】面板两个素材之间，如图5-75所示。

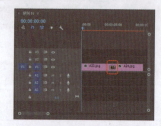

图5-75 插入特效

❻ 按空格键进行播放。

》 知识链接

1.【棋盘】过渡效果

【棋盘】过渡效果使图像A以棋盘消失过渡到图像B，效果如图5-76所示。具体操作步骤如下：

图5-76 【棋盘】效果

（1）在【项目】面板中空白处双击鼠标，弹出【导入】对话框，打开随书配套资源中的素材|Cha05|A25.jpg、A26.jpg素材文件，单击【打开】按钮即可导入素材，如图5-77所示。

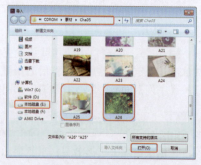

图5-77 打开素材文件

（2）在菜单栏中单击【文件】按钮，在弹出的下拉列表中选择【新建】|【序列】命令，如图5-78所示。

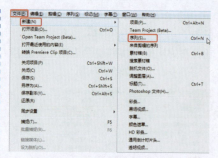

图5-78 选择【序列】命令

（3）在弹出的窗口中使用默认设置并单击【确定】，然后将打开后的素材拖入【序列】面板中的视频轨道，如图5-79所示。

图5-79 将素材拖入视频轨道

（4）切换到【效果】窗口打开【视频过渡】文件夹，选择【擦除】下的【棋盘】过渡效果，如图5-80所示。

图5-80 选择【棋盘】特效

（5）将其拖至【序列】面板两个素材之间，如图5-81所示。

图5-81 插入特效

（6）按空格键进行播放。

2.【楔形擦除】过渡效果

【楔形擦除】过渡效果：从图

像A的中心开始擦除，以显示图像B，效果如图5-82所示。具体操作步骤如下：

（1）在【项目】面板中空白处双击鼠标，弹出【导入】对话框，打开随书配套资源中的素材|Cha05|A27.jpg、A28.jpg素材文件，单击【打开】按钮即可导入素材，如图5-83所示。

图5-82　【楔形擦除】效果

图5-83　打开素材文件

（2）在菜单栏中单击【文件】按钮，在弹出的下拉列表中选择【新建】|【序列】命令，如图5-84所示。

图5-84　选择【序列】命令

（3）在弹出的窗口中使用默认设置并单击【确定】，然后将打开后的素材拖入【序列】面板中的视频轨道，如图5-85所示。

图5-85　将素材拖入视频轨道

（4）切换到【效果】窗口打开【视频过渡】文件夹，选择【擦

除】下的【楔形擦除】过渡效果，如图5-86所示。

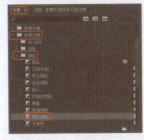

图5-86　选择【楔形擦除】特效

（5）将其拖至【序列】面板两个素材之间，如图5-87所示。

图5-87　拖入特效

（6）按空格键进行播放。

3.【随机擦除】过渡效果

【随机擦除】过渡效果使图像B从图像A一边随机出现扫走图像A，具体操作步骤如下：

（1）使用上述方法打开随书配套资源中的素材文件，并将其拖入【序列】面板中的视频轨道。

（2）切换到【效果】窗口打开【视频过渡】文件夹，选择【擦除】下的【随机擦除】过渡特效，将其拖至【序列】面板两个素材之间。

（3）按空格键进行播放，其应用该切换的效果如图5-88所示。

图5-88　【随机擦除】过渡特效

实例054　【水波块】过渡效果

【水波块】过渡效果：来回进行块擦除以显示图像A下面的图像B，具体操作步骤如下：

素材	素材|Cha05|A29.jpg、A30.jpg
场景	场景|Cha05|实例054 【水波块】过渡效果. prproj
视频	视频教学	Cha05 |实例054 【水波块】过渡效果.MP4

❶ 使用上述方法打开随书配套资源中的素材文件，并将其拖入【序列】面板中的视频轨道。

❷ 切换到【效果】窗口打开【视频过渡】文件夹，选择【擦除】下的【水波块】过渡特效，将其拖至【序列】面板两个素材之间。

❸ 切换到【效果控件】窗口中单击【自定义】按钮，打开【水波块设置】对话框对特效进行进一步的设置，如图5-89所示。

🏷 提 示

【水平】：设置水平划片的数量。

【垂直】：设置垂直划片的数量。

❹ 按空格键进行播放，应用该切换的效果如图5-90所示。

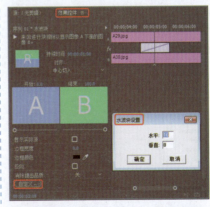

图5-89　【水波块设置】对话框

图5-90　【水波块】效果

实例055 　　【油漆飞溅】过渡效果

　　【油漆飞溅】过渡效果："油漆"飞溅，以显示图像A下面的图像B，效果如图5-91所示。具体操作步骤如下：

素材	素材|Cha05|A31.jpg、A32.jpg
场景	场景|Cha05|实例055 【油漆飞溅】过渡效果. prproj
视频	视频教学 | Cha05 |实例055 【油漆飞溅】过渡效果.MP4

图5-91 【油漆飞溅】效果

　　❶ 在【项目】面板中空白处双击鼠标，弹出【导入】对话框，打开随书配套资源中的素材\|Cha05\|A31.jpg、A32.jpg素材文件，单击【打开】按钮即可导入素材，如图5-92所示。

图5-92 打开素材文件

　　❷ 在菜单栏中单击【文件】按钮，在弹出的下拉列表中选择【新建】\|【序列】命令，如图5-93所示。

图5-93 选择【序列】命令

　　❸ 在弹出的窗口中使用默认设置并单击【确定】，然后将打开后的素材拖入【序列】面板中的视频轨道，如图5-94所示。

　　❹ 切换到【效果】窗口打开【视频过渡】文件夹，选择【擦除】下的【油漆飞溅】过渡效果，如图5-95所示。

图5-94 将素材拖入视频轨道

图5-95 选择【油漆飞溅】特效

　　❺ 将其拖至【序列】面板两个素材之间。如图5-96所示。

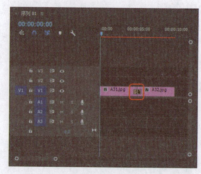

图5-96 拖入特效

　　❻ 按空格键进行播放。

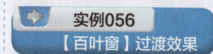 **实例056** 　　【百叶窗】过渡效果

　　【百叶窗】过渡效果：水平擦除以显示图像A下面的图像B，类似于百叶窗，具体操作步骤如下：

素材	素材|Cha05|A33.jpg、A34.jpg
场景	场景|Cha05|实例056 【百叶窗】过渡效果. prproj
视频	视频教学 | Cha05 |实例056 【百叶窗】过渡效果.MP4

　　❶ 使用上述方法打开随书配套资源中的素材文件，并将其拖入【序列】面板中的视频轨道。

　　❷ 切换到【效果】窗口打开【视频过渡】文件夹，选择【擦除】下的【百叶窗】过渡特效，将其拖至【序列】面板两个素材之间。

　　❸ 切换到【效果控件】窗口中单击【自定义】按钮，打开【百叶窗设置】对话框对特效进行进一步的设置，如图5-97所示。

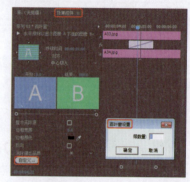

图5-97 【百叶窗设置】对话框

　　❹ 按空格键进行播放，过渡效果如图5-98所示。

图5-98 【百叶窗】过渡效果

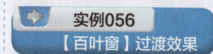 **实例057** 　　【风车】过渡效果

　　【风车】过渡效果：从图像A的中心进行多次扫掠擦除，以显示图像B，具体操作步骤如下：

素材	素材|Cha05|A35.jpg、A36.jpg
场景	场景|Cha05|实例057 【风车】过渡效果. prproj
视频	视频教学 | Cha05 |实例057 【风车】过渡效果.MP4

　　❶ 使用上述方法打开随书配套资源中的素材文件，并将其拖入【序列】面板中的视频轨道。

② 切换到【效果】窗口打开【视频过渡】文件夹，选择【擦除】下的【风车】过渡特效，将其拖至【序列】面板两个素材之间。

③ 切换到【效果控件】窗口中单击【自定义】按钮，弹出【风车设置】对话框对特效进行进一步的设置，如图5-99所示。

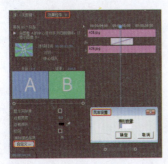

图5-99 【风车设置】对话框

④ 按空格键进行播放，效果如图5-100所示。

图5-100 【风车】过渡效果

实例058 【渐变擦除】过渡效果

【渐变擦除】过渡效果按照用户选定图像的渐变柔和擦除，具体操作步骤如下：

素材	素材|Cha05|A37.jpg、A38.jpg
场景	场景|Cha05|实例058 【渐变擦除】过渡效果. prproj
视频	视频教学 | Cha05 |实例058 【渐变擦除】过渡效果.MP4

① 使用上述方法打开随书配套资源中的素材文件，并将其拖入【序列】面板中的视频轨道。

② 切换到【效果】窗口打开【视频过渡】文件夹，选择【擦除】下的【渐变擦除】过渡特效，将其拖至【序列】面板两个素材之间，即可弹出【渐变擦除设置】对话框。

③ 在打开【渐变擦除设置】对话框对特效进行进一步的设置。单击

【选择图像】按钮，可以选择要作为灰度图的图像，通过【柔化】设置它的柔和度，如图5-101所示。

图5-101 【渐变擦除设置】对话框

实例059 【螺旋框】过渡效果

【螺旋框】过渡效果：以螺旋框形状擦除，以显示图像A下面的图像B，具体操作步骤如下：

素材	素材|Cha05|A39.jpg、A40.jpg
场景	场景|Cha05|实例059 【螺旋框】过渡效果. prproj
视频	视频教学 | Cha05 |实例059 【螺旋框】过渡效果.MP4

① 使用上述方法打开随书配套资源中的素材文件，并将其拖入【序列】面板中的视频轨道。

② 切换到【效果】窗口打开【视频过渡】文件夹，选择【擦除】下的【螺旋框】过渡特效，将其拖至【序列】面板两个素材之间。

③ 切换到【效果控件】窗口中单击【自定义】按钮，打开【螺旋框设置】对话框对特效进行进一步的设置，如图5-103所示。

④ 按空格键进行播放，过渡效果如图5-104所示。

④ 按空格键进行播放，过渡效果如图5-102所示。

图5-102 【渐变擦除】效果

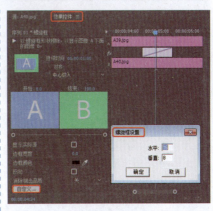

图5-103 【螺旋框设置】对话框

图5-104 【螺旋框】效果

实例060 【随机块】过渡效果

【随机块】过渡效果：出现随机块，以显示图像A下面的图像B，具体操作步骤如下：

素材	素材|Cha05|A41.jpg、A42.jpg
场景	场景|Cha05|实例060 【随机块】过渡效果. prproj
视频	视频教学 | Cha05 |实例060 【随机块】过渡效果.MP4

① 使用上述方法打开随书配套资源中的素材文件，并将其拖入【序列】面板中的视频轨道。

② 切换到【效果】窗口打开【视频过渡】文件夹，选择【擦除】下的

【随机块】过渡特效，将其拖至【序列】面板两个素材之间。

③ 切换到【效果控件】窗口中并单击【自定义】按钮，打开【随机块设置】对话框对特效进行进一步的设置，如图5-105所示。

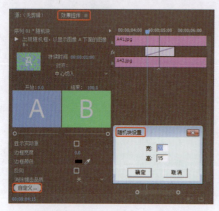

图5-105 【随机块设置】对话框

④ 按空格键进行播放，效果如图5-106所示。

图5-106 【随机块】效果

实例061 【交叉溶解】过渡效果

【交叉溶解】两个素材溶解转换，即前一个素材逐渐消失同时后一个素材逐渐显示，如图5-107所示，具体操作步骤如下：

素材	素材|Cha05|A45.jpg、A46.jpg
场景	场景|Cha05|实例061 【交叉溶解】过渡效果. prproj
视频	视频教学	Cha05 |实例061 【交叉溶解】过渡效果.MP4

图5-107 【交叉溶解】特效

① 在【项目】面板中空白处双击鼠标，弹出【导入】对话框，打开随书配套资源中的素材|Cha05|A45.jpg、A46.jpg文件，单击【打开】按钮即可导入素材，如图5-108所示。

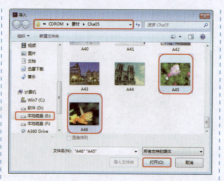

图5-108 打开素材文件

② 在菜单栏中单击【文件】按钮，在弹出的下拉列表中选择【新建】|【序列】命令，如图5-109所示。

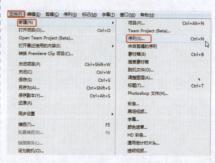

图5-109 选择【序列】命令

③ 在弹出的窗口中使用默认设置并单击【确定】，然后将打开后的素材拖入【序列】面板中的视频轨道，如图5-110所示。

④ 切换到【效果】窗口打开【视频过渡】文件夹，选择【溶解】下的【交叉溶解】过渡效果，如图5-111所示。

图5-110 将素材拖入视频轨道

图5-111 选择【交叉溶解】特效

⑤ 将其拖至【序列】面板两个素材之间。如图5-112所示。

图5-112 拖入特效

⑥ 按空格键进行播放。

实例062 【胶片溶解】过渡效果

【胶片溶解】过渡效果使素材产生胶片朦胧的效果并切换至另一个素材，其效果如图5-113所示。具体操作步骤如下：

素材	素材|Cha05|A47.jpg、A48.jpg
场景	场景|Cha05|实例062 【胶片溶解】过渡效果. prproj
视频	视频教学	Cha05 |实例062 【胶片溶解】过渡效果.MP4

图5-113 【胶片溶解】特效

① 在【项目】面板中空白处双击鼠标，弹出【导入】对话框，打开随书配套资源中的素材|Cha05|A47.jpg、A48.jpg素材文件，单击【打开】按钮即可导入素材，如图5-114所示。

图5-114 打开素材文件

② 在菜单栏中单击【文件】按钮，在弹出的下拉列表中选择【新建】|【序列】命令，如图5-115所示。

图5-115　选择【序列】素材文件

③ 在弹出的窗口中使用默认设置并单击【确定】，然后将打开后的素材拖入【序列】面板中的视频轨道，如图5-116所示。

图5-116　将素材拖入视频轨道

④ 切换到【效果】窗口打开【视频过渡】文件夹，选择【溶解】下的【胶片溶解】过渡效果，如图5-117所示。

图5-117　选择【胶片溶解】特效

⑤ 将其拖至【序列】面板两个素材之间，如图5-118所示。

图5-118　拖入特效

⑥ 按空格键进行播放。

实例063　【非叠加溶解】过渡效果

【非叠加溶解】过渡效果：图像A的明亮度映射到图像B，如图5-119所示，具体操作步骤如下：

素材	素材|Cha05|A49.jpg、A50.jpg
场景	场景|Cha05|实例063　【非叠加溶解】过渡效果. prproj
视频	视频教学 | Cha05 |实例063　【非叠加溶解】过渡效果.MP4

图5-119　【非叠加溶解】效果

① 在【项目】面板中空白处双击鼠标，弹出【导入】对话框，打开随书配套资源中的素材\|Cha05\|A49.jpg、A50.jpg素材文件，单击【打开】按钮即可导入素材，如图5-120所示。

图5-120　打开素材文件

② 在菜单栏中单击【文件】按钮，在弹出的下拉列表中选择【新建】|【序列】命令，如图5-121所示。

图5-121　选择【序列】命令

③ 在弹出的窗口中使用默认设置并单击【确定】，然后将打开后的素材拖入【序列】面板中的视频轨道，如图5-122所示。

④ 切换到【效果】窗口打开【视频过渡】文件夹，选择【溶解】下的【非叠加溶解】过渡效果，如图5-123所示。

图5-122　将素材拖入视频轨道

图5-123　选择【非叠加溶解】特效

⑤ 将其拖至【序列】面板两个素材之间，如图5-124所示。

图5-124　拖入特效

⑥ 按空格键进行播放。

实例064　　　　【叠加溶解】过渡效果

【叠加溶解】过渡效果：图像A渐隐于图像B，如图5-125所示，具体操作步骤如下：

素材	素材|Cha05|A51.jpg、A52.jpg
场景	场景|Cha05|实例064【叠加溶解】过渡效果.prproj
视频	视频教学 | Cha05 |实例064 【叠加溶解】过渡效果.MP4

图5-125　【叠加溶解】效果

❶ 在【项目】面板中的空白处双击鼠标，弹出【导入】对话框，打开随书配套资源中的素材|Cha05|A51.jpg、A52.jpg素材文件，单击【打开】按钮即可导入素材，如图5-126所示。

图5-126　打开素材文件

❷ 在菜单栏中单击【文件】按钮，在弹出的下拉列表中选择【新建】|【序列】命令，如图5-127所示。

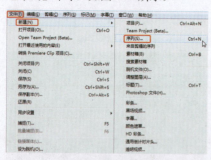

图5-127　选择【序列】命令

❸ 在弹出的窗口中使用默认设置并单击【确定】，然后将打开后的素材拖入【序列】面板中的视频轨道，如图5-128所示。

❹ 切换到【效果】窗口打开【视频过渡】文件夹，选择【溶解】下的【叠加溶解】过渡效果，如图5-129所示。

图5-128　将素材拖入视频轨道

图5-129　选择【叠加溶解】特效

❺ 将其拖至【序列】面板两个素材之间，如图5-130所示。

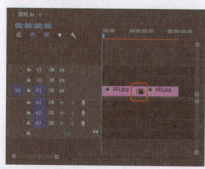

图5-130　拖入特效

❻ 按空格键进行播放。

知识链接

1.【MorphCut】过渡效果

【MorphCut】过渡效果：MorphCut

是 Premiere Pro 中的一种视频过渡，通过在原声摘要之间平滑跳切，帮助你创建更加完美的访谈，如图5-131所示，具体操作步骤如下：

图5-131　【MorphCut】效果

（1）在【项目】面板中的空白处双击鼠标，弹出【导入】对话框，打开随书配套资源中的素材|Cha05|A69.jpg、A70.jpg素材文件，单击【打开】按钮即可导入素材，如图5-132所示。

图5-132　打开素材文件

（2）在菜单栏中单击【文件】按钮，在弹出的下拉列表中选择【新建】|【序列】命令，如图5-133所示。

图5-133　选择【序列】命令

（3）在弹出的窗口中使用默认设置并单击【确定】，然后将打开后的素材拖入【序列】面板中的视频轨道，如图5-134所示。

（4）切换到【效果】窗口打开【视频过渡】文件夹，选择【溶解】下的【MorphCut】过渡效果，如图5-135所示。

图5-134　将素材拖入视频轨道

图5-135　选择【MorphCut】特效

（5）将其拖至【序列】面板两个素材之间，如图5-136所示。

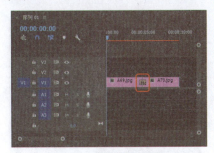

图5-136　打开素材文件

（6）按空格键进行播放。

2.【渐隐为白色】过渡效果

【渐隐为白色】过渡效果与【渐隐为黑色】很相似，它可以使前一个素材逐渐变白，然后一个素材由白逐渐显示。

3.【渐隐为黑色】过渡效果

【渐隐为黑色】过渡效果使前一个素材逐渐变黑，然后一个素材由黑逐渐显示，如图5-137所示，具体操作步骤如下：

图5-137　【渐隐为黑色】特效

（1）在【项目】面板中的空白处双击鼠标，弹出【导入】对话框，打开随书配套资源中的素材|Cha05|A53.jpg、A54.jpg素材文件，单击【打开】按钮即可导入素材，如图5-138所示。

图5-138　打开素材文件

（2）在菜单栏中单击【文件】按钮，在弹出的下拉列表中选择【新建】|【序列】命令，如图5-139所示。

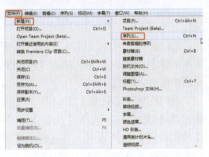

图5-139　选择【序列】命令

（3）在弹出的窗口中使用默认设置单击【确定】，然后将打开后的素材，拖入【序列】面板中的视频轨道，如图5-140所示。

（4）切换到【效果】窗口打开【视频过渡】文件夹，选择【溶解】下的【渐隐为黑色】过渡效果，如图5-141所示。

图5-140　将素材拖入视频轨道

图5-141　选择【渐隐为黑色】特效

（5）将其拖至【序列】面板两个素材之间，如图5-142所示。

（6）按空格键进行播放。

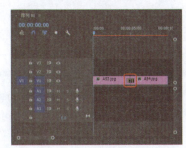

图5-142　拖入特效

实例065　【中心拆分】过渡效果

【中心拆分】过渡效果：图像A分成四部分，并滑动到角落以显示图像B，效果如图5-143所示。具体操作步骤如下：

素材	素材|Cha05|A55.jpg、A56.jpg
场景	场景|Cha05|实例065　【中心拆分】过渡效果.prproj
视频	视频教学|Cha05|实例065　【中心拆分】过渡效果.MP4

图5-143　【中心拆分】效果

❶ 在【项目】面板中的空白处双击鼠标，弹出【导入】对话框，打开随书配套资源中的素材|Cha05|A55.jpg、A56.jpg素材文件，单击【打开】按钮即可导入素材，如图5-144所示。

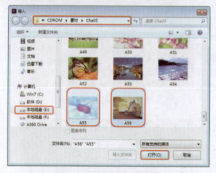

图5-144 打开素材文件

❷ 在菜单栏中单击【文件】按钮，在弹出的下拉列表中选择【新建】|【序列】命令，如图5-145所示。

图5-145 选择【序列】命令

❸ 在弹出的窗口中使用默认设置单击【确定】，然后将打开后的素材，拖入【序列】面板中的视频轨道，如图5-146所示。

图5-146 将素材拖入视频轨道

❹ 切换到【效果】窗口打开【视频过渡】文件夹，选择【滑动】下的【中心拆分】过渡效果，如图5-147所示。

❺ 将其拖至【序列】面板两个素材之间，如图5-148所示。

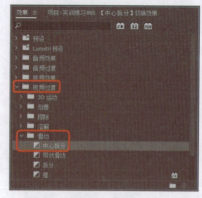

图5-147 选择【中心拆分】特效

图5-148 拖入特效

❻ 按空格键进行播放。

实例066 【带状滑动】过渡效果

【带状滑动】过渡效果：图像B在水平、垂直或对角线方向上以条形滑入，逐渐覆盖图像A，具体操作步骤如下：

素材	素材|Cha05|A57.jpg、A58.jpg
场景	场景|Cha05|实例066 【带状滑动】过渡效果. prproj
视频	视频教学	Cha05 |实例066 【带状滑动】过渡效果.MP4

❶ 使用上述方法打开随书配套资源中的素材文件，并将其拖入【序列】面板中的视频轨道。

❷ 切换到【效果】窗口打开【视频过渡】文件夹，选择【滑动】下的【带状滑动】过渡效果，将其拖至【序列】面板两个素材之间。

❸ 切换到【效果控件】窗口中单击【自定义】按钮，打开【带状滑动设置】对话框对特效进行进一步的设置，如图5-149所示。

> **提 示**
>
> 【带数量】：输入切换条数目。

❹ 按空格键进行播放，应用该切换的效果如图5-150所示。

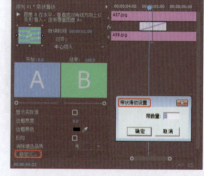

图5-149 【带状滑动设置】对话框

图5-150 【带状滑动】效果

实例067 【拆分】过渡效果

【拆分】过渡效果：图像A拆分并滑动到两边，并显示到图像B，具体操作步骤如下：

素材	素材|Cha05|A59.jpg、A60.jpg
场景	场景|Cha05|实例067 【拆分】过渡效果. prproj
视频	视频教学	Cha05 |实例067 【拆分】过渡效果.MP4

❶ 使用上述方法打开随书配套资源中的素材文件，并将其拖入【序列】面板中的视频轨道。

❷ 切换到【效果】窗口打开【视频过渡】文件夹，选择【滑动】下的【拆分】过渡效果，将其拖至【序列】面板两个素材之间。

❸ 按空格键进行播放。其过渡效果如图5-151所示。

道，如图5-155所示。

图5-151 【拆分】过渡效果

图5-158 【滑动】过渡效果

知识链接

1.【推】过渡效果

【推】过渡效果使图像B将图像A推到一边，效果如图5-152所示，具体操作步骤如下：

图5-152 【推】过渡效果

（1）在【项目】面板中空白处双击鼠标，弹出【导入】对话框，打开随书配套资源中的素材|Cha05|A61.jpg、A62.jpg素材文件，如图5-153所示。

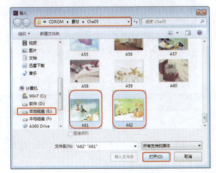
图5-153 打开素材文件

（2）在菜单栏中单击【文件】按钮，在弹出的下拉列表中选择【新建】|【序列】命令，如图5-154所示。

图5-154 选择【序列】命令

（3）在弹出的窗口中使用默认设置单击【确定】，然后将打开后的素材，拖入【序列】面板中的视频轨

图5-155 将素材拖入视频轨道

（4）切换到【效果】窗口打开【视频过渡】文件夹，选择【滑动】下的【推】过渡效果，如图5-156所示。

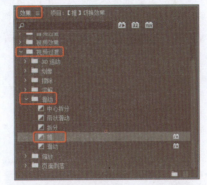
图5-156 选择【推】特效

（5）将其拖至【序列】面板两个素材之间，如图5-157所示。

图5-157 拖入特效

（6）按空格键进行播放。

2.【滑动】过渡效果

【滑动】过渡效果使图像B滑动到图像A上面，具体操作步骤如下：

（1）使用上述方法打开随书配套资源中的素材文件，并将其拖入【序列】面板中的视频轨道。

（2）切换到【效果】窗口打开【视频过渡】文件夹，选择【滑动】下的【滑动】过渡效果，将其拖至【序列】面板两个素材之间。

（3）按空格键进行播放。其过渡效果如图5-158所示。

实例068
【交叉缩放】过渡效果

【交叉缩放】过渡效果：图像A放大，然后图像B缩小，效果如图5-159所示。具体操作步骤如下：

素材	素材|Cha05|A65.jpg、A66.jpg
场景	场景|Cha05|实例068 【交叉缩放】过渡效果.prproj
视频	视频教学|Cha05|实例068 【交叉缩放】过渡效果.MP4

图5-159 【交叉缩放】过渡效果

❶ 在【项目】面板中空白处双击鼠标，弹出【导入】对话框，打开随书配套资源中的素材|Cha05|A65.jpg、A66.jpg文件，单击【打开】按钮即可导入素材，如图5-160所示。

图5-160 打开素材文件

❷ 在菜单栏中单击【文件】按钮，在弹出的下拉列表中选择【新建】|【序列】命令，如图5-161所示。

❸ 在弹出的窗口中使用默认设置单击【确定】，然后将打开后的素材，拖入【序列】面板中的视频轨道，如图5-162所示。

图5-161　选择【序列】命令

图5-162　将素材拖入视频轨道

④ 切换到【效果】窗口打开【视频过渡】文件夹，选择【缩放】下的【交叉缩放】过渡效果，如图5-163所示。

图5-163　选择【交叉缩放】特效

⑤ 将其拖至【序列】面板两个素材之间，如图5-164所示。

图5-164　拖入特效

⑥ 切换到【效果控件】窗口中调整缩放点的位置，如图5-165所示。

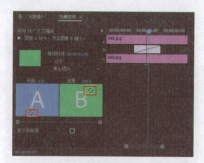

图5-165　【效果控件】窗口

⑦ 按空格键进行播放。

实例069
【翻页】过渡效果

【翻页】过渡效果和下面的【页面剥落】类似，区别是素材卷起时，页面剥落部分仍旧是这一素材，如图5-166所示，具体操作步骤如下：

素材	素材|Cha05|A67.jpg、A68.jpg
场景	场景|Cha05|实例069　【翻页】过渡效果.prproj
视频	视频教学 | Cha05 |实例069【翻页】过渡效果.MP4

图5-166　【翻页】特效

① 在【项目】面板中空白处双击鼠标，弹出【导入】对话框，打开随书配套资源中的素材\|Cha05\|A67.jpg、A68.jpg素材文件，如图5-167所示。

图5-167　打开素材文件

② 在菜单栏中单击【文件】按钮，在弹出的下拉列表中选择【新建】\|【序列】命令，如图5-168所示。

③ 在弹出的窗口中使用默认设置单击【确定】，然后将打开后的素材，拖入【序列】面板中的视频轨道，如图5-169所示。

图5-168　选择【序列】命令

图5-169　将素材拖入视频轨道

④ 切换到【效果】窗口打开【视频过渡】文件夹，选择【页面剥落】下的【翻页】过渡效果，如图5-170所示。

图5-170　选择【翻页】特效

⑤ 将其拖至【序列】面板中两个素材之间，如图5-171所示。

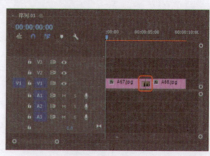

图5-171　拖入特效

⑥ 按空格键进行播放。

实例070
【页面剥落】过渡效果

【页面剥落】过渡效果产生页面剥落转换的效果，如图5-172所示，具体操作步骤如下：

素材	素材|Cha05|A67.jpg、A68.jpg
场景	场景|Cha05|实例070 【页面剥落】过渡效果. prproj
视频	视频教学 | Cha05 |实例070 【页面剥落】过渡效果.MP4

图5-172　【页面剥落】特效

❶ 在【项目】面板中空白处双击鼠标，弹出【导入】对话框，打开随书配套资源中的素材\|Cha05\|A67.jpg、A68.jpg素材文件，如图5-173所示。

图5-173　打开素材文件

❷ 在菜单栏中单击【文件】按钮，在弹出的下拉列表中选择【新建】\|【序列】命令，如图5-174所示。

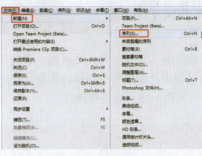

图5-174　选择【序列】命令

❸ 在弹出的窗口中使用默认设置单击【确定】，然后将打开后的素材，拖入【序列】面板中的视频轨道，如图5-175所示。

图5-175　将素材拖入视频轨道

❹ 切换到【效果】窗口打开【视频过渡】文件夹，选择【页面剥落】下的【页面剥落】过渡效果，如图5-176所示。

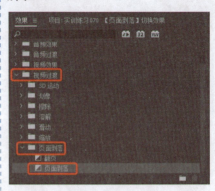

图5-176　选择【页面剥落】特效

❺ 将其拖至【序列】面板中两个素材之间，如图5-177所示。

图5-177　拖入特效

❻ 按空格键进行播放。

第6章 视频特效

本章讲解的是如何在影片中添加视频特效，对于剪辑人员来说，掌握视频特效是非常必要的。影片的好与坏视频特效技术起着决定性的作用，巧妙地为影片添加各式各样的视频特技，可以使影片赋有很强的视觉感染力。下面一起来看一下Premiere Pro CC 2017为我们提供的经典特效。

实例071 【垂直翻转】特效

【垂直翻转】特效可以使素材上下翻转，效果如图6-1所示。

素材	素材|Cha06|001.jpg
场景	场景|Cha06|实例071 【垂直翻转】特效.prproj
视频	视频教学 | Cha06 |实例071 【垂直翻转】特效.MP4

图6-1 【垂直翻转】特效

❶ 新建项目和序列文件【DV-PAL|标准48kHz】，在【项目】面板中的空白处双击鼠标，弹出【导入】对话框，打开随书配套资源中的素材|Cha06|001.jpg素材文件，如图6-2所示。

图6-2 选择素材文件

❷ 在【项目】面板中选择【001.jpg】

素材文件，将其添加至时间轴窗口中的视频轨道上，如图6-3所示。

图6-3 将素材拖至序列轨道中

❸ 在轨道中选择【001.jpg】素材文件，将【缩放】设置为77，如图6-4所示。

图6-4 设置【缩放】参数

❹ 切换到【效果】窗口，打开

【视频效果】文件夹，选择【变换】|【垂直翻转】特效，选择该特效将其添加至轨道中的素材文件上，如图6-5所示。

图6-5 添加特效

知识链接

【水平翻转】特效

【水平翻转】特效可以使素材水平翻转，该特效的选项组如图6-6所示。效果如图6-7所示。

图6-6 【水平翻转】特效选项组

图6-7 添加【水平翻转】特效后的效果

实例072
【羽化边缘】特效

【羽化边缘】特效用于对素材片段的边缘进行羽化，效果如图6-8所示。

素材	素材|Cha06|002.jpg
场景	场景|Cha06|实例072 【羽化边缘】特效.prproj
视频	视频教学	Cha06 |实例072 【羽化边缘】特效.MP4

图6-8 【羽化边缘】特效

① 新建项目和序列文件【DV-PAL|标准48kHz】，在【项目】面板中的空白处双击鼠标，弹出【导入】对话框，打开随书配套资源中的素材|Cha06|002.jpg素材文件，如图6-9所示。

图6-9 选择素材文件

② 在【项目】面板中选择【002.jpg】素材文件，将其添加至时间轴窗口中的视频轨道上，如图6-10所示。

图6-10 将素材拖至序列轨道中

③ 在轨道中选择【002.jpg】素材文件，将【缩放】设置为77，如图6-11所示。

图6-11 设置【缩放】参数

④ 切换到【效果】窗口，打开【视频效果】文件夹，选择【变换】|【羽化边缘】特效，如图6-12所示。

图6-12 选择【羽化边缘】特效

⑤ 选择特效后，按住鼠标将其拖至素材文件上，如图6-13所示。

图6-13 添加特效

⑥ 打开【效果控件】窗口，将【羽化边缘】特效下的【数量】设置为50，如图6-14所示，观看效果。

图6-14 设置【数量】

实例073
【裁剪】特效

【裁剪】特效可以将素材边缘的像素剪掉，并可以自动将修剪过的素材尺寸变到原始尺寸，使用滑块控制可以修剪素材个别边缘，可以采用像素或图像

百分比两种方式计算，效果如图6-15所示。

素材	素材|Cha06|003.jpg
场景	场景|Cha06|实例073 【裁剪】特效.prproj
视频	视频教学	Cha06 |实例073 【裁剪】特效.MP4

图6-15 【裁剪】特效

① 新建项目和序列文件【DV-PAL|标准48kHz】，在【项目】面板中的空白处双击鼠标，弹出【导入】对话框，打开随书配套资源中的素材|Cha06|003.jpg文件，如图6-16所示。

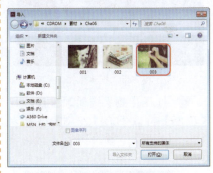

图6-16 选择素材文件

② 在【项目】面板中选择【003.jpg】素材文件，将其添加至时间轴窗口中的视频轨道上，如图6-17所示。

图6-17 将素材拖至序列轨道中

③ 在轨道中选择【003.jpg】素材文件，将【缩放】设置为80，如图6-18所示。

图6-18 设置【缩放】参数

④ 切换至【效果】窗口，打开【视频效果】文件夹，选择【变换】|【裁剪】特效，如图6-19所示。

图6-19 选择【裁剪】特效

⑤ 选择特效后，按住鼠标将其拖至时间轴窗口中素材文件上，如图6-20所示。

图6-20 添加特效

⑥ 打开【效果控件】窗口，将【裁剪】特效下的【左侧】设置为38%、【底部】设置为21%，其他均设置为0，如图6-21所示。

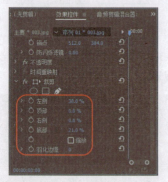

图6-21 设置【裁剪】参数

知识链接

关于关键帧

使用添加关键帧的方式可以创建动画并控制素材动画效果和音频效果，通过关键帧查看属性的数值变化，如位置、不透明度，等等。当为多个关键帧赋予不同的值时，Premiere会自动计算关键帧之间的值，这个处理过程称为【插补】。对于大多数标准效果，都可以在素

材的整个时间长度中设置关键帧。对于固定效果，比如位置和缩放，也可以设置关键帧，使素材产生动画。可以移动、复制或删除关键帧和改变插补的模式。

实例074

【灰度系数校正】特效

【灰度系数校正】特效可以使素材渐渐变亮或变暗，效果如图6-22所示。

素材	素材|Cha06|004.jpg
场景	场景|Cha06|实例074 【灰度系数校正】特效.prproj
视频	视频教学	Cha06|实例074 【灰度系数校正】特效.MP4

图6-22 【灰度系数校正】特效

① 新建项目和序列文件【DV-PAL|标准48kHz】，在【项目】面板中双击鼠标，弹出【导入】对话框，打开随书配套资源中的素材|Cha06|004.jpg素材文件，如图6-23所示。

图6-23 选择素材文件

② 在【项目】面板中选择【004.jpg】素材文件，将其添加至时间轴窗口中的视频轨道上，如图6-24所示。

图6-24 将素材拖至序列轨道中

③ 在轨道中选择【004.jpg】素材文件，将【缩放】设置为80，如图6-25所示。

图6-25 设置【缩放】参数

④ 在切换至【效果】窗口，打开【视频效果】文件夹，选择【图像控制】|【灰度系数校正】特效，如图6-26所示。

图6-26 选择【灰度系数校正】特效

⑤ 选择特效后，按住鼠标将其拖至时间轴窗口中素材文件上，如图6-27所示。

图6-27 添加特效

⑥ 打开【效果控件】窗口，将【灰度系数校正】特效下的【灰度系数】设置为20，如图6-28所示。

图6-28 设置【灰度系数】参数

实例075

【颜色平衡（RGB）】特效

【颜色平衡（RGB）】特效可以按RGB颜色模式调节素材的颜色，达到校色的目的，效果如图6-29所示。

素材	素材|Cha06|005.jpg
场景	场景|Cha06|实例075 【颜色平衡（RGB）】特效.prproj
视频	视频教学 | Cha06 |实例075【颜色平衡（RGB）】特效.MP4

图6-29 【颜色平衡（RGB）】特效

❶ 新建项目和序列文件【DV-PAL|标准48kHz】，在【项目】面板中空白处双击鼠标，弹出【导入】对话框，打开随书配套资源中的素材\|Cha06\|005.jpg素材文件，如图6-30所示。

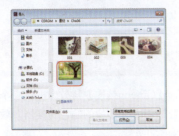

图6-30 选择素材文件

❷ 在【项目】面板中选择【005.jpg】素材文件，将其添加至时间轴窗口中的视频轨道上，如图6-31所示。

图6-31 将素材拖至序列轨道中

❸ 在视频轨道中选择【005.jpg】素材文件，将【缩放】设置为78，如图6-32所示。

图6-32 设置【缩放】参数

❹ 切换至【效果】窗口，打开【视频效果】文件夹，选择【图像控制】|【颜色平衡（RGB）】特效，如图6-33所示。

图6-33 选择【颜色平衡（RGB）】特效

❺ 选择该特效，将其拖至时间轴窗口中的【005.jpg】素材文件上，如图6-34所示。

图6-34 添加特效

❻ 打开【效果控件】窗口，将【颜色平衡（RGB）】下的【红色】设置为117，【绿色】设置为90，将【蓝色】设置为100，如图6-35所示。

图6-35 设置【颜色平衡（RGB）】参数

实例076
【颜色替换】特效

【颜色替换】特效可以将选择的颜色替换成一个新的颜色，且保持不变的灰度级。使用这个效果可以通过选择图像中一个物体的颜色，然后通过调整控制器产生一个不同的颜色，达到改变物体颜色的目的，效果如图6-36所示。

素材	素材|Cha06|006.jpg
场景	场景|Cha06|实例076 【颜色替换】特效.prproj
视频	视频教学 | Cha06 |实例076【颜色替换】特效.MP4

图6-36 【颜色替换】特效

❶ 新建项目和序列文件【DV-PAL|标准48kHz】，在【项目】面板中的空白处双击鼠标，弹出【导入】对话框，打开随书配套资源中的素材\|Cha06\|006.jpg素材文件，如图6-37所示。

图6-37 选择素材文件

❷ 在【项目】面板中选择【006.jpg】素材文件，将其添加至时间轴窗口中的视频轨道上，如图6-38所示。

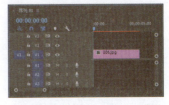

图6-38 将素材拖至序列轨道中

❸ 在轨道中选择【006.jpg】素材文件，将【缩放】设置为77，如图6-39所示。

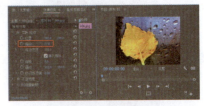

图6-39 设置缩放

❹ 切换至【效果】窗口，打开【视频效果】文件夹，选择【图像控制】|【颜色替换】特效，如图6-40所示。

图6-40 选择【颜色替换】特效

⑤ 选择该特效，将其拖至时间轴窗口中的【006.jpg】素材文件上，然后切换至【效果控件】窗口，将【相似性】设置为53，单击【目标颜色】右侧的按钮，在【节目】监视器窗口中单击需要更改的颜色，如图6-41所示。

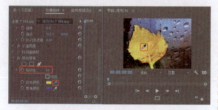

图6-41　拾取【目标颜色】

⑥ 然后单击【替换颜色】右侧的按钮，打开【颜色拾取】对话框，将其RGB值设置为17、207、7，将其关闭，如图6-42所示。

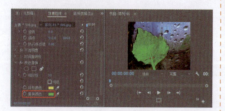

图6-42　设置【替换颜色】

知识链接

【颜色过滤】特效

【颜色过滤】特效可以将素材转变成灰度，除了只保留一个指定的颜色外，使用这个效果可以突出素材的某个特殊区域，其该特效的选项组如图6-43所示。效果如图6-44所示。

图6-43　【颜色过滤】选项组

图6-44　【颜色过滤】特效

实例077
【黑白】特效

【黑白】特效可以将任何彩色素材变成灰度图，也就是说，颜色由灰度的明暗来表示，源素材与添加特效素材的对比效果如图6-45所示。

素材	素材|Cha06|007.jpg
场景	场景|Cha06|实例077 【黑白】特效.prproj
视频	视频教学 | Cha06|实例077 【黑白】特效.MP4

图6-45　【黑白】特效

① 新建项目和序列文件【DV-PAL\|标准48kHz】，在【项目】面板中的空白处单击鼠标右键，弹出【导入】对话框，打开随书配套资源中的素材\|Cha06\|007.jpg素材文件，如图6-46所示。

图6-46　选择素材文件

② 选择导入的素材文件，将其拖至时间轴窗口中的轨道上，确认该素材处于被选择的状态下，将【缩放】设置为80，如图6-47所示。

图6-47　设置【缩放】参数

③ 切换至【效果】窗口，打开【视频效果】文件夹，选择【图像控制】\|【黑白】特效，如图6-48所示。

图6-48　选择【黑白】特效

④ 选择该特效，将其拖至时间轴窗口中的【007.jpg】素材文件上，如图6-49所示。

图6-49　添加特效

实例078
【Cineon转换】特效

【Cineon转换】特效，提供一个高度数的Cineon图像的颜色转换器，效果如图6-50所示。

素材	素材|Cha06|008.jpg
场景	场景|Cha06|实例078 【Cineon转换】特效.prproj
视频	视频教学 | Cha06 |实例078 【Cineon转换】特效.MP4

图6-50　【Cineon转换】特效

① 新建项目和序列文件【DV-PAL\|标准48kHz】，在【项目】面板中的空白处单击鼠标右键，弹出【导入】对话框，打开随书配套资源中的素材\|Cha06\|008.jpg素材文件，如图6-51所示。

图6-51　选择素材文件

❷ 选择导入的素材文件，将其拖至时间轴窗口中的轨道上，确认该素材处于被选择的状态下，将【缩放】设置为80，如图6-52所示。

图6-52 设置【缩放】参数

❸ 切换至【效果】窗口，打开【视频效果】文件夹，选择【实用程序】|【Cineon转换】特效，如图6-53所示。

图6-53 选择【Cineon转换】特效

❹ 选择该特效，将其拖至时间轴窗口中的【008.jpg】素材文件上，如图6-54所示。

图6-54 添加特效

提 示

【转换类型】：指定Cineon文件如何被转换。

【10位黑场】：为转换为10bit对数的Cineon层指定黑点（最小密度）。

【内部黑场】：指定黑点在层中如何使用。

【10位白场】：为转换为10bit对数的Cineon层指定白点（最大密度）。

【内部白场】：指定白点在层中如何使用。

【灰度系数】：指定中间色调值。

【高光滤除】：指定输出值校正高亮区域的亮度。

实例079

【变换】特效

【变换】特效是对素材应用二维几何转换效果。使用【转换】特效可以沿任何轴向使素材歪斜，效果如图6-55所示。

素材	素材|Cha06|009.jpg
场景	场景|Cha06|实例079 【变换】特效.prproj
视频	视频教学 | Cha06|实例079 【变换】特效.MP4

图6-55 【变换】特效

❶ 新建项目和序列文件【DV-PAL|标准48kHz】，在【项目】面板中的空白处双击鼠标，在弹出的对话框中选择随书配套资源中的素材\|Cha06\|009.jpg素材文件，如图6-56所示。

图6-56 选择素材文件

❷ 单击【打开】按钮，在【项目】面板中选择【009.jpg】素材文件，将其拖至时间轴窗口中的视频轨道上，如图6-57所示。

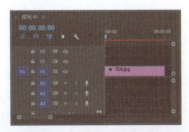

图6-57 将素材拖至序列轨道中

❸ 在时间轴窗口中选择【009.jpg】素材文件，将【缩放】设置为82，如图6-58所示。

❹ 切换至【效果】窗口，打开

【视频效果】文件夹，在该文件夹下选择【扭曲】|【变换】特效，如图6-59所示。

图6-58 设置【缩放】参数

图6-59 选择【变换】特效

❺ 选择该特效，将其拖至时间轴窗口中的【009.jpg】素材上，如图6-60所示。

图6-60 添加特效

❻ 切换至【效果控件】窗口，展开【变换】特效组，将【锚点】设置为410、385，将【位置】设置为495、380，将【缩放】设置为180，如图6-61所示。

图6-61 设置【变换】参数

知识链接

1.【位移】特效

【位移】特效是将原来的图片进行偏移复制，并通过【混合】显示图片上的图像，其该特效的选项组如图6-62所示。添加特效后的效果如图6-63所示。

图6-62 【位移】选项组

图6-63 添加特效后的效果

2.【变形稳定器】特效

在添加【变形稳定器】效果之后，会在后台立即开始分析剪辑。当分析开始时，【项目】面板中会显示第一个栏（共两个），指示正在进行分析。当分析完成时，第二个栏会显示正在进行稳定的消息。该特效的选项组如图6-64所示。效果如图6-65所示。

图6-64 【变形稳定器】选项组

图6-65 添加特效后的效果

- 【稳定化】：利用【稳定】设置，可调整稳定过程。
- 【结果】：控制素材的预期效果，【平滑运动】或【不运动】。

【平滑运动】（默认）：保持原始摄像机的移动，但使其更平滑。在选中后，会启用【平滑度】来控制摄像机移动的平滑程度。

【不运动】：尝试消除拍摄中的所有摄像机运动。在选中后，将在【高级】部分中禁用【更少裁切更多平滑】功能。该设置用于主要拍摄对象至少有一部分保持正在分析的整个范围的帧中的素材。

- 【平滑度】：选择稳定摄像机原运动的程度。值越低越接近摄像机原来的运动，值越高越平滑。如果值在 100 以上，则需要对图像进行更多裁切。在【结果】设置为【平滑运动】时启用。
- 【方法】：指定变形稳定器为稳定素材而对其执行复杂的操作：

位置：稳定仅基于位置数据，且这是稳定素材的最基本方式。

位置、缩放、旋转：稳定基于位置、缩放以及旋转数据。如果没有足够的区域用于跟踪，变形稳定器将选择上个类型（位置）。

透视：使用将整个帧边角有效固定的稳定类型。如果没有足够的区域用于跟踪，变形稳定器将选择上个类型（位置、缩放、旋转）。

子空间变形（默认）：尝试以不同的方式将帧的各个部分变形以稳定整个帧。如果没有足够的区域用于跟踪，变形稳定器将选择上个类型（透视）。在任何给定帧上使用该方法时，根据跟踪的精度，剪辑中会发生一系列相应的变化。

- 【边界】：边界设置调整为被稳定的素材处理边界（移动的边缘）的方式。
- 【帧】：控制边缘在稳定结果中如何显示。可将取景设置为以下内容之一：

仅稳定：显示整个帧，包括运动的边缘。【仅稳定】显示为稳定图像而需要完成的工作量。使用【仅稳定化】将允许你使用其他方法裁剪素材。选择此选项后，【自动缩放】部分和【更少裁切更多平滑】属性将处于禁用状态。

稳定、裁剪：裁剪运动的边缘而不缩放。【稳定、裁剪】等同于使用【稳定、裁剪、自动缩放】并将【最大缩放】设置为 100%。启用此选项后，【自动缩放】部分将处于禁用状态，但【更少裁切更多平滑】属性仍处于启用状态。

稳定、裁剪和自动缩放（默认）：裁剪运动的边缘，并扩大图像以重新填充帧。自动缩放由【自动缩放】部分的各个属性控制。

稳定、人工合成边缘：使用时间上稍早或稍晚的帧中的内容填充由运动边缘创建的空白区域（通过【高级】部分的【合成输入范围】进行控制）。选择此选项后，【自动缩放】部分和【更少裁切更多平滑】将处于禁用状态。

> 📎 **提示**
>
> 当在帧的边缘存在与摄像机移动无关的移动时，可能会出现伪像。

- 【自动缩放】：显示当前的自动缩放量，并允许您对自动缩放量设置限制。通过将取景设置为【稳定、裁剪、自动缩放】可启用自动缩放。

最大缩放：限制为实现稳定而按比例增加剪辑的最大量。

动作安全边距：如果为非零值，则会在你预计不可见的图像的边缘周围指定边界。因此，自动缩放不会试图填充它。

- 【附加缩放】：使用与在【变换】下使用【缩放】属性相同的结果放大剪辑，但是避免对图像进行额外的重新取样。
- 【高级】：包括【详细分析】【果冻效应波纹】【更少裁切<_>更多平滑】【合成输入范围】【合成边缘羽化】【合成边缘裁切】【隐藏警告栏】选项。

【详细分析】：当设置为开启时，会让下一个分析阶段执行额外的工作来查找要跟踪的元素。启用该选项时，生成的数据（作为效果的一部分存储在项目中）会更大且速度慢。

【果冻效应波纹】：稳定器会自动消除与被稳定的果冻效应素材相关的波纹。【自动减小】是默认值。如果素材包含更大的波纹，请使用【增强减小】。要使用任一方法，请将【方法】设置为【子空间变形】或【透明】。

【更少裁切<_>更多平滑】：在裁切时，控制当裁切矩形在被稳定的图像上方移动时该裁切矩形的平滑度与缩放之间的折中。但是，较低值可实现平滑，并且可以查看图像的更多区域。设置为 100% 时，结果与用于手动裁剪的【仅稳定】选项相同。

【合成输入范围】：由【稳定、人工合成边缘】取景使用，控制合成进程在时间上向后或向前走多远来填充任何缺少的像素。

【合成边缘羽化】：为合成的片段选择羽化量。仅在使用【稳定、人工合成边缘】取景时，才会启用该选项。使用羽化控制可平滑合成像素与原始帧连接在一起的边缘。

【合成边缘裁切】：当使用【稳定、人工合成边缘】取景选项时，在将每个帧用来与其他帧进行组合之前对其边缘进行修剪。使用裁剪控制可剪掉在模拟视频捕获或低质量光学镜头中常见的多余边缘。默认情况下，所有边缘均设为零像素。

【隐藏警告栏】：如果即使有警告横幅指出必须对素材进行重新分析，你也不希望对其进行重新分析，则使用此选项。

🏷 提 示

Premiere Pro 中的变形稳定器效果要求剪辑尺寸与序列设置相匹配。如果剪辑与序列设置不匹配，你可以嵌套剪辑，然后对嵌套应用变形稳定器效果。

➡ 实例080
【放大】特效

【放大】特效可以将图像的局部呈圆形或方形放大，可以将放大的部分进行【羽化】、【透明】等设置，效果如图6-66所示。

素材	素材|Cha06|010.jpg
场景	场景|Cha06|实例080【放大】特效.prproj
视频	视频教学 | Cha06 |实例080【放大】特效.MP4

图6-66 【放大】特效

❶ 新建项目和序列文件【DV-PAL\|标准48kHz】，在【项目】面板中的空白处双击鼠标，在弹出的对话框中选择随书配套资源中的素材\|Cha06\|010.jpg素材文件，如图6-67所示。

图6-67 选择素材文件

❷ 单击【打开】按钮，在【项目】面板中选择【010.jpg】素材文件，将其拖至时间轴窗口中的视频轨道上，如图6-68所示。

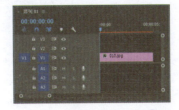

图6-68 将素材拖至序列轨道中

❸ 在时间轴窗口中选择视频轨道上的【010.jpg】素材文件，将【缩放】设置为80，如图6-69所示。

图6-69 设置【缩放】参数

❹ 切换至【效果】窗口，选择【视频效果】文件夹，在该文件夹下选择【扭曲】|【放大】特效，如图6-70所示。

图6-70 选择【放大】特效

❺ 选择该特效，将其拖至时间轴窗口中【010.jpg】素材文件上，如图6-71所示。

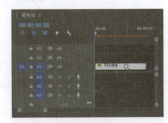

图6-71 添加特效

❻ 切换至【效果控件】窗口，展开【放大】特效选项，将【中央】设置为520、395，将【放大率】设置为250，将【大小】设置为620，如图6-72所示。

图6-72 设置【放大】参数

➡ 实例081
【旋转】特效

【旋转】特效可以使素材围绕它的中心旋转，形成一个旋涡，效果如图6-73所示。

素材	素材|Cha06|011.jpg
场景	场景|Cha06|实例081【旋转】特效.prproj
视频	视频教学 | Cha06 |实例081【旋转】特效.MP4

图6-73 【旋转】特效

① 新建项目和序列文件【DV-PAL|标准48kHz】，在【项目】面板中的空白处双击鼠标，在弹出的对话框中选择随书配套资源中的素材|Cha06|011.jpg素材文件，如图6-74所示。

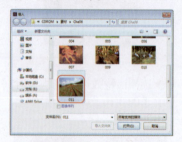

图6-74 选择素材文件

② 单击【打开】按钮，在【项目】面板中选择【011.jpg】素材文件，将其拖至时间轴窗口中的视频轨道上，如图6-75所示。

图6-75 将素材拖至序列轨道中

③ 在时间轴窗口中选择视频轨道上的【011.jpg】素材文件，将【缩放】设置为80，如图6-76所示。

图6-76 设置【缩放】参数

④ 切换至【效果】窗口，选择【视频效果】文件夹，在该文件夹下选择【扭曲】|【旋转】特效，如图6-77所示。

图6-77 选择【旋转】特效

⑤ 选择该特效，将其拖至时间轴窗口中的【011.jpg】素材文件上，如图6-78所示。

图6-78 添加特效

⑥ 切换至【效果控件】窗口，展开【旋转】特效选项，将【角度】设置为3×57°。将【旋转扭曲半径】设置为33，如图6-79所示。

图6-79 设置【旋转】参数

知识链接

【果冻效应修复】特效

DSLR 及其他基于 CMOS 传感器的摄像机都有一个常见问题：在视频的扫描线之间通常有一个延迟时间。由于扫描之间的时间延迟，无法准确地同时记录图像的所有部分，导致果冻效应扭曲。如果摄像机或拍摄对象移动就会发生这些扭曲。

利用 Premiere Pro 中的果冻效应修复效果来去除这些扭曲伪像。

- 【果冻效应比率】：指定帧速率（扫描时间）的百分比。DSLR 在 50%～70% 范围内，而 iPhone 接近 100%。调整"果冻效应比率"，直至扭曲的线变为竖直。
- 【扫描方向】：指定发生果冻效应扫描的方向。大多数摄像机从顶部到底部扫描传感器。对于智能手机，可颠倒或旋转式操作摄像机，这样可能需要不同的扫描方向。
- 【方法】：指示是否使用光流分析和像素运动重定时来生成变形的帧（像素运动），或者是否应该使用稀疏点跟踪以及变形方法（变形）。
- 【详细分析】：在变形中执行更为详细的点分析。在使用"变形"方法时可用。

- 【像素运动细节】：指定光流矢量场计算的详细程度。在使用"像素移动"方法时可用。

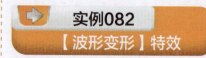
实例082
【波形变形】特效

【波形变形】特效可以使素材变为波浪的形状，效果如图6-80所示。

素材	素材|Cha06|012.jpg
场景	场景|Cha06|实例082 【波形变形】特效.prproj
视频	视频教学	Cha06|实例082 【波形变形】特效.MP4

图6-80 【波形变形】特效

① 新建项目和序列文件【DV-PAL|标准48kHz】，在【项目】面板中的空白处双击鼠标，在弹出的对话框中选择随书配套资源中的素材|Cha06|012.jpg素材文件，如图6-81所示。

图6-81 选择素材文件

② 单击【打开】按钮，在【项目】面板中选择【012.jpg】素材文件，将其拖至时间轴窗口中的视频轨道上，如图6-82所示。

图6-82 将素材拖至序列轨道中

③ 切换至【效果】窗口，打开【视频效果】文件夹，在该文件夹下选择【扭曲】|【波形变形】特效，如图6-83所示。

图6-83　选择【波形变形】特效

④ 选择该特效，将其拖至时间轴窗口中的【012.jpg】素材文件上，然后切换至【效果控件】窗口，展开【波形变形】选项，将【波形类型】设置为【半圆形】，将【方向】设置为27°，如图6-84所示。

图6-84　设置【波形变形】参数

实例083
【球面化】特效

【球面化】特效将素材包裹在球形上，可以赋予物体和文字三维效果，效果如图6-85所示。

素材	素材|Cha06|013.jpg
场景	场景|Cha06|实例083【球面化】特效.prproj
视频	视频教学|Cha06|实例083【球面化】特效.MP4

图6-85　【球面化】特效

① 新建项目和序列文件【DV-PAL|标准48kHz】，在【项目】面板中的空白处双击鼠标，在弹出的对话框中选择随书配套资源中的素材|Cha06|013.jpg素材文件，如图6-86所示。

② 单击【打开】按钮，在【项目】面板中选择【013.jpg】素材文件，

将其拖至时间轴窗口中的视频轨道上，如图6-87所示。

图6-86　选择素材文件

图6-87　将素材拖至序列轨道中

③ 在时间轴窗口中选择视频轨道上的【013.jpg】素材文件，设置【缩放】参数为77，如图6-88所示。

图6-88　设置【缩放】参数

④ 切换至【效果】设置【缩放】参数【视频效果】文件夹，在该文件夹下选择【扭曲】|【球面化】特效，如图6-89所示。

图6-89　选择【球面化】特效

⑤ 选择该特效，将其拖至时间轴窗口中的【013.jpg】素材文件上，如图6-90所示。

图6-90　添加特效

⑥ 切换至【效果控件】窗口，展开【球面化】特效选项，将【半径】设置为495，如图6-91所示。

图6-91　设置【球面化】特效

实例084
【紊乱置换】特效

【紊乱置换】特效可以使图片中的图像变形，效果如图6-92所示。

素材	素材|Cha06|014.jpg
场景	场景|Cha06|实例084【紊乱置换】特效.prproj
视频	视频教学|Cha06|实例084【紊乱置换】特效.MP4

图6-92　【紊乱置换】特效

① 新建项目和序列文件【DV-PAL|标准48kHz】，在【项目】面板中的空白处双击鼠标，在弹出的对话框中选择随书配套资源中的素材|Cha06|014.jpg素材文件，如图6-93所示。

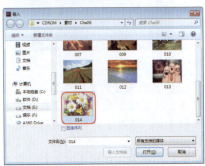

图6-93　选择素材文件

② 单击【打开】按钮，在【项目】面板中选择【014.jpg】素材文件，将其拖至时间轴窗口中的视频轨道上，如图6-94所示。

③ 在时间轴窗口中选择视频轨道上的【014.jpg】素材文件，将【缩放】设置为80，如图6-95所示。

图6-94　将素材拖至序列轨道中

图6-95　设置【缩放】参数

❹ 切换至【效果】窗口，选择【视频效果】文件夹，在该文件夹下选择【扭曲】|【紊乱置换】特效，如图6-96所示。

图6-96　选择【紊乱置换】特效

❺ 选择该特效，将其添加到时间轴窗口中【014.jpg】素材上，如图6-97所示。

图6-97　添加特效

❻ 切换至【效果控件】窗口，展开【紊乱置换】选项，将【置换】设置为【交叉置换】，将【数量】设置为150，将【大小】设置为3，将【复杂度】设置为10，将【演化】设置为100°，将【固定】设置为【锁定垂直固定】，如图6-98所示。

图6-98　设置【紊乱置换】参数

实例085

【边角定位】特效

　　【边角定位】特效是通过分别改变一个图像的四个顶点，而使图像产生变形，如伸展、收缩、歪斜和扭曲，模拟透视或者模仿支点在图层一边的运动，效果如图6-99所示。

素材	素材|Cha06|015.jpg
场景	场景|Cha06|实例085【边角定位】特效.prproj
视频	视频教学|Cha06|实例085【边角定位】特效.MP4

图6-99　【边角定位】特效

❶ 新建项目和序列文件【DV-PAL|标准48kHz】，在【项目】面板中的空白处双击鼠标，在弹出的对话框中选择随书配套资源中的素材\|Cha06\|015.jpg素材文件，如图6-100所示。

图6-100　选择素材文件

❷ 单击【打开】按钮，在【项目】面板中选择【015.jpg】素材文件，将其拖至时间轴窗口中的视频轨道上，如图6-101所示。

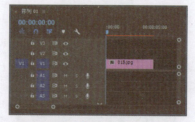

图6-101　将素材拖至序列轨道中

❸ 在时间轴窗口中选择视频轨道上的【015.jpg】素材文件，将【缩放】设置为77，如图6-102所示。

❹ 切换至【效果】窗口，选择

【视频效果】文件夹，在该文件夹下选择【扭曲】|【边角定位】特效，如图6-103所示。

图6-102　设置【缩放】参数

图6-103　选择【边角定位】特效

❺ 选择该特效，将其添加到时间轴窗口中【015.jpg】素材上，如图6-104所示。

图6-104　添加特效

❻ 切换至【效果控件】窗口，展开【边角定位】选项，将【左上】设置为120、110，将【右上】设置为880、170，将【左下】设置为80、690，将【右下】设置为1025、700，如图6-105所示。

图6-105　设置【边角定位】参数

实例086

【镜像】特效

　　【镜像】特效用于将图像沿一条线裂开并将其中一边反射到另一边。反射角度决定哪一边被反射到什么位置，可以随时间改变镜像轴线和角度，效果如图6-106所示。

素材	素材|Cha06|016.jpg
场景	场景|Cha06|实例086【镜像】特效.prproj
视频	视频教学|Cha06|实例086【镜像】特效.MP4

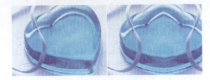

图6-106 【镜像】特效

❶ 新建项目和序列文件【DV-PAL\|标准48kHz】，在【项目】面板中的空白处双击鼠标，在弹出的对话框中选择随书配套资源中的素材\|Cha06\|016.jpg素材文件，如图6-107所示。

图6-107 选择素材文件

❷ 单击【打开】按钮，在【项目】面板中选择【016.jpg】素材文件，将其拖至时间轴窗口中的视频轨道上，如图6-108所示。

图6-108 将素材拖至序列轨道中

❸ 在时间轴窗口中选择【016.jpg】素材文件，将【缩放】设置为80，如图6-109所示。

图6-109 设置【缩放】参数

❹ 切换至【效果】窗口，搜索【镜像】特效，如图6-110所示。

图6-110 选择【镜像】特效

❺ 选择该特效，将其添加到时间轴窗口中【016.jpg】素材上，如图6-111所示。

图6-111 添加特效

❻ 切换至【效果控件】窗口，展开【镜像】选项，将【反射中心】设置为605、600，如图6-112所示。

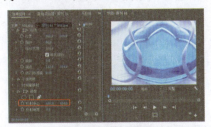

图6-112 设置【镜像】参数

实例087 【镜头扭曲】特效

【镜头扭曲】特效是模拟一种从变形透镜观看素材的效果，效果如图6-113所示。

素材	素材|Cha06|017.jpg
场景	场景|Cha06|实例087【镜头扭曲】特效.prproj
视频	视频教学|Cha06|实例087【镜头扭曲】特效.MP4

图6-113 【镜头扭曲】特效

❶ 新建项目和序列文件【DV-PAL\|标准48kHz】，在【项目】面板中的空白处双击鼠标，在弹出的对话框中选择随书配套资源中的素材\|Cha06\|017.jpg素材文件，如图6-114所示。

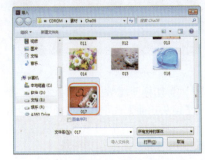

图6-114 选择素材文件

❷ 单击【打开】按钮，在【项目】面板中选择【017.jpg】素材文件，将其拖至时间轴窗口中的视频轨道上，如图6-115所示。

图6-115 将素材拖至序列轨道中

❸ 在时间轴窗口中选择【017.jpg】素材文件，将【缩放】设置为77，如图6-116所示。

图6-116 设置【缩放】参数

❹ 切换至【效果】窗口，搜索【镜头扭曲】特效，如图6-117所示。

图6-117 选择【镜头扭曲】特效

❺ 选择该特效，将其添加到时间轴窗口中【017.jpg】素材上，如图6-118所示。

图6-118 添加特效

⑥ 切换至【效果控件】窗口，展开【镜头扭曲】选项，将【曲率】设置为64，将【填充颜色】的RGB值设置为255、0、156，如图6-119所示。

图6-119 设置【镜头扭曲】参数

实例088
【抽帧时间】特效

使用该特效后素材将被锁定到一个指定的帧率，以跳帧播放产生动画效果，能够生成抽帧的效果，效果如图6-120所示。

素材	素材|Cha06|抽帧效果.mp4
场景	场景|Cha06|实例088 【抽帧】特效.prproj
视频	视频教学 | Cha06 |实例088 【抽帧】特效.MP4

图6-120 【抽帧】特效

① 新建项目和序列文件【DV-PAL\|标准48kHz】，在【项目】面板中的空白处双击鼠标，在弹出的对话框中选择随书配套资源中的素材\|Cha06\|抽帧效果.mp4素材文件，如图6-121所示。

② 单击【打开】按钮，在【项目】面板中选择【抽帧效果.mp4】特效，将其添加至时间轴窗口中的视频轨

道上，如图6-122所示。

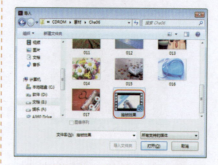

图6-121 选择素材文件

图6-122 将素材拖至序列轨道中

③ 切换至【效果】窗口，打开【视频效果】文件夹，在该文件夹下选择【时间】|【抽帧时间】命令，如图6-123所示。

图6-123 选择【抽帧时间】特效

④ 选择该特效，将其添加到时间轴窗口中【抽帧效果.mp4】素材上，如图6-124所示。

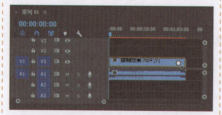

图6-124 添加特效

⑤ 将当前时间设置为00:00:00:00切换至【效果控件】窗口，展开【抽帧时间】选项，单击【帧速率】左侧的【切换动画】按钮，将【帧速率】设置为0，如图6-125所示。

⑥ 将当前时间设置为00:00:05:00，切换至【效果控件】窗口，将【帧速率】设置为10，如图6-126所示。

图6-125 设置【帧速率】关键帧

图6-126 设置【帧速率】关键帧

实例089
【残影】特效

【残影】特效可以混合一个素材中很多不同的时间帧。它的用处很多，从一个简单的视觉回声到飞奔的动感效果的设置，在这里我们需要使用视频文件，读者也可以找一个视频文件对其进行设置，效果如图6-127所示。

素材	素材|Cha06|残影素材.avi
场景	场景|Cha06|实例089 【残影】特效.prproj
视频	视频教学 | Cha06 |实例089 【残影】特效.MP4

图6-127 【残影】特效

① 新建项目和序列文件【DV-PAL\|标准48kHz】，在【项目】面板中的空白处双击鼠标，在弹出的对话框中选择随书配套资源中的素材\|Cha06\|残影素

材.avi素材文件，如图6-128所示。

图6-128 选择素材文件

② 单击【打开】按钮，在【项目】面板中选择【残影素材.avi】素材文件，将其添加至时间轴窗口中的视频轨道上，如图6-129所示。

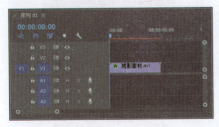

图6-129 将素材拖至序列轨道中

③ 切换至【效果】窗口，打开【视频效果】文件夹，在该文件夹下选择【时间】|【残影】特效，如图6-130所示。将其添加至时间轴窗口中【残影素材.avi】素材文件上。

图6-130 选择【残影】特效

④ 切换至【效果控件】窗口，将【缩放】设置为120，在该窗口中展开【残影】选项，在该选项下将【残影时间（秒）】设置为0.2。如图6-131所示。

图6-131 设置【残影】参数

实例090
【中间值】特效

【中间值】特效指使用指定半径内相邻像素的中间像素值替换像素。如果使用低的值，这个效果可以降低噪波；如果使用高的值，可以将素材处理成一种美术，效果如图6-132所示。

素材	素材|Cha06|018.jpg
场景	场景|Cha06|实例090 【中间值】特效.prproj
视频	视频教学 | Cha06|实例090 【中间值】特效.MP4

图6-132 【中间值】特效

① 新建项目和序列文件【DV-PAL\|标准48kHz】，在【项目】面板中的空白处双击鼠标，在弹出的对话框中选择随书配套资源中的素材\|Cha06\|018.jpg素材文件，如图6-133所示。

图6-133 选择素材文件

② 单击【打开】按钮，在【项目】面板中选择【018.jpg】素材文件，将其添加至时间轴窗口中的视频轨道，如图6-134所示。

图6-134 将素材拖至序列轨道中

③ 在时间轴窗口中选择【018.jpg】素材文件，将【缩放】设置为77，如图6-135所示。

图6-135 设置【缩放】参数

④ 切换至【效果】窗口，打开【视频效果】文件夹，在该文件夹下选择【杂色与颗粒】|【中间值】特效，如图6-136所示。

图6-136 选择【中间值】特效

⑤ 选择该特效，将其拖至时间轴窗口中【018.jpg】素材文件上，如图6-137所示。

图6-137 添加特效

⑥ 切换至【效果控件】窗口中，展开【中间值】选项，将【半径】设置为230，如图6-138所示。

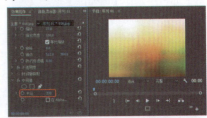

图6-138 设置【中间值】参数

> 📎 **提 示**
>
> 【中值】特效选项组中各项说明如下。
>
> 【半径】：指定使用中间值效果的像素数量。
>
> 【在Alpha通道上操作】：对素材的Alpha通道应用该效果。

实例091
【杂色】特效

【杂色】特效将未受影响和素材中像素中心的颜色赋予每一个分片，其余的分片将被赋予未受影响的素材中相应范围的平均颜色，效果如图6-139所示。

素材	素材|Cha06|019.jpg
场景	场景|Cha06|实例091【杂色】特效.prproj
视频	视频教学|Cha06|实例091【杂色】特效.MP4

图6-139 【杂色】特效

❶ 新建项目和序列文件【DV-PAL\|标准48kHz】，在【项目】面板中的空白处双击鼠标，在弹出的对话框中选择随书配套资源中的素材\|Cha06\|019.jpg素材文件，如图6-140所示。

图6-140 选择素材文件

❷ 单击【打开】按钮，在【项目】面板中选择【019.jpg】素材文件，将其添加至时间轴窗口中的视频轨道，如图6-141所示。

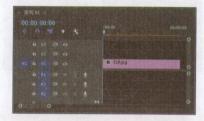

图6-141 将素材拖至序列轨道中

❸ 在时间轴窗口中选择【019.jpg】素材文件，将【缩放】设置为77，切换至【效果】窗口，打开【视频效果】文件夹，在该文件夹下选择【杂色与颗粒】\|【杂色】特效，如图6-142所示。

图6-142 选择【杂色】特效

❹ 选择该特效，将其添加至时间轴窗口中的【019.jpg】素材文件上，如图6-143所示。

图6-143 添加特效

💬 提示

为了设置动画效果属性，必须激活属性的关键帧，在【效果控件】面板或者【序列】面板中可以添加并控制关键帧。

任何支持关键帧的效果属性都包括【切换动画】按钮，单击该按钮可插入一个动画关键帧。插入关键帧(即激活关键帧)后，就可以添加和调整至素材所需要的属性。

❺ 将当前时间设置为00:00:00:00，切换至【效果控件】窗口，展开【杂色】选项，将【杂色数量】设置为100%，单击左侧的【切换动画】按钮，如图6-144所示。

图6-144 设置【杂色数量】参数

❻ 将当前时间设置为00:00:04:02，切换至【效果控件】窗口，将【杂色数量】设置为0%，如图6-145所示。

图6-145 设置【杂色数量】参数

➡️ 知识链接

1.【杂色Alpha】特效

【杂色Alpha】特效可以添加统一的或方形杂色图像在Alpha通道中，其该特效的选项组如图6-146所示。效果如图6-147所示。

图6-146 【杂色Alpha】选项组

图6-147 添加特效后的效果

【杂色Alpha】特效选项组各项说明如下。

- 【杂色】：指定效果使用的杂色的类型。
- 【数量】：指定添加到图像中杂色的数量。
- 【原始Alpha】：指定如何应用杂色到图像的Alpha通道中。
- 【溢出】：指定效果重新绘制超出0~255灰度缩放范围的值。
- 【随机植入】：指定杂色的随机值。
- 【杂色选项(动画)】：指定杂色的动画效果。

2.【杂色HLS】特效

【杂色HLS】特效可以为指定的色度、亮度、饱和度添加噪波，调整杂色的尺寸和相位，其该特效的选项组如图6-148所示。效果如图6-149所示。

图6-148 【杂色HLS】选项组

图6-149 添加特效后的效果

3.【杂色 HLS自动】特效

【杂色HLS自动】特效与【杂色HLS】特效相似，效果如图6-150所示。

图6-150 【杂色 HLS自动】特效

4.【蒙尘与划痕】特效

【蒙尘与划痕】特效可以通过改变不同的像素减少噪波。调试不同的范围组合和阈值设置，达到锐化图像和隐藏缺点之间的平衡，该特效的选项组如图6-151所示。效果如图6-152所示。

图6-151 【蒙尘与划痕】选项组

图6-152 添加特效后的效果

实例092
【复合模糊】特效

添加【复合模糊】特效可为素材增加全面的模糊，效果如图6-153所示。

素材	素材|Cha06|020.jpg
场景	场景|Cha06|实例092 【复合模糊】特效.prproj
视频	视频教学 | Cha06|实例092 【复合模糊】特效.MP4

图6-153 【复合模糊】特效

❶ 新建项目和序列文件【DV-PAL\|标准48kHz】，在【项目】面板中的空白处双击鼠标，在弹出的对话框中选择随书配套资源中的素材\|Cha06\|020.jpg素材文件，如图6-154所示。

图6-154 选择素材文件

❷ 单击【打开】按钮，在【项目】面板中选择【020.jpg】素材文件，将其添加至时间轴窗口中的视频轨道，如图6-155所示。

❸ 在时间轴窗口中选择【020.jpg】素材文件，将【缩放】设置为80，如图6-156所示。

图6-155 将素材拖至序列轨道中

图6-156 设置【缩放】参数

❹ 切换至【效果】窗口，打开【视频效果】文件夹，在该文件夹下选择【模糊与锐化】\|【复合模糊】特效，如图6-157所示。

图6-157 选择【复合模糊】特效

❺ 选择该特效，将其添加至时间轴窗口中【020.jpg】素材文件上，如图6-158所示。

图6-158 添加特效

❻ 切换至【效果控件】窗口，将【最大模糊】设置为5，如图6-159所示。

图6-159 设置【最大模糊】参数

知识链接

【方向模糊】特效

　　【方向模糊】特效是为图像选择一个有方向性的模糊，为素材添加运动感觉，该特效的选项组如图6-160所示。效果如图6-161所示。

图6-160　【方向模糊】选项组

图6-161　添加特效后的效果

实例093
【相机模糊】特效

　　【相机模糊】特效用于模仿在相机焦距之外的图像模糊效果，效果如图6-162所示。

素材	素材|Cha06|021.jpg
场景	场景|Cha06|实例093 【相机模糊】特效.prproj
视频	视频教学 | Cha06|实例093 【相机模糊】特效.MP4

图6-162　【相机模糊】特效

　　❶ 新建项目和序列文件【DV-PAL\|标准48kHz】，在【项目】面板中的空白处双击鼠标，在弹出的对话框中选择随书配套资源中的素材\|Cha06\|021.jpg素材文件，如图6-163所示。

　　❷ 单击【打开】按钮，在【项目】面板中选择【021.jpg】素材文件，将其添加至时间轴窗口中的视频轨道，如图6-164所示。

图6-163　选择素材文件

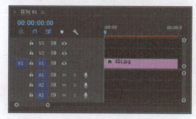

图6-164　将素材拖至序列轨道中

　　❸ 切换至【效果】窗口，打开【视频效果】文件夹，在该文件夹下选择【模糊与锐化】|【相机模糊】特效，如图6-165所示。

图6-165　选择【相机模糊】特效

　　❹ 选择该特效，将其添加至时间轴窗口中的【021.jpg】素材文件，将【相机模糊】选项下的【百分比模糊】设置为10，如图6-166所示。

图6-166　观察效果

实例094
【通道模糊】特效

　　【通道模糊】特效可以对素材的红、绿、蓝和Alpha通道个别进行模糊，可以指定模糊的方向是水平、垂直或双向。使用这个效果可以创建辉光效果或控制一个图层的边缘附近变得不透

明，效果如图6-167所示。

素材	素材|Cha06|022.jpg
场景	场景|Cha06|实例094 【通道模糊】特效.prproj
视频	视频教学 | Cha06|实例094 【通道模糊】特效.MP4

图6-167　【通道模糊】特效

　　❶ 新建项目和序列文件【DV-PAL\|标准48kHz】，在【项目】面板中的空白处双击鼠标，在弹出的对话框中选择随书配套资源中的素材\|Cha06\|022.jpg素材文件，如图6-168所示。

图6-168　选择素材文件

　　❷ 单击【打开】按钮，在【项目】面板中选择【022.jpg】素材文件，将其添加至时间轴窗口中的视频轨道，如图6-169所示。

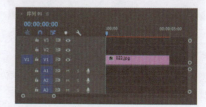

图6-169　将素材拖至序列轨道中

　　❸ 在时间轴窗口中选择【022.jpg】素材文件，将【缩放】设置为77，如图6-170所示。

图6-170　设置【缩放】参数

　　❹ 切换至【效果】窗口，打开【视频效果】文件夹，在该文件夹下选择【模糊与锐化】|【通道模糊】特效，

如图6-171所示。

图6-171　选择【通道模糊】特效

⑤ 选择该特效，将其添加至时间轴窗口中【022.jpg】素材文件上，如图6-172所示。

图6-172　添加特效

⑥ 切换至【效果控件】窗口，展开【通道模糊】特效，将【红色模糊度】设置为300，将【绿色模糊度】设置为15，将【模糊方向】设置为【垂直】。如图6-173所示。

图6-173　设置【通道模糊】参数

知识链接

【钝化蒙版】特效

【钝化蒙版】特效能够将图片中模糊的地方变亮，其该特效的选项组如图6-174所示。添加特效后的效果如图6-175所示。

图6-174　【钝化蒙版】选项组

图6-175　添加特效后的效果

实例095
【锐化】特效

【锐化】特效将未受影响的素材中像素中心的颜色赋予每一个分片，其余的分片将被赋予未受影响的素材中相应范围内的平均颜色，效果如图6-176所示。

素材	素材|Cha06|023.jpg
场景	场景|Cha06|实例095【锐化】特效.prproj
视频	视频教学|Cha06|实例095【锐化】特效.MP4

图6-176　【锐化】特效

❶ 新建项目和序列文件【DV-PAL\|标准48kHz】，在【项目】面板中的空白处双击鼠标，在弹出的对话框中选择随书配套资源中的素材\|Cha06\|023.jpg素材文件，如图6-177所示。

图6-177　选择素材文件

❷ 单击【打开】按钮，在【项目】面板中选择【023.jpg】素材文件，将其添加至时间轴窗口中的视频轨道，如图6-178所示。

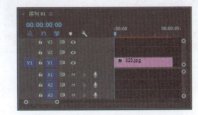

图6-178　将素材拖至序列轨道中

❸ 在时间轴窗口中选择【023.jpg】素材文件，将【缩放】设置为80，如图6-179所示。

图6-179　设置【缩放】参数

❹ 切换至【效果】窗口，打开【视频效果】文件夹，在该文件夹下选择【模糊与锐化】|【锐化】特效，如图6-180所示。

图6-180　选择【锐化】特效

❺ 选择该特效，将其添加至时间轴窗口中的【023.jpg】素材文件上，如图6-181所示。

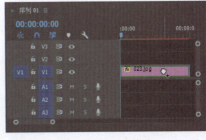

图6-181　添加特效

❻ 切换至【效果控件】窗口，展开【锐化】选项，将【锐化量】设置为100，如图6-182所示。

图6-182　设置【锐化】参数

知识链接

【高斯模糊】特效

　　【高斯模糊】特效能够模糊和柔化图像并能消除噪波。可以指定模糊的方向为水平、垂直或双向。该特效的选项组如图6-183所示。其效果如图6-184所示。

图6-183　【高斯模糊】选项组

图6-184　添加特效后的效果

实例096

【四色渐变】特效

　　【四色渐变】特效可以使图像产生4种混合渐变颜色，效果如图6-185所示。

素材	素材|Cha06|024.jpg
场景	场景|Cha06|实例096【四色渐变】特效.prproj
视频	视频教学|Cha06|实例096【四色渐变】特效.MP4

图6-185　【四色渐变】特效

　　❶ 新建项目和序列文件【DV-PAL|标准48kHz】，在【项目】面板中的空白处双击鼠标，在弹出的对话框中选择随书配套资源中的素材|Cha06|024.jpg素材文件，如图6-186所示。

图6-186　选择素材文件

　　❷ 单击【打开】按钮，在【项目】面板中选择【024.jpg】素材文件，将其添加至时间轴窗口中的视频轨道，如图6-187所示。

图6-187　将素材拖至序列轨道中

　　❸ 在时间轴窗口中选择【024.jpg】素材文件，切换至【效果控件】窗口，展开【运动】选项，将【缩放】设置为78，如图6-188所示。

图6-188　设置【缩放】参数

　　❹ 切换至【效果】窗口，打开【视频效果】文件夹，在该文件夹下选择【生成】|【四色渐变】特效，如图6-189所示。

　　❺ 选择该特效，将其添加至时间轴窗口中【024.jpg】素材文件上，如

图6-190所示。

图6-189　选择【四色渐变】特效

图6-190　添加特效

　　❻ 切换至【效果控件】窗口，展开【四色渐变】选项，将【混合】设置为300，将【混合模式】设置为【强光】，如图6-191所示。

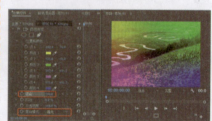

图6-191　设置【四色渐变】参数

知识链接

1.【书写】特效

　　【书写】特效可以在图像中产生书写的效果，通过为特效设置关键点并不断的调整笔触的位置，可以产生水彩笔书写的效果，图6-192为书写特效设置的面板参数，效果如图6-193所示。

图6-192　设置参数

图6-193 添加特效后的效果

2. 【单元格图案】特效

【单元格图案】特效在基于噪波的基础上可产生蜂巢的图案。使用【单元格图案】特效可产生静态或移动的背景纹理和图案，可用于做原素材的替换图片，该特效的选项组如图6-194所示。效果如图6-195所示。

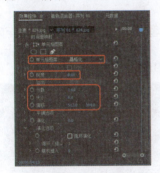

图6-194 【单元格图案】选项组

图6-195 添加特效后的效果

3. 【吸管填充】特效

【吸管填充】特效通过调节采样点的位置，将采样点所在位置的颜色覆盖于整个图像上。这个特效有利于在最初素材的一个点上很快采集一种纯色，或从一个素材上采集一种颜色，并利用混合方式应用到第二个素材上，该特效的选项组如图6-196所示。效果如图6-197所示。

图6-196 【吸管填充】特效

图6-197 添加特效后的效果

实例097 【圆形】特效

【圆形】特效可制作出一个实心圆或圆环效果，通过设置它的混合模式来形成素材轨道之间区域混合的效果，效果如图6-198所示。

素材	素材|Cha06|025.jpg、026.jpg
场景	场景|Cha06|实例097 【圆形】特效.prproj
视频	视频教学 | Cha06 |实例097 【圆形】特效.MP4

图6-198 【圆形】特效

❶ 新建项目和序列文件【DV-PAL|标准48kHz】，在【项目】面板中的空白处双击鼠标，在弹出的对话框中选择随书配套资源中的素材|Cha06|025.jpg、026.jpg素材文件，如图6-199所示。

❷ 单击【打开】按钮，在【项目】面板中选择【025.jpg】素材文件，将其添加至时间轴窗口中的【V1】视频轨道上，将【026.jpg】素材文件添加至时间轴窗口中【V2】视频轨道上，如图6-200所示。

图6-199 选择素材文件

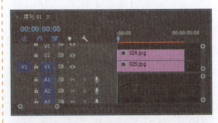

图6-200 将素材拖至序列轨道中

❸ 将【025.jpg】和【026.jpg】素材文件的【缩放】参数设置为78，如图6-201所示。

图6-201 设置【缩放】参数

❹ 切换至【效果】窗口，打开【视频效果】文件夹，在该文件夹下选择【生成】|【圆形】特效，如图6-202所示。

图6-202 选择【圆形】特效

❺ 选择该特效，将其添加至时间轴窗口中的【026.jpg】素材文件上，如图6-203所示。

图6-203 添加特效

⑥ 切换至【效果控件】窗口，展开【圆形】选项，将【中心】设置为720、300，将【半径】设置为300，将【混合模式】设置为【模板Alpha】，如图6-204所示。

图6-204 设置【圆形】参数

>> 知识链接

【椭圆】特效

【椭圆】特效可以创造一个实心椭圆或椭圆环，其该特效的选项组如图6-205所示。效果如图6-206所示。

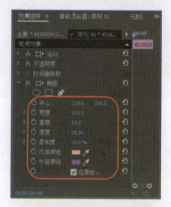

图6-205 【椭圆】选项组

图6-206 添加特效后的效果

实例098 【棋盘】特效

【棋盘】特效可制作出国际跳棋棋盘式的长方形图案效果，它有一半的方格是透明的，通过它自身提供的参数可以对该特效进行进一步设置，效果如图6-207所示。

素材	素材|Cha06|027.jpg
场景	场景|Cha06|实例098 【棋盘】特效.prproj
视频	视频教学 | Cha06 |实例098 【棋盘】特效.MP4

图6-207 【圆形】特效

① 新建项目和序列文件【DV-PAL\|标准48kHz】，在【项目】面板中的空白处双击鼠标，在弹出的对话框中选择随书配套资源中的素材\|Cha06\|027.jpg素材文件，如图6-208所示。

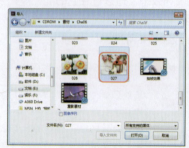

图6-208 选择素材文件

② 单击【打开】按钮，在【项目】面板中选择【027.jpg】素材文件，将其添加至时间轴窗口中的视频轨道上，如图6-209所示。

图6-209 将素材拖至序列轨道中

③ 在时间轴窗口中选择【027.jpg】素材文件，切换至【效果控件】窗口，展开【运动】选项，将【缩放】设置为77，如图6-210所示。

图6-210 设置【缩放】参数

④ 切换至【效果】窗口，打开【视频效果】文件夹，在该文件夹下选择【生成】|【棋盘】特效，如图6-211所示。

图6-211 选择【棋盘】特效

⑤ 选择该特效，将其添加至时间轴窗口中的【027.jpg】素材文件上，如图6-212所示。

图6-212 添加特效

⑥ 切换至【效果控件】窗口，展开【棋盘】选项，将【宽度】设置为535，将【颜色】的RGB值设置为255、0、126，将【不透明度】设置为80%，将【混合模式】设置为【叠加】，如图6-213所示。

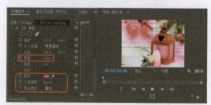

图6-213 设置【棋盘】参数

实例099 【油漆桶】特效

【油漆桶】特效是将一种纯色填充到一个区域。它用起来很像在Photoshop里使用油漆桶工具。在一个图像上使用油漆桶工具可将一个区域的颜色替换成其他的颜色，效果如图6-214所示。

素材	素材|Cha06|028.jpg
场景	场景|Cha06|实例099 【油漆桶】特效.prproj
视频	视频教学 | Cha06 |实例099 【油漆桶】特效.MP4

图6-214 【油漆桶】特效

❶ 新建项目和序列文件【DV-PAL\|标准48kHz】，在【项目】面板中的空白处双击鼠标，在弹出的对话框中选择随书配套资源中的素材\|Cha06\|028.jpg素材文件，如图6-215所示。

图6-215 选择素材文件

❷ 单击【打开】按钮，在【项目】面板中选择【028.jpg】素材文件，将其添加至时间轴窗口中的视频轨道，如图6-216所示。

图6-216 将素材拖至序列轨道中

❸ 在时间轴窗口中选择【028.jpg】素材文件，将【缩放】设置为77，如图6-217所示。

图6-217 设置【缩放】参数

❹ 切换至【效果】窗口，打开【视频效果】文件夹，在该文件夹下选择【生成】|【油漆桶】特效，如图6-218所示。

图6-218 选择【油漆桶】特效

❺ 选择该特效，将其添加至时间轴窗口中的【028.jpg】素材文件上，如图6-219所示。

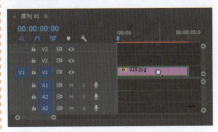

图6-219 添加特效

❻ 切换至【效果控件】窗口中，展开【油漆桶】选项，将【填充点】设置为440、385，将【容差】设置为42，将【描边】设置为【羽化】，将【颜色】的RGB值设置为205、180、42，将【不透明度】设置为22%，如图6-220所示。

图6-220 设置【油漆桶】参数

实例100
【渐变】特效

【渐变】特效能够产生一个颜色渐变，并能够与源图像内容混合。可以创建线性或放射状渐变，并可以随着时间改变渐变的位置和颜色，效果如图6-221所示。

素材	素材|Cha06|029.jpg
场景	场景|Cha06|实例100 【渐变】特效.prproj
视频	视频教学 | Cha06 |实例100 【渐变】特效.MP4

图6-221 【渐变】特效

❶ 新建项目和序列文件【DV-PAL\|标准48kHz】，在【项目】面板中的空白处双击鼠标，在弹出的对话框中选择随书配套资源中的素材\|Cha06\|029.jpg素材文件，如图6-222所示。

图6-222 选择素材文件

❷ 单击【打开】按钮，在【项目】面板中选择【029.jpg】素材文件，将其添加至时间轴窗口中的视频轨道上，如图6-223所示。

图6-223 将素材拖至序列轨道中

❸ 在时间轴窗口中选择【029.jpg】素材文件，将【缩放】设置为77，如图6-224所示。

图6-224 设置【缩放】参数

❹ 切换至【效果】窗口，打开【视频效果】文件夹，在该文件夹下选择【生成】|【渐变】特效，如图6-225所示。

图6-225 选择【渐变】特效

⑤ 选择该特效，将其添加至时间轴窗口中的【029.jpg】素材文件上，如图6-226所示。

图6-226 添加特效

⑥ 切换至【效果控件】窗口中，展开【渐变】选项，将【渐变起点】设置为299、213，将【起始颜色】的RGB值设置为255、182、77，将【结束颜色】的RGB值设置为0、186、255，将【与原始图像混合】设置为60%，如图6-227所示。

图6-227 设置【渐变】参数

实例101 【网格】特效

【网格】特效可以创造一组可任意改变的网格。可以为网格的边缘调整大小和进行羽化。或作为一个可调整透明度的蒙版用于源素材上。此特效有利于设计图案，还有其他的实用效果，效果如图6-228所示。

素材	素材|Cha06|030.jpg
场景	场景|Cha06|实例101 【网格】特效.prproj
视频	视频教学|Cha06|实例101【网格】特效.MP4

图6-228 【网格】特效

① 新建项目和序列文件【DV-PAL|标准48kHz】，在【项目】面板中的空白处双击鼠标，在弹出的对话框中选择随书配套资源中的素材|Cha06|030.jpg素材文件，如图6-229所示。

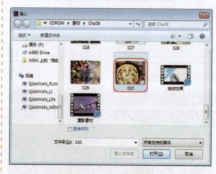

图6-229 选择素材文件

② 单击【打开】按钮，在【项目】面板中选择【030.jpg】素材文件，将其添加至时间轴窗口中的视频轨道，如图6-230所示。

图6-230 将素材拖至序列轨道中

③ 在时间轴窗口中选择【030.jpg】素材文件，切换至【效果控件】窗口，展开【运动】选项，将【缩放】设置为77，如图6-231所示。

图6-231 设置【缩放】参数

④ 切换至【效果】窗口，打开【视频效果】文件夹，在该文件夹下选择【生成】|【网格】特效，如图6-232

所示。选择该特效，将其添加至时间轴窗口中的【030.jpg】素材文件上。

图6-232 选择【网格】特效

⑤ 将当前时间设置为00:00:00:00，切换至【效果控件】窗口，将【混合模式】设置为【相加】，单击【边框】左侧的【切换动画】按钮，将其设置为40，如图6-233所示。

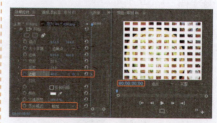

图6-233 设置【切换动画】

⑥ 将当前时间设置为00:00:04:10，切换至【效果控件】窗口，将【边框】设置为0，如图6-234所示。

图6-234 设置【切换动画】

实例102 【镜头光晕】特效

【镜头光晕】特效能够产生镜头光斑效果，它是通过模拟亮光透过摄像机镜头时的折射而产生的，效果如图6-235所示。

素材	素材|Cha06|031.jpg
场景	场景|Cha06|实例102 【镜头光晕】特效.prproj
视频	视频教学|Cha06|实例102 【镜头光晕】特效.MP4

图6-235　【镜头光晕】特效

❶ 新建项目和序列文件【DV-PAL|标准48kHz】，在【项目】面板中的空白处双击鼠标，在弹出的对话框中选择随书配套资源中的素材|Cha06|031.jpg素材文件，如图6-236所示。

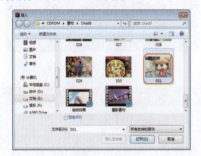

图6-236　选择素材文件

❷ 单击【打开】按钮，在【项目】面板中选择【031.jpg】素材文件，将其添加至时间轴窗口中的视频轨道，如图6-237所示。

图6-237　将素材拖至序列轨道中

❸ 在时间轴窗口中选择【031.jpg】素材文件，切换至【效果控件】窗口，展开【运动】选项，将【缩放】设置为78，如图6-238所示。

图6-238　设置【缩放】参数

❹ 切换至【效果】窗口，打开【视频效果】文件夹，在该文件夹下选择【生成】|【镜头光晕】特效，如图6-239所示。

❺ 选择该特效，将其添加至时间轴窗口中的【031.jpg】素材文件上，如图6-240所示。

图6-239　选择【镜头光晕】特效

图6-240　添加特效

❻ 切换至【效果控件】窗口中，展开【镜头光晕】选项，将【光晕中心】设置为193.6、191.2，将【光晕高度】设置为129％，如图6-241所示。

图6-241　设置【镜头光晕】参数

实例103
【闪电】特效

【闪电】特效用于产生闪电和其他类似放电的效果，不用关键帧就可以自动产生动画，效果如图6-242所示。

素材	素材|Cha06|032.jpg
场景	场景|Cha06|实例103 【闪电】特效.prproj
视频	视频教学	Cha06 |实例103 【闪电】特效.MP4

图6-242　【闪电】特效

❶ 新建项目和序列文件【DV-PAL|标准48kHz】，在【项目】面板中的空白处双击鼠标，在弹出的对话框中选择随书配套资源中的素材|Cha06|032.jpg素材文件，如图6-243所示。

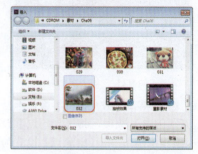

图6-243　选择素材文件

❷ 单击【打开】按钮，在【项目】面板中选择【032.jpg】素材文件，将其添加至时间轴窗口中的视频轨道，如图6-244所示。

图6-244　将素材拖至序列轨道中

❸ 在时间轴窗口中选择【032.jpg】素材文件，切换至【效果控件】窗口，展开【运动】选项，将【缩放】设置为90，如图6-245所示。

图6-245　设置【缩放】参数

❹ 切换至【效果】窗口，打开【视频效果】文件夹，在该文件夹下选择【生成】|【闪电】特效，如图6-246所示。

图6-246　选择【闪电】特效

⑤ 选择该特效,将其添加至时间轴窗口中的【032.jpg】素材文件上,如图6-247所示。

图6-247　添加特效

⑥ 切换至【效果控件】窗口中,展开【闪电】选项,将【起始点】设置为250、43.5,将【结束点】设置为750、333.5,将【分段】设置为10,将【分支】设置为0.7,如图6-248所示。

图6-248　设置【闪电】参数

实例104
【亮度与对比度】特效

【亮度与对比度】特效可以调节画面的亮度和对比度。该效果同时调整所有像素的亮部区域、暗部区域和中间色区域,但不能对单一通道进行调节,效果如图6-249所示。

素材	素材|Cha06|033.jpg
场景	场景|Cha06|实例104 【亮度与对比度】特效.prproj
视频	视频教学 | Cha06 |实例104 【亮度与对比度】特效.MP4

图6-249　【亮度与对比度】特效

① 新建项目和序列文件【DV-PAL\|标准48kHz】,在【项目】面板中的空白处双击鼠标,在弹出的对话框中选择随书配套资源中的素材\|Cha06\|033.jpg素材文件,如图6-250所示。

② 单击【打开】按钮,在【项目】面板中选择【033.jpg】素材文件,

将其添加至时间轴窗口中的视频轨道,如图6-251所示。

图6-250　选择素材文件

图6-251　将素材拖至序列轨道中

③ 在时间轴窗口中选择【033.jpg】素材文件,切换至【效果控件】窗口,展开【运动】选项,将【缩放】设置为77,如图6-252所示。

图6-252　设置【缩放】参数

④ 切换至【效果】窗口,打开【视频效果】文件夹,在该文件夹下选择【颜色校正】|【亮度与对比度】特效,如图6-253所示。

图6-253　选择【亮度与对比度】特效

⑤ 选择该特效,将其添加至时间轴窗口中的【033.jpg】素材文件上,如图6-254所示。

⑥ 切换至【效果控件】窗口中,展开【亮度与对比度】选项,将【亮度】设置为20,将【对比度】设置为2,如图6-255所示。

图6-254　添加特效

图6-255　【亮度】【对比度】特效

💬 提　示

【Lumetri】特效
在 Premiere Pro 中【Lumetri】特效可以应用SpeedGrade 颜色校正,在【效果】面板中的【Lumetri Looks】文件夹为用户提供了许多预设 Lumetri Looks 库。用户可以为【序列】面板中的素材应用SpeedGrade 颜色校正图层和预制的查询表 (LUT),而不必退出应用程序。【Lumetri Looks】文件夹还可以帮助你从来自其他系统的 SpeedGrade 或 LUT 查找并使用导出的.look 文件。

在 Premiere Pro 中,Lumetri 效果是只读的,因此应在 SpeedGrade中编辑颜色校正图层和 LUT。也可以在 SpeedGrade 中保存并打开Premiere 序列。

实例105
【分色】特效

【分色】特效用于将素材中除被选中的颜色及相类似颜色以外的其他颜色分离,效果如图6-256所示。

素材	素材|Cha06|034.jpg
场景	场景|Cha06|实例105 【分色】特效.prproj
视频	视频教学 | Cha06 |实例105 【分色】特效.MP4

图6-256　【分色】特效

① 新建项目和序列文件【DV-PAL|标准48kHz】，在【项目】面板中的空白处双击鼠标，在弹出的对话框中选择随书配套资源中的素材|Cha06|034.jpg素材文件，如图6-257所示。

图6-257 选择素材文件

② 单击【打开】按钮，在【项目】面板中选择【034.jpg】素材文件，将其添加至时间轴窗口中的视频轨道，如图6-258所示。

图6-258 将素材拖至序列轨道中

③ 在时间轴窗口中选择【034.jpg】素材文件，切换至【效果控件】窗口，展开【运动】选项，将【缩放】设置为78，如图6-259所示。

图6-259 设置【缩放】参数

④ 切换至【效果】窗口，打开【视频效果】文件夹，在该文件夹下选择【颜色校正】|【分色】特效，如图6-260所示。

图6-260 选择【分色】特效

⑤ 选择该特效，将其添加至时间轴窗口中的【034.jpg】素材文件上，如

图6-261所示。

图6-261 添加特效

⑥ 切换至【效果控件】窗口中，展开【分色】选项，将【脱色量】设置为100%，将【容差】设置为15%，将【匹配颜色】设置为【使用色相】，如图6-262所示。

图6-262 设置【分色】参数

>> 知识链接

1.【均衡】特效

【均衡】特效可改变图像像素的值。与Photoshop中【色调均化】命令类似，不透明度为0（完全透明）不被考虑，该特效的选项组如图6-263所示。添加特效后的效果如图6-264所示。

图6-263 【均衡】选项组

图6-264 添加特效后的效果

2.【更改为颜色】特效

【更改为颜色】特效可以指定某种颜色，然后使用一种新的颜色替换指定的颜色。该特效的选项组如图6-265所示。添加特效后的效果如图6-266所示。

图6-265 【更改为颜色】选项组

图6-266 添加特效后的效果

实例106
【更改颜色】特效

【更改颜色】特效通过在素材色彩范围内调整色相、亮度和饱和度，来改变色彩范围内的颜色，效果如图6-267所示。

素材	素材|Cha06|035.jpg
场景	场景|Cha06|实例106【更改颜色】特效.prproj
视频	视频教学|Cha06|实例106【更改颜色】特效.MP4

图6-267 【更改颜色】特效

① 新建项目和序列文件【DV-PAL|标准48kHz】，在【项目】面板中的空白处双击鼠标，在弹出的对话框中选择随书配套资源中的素材|Cha06|035.jpg素材文件，如图6-268所示。

② 单击【打开】按钮，在【项目】面板中选择【035.jpg】素材文件，

将其添加至时间轴窗口中的视频轨道，如图6-269所示。

图6-268　选择素材文件

图6-269　将素材拖至序列轨道中

❸ 在时间轴窗口中选择【035.jpg】素材文件，切换至【效果控件】窗口，展开【运动】选项，将【缩放】设置为77，如图6-270所示。

图6-270　设置【缩放】参数

❹ 切换至【效果】窗口，打开【视频效果】文件夹，在该文件夹下选择【颜色校正】|【更改颜色】特效，如图6-271所示。

图6-271　选择【更改颜色】特效

❺ 选择该特效，将其添加至时间轴窗口中的【035.jpg】素材文件上，如图6-272所示。

❻ 切换至【效果控件】窗口中，展开【更改颜色】选项，将【色相变换】设置为-400，将【亮度变换】

设置为36，将【饱和度变换】设置为100，将【更改颜色】的RGB值设置为255、0、180，将【匹配容差】设置为15%，将【匹配柔和度】设置为100%，将【匹配颜色】选项设置为【使用色度】，选中【反转颜色校正蒙版】复选框，如图6-273所示。

图6-272　添加特效

图6-273　设置【更改颜色】参数

知识链接

1.【色彩】特效

【色彩】特效修改图像的颜色信息。亮度值在两种颜色间对每一个像素效果确定一种混合效果。该特效的选项组如图6-274所示。添加特效后的效果如图6-275所示。

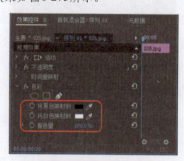

图6-274　【色彩】选项组

图6-275　添加特效后的效果

2.【视频限幅器】特效

视频限幅器效果用于限制剪辑中的明亮度和颜色，使它们位于用户定义的参数范围。这些参数可用在使视频信号满足广播限制的情况下尽可能地保留视频。该特效的选项组如图6-276所示。

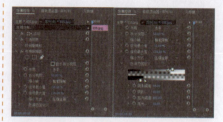

图6-276　【视频限幅器】选项组

实例107

【通道混合器】特效

【通道混合器】特效可以用当前颜色通道的混合值修改一个颜色通道。通过为每个通道设置不同的颜色偏移量，来校正图像的色彩，效果如图6-277所示。

素材	素材|Cha06|036.jpg
场景	场景|Cha06|实例107 【通道混合器】特效.prproj
视频	视频教学 | Cha06 |实例107 【通道混合器】特效.MP4

图6-277　【通道混合器】特效

❶ 新建项目和序列文件【DV-PAL\|标准48kHz】，在【项目】面板中的空白处双击鼠标，在弹出的对话框中选择随书配套资源中的素材\|Cha06\|036.jpg素材文件，如图6-278所示。

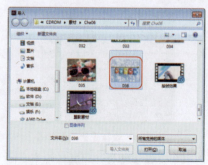

图6-278　选择素材文件

② 单击【打开】按钮，在【项目】面板中选择【036.jpg】素材文件，将其添加至时间轴窗口中的视频轨道，如图6-279所示。

图6-279 将素材拖至序列轨道中

③ 在时间轴窗口中选择【036.jpg】素材文件，切换至【效果控件】窗口，展开【运动】选项，将【缩放】设置为80，如图6-280所示。

图6-280 设置【缩放】参数

④ 切换至【效果】窗口，打开【视频效果】文件夹，在该文件夹下选择【颜色校正】|【通道混合器】特效，如图6-281所示。

图6-281 选择【通道混合器】特效

⑤ 选择该特效，将其添加至时间轴窗口中的【036.jpg】素材文件上，如图6-282所示。

图6-282 添加特效

⑥ 切换至【效果控件】窗口中，展开【通道混合器】选项，将【蓝色-蓝色】设置为180，如图6-283所示。

图6-283 设置【通道混合器】参数

知识链接

1.【颜色平衡】特效

【颜色平衡】特效设置图像在阴影、中间调和高光下的红绿蓝三色的参数，该特效的选项组如图6-284所示。添加特效后的效果如图6-285所示。

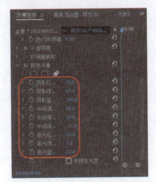

图6-284 【颜色平衡】选项组

图6-285 添加特效后的效果

2.【颜色平衡（HLS）】特效

【颜色平衡（HLS）】特效通过调整色相、亮度和饱和度对颜色的平衡度进行调节。参数选项组如图6-286所示。添加特效后的效果如图6-287所示。

图6-286 【颜色平衡（HLS）】选项组

图6-287 添加特效后的效果

实例108 【时间码】特效

【时间码】特效可以将素材边缘的像素剪掉，并可以自动将修剪过的素材尺寸变到原始尺寸。使用滑块控制可以修剪素材个别边缘。可以采用像素或图像百分比两种方式计算，效果如图6-288所示。

素材	素材|Cha06|时间码素材.mp4
场景	场景|Cha06|实例108 【时间码】特效.prproj
视频	视频教学|Cha06|实例108 【时间码】特效.MP4

图6-288 【时间码】特效

① 新建项目和序列文件【DV-PAL\|标准48kHz】，在【项目】面板中的空白处双击鼠标，在弹出的对话框中选择随书配套资源中的素材\|Cha06\|时间码素材.mp3素材文件，如图6-289所示。

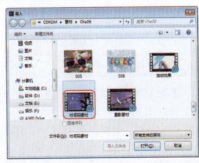

图6-289 选择素材文件

② 单击【打开】按钮，在【项目】面板中选择【时间码素材.mp4】素材文件，将其添加至时间轴窗口中的视频轨道，在弹出的对话框中选择【保持现有设置】选项，导入素材后的效果如图6-290所示。

图6-290　将素材拖至序列轨道中

③ 切换至【效果】窗口，打开【视频效果】文件夹，在该文件夹下选择【视频】|【时间码】特效。如图6-291所示，将其添加至时间轴窗口中的【时间码素材.mp3】素材文件上。

图6-291　选择【时间码】特效

④ 切换至【效果控件】窗口，将【缩放】设置为55，展开【时间码】选项，将【位置】设置为1308、1016，将【大小】设置为15.5%，将【标签文本】设置为【自动】选项，如图6-292所示。

图6-292　设置【时间码】参数

实例109
【光照效果】特效

【光照效果】特效可以在一个素材上同时添加5个灯光特效，并可以调节它们的属性，包括灯光类型、照明颜色、中心、主半径、次要半径、角度、强度、聚焦。还可以控制表面光泽和表

面材质，也可引用其他视频片段的光泽和材质。效果如图6-293所示。

素材	素材|Cha06|037.jpg
场景	场景|Cha06|实例109【光照效果】特效.prproj
视频	视频教学|Cha06|实例109【光照效果】特效.MP4

图6-293　【光照效果】特效

① 新建项目和序列文件【DV-PAL\|标准48kHz】，在【项目】面板中的空白处双击鼠标，在弹出的对话框中选择随书配套资源中的素材\|Cha06\|037.jpg素材文件，如图6-294所示。

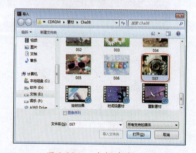

图6-294　选择素材文件

② 单击【打开】按钮，在【项目】面板中选择【037.jpg】素材文件，将其添加至时间轴窗口中的视频轨道上，如图6-295所示。

图6-295　将素材拖至序列轨道中

③ 在时间轴窗口中选择【037.jpg】素材文件，切换至【效果控件】窗口，展开【运动】选项，将【缩放】设置为80，如图6-296所示。

图6-296　设置【缩放】参数

④ 切换至【效果】窗口，打开【视频效果】文件夹，在该文件夹下选择【调整】|【光照效果】特效，如图6-297所示。

图6-297　选择【光照效果】特效

⑤ 在该文件夹下选择【光照效果】特效，将其添加至时间轴窗口中的【037.jpg】素材文件上，如图6-298所示。

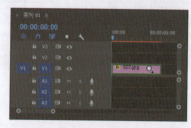

图6-298　添加特效

⑥ 切换至【效果控件】窗口，展开【光照效果】选项，在该选项下展开【光照1】选项，将【光照类型】设置为【全光源】，将【主要半径】设置为33.4，如图6-299所示。

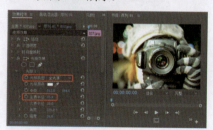

图6-299　设置【光照效果】参数

>> 知识链接

【ProcAmp】特效

【ProcAmp】特效可以分别调整影片的亮度、对比度、色相和饱和度。该特效的选项组如图6-300所示。效果如图6-301所示。

- 【亮度】：控制图像亮度。
- 【对比度】：控制图像对比度。
- 【色相】：控制图像色相。
- 【饱和度】：控制图像颜色饱和度。

- 【拆分百分比】：该参数被激活后，可以调整范围，对比调节前后的效果。

图6-300 【ProcAmp】选项组

图6-301 添加特效后的效果

实例110
【色阶】特效

【色阶】特效可以控制影视素材片段的亮度和对比度，效果如图6-302所示。

素材	素材|Cha06|038.jpg
场景	场景|Cha06|实例110【色阶】特效.prproj
视频	视频教学|Cha06|实例110【色阶】特效.MP4

图6-302 【色阶】特效

❶ 新建项目和序列文件【DV-PAL|标准48kHz】，在【项目】面板中的空白处双击鼠标，在弹出的对话框中选择随书配套资源中的素材|Cha06|038.jpg素材文件，如图6-303所示。

❷ 单击【打开】按钮，在【项目】面板中选择【038.jpg】素材文件，将其添加至时间轴窗口中的视频轨道上，如图6-304所示。

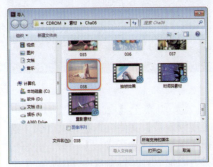

图6-303 选择素材文件

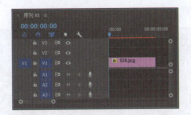

图6-304 将素材拖至序列轨道中

❸ 在时间轴窗口中选择【038.jpg】素材文件，切换至【效果控件】窗口，展开【运动】选项，将【缩放】设置为77，如图6-305所示。

图6-305 设置【缩放】参数

❹ 切换至【效果】窗口，打开【视频效果】文件夹，在该文件夹下选择【调整】|【色阶】特效，如图6-306所示。

图6-306 选择【色阶】特效

❺ 在该文件夹下选择【色阶】特效，将其添加至时间轴窗口中的【038.jpg】素材文件上，如图6-307所示。

图6-307 添加特效

❻ 切换至【效果控件】窗口，展开【色阶】选项，将【（RGB）输入黑色阶】设置为57，将【（RGB）输入白色阶】设置为240，将【（RGB）灰度系数】设置为130，如图6-308所示。

图6-308 设置【色阶】参数

知识链接

【提取】特效

【提取】特效可从视频片段中捉取颜色，然后通过设置灰色的范围控制影像的显示。单击选项组中【提取】右侧的【设置】按钮，弹出【提取设置】对话框，如图6-309所示。对比效果如图6-310所示。

图6-309 【提取设置】对话框

图6-310 【提取】特效

其中：

- 【输入范围】：在对话框中的柱状图用于显示在当前画面中每个亮度值上的像素数目。拖动其下的两个滑块，可以设置将被转为白色或黑色的像素范围。
- 【柔和度】：拖动【柔和度】滑块在被转换为白色的像素中

加入灰色。

- 【反转】：选中【反转】选项可以反转图像效果。

实例111
【卷积内核】特效

【卷积内核】特效根据数学卷积分的运算来改变素材中每个像素的值，效果如图6-311所示。

素材	素材|Cha06|039.jpg
场景	场景|Cha06|实例111【卷积内核】特效.prproj
视频	视频教学|Cha06|实例111【卷积内核】特效.MP4

图6-311 【卷积内核】特效

❶ 新建项目和序列文件【DV-PAL\|标准48kHz】，在【项目】面板中的空白处双击鼠标，在弹出的对话框中选择随书配套资源中的素材\|Cha06\|039.jpg素材文件，如图6-312所示。

图6-312 选择素材文件

❷ 单击【打开】按钮，在【项目】面板中选择【039.jpg】素材文件，将其添加至时间轴窗口中的视频轨道上，如图6-313所示。

图6-313 将素材拖至序列轨道中

❸ 在时间轴窗口中选择【039.jpg】素材文件，切换至【效果控件】窗口，

展开【运动】选项，将【缩放】设置为80，如图6-314所示。

图6-314 设置【缩放】参数

❹ 切换至【效果】窗口，打开【视频效果】文件夹，在该文件夹下选择【调整】\|【卷积内核】特效，并将该特效添加至时间轴窗口中【039.jpg】素材文件上，将【卷积内核】的M11设置为2。如图6-315所示。

图6-315 添加特效并设置参数

实例112
【块溶解】特效

【块溶解】特效可使素材随意的呈块状的消失。块宽度和块高度可以设置溶解时块的大小。效果如图6-316所示。

素材	素材|Cha06|040.jpg、041.jpg
场景	场景|Cha06|实例112【块溶解】特效.prproj
视频	视频教学|Cha06|实例112【块溶解】特效.MP4

图6-316 【块溶解】特效

❶ 新建项目和序列文件【DV-PAL\|标准48kHz】，在【项目】面板中的空白处双击鼠标，在弹出的对话框中选择随书配套资源中的素材\|Cha06\|040.jpg、

041.jpg素材文件，如图6-317所示。

图6-317 选择素材文件

❷ 单击【打开】按钮，在【项目】面板中选择【040.jpg】素材文件，将其添加至时间轴窗口中的【V1】视频轨道上，将【041.jpg】添加至时间轴窗口中的【V2】视频轨道上，如图6-318所示。

图6-318 将素材拖至序列轨道中

❸ 将【040.jpg】和【041.jpg】素材文件的【缩放】参数设置为77，如图6-319所示。

图6-319 设置【缩放】参数

❹ 切换至【效果】窗口，打开【视频效果】文件夹，在该文件夹下选择【过渡】\|【块溶解】特效，如图6-320所示。在该文件夹下选择【块溶解】特效，将其添加至时间轴窗口中的【041.jpg】素材文件上。

图6-320 选择【块溶解】特效

⑤ 将当前时间设置为00:00:00:00，切换至【效果控件】窗口，展开【块溶解】选项。单击【过渡完成】左侧的【切换动画】按钮，将【块宽度】和【块高度】设置为30，取消选中【羽化边缘】复选框，如图6-321所示。

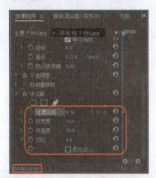

图6-321 设置【块溶解】参数

⑥ 将当前时间设置为00:00:04:04，切换至【效果控件】窗口，将【过渡完成】设置为100%，如图6-322所示。

图6-322 设置【块溶解】参数

实例113
【径向擦除】特效

【径向擦除】特效是素材在指定的一个点为中心进行旋转从而显示出下面的素材。效果如图6-323所示。

素材	素材|Cha06|042.jpg、043.jpg
场景	场景|Cha06|实例113【径向擦除】特效.prproj
视频	视频教学|Cha06|实例113【径向擦除】特效.MP4

图6-323 【径向擦除】特效

① 新建项目和序列文件【DV-PAL|标准48kHz】，在【项目】面板中的空白处双击鼠标，在弹出的对话框中选择随书配套资源中的素材|Cha06|042.jpg、

043.jpg素材文件，如图6-324所示。

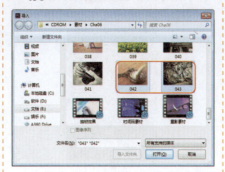

图6-324 选择素材文件

② 单击【打开】按钮，在【项目】面板中选择【042.jpg】素材文件，将其添加至时间轴窗口中的【V1】视频轨道上，将【043.jpg】添加至时间轴窗口中的【V2】视频轨道上，如图6-325所示。

图6-325 将素材拖至序列轨道中

③ 将【042.jpg】和【043.jpg】素材文件的【缩放】参数设置为77，如图6-326所示。

图6-326 设置【缩放】参数

④ 切换至【效果】窗口，打开【视频效果】文件夹，在该文件夹下选择【过渡】|【径向擦除】特效，如图6-327所示。在该文件夹下选择【径向擦除】特效，将其添加至时间轴窗口中的【043.jpg】素材文件上。

⑤ 将当前时间设置为00:00:00:00，切换至【效果控件】窗口，展开【径向擦除】选项。单击【过渡完成】左侧的【切换动画】按钮，如图6-328所示。

图6-327 选择【径向擦除】特效

图6-328 设置【径向擦除】参数

⑥ 将当前时间设置为00:00:04:04，切换至【效果控件】窗口，将【过渡完成】设置为100%，如图6-329所示。

图6-329 设置【径向擦除】参数

实例114
【渐变擦除】特效

【渐变擦除】特效中一个素材基于另一个素材相应的亮度值渐渐变为透明，这个素材叫渐变层。渐变层的黑色像素引起相应的像素变得透明。效果如图6-330所示。

素材	素材|Cha06|044.jpg、045.jpg
场景	场景|Cha06|实例114【渐变擦除】特效.prproj
视频	视频教学|Cha06|实例114【渐变擦除】特效.MP4

图6-330 【渐变擦除】特效

① 新建项目和序列文件【DV-PAL|标准48kHz】，在【项目】面板中的空

白处双击鼠标，在弹出的对话框中选择随书配套资源中的素材|Cha06|044.jpg、045.jpg素材文件，如图6-331所示。

图6-331　选择素材文件

② 单击【打开】按钮，在【项目】面板中选择【044.jpg】素材文件，将其添加至时间轴窗口中的【V1】视频轨道上，将【045.jpg】添加至时间轴窗口中的【V2】视频轨道上，如图6-332所示。

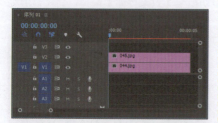

图6-332　将素材拖至序列轨道中

③ 将【044.jpg】和【045.jpg】素材文件的【缩放】参数设置为77，如图6-333所示。

图6-333　设置【缩放】参数

④ 切换至【效果】窗口，打开【视频效果】文件夹，在该文件夹下选择【过渡】|【渐变擦除】特效，如图6-334所示。在该文件夹下选择【渐变擦除】特效，将其添加至时间轴窗口中的【045.jpg】素材文件上。

⑤ 将当前时间设置为00:00:00:00，切换至【效果控件】窗口，展开【渐变擦除】选项。单击【过渡完成】左侧的

【切换动画】按钮 ，如图6-335所示。

图6-334　选择【渐变擦除】特效

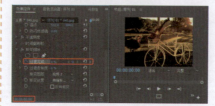

图6-335　设置【渐变擦除】参数

⑥ 将当前时间设置为00:00:04:04，切换至【效果控件】窗口，将【过渡完成】设置为100%，如图6-336所示。

图6-336　设置【渐变擦除】参数

实例115 【百叶窗】特效

【百叶窗】特效可以将图像分割成类似百叶窗的长条状，效果如图6-337所示。

素材	素材|Cha06|046.jpg、047.jpg
场景	场景|Cha06|实例115【百叶窗】特效.prproj
视频	视频教学｜Cha06｜实例115【百叶窗】特效.MP4

图6-337　【百叶窗】特效

① 新建项目和序列文件【DV-PAL|标准48kHz】，在【项目】面板中的空白处双击鼠标，在弹出的对话框中选择随书配套资源中的素材|Cha06|046.jpg、047.jpg素材文件，如图6-338所示。

图6-338　选择素材文件

② 单击【打开】按钮，在【项目】面板中选择【046.jpg】素材文件，将其添加至时间轴窗口中的【V1】视频轨道上，将【047.jpg】添加至时间轴窗口中的【V2】视频轨道上，如图6-339所示。

图6-339　将素材拖至序列轨道中

③ 将【046.jpg】和【047.jpg】素材文件的【缩放】参数设置为77，如图6-340所示。

图6-340　设置【缩放】参数

④ 切换至【效果】窗口，打开【视频效果】文件夹，在该文件夹下选择【过渡】|【百叶窗】特效，如图6-341所示。在该文件夹下选择【百叶窗】特效，将其添加至时间轴窗口中的【047.jpg】素材文件上。

图6-341　选择【百叶窗】特效

⑤ 将当前时间设置为00:00:00:00，

切换至【效果控件】窗口，展开【百叶窗】选项。单击【过渡完成】左侧的【切换动画】按钮■，将【宽度】设置为35，如图6-342所示。

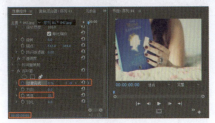

图6-342 设置【百叶窗】参数

⑥ 将当前时间设置为00:00:04:04，切换至【效果控件】窗口，将【过渡完成】设置为100%，如图6-343所示。

图6-343 设置【百叶窗】参数

提 示

在【效果控制】选项组中，我们可以对【百叶窗】特效进行以下设置：

【过渡完成】：可以调整分割后图像之间的缝隙。

【方向】：通过调整方向的角度，我们可以调整百叶窗的角度。

【宽度】：可以调整图像被分割后的每一条的宽度。

【羽化】：通过调整羽化值，可以对图像的边缘进行不同程度的模糊。

实例116
【线性擦除】特效

【线性擦除】特效是利用黑色区域从图像的一边向另一边抹去，最后图像完全消失。效果如图6-344所示。

素材	素材|Cha06|048.jpg、049.jpg
场景	场景|Cha06|实例116【线性擦除】特效.prproj
视频	视频教学|Cha06|实例116【线性擦除】特效.MP4

图6-344 【线性擦除】特效

① 新建项目和序列文件【DV-PAL\|标准48kHz】，在【项目】面板中的空白处双击鼠标，在弹出的对话框中选择随书配套资源中的素材\|Cha06\|048.jpg、049.jpg素材文件，如图6-345所示。

图6-345 选择素材文件

② 单击【打开】按钮，在【项目】面板中选择【048.jpg】素材文件，将其添加至时间轴窗口中的【V1】视频轨道上，将【049.jpg】添加至时间轴窗口中的【V2】视频轨道上，如图6-346所示。

图6-346 将素材拖至序列轨道中

③ 将【048.jpg】和【049.jpg】素材文件的【缩放】参数设置为77，如图6-347所示。

图6-347 设置【缩放】参数

④ 切换至【效果】窗口，打开【视频效果】文件夹，在该文件夹下选择【过渡】|【线性擦除】特效，如图6-348所示。在该文件夹下选择【线性擦除】特效，将其添加至时间轴窗口中的【049.jpg】素材文件上。

⑤ 将当前时间设置为00:00:00:00，切换至【效果控件】窗口，展开【线性擦除】选项。单击【过渡完成】左侧的【切换动画】按钮■，将【擦除角度】

设置为144°，将【羽化】设置为100，如图6-349所示。

图6-348 选择【线性擦除】特效

图6-349 设置【线性擦除】参数

⑥ 将当前时间设置为00:00:04:04，切换至【效果控件】窗口，将【过渡完成】设置为100%，如图6-350所示。

图6-350 设置【线性擦除】参数

提 示

在【效果控制】选项组中，我们可以对【线性擦除】特效进行以下设置：

【完成过渡】：可以调整图像中黑色区域的覆盖面积。

【擦除角度】：用来调整黑色区域的角度。

【羽化】：通过调整羽化值，可以对黑色区域与图像的交接处进行不同程度的模糊。

实例117
【基本3D】特效

【基本3D】特效可以在一个虚拟的三维空间中操纵素材，可以旋转、移动图像或使图像远离屏幕。使用简单3D效果，还可以使一个旋转的表面产生镜面反射高光，因为光来自上方，图像就必须向后倾斜才能看见反射。效果如图6-351所示。

素材	素材|Cha06|050.jpg
场景	场景|Cha06|实例117 【基本3D】特效.prproj
视频	视频教学 | Cha06 |实例117 【基本3D】特效.MP4

图6-351 【基本3D】特效

❶ 新建项目和序列文件【DV-PAL\|标准48kHz】，在【项目】面板中的空白处双击鼠标，在弹出的对话框中选择随书配套资源中的素材\|Cha06\|050.jpg素材文件，如图6-352所示。

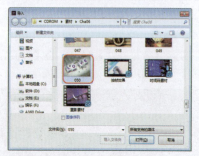

图6-352 选择素材文件

❷ 单击【打开】按钮，在【项目】面板中选择【050.jpg】素材文件，将其添加至时间轴窗口中的视频轨道，如图6-353所示。

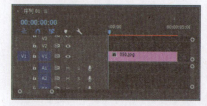

图6-353 将素材拖至序列轨道中

❸ 在时间轴窗口中选择【050.jpg】素材文件，切换至【效果控件】窗口，展开【运动】选项，将【缩放】设置为78，如图6-354所示。

图6-354 设置【缩放】参数

❹ 切换至【效果】窗口，打开

【视频效果】文件夹，在该文件夹下选择【透视】|【基本3D】特效，如图6-355所示。

图6-355 选择【基本3D】特效

❺ 选择该特效，将其添加至时间轴窗口中的【050.jpg】素材文件上，如图6-356所示。

图6-356 添加特效

❻ 切换至【效果控件】窗口中，展开【基本3D】选项，将【旋转】设置为25°，将【倾斜】设置为25°，将【与图像的距离】设置为0，如图6-357所示。

图6-357 设置【基本3D】参数

实例118
【放射阴影】特效

【放射阴影】特效利用素材上方的电光源来制造阴影效果，而不是无限的光源投射。阴影从原素材上通过Alpha通道产生影响。效果如图6-358所示。

素材	素材|Cha06|051.jpg
场景	场景|Cha06|实例118 【放射阴影】特效.prproj
视频	视频教学 | Cha06 |实例118 【放射阴影】特效.MP4

图6-358 【放射阴影】特效

❶ 新建项目和序列文件【DV-PAL\|标准48kHz】，在【项目】面板中的空白处双击鼠标，在弹出的对话框中选择随书配套资源中的素材\|Cha06\|051.jpg素材文件，如图6-359所示。

图6-359 选择素材文件

❷ 单击【打开】按钮，在【项目】面板中选择【051.jpg】素材文件，将其添加至时间轴窗口中的视频轨道，如图6-360所示。

图6-360 将素材拖至序列轨道中

❸ 在时间轴窗口中选择【051.jpg】素材文件，切换至【效果控件】窗口，展开【运动】选项，将【缩放】设置为65，如图6-361所示。

图6-361 设置【缩放】参数

❹ 切换至【效果】窗口，打开【视频效果】文件夹，在该文件夹下选择【透视】|【放射阴影】特效，如图6-362所示。

❺ 选择该特效，将其添加至时间

轴窗口中的【051.jpg】素材文件上，如图6-363所示。

图6-362 选择【放射阴影】特效

图6-363 添加特效

⑥ 切换至【效果控件】窗口中，展开【放射阴影】选项，将【阴影颜色】的RGB值设置为230、57、174，将【投影距离】设置为5，将【柔和度】设置为100，选中【调整图层大小】复选框，如图6-364所示。

图6-364 设置【放射阴影】参数

知识链接

【投影】特效

【投影】特效用于给素材添加一个阴影效果。该特效的选项组如图6-365所示。添加特效后的效果如图6-366所示。

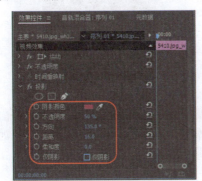

图6-365 【投影】选项组

图6-366 添加特效后的效果

实例119
【斜角边】特效

【斜角边】特效能给图像边缘产生一个凿刻的高亮三维效果。边缘的位置由源图像的Alpha通道来确定。与Alpha边框效果不同，该效果中产生的边缘总是成直角的。效果如图6-367所示。

素材	素材|Cha06|052.jpg
场景	场景|Cha06|实例119 【斜角边】特效.prproj
视频	视频教学 | Cha06 |实例119 【斜角边】特效.MP4

图6-367 【斜角边】特效

① 新建项目和序列文件【DV-PAL\|标准48kHz】，在【项目】面板中的空白处双击鼠标，在弹出的对话框中选择随书配套资源中的素材\|Cha06\|052.jpg素材文件，如图6-368所示。

图6-368 选择素材文件

② 单击【打开】按钮，在【项目】面板中选择【052.jpg】素材文件，将其添加至时间轴窗口中的视频轨道，如图6-369所示。

图6-369 将素材拖至序列轨道中

③ 在时间轴窗口中选择【052.jpg】素材文件，切换至【效果控件】窗口，展开【运动】选项，将【缩放】设置为78，如图6-370所示。

图6-370 设置【缩放】参数

④ 切换至【效果】窗口，打开【视频效果】文件夹，在该文件夹下选择【透视】|【斜角边】特效，将其添加至时间轴窗口中的【052.jpg】素材文件上，如图6-371所示。

图6-371 设置【斜角边】参数

实例120
【斜角Alpha】特效

【斜面Alpha】特效用于给素材添加一个阴影效果。效果如图6-372所示。

素材	素材|Cha06|053.jpg
场景	场景|Cha06|实例120 【斜面Alpha】特效.prproj
视频	视频教学 | Cha06 |实例120 【斜面Alpha】特效.MP4

图6-372 【斜面Alpha】特效

❶ 新建项目和序列文件【DV-PAL|标准48kHz】，在【项目】面板中的空白处双击鼠标，在弹出的对话框中选择随书配套资源中的素材|Cha06|053.jpg素材文件，如图6-373所示。

图6-373 选择素材文件

❷ 单击【打开】按钮，在【项目】面板中选择【053.jpg】素材文件，将其添加至时间轴窗口中的视频轨道，如图6-374所示。

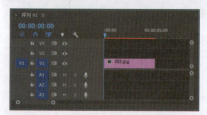

图6-374 将素材拖至序列轨道中

❸ 在时间轴窗口中选择【053.jpg】素材文件，切换至【效果控件】窗口，展开【运动】选项，将【缩放】设置为80，如图6-375所示。

图6-375 设置【缩放】参数

❹ 切换至【效果】窗口，打开【视频效果】文件夹，在该文件夹下选择【透视】|【斜面Alpha】特效，如图6-376所示。

图6-376 选择【斜面Alpha】特效

❺ 选择该特效，将其添加至时间轴窗口中的【053.jpg】素材文件上，如图6-377所示。

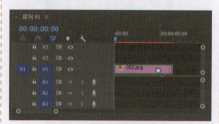

图6-377 添加特效

❻ 切换至【效果控件】窗口中，展开【斜面Alpha】选项，将【边缘厚度】设置为80，将【光照颜色】的RGB值设置为0、144、255，将【光照强度】设置为1，如图6-378所示。

图6-378 设置【斜面Alpha】参数

实例121 【反转】特效

【反转】特效用于将图像的颜色信息反相。效果如图6-379所示。

素材	素材|Cha06|054.jpg
场景	场景|Cha06|实例121 【反转】特效.prproj
视频	视频教学	Cha06 |实例121 【反转】特效.MP4

图6-379 【反转】特效

❶ 新建项目和序列文件【DV-PAL|标准48kHz】，在【项目】面板中的空白处双击鼠标，在弹出的对话框中选择随书配套资源中的素材|Cha06|054.jpg素材文件，如图6-380所示。

❷ 单击【打开】按钮，在【项目】面板中选择【054.jpg】素材文件，将其添加至时间轴窗口中的视频轨道，如图6-381所示。

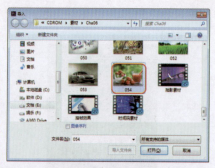

图6-380 选择素材文件

图6-381 将素材拖至序列轨道中

❸ 在时间轴窗口中选择【054.jpg】素材文件，切换至【效果控件】窗口，展开【运动】选项，将【缩放】设置为77，如图6-382所示。

图6-382 设置【缩放】参数

❹ 切换至【效果】窗口，打开【视频效果】文件夹，在该文件夹下选择【通道】|【反转】特效，如图6-383所示。

图6-383 选择【反转】特效

❺ 选择该特效，将其添加至时间轴窗口中的【054.jpg】素材文件上，如图6-384所示。

❻ 切换至【效果控件】窗口中，展开【反转】选项，将【声道】设置为

正交色度，如图6-385所示。

图6-384　添加特效

图6-385　设置【反转】参数

知识链接

【复合运算】特效

应用【复合运算】特效的选项组如图6-386所示。添加特效后的效果如图6-387所示。

图6-386　【复合运算】选项组

图6-387　添加特效后的效果

实例122
【混合】特效

【混合】特效能够采用五种模式中的任意一种来混合两个素材。效果如图6-388所示。

素材	素材|Cha06|055.jpg、056.jpg
场景	场景|Cha06|实例122【混合】特效.prproj
视频	视频教学|Cha06|实例122【混合】特效.MP4

图6-388　【混合】特效

❶ 新建项目和序列文件【DV-PAL\|标准48kHz】，在【项目】面板中的空白处双击鼠标，在弹出的对话框中选择随书配套资源中的素材\|Cha06\|055.jpg、056.jpg素材文件，如图6-389所示。

图6-389　选择素材文件

❷ 单击【打开】按钮，在【项目】面板中选择【055.jpg】素材文件，将其添加至时间轴窗口中的【V1】视频轨道上，然后将【056.jpg】素材文件添加至时间轴窗口中的【V2】视频轨道上，如图6-390所示。

图6-390　将素材拖至序列轨道中

❸ 将【055.jpg】和【056.jpg】素材文件的【缩放】参数设置为77，如图6-391所示。

图6-391　设置【缩放】参数

❹ 切换至【效果】窗口，打开【视频效果】文件夹，在该文件夹下选择【通道】\|【混合】特效，如图6-392所示。

图6-392　选择【混合】特效

❺ 选择该特效，将其添加至时间轴窗口中的【056.jpg】素材文件上，如图6-393所示。

图6-393　添加特效

❻ 切换至【效果控件】窗口中，展开【混合】选项，将【与图层混合】选项设置为【视频1】，将【模式】设置为【交叉淡化】，将【与原图像混合】设置为50%，如图6-394所示。

图6-394　设置【混合】参数

知识链接

1.【算术】特效

【算术】特效可以在图像的红、绿、蓝通道上执行多种简单的数学操作。该特效的选项组如图6-395所示。添加特效后的效果如图6-396所示。

图6-395 【算术】选项组

图6-396 添加特效后的效果

2.【纯色合成】特效

【纯色合成】特效将图像进行单色混合可以改变混合颜色。该特效的选项组如图6-397所示。添加特效后的效果如图6-398所示。

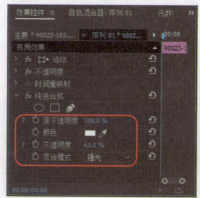

图6-397 【纯色合成】选项组

图6-398 添加特效后的对比

3.【计算】特效

【计算】特效可将一个素材的通道与另一个素材的通道结合在一起。打开如图6-399所示的素材。

图6-399 素材文件

该特效的选项组如图6-400所示。添加特效后的效果如图6-401所示。

图6-400 【计算】选项组

图6-401 添加特效后的效果

实例123
【设置遮罩】特效

本例将介绍如何使用【设置遮罩】特效，效果如图6-402所示。应用【设置遮罩】特效的具体操作步骤如下：

素材	素材|Cha06|057.jpg、058.jpg
场景	场景|Cha06|实例123 【设置遮罩】特效.prproj
视频	视频教学 | Cha06|实例123 【设置遮罩】特效.MP4

图6-402 【设置遮罩】特效

❶ 新建项目和序列文件【DV-PAL\|标准48kHz】，在【项目】面板中的空白处双击鼠标，在弹出的对话框中选择随书配套资源中的素材\|Cha06\|057.jpg、058.jpg素材文件，如图6-403所示。

图6-403 选择素材文件

❷ 单击【打开】按钮，在【项目】面板中选择【057.jpg】素材文件，将其添加至时间轴窗口中的【V1】视频轨道上，然后将【058.jpg】素材文件添加至时间轴窗口中的【V2】视频轨道上，如图6-404所示。

图6-404 将素材拖至序列轨道中

❸ 将【057.jpg】和【058.jpg】素材文件的【缩放】参数设置为77，如图6-405所示。

图6-405　设置【缩放】参数

❹ 切换至【效果】窗口，打开【视频效果】文件夹，在该文件夹下选择【通道】|【设置遮罩】特效，如图6-406所示。

图6-406　选择【设置遮罩】特效

❺ 选择该特效，将其添加至时间轴窗口中的【058.jpg】素材文件上，如图6-407所示。

图6-407　添加特效

❻ 切换至【效果控件】窗口中，展开【设置遮罩】选项，将【从图层获取遮罩】设置为【视频1】，将【用于遮罩】设置为【明亮度】选项，如图6-408所示。

图6-408　设置【设置遮罩】参数

实例124
【Alpha调整】特效

【Alpha调整】特效是通过控制素材的Alpha通道来实现抠像效果的，勾选【忽视Alpha】复选框后会忽略素材

的Alpha通道，而不让其产生透明。也可以勾选【反转Alpha】复选框，效果如图6-409所示。

素材	素材|Cha06|059.jpg
场景	场景|Cha06|实例124 【Alpha调整】特效.prproj
视频	视频教学 | Cha06|实例124 【Alpha调整】特效.MP4

图6-409　【Alpha调整】特效

❶ 新建项目和序列文件【DV-PAL|标准48kHz】，在【项目】面板中的空白处双击鼠标，在弹出的对话框中选择随书配套资源中的素材|Cha06|059.jpg素材文件，如图6-410所示。

图6-410　选择素材文件

❷ 单击【打开】按钮，在【项目】面板中选择【059.jpg】素材文件，将其添加至时间轴窗口中的视频轨道上，如图6-411所示。

图6-411　将素材拖至序列轨道中

❸ 在时间轴窗口中选择【059.jpg】素材文件，切换至【效果控件】窗口，展开【运动】选项，将【缩放】设置为80，如图6-412所示。

❹ 切换至【效果】窗口，打开【视频效果】文件夹，在该文件夹下选择【键控】|【Alpha调整】特效，如

图6-413所示。

图6-412　设置【缩放】参数

图6-413　选择【Alpha调整】特效

❺ 选择该特效，将其添加至时间轴窗口中的【059.jpg】素材文件上，如图6-414所示。

图6-414　添加特效

❻ 切换至【效果控件】窗口中，展开【Alpha调整】选项，将【不透明度】设置为50%，如图6-415所示。

图6-415　设置【Alpha调整】参数

实例125
【亮度键】特效

【亮度键】特效可以在键出图像的灰度值的同时保持它的色彩值。【亮度键】特效常用来在纹理背景上附加影片，以使附加的影片覆盖纹理背景，效果如图6-416所示。

素材	素材|Cha06|060.jpg
场景	场景|Cha06|实例125【亮度键】特效.prproj
视频	视频教学|Cha06|实例125【亮度键】特效.MP4

图6-416　【亮度键】特效

❶ 新建项目和序列文件【DV-PAL\|标准48kHz】，在【项目】面板中的空白处双击鼠标，在弹出的对话框中选择随书配套资源中的素材\|Cha06\|060.jpg素材文件，如图6-417所示。

图6-417　选择素材文件

❷ 单击【打开】按钮，在【项目】面板中选择【060.jpg】素材文件，将其添加至时间轴窗口中的视频轨道上，如图6-418所示。

图6-418　将素材拖至序列轨道中.

❸ 切换至【效果】窗口，打开【视频效果】文件夹，在该文件夹下选择【键控】\|【亮度键】特效，如图6-419所示。

图6-419　选择【亮度键】特效

❹ 为素材添加特效，切换至【效果控件】窗口，展开【亮度键】选项，将【阈值】设置为30%，将【屏蔽值】设置为50%，效果如图6-420所示。

图6-420　设置【亮度键】参数

实例126 【图像遮罩键】特效

【图像遮罩键】特效是在图像素材的亮度值基础上去除素材图像，透明的区域可以将下方的素材显示出来，同样也可以使用图像遮罩键特效进行反转，效果如图6-421所示。

素材	素材|Cha06|061.jpg、062.jpg
场景	场景|Cha06|实例126【图像遮罩键】特效.prproj
视频	视频教学|Cha06|实例126【图像遮罩键】特效.MP4

图6-421　【图像遮罩键】特效

❶ 新建项目和序列文件【DV-PAL\|标准48kHz】，在【项目】面板中的空白处双击鼠标，在弹出的对话框中选择随书配套资源中的素材\|Cha06\|061.jpg素材文件，如图6-422所示。

图6-422　选择素材文件

❷ 单击【打开】按钮，在【项目】面板中选择【061.jpg】素材文件，

将其添加至时间轴窗口中的视频轨道上，如图6-423所示。

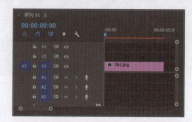

图6-423　将素材拖至序列轨道中

❸ 切换至【效果】窗口，打开【视频效果】文件夹，在该文件夹下选择【键控】\|【图像遮罩键】特效，如图6-424所示。选择该特效，将其添加至时间轴窗口中的【061.jpg】素材文件上。

图6-424　设置【缩放】参数

❹ 切换至【效果控件】窗口，展开【图像遮罩键】选项，单击【设置】按钮→▣，如图6-425所示。

图6-425　单击【设置】按钮

❺ 打开【选择遮罩图像】对话框，将062.jpg素材文件复制到桌面上，在该对话框中选择一张素材图像，如图6-426所示。

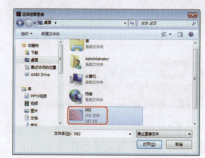

图6-426　选择素材图像

❻ 单击【打开】按钮，在【效果控件】窗口中将【合成使用】设置为【亮度遮罩】选项，如图6-427所示。

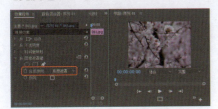

图6-427　选择【合成使用】

提示

单击【设置】按钮，打开【选择遮罩图像】对话框，选择素材时，需要将本案例所用素材文件，放置在桌面上，本案例才会有效果。

实例127
【差值遮罩】特效

【差值遮罩】特效比较原素材与另一个素材之间的透明度。差别表面粗糙的效应通过把一个来源素材与另一个差别素材比较建立明确度，切断在源映像内的像素那比赛两个位置两个颜色在差别图像内。效果如图6-428所示。

素材	素材|Cha06|063.jpg、064.jpg
场景	场景|Cha06|实例127【差值遮罩】特效.prproj
视频	视频教学|Cha06|实例127【差值遮罩】特效.MP4

图6-428　【差值遮罩】特效

❶ 新建项目和序列文件【DV-PAL|标准48kHz】，在【项目】面板中的空白处双击鼠标，在弹出的对话框中选择随书配套资源中的素材|Cha06|063.jpg、064.jpg素材文件，如图6-429所示。

❷ 单击【打开】按钮，在【项目】面板中选择【063.jpg】素材文件，将其添加至时间轴窗口中的【V1】视频轨道上，如图6-430所示。使用同样的方法将【064.jpg】素材文件添加时间轴窗口中的【V2】视频轨道上。

图6-429　选择素材文件

图6-430　将素材拖至序列轨道中

❸ 在时间轴窗口中选择【063.jpg、064.jpg】素材文件，切换至【效果控件】窗口，展开【运动】选项，将【缩放】设置为77，如图6-431所示。

图6-431　设置【缩放】参数

❹ 切换至【效果】窗口，打开【视频效果】文件夹，在该文件夹下选择【键控】|【差值遮罩】特效，如图6-432所示。

图6-432　选择【差值遮罩】特效

❺ 选择该特效，将其添加至时间轴窗口中的【064.jpg】素材文件上，如图6-433所示。

❻ 切换至【效果控件】窗口，展开【差值遮罩】选项，将【视图】设置为【仅限遮罩】选项，将【差值图层】

设置为【视频1】，将【如果图层大小不同】设置为【伸缩以适合】选项，将【匹配容差】设置为15%，将【匹配柔和度】设置为5%，将【差值前模糊】设置为2，如图6-434所示。

图6-433　添加特效

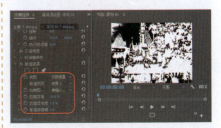

图6-434　设置【差值遮罩】参数

知识链接

1.【移除遮罩】特效

【移除遮罩】特效可以移动来自素材的颜色。如果从一个透明通道导入影片或者用After Effects创建透明通道，需要去除来自一个图像的光晕。光晕是由图像色彩、背景或表面粗糙的色彩之间产生差异而引起的。去除或者改变表面粗糙的颜色能去除光晕。

2.【超级键】特效

【超级键】特效可以快速准确地在具有挑战性的素材上进行抠像，可以对HD高清素材进行实时抠像，该特效对于照明不均匀、背景不平滑的素材以及人物的卷发都有很好的抠像效果，该特效的选项组如图6-435所示。对比效果如图6-436所示。

图6-435　【超级键】选项组

图6-436 添加特效后的效果

3.【轨道遮罩键】特效

【轨道遮罩键】特效与【图像遮罩键】特效的工作原理相同，都是利用指定遮罩对当前抠像对象进行透明区域定义，但是【轨道遮罩键】特效更加灵活。由于使用序列中的对象作为遮罩，所以可以使用动画遮罩或者为遮罩设置运动。该特效的选项组如图6-437所示。添加特效后的效果如图6-438所示。

图6-437 【轨道遮罩键】选项组

图6-438 添加特效后的效果

💬 提 示

一般情况下，一个轨道的影片作为另一个轨道的影片的遮罩使用后，应该关闭该轨道显示。

实例128
【非红色键】特效

【非红色键】特效用在蓝、绿色背景的画面上创建透明。类似于前面所讲到的【蓝屏键】。可以混合两素材片段或创建一些半透明的对象。它与绿背景配合工作时效果尤其好，可以用灰度图像作为屏蔽。效果如图6-439所示。

素材	素材|Cha06|065.jpg
场景	场景|Cha06|实例128 【非红色键】特效.prproj
视频	视频教学 | Cha06 |实例128 【非红色键】特效.MP4

图6-439 【非红色键】特效

❶ 新建项目和序列文件【DV-PAL\|标准48kHz】，在【项目】面板中的空白处双击鼠标，在弹出的对话框中选择随书配套资源中的素材\|Cha06\|065.jpg素材文件，如图6-440所示。

图6-440 选择素材文件

❷ 单击【打开】按钮，在【项目】面板中选择【065.jpg】素材文件，将其添加至时间轴窗口中的视频轨道上，如图6-441所示。

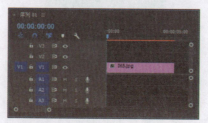

图6-441 将素材拖至序列轨道中

❸ 在时间轴窗口中选择【065.jpg】

素材文件，切换至【效果控件】窗口，展开【运动】选项，将【缩放】设置为77，如图6-442所示。

图6-442 设置【缩放】参数

❹ 切换至【效果】窗口，打开【视频效果】文件夹，在该文件夹下选择【键控】\|【非红色键】特效，如图6-443所示。

图6-443 选择【非红色键】特效

❺ 选择该特效，将其添加至时间轴窗口中的【065.jpg】素材文件上，如图6-444所示。

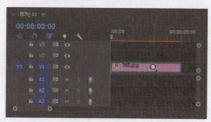

图6-444 添加特效

❻ 切换至【效果控件】窗口，展开【非红色键】选项，将【去边】设置为【蓝色】选项，如图6-445所示。

图6-445 设置【非红色键】参数

▶▶ 知识链接

【颜色键】特效

【颜色键】特效可以去掉图像中所指定颜色的像素，这种特效只会影响素材的Alpha通道，该特效的选项组如图6-446所示。对比效果如图6-447所示。

图6-446 【颜色键】选项组

图6-447 添加特效后的效果

实例129 【Alpha发光】特效

【Alpha发光】特效可以对素材的Alpha通道起作用，从而产生一种辉光效果，如果素材拥有多个Alpha通道，那么仅对第一个Alpha通道起作用。效果如图6-448所示。

素材	素材|Cha06|066.jpg
场景	场景|Cha06|实例129 【Alpha发光】特效.prproj
视频	视频教学|Cha06|实例129 【Alpha发光】特效.MP4

图6-448 【Alpha发光】特效

① 新建项目和序列文件【DV-PAL

标准48kHz】，在【项目】面板中的空白处双击鼠标，在弹出的对话框中选择随书配套资源中的素材\|Cha06\|066.jpg素材文件，如图6-449所示。

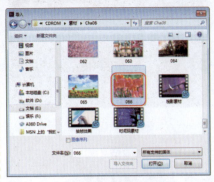

图6-449 选择素材文件

② 单击【打开】按钮，在【项目】面板中选择【066.jpg】素材文件，将其添加至时间轴窗口中的视频轨道上，如图6-450所示。

图6-450 将素材拖至序列轨道中

③ 按Ctrl+T组合键，弹出【新建字幕】对话框，保持默认设置，单击【确定】按钮，输入文字，将【字体系列】设置为【汉仪秀英体简】，将【X位置】和【Y位置】设置为360、277，效果如图6-451所示。

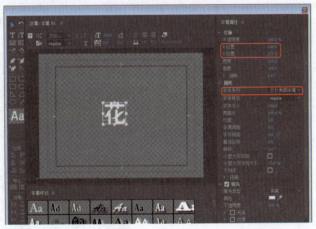

图6-451 新建字幕

④ 将【字幕01】拖至【V2】视频轨道中，为其添加【Alpha发光】特效，切换至【效果控件】窗口，展开【Alpha发光】选项，将【发光】设置为25，将【亮度】设置为255，将【起始颜色】的RGB值设置为198、76、238，将【结束颜色】的RGB值设置为240、0、255，如图6-452所示。

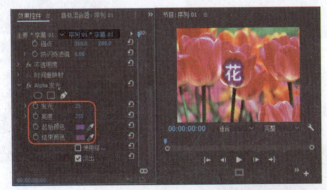

图6-452 设置【Alpha发光】参数

实例130 【复制】特效

【复制】特效将屏幕分成几块，并在每一块中显示完整图像，用户可以通过拖动滑块设置每行或每列的分块数量，效果如图6-453所示。

素材	素材|Cha06|067.jpg
场景	场景|Cha06|实例130【复制】特效.prproj
视频	视频教学	Cha06|实例130【复制】特效.MP4

图6-453 【复制】特效

❶ 新建项目和序列文件【DV-PAL|标准48kHz】，在【项目】面板中的空白处双击鼠标，在弹出的对话框中选择随书配套资源中的素材|Cha06|067.jpg素材文件，如图6-454所示。

图6-454 选择素材文件

❷ 单击【打开】按钮，在【项目】面板中选择【067.jpg】素材文件，将其添加至时间轴窗口中的视频轨道上，如图6-455所示。

图6-455 将素材拖至序列轨道中

❸ 切换至【效果】窗口，打开【视频效果】文件夹，在该文件夹下选择【风格化】|【复制】特效，如图6-456所示。

图6-456 选择【复制】特效

❹ 选择该特效，将其添加至时间轴窗口中的【067.jpg】素材文件上。将【缩放】设置为77，如图6-457所示。

图6-457 设置缩放参数

>> 知识链接

1.【彩色浮雕】特效

【彩色浮雕】特效用于锐化图像中物体的边缘并修改图像颜色。这个效果会从一个指定的角度使边缘高光，该特效的选项组如图6-458所示。添加特效后的效果如图6-459所示。

图6-458 【彩色浮雕】选项组

图6-459 添加特效后的效果

2.【抽帧】特效

【抽帧】特效通过对色阶值进行调整，可以控制影视素材片段的亮度和对比度，从而产生类似海报的效果，其该特效的选项组如图6-460所示。添加特效后的效果如图6-461所示。

图6-460 【抽帧】选项组

图6-461 添加特效后的效果

实例131
【曝光过度】特效

【曝光过度】特效将产生一个正片与负片之间的混合，引起晕光效果。效果如图6-462所示。

素材	素材|Cha06|068.jpg
场景	场景|Cha06|实例131【曝光过度】特效.prproj
视频	视频教学	Cha06|实例131【曝光过度】特效.MP4

图6-462 【曝光过度】特效

❶ 新建项目和序列文件【DV-PAL|标准48kHz】，在【项目】面板中的空白处双击鼠标，在弹出的对话框中选择随书配套资源中的素材|Cha06|068.jpg素材文件，如图6-463所示。

❷ 单击【打开】按钮，在【项目】面板中选择【068.jpg】素材文件，将其添加至时间轴窗口中的视频轨道上，如图6-464所示。

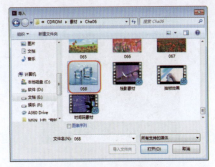

图6-463 选择素材文件

图6-464 将素材拖至序列轨道中

❸ 切换至【效果】窗口，打开【视频效果】文件夹，在该文件夹下选择【风格化】|【曝光过度】特效，如图6-465所示。选择该特效，将其添加至时间轴窗口中的【068.jpg】素材文件上。

图6-465 选择【曝光过度】特效

❹ 切换至【效果控件】窗口，展开【曝光过度】选项，将【阈值】设置为100，如图6-466所示。

图6-466 设置【曝光过度】参数

知识链接

【查找边缘】特效

【查找边缘】特效用于识别图像中有显著变化和明显边缘，边缘可以显示为白色背景上的黑线和黑色背景上的彩色线，该特效的选项组如图6-467所示。添加特效后的效果如图6-468所示。

图6-467 【查找边缘】选项组

图6-468 添加特效后的效果

实例132
【浮雕】特效

【浮雕】特效，用于锐化图像中物体的边缘并修改图像颜色。这个效果会从一个指定的角度使边缘高光，效果如图6-469所示。

素材	素材|Cha06|069.jpg
场景	场景|Cha06|实例132 【浮雕】特效.prproj
视频	视频教学 | Cha06 |实例132【浮雕】特效.MP4

图6-469 【复制】特效

❶ 新建项目和序列文件【DV-PAL|标准48kHz】，在【项目】面板中的空白处双击鼠标，在弹出的对话框中选择随书配套资源中的素材\|Cha06\|069.jpg素材文件，如图6-470所示。

❷ 单击【打开】按钮，在【项目】面板中选择【069.jpg】素材文件，将其添加至时间轴窗口中的视频轨道

上，如图6-471所示。

图6-470 选择素材文件

图6-471 将素材拖至序列轨道中

❸ 在时间轴窗口中选择【069.jpg】素材文件，切换至【效果控件】窗口，展开【运动】选项，将【缩放】设置为77，如图6-472所示。

图6-472 设置缩放参数

❹ 切换至【效果】窗口，打开【视频效果】文件夹，在该文件夹下选择【风格化】|【浮雕】特效，如图6-473所示。

图6-473 选择【浮雕】特效

❺ 选择该特效，将其添加至时间轴窗口中的【069.jpg】素材文件上。如图6-474所示。

❻ 切换至【效果控件】窗口，展开【浮雕】选项，将【起伏】设置为2.5，如图6-475所示。

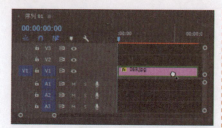

图6-474　添加特效

图6-475　设置【浮雕】参数

【画笔描边】特效

【画笔描边】特效可以为图像添加一个粗略的着色效果，也可以通过设置该特效笔触的长短和密度制作出油画风格的图像，该特效的选项组如图6-476所示。添加特效后的效果如图6-477所示。

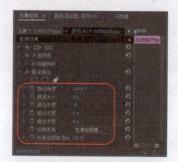

图6-476　【画笔描边】选项组

图6-477　添加特效后的效果

实例133
【粗糙边缘】特效

【粗糙边缘】特效可以使图像的边缘产生粗糙效果，使图像边缘变得粗糙

不是很硬，在边缘类型列表中可以选择图像的粗糙类型。效果如图6-478所示。

素材	素材|Cha06|070.jpg
场景	场景|Cha06|实例133　【粗糙边缘】特效.prproj
视频	视频教学|Cha06|实例133【粗糙边缘】特效.MP4

图6-478　【粗糙边缘】特效

❶ 新建项目和序列文件【DV-PAL\|标准48kHz】，在【项目】面板中的空白处双击鼠标，在弹出的对话框中选择随书配套资源中的素材\|Cha06\|070.jpg素材文件，如图6-479所示。

图6-479　选择素材文件

❷ 单击【打开】按钮，在【项目】面板中选择【070.jpg】素材文件，将其添加至时间轴窗口中的视频轨道上，如图6-480所示。

图6-480　将素材拖至序列轨道中

❸ 在时间轴窗口中选择【070.jpg】素材文件，切换至【效果控件】窗口，展开【运动】选项，将【缩放】设置为77，如图6-481所示。

❹ 切换至【效果】窗口，打开【视频效果】文件夹，在该文件夹下选择【风格化】\|【粗糙边缘】特效，如图6-482所示。

❺ 选择该特效，将其添加至时间轴窗口中的【070.jpg】素材文件上，如图6-483所示。

图6-481　设置【缩放】参数

图6-482　选择【粗糙边缘】特效

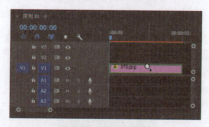

图6-483　添加特效

❻ 切换至【效果控件】窗口，展开【粗糙边缘】选项，将【边框】设置为80，将【边缘锐度】设置为0，将【比例】设置为21，将【伸缩宽度或高度】设置为9.8，将【复杂度】设置为10，将【演化】设置为162°，如图6-484所示。

图6-484　设置【粗糙边缘】参数

1.【纹理化】特效

【纹理化】特效将使素材看起来具有其他素材的纹理效果，该特效的选项组如图6-485所示。添加特效后的效果如图6-486所示。

图6-485 【纹理化】选项组

图6-486 添加特效后的效果

2.【闪光灯】视频特效

【闪光灯】特效用于模拟频闪或闪光灯效果，它随着片段的播放按一定的控制率隐掉一些视频帧。该特效的选项组如图6-487所示。添加特效后的效果如图6-488所示。

图6-487 【闪光灯】选项组

图6-488 添加特效后的效果

3.【阈值】视频特效

【阈值】特效将素材转化为黑、白两种色彩，通过调整电平值来影响素材的变化，当值为0时素材为白色，当值为255时素材为黑色，一般情况下可以取中间值，该特效的选项组如图6-489所示。添加特效后的效果如图6-490所示。

图6-489 【阈值】选项组

图6-490 添加特效后的效果

实例134 【马赛克】特效

【马赛克】特效将使用大量的单色矩形填充一个图层，其效果如图6-491所示。

素材	素材|Cha06|071.jpg
场景	场景|Cha06|实例134 【马赛克】特效.prproj
视频	视频教学 | Cha06 |实例134 【马赛克】特效.MP4

图6-491 【马赛克】特效

① 新建项目和序列文件【DV-PAL\|标准48kHz】，在【项目】面板中的空白处双击鼠标，在弹出的对话框中选择随书配套资源中的素材\|Cha06\|071.jpg素材文件，如图6-492所示。

图6-492 选择素材文件

② 单击【打开】按钮，在【项目】面板中选择【071.jpg】素材文件，将其添加至时间轴窗口中的视频轨道

上，如图6-493所示。

图6-493 将素材拖至序列轨道中

③ 在时间轴窗口中选择【071.jpg】素材文件，切换至【效果控件】窗口，展开【运动】选项，将【缩放】设置为77，如图6-494所示。

图6-494 设置【缩放】参数

④ 切换至【效果】窗口，打开【视频效果】文件夹，在该文件夹下选择【风格化】|【马赛克】特效，如图6-495所示。

图6-495 选择【马赛克】特效

⑤ 选择该特效，将其添加至时间轴窗口中的【071.jpg】素材文件上。如图6-496所示。

图6-496 添加特效

⑥ 切换至【效果控件】窗口，展开【马赛克】选项，将【水平块】和【垂直块】均设置为100，如图6-497所示。

图6-497 设置【马赛克】参数

第 **7** 章 字幕特技的应用

字幕是影视制作中一种重要的视觉元素，字幕可以起到解释画面、补充内容等作用。作为专业处理影视节目的Premiere Pro CC 2017软件来说，也包括字幕的制作和处理。这里所讲的字幕，包括文字、图形等内容。字幕本身是静止的，但是利用Premiere Pro CC 2017可以制作出各种各样的动画效果。

实例135 创建滚动字幕

本案例通过新建文字字幕并为文字设置【滚动/游动选项】来实现文字的滚动；为背景添加模糊效果，以凸显滚动字幕主题，效果如图7-1所示。

素材	素材|Cha07|滚动字幕.jpg
场景	场景|Cha07|实例135 创建滚动字幕. prproj
视频	视频教学 | Cha07 |实例135 创建滚动字幕.MP4

图7-1 创建滚动字幕

❶ 新建项目文件和【DV-PAL】选项组下的【标准48kHz】序列文件，在【项目】面板导入随书配套资源中的素材\|Cha07\|滚动字幕.jpg素材文件，如图7-2所示。

图7-2 导入素材文件

❷ 选择【项目】面板中的【滚动字幕.jpg】文件，将其拖至【V1】视频轨道中，将其持续时间设置为00:00:09:12，

并选择添加的素材文件，确认当前时间为00:00:00:00，切换【效果控件】面板，将【运动】选项组下的【缩放】设置为150，并单击左侧的【切换动画】按钮 ，将【不透明度】选项组下的【不透明度】设置为0%，如图7-3所示。

图7-3 设置【缩放】和【不透明度】参数

提 示

双击【项目】面板的空白处，即可弹出【导入】对话框。

❸ 然后将当前时间设置为00:00:02:24，在【效果控件】面板中将【缩放】设置为77，将【不透明度】设置为100%，如图7-4所示。

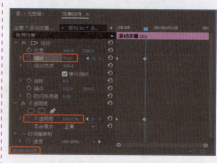

图7-4 设置【缩放】和【不透明度】参数

❹ 将当前时间设置为00:00:03:11，切换至【效果】面板搜索【快速模糊】效果，将其拖至【V1】视频轨道中的素材上，即可添加视频效果，选中【V1】视频轨道中的素材，在【效果控件】面板中单击【快速模糊】下模糊度左侧的【切换动画】按钮 ，如图7-5所示。

提 示

【快速模糊】视频特效：通过添加该特效并设置关键帧参数制作背景模糊动画。

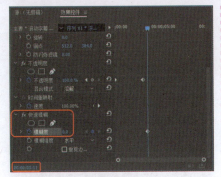

图7-5　添加视频特效

⑤ 将当前时间设置为00:00:04:06，在【效果控件】面板中将【快速模糊】下【模糊度】设置为20，如图7-6所示。

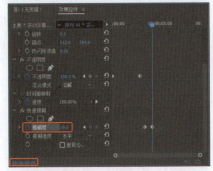

图7-6　设置【模糊度】参数

⑥ 设置完成后按Ctrl+T组合键新建字幕，使用默认设置单击【确定】按钮，进入到字幕编辑器中，选择【文字工具】输入文字，并选中文字，在右侧将【字体系列】设置为【方正琥珀简体】，【字体大小】设置为100，将【填充】选项组下的【颜色】RGB值设置为253、184、129，如图7-7所示。

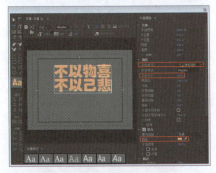

图7-7　新建字幕并设置参数

⑦ 在【描边】选项组下添加一个【内描边】，将【颜色】设置为白色，添加两个外描边，将第一个【外描边】的【颜色】设置为白色，【大小】设置为30，第二个【外描边】的【类型】设置为深度，【大小】设置为24，【不透明度】设置为25%，如图7-8所示。

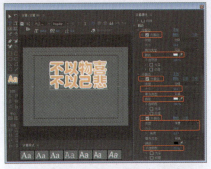

图7-8　设置参数

⑧ 设置完成后在【变换】中将【X位置】和【Y位置】分别设置为404.5、274.5，在【属性】中将【行距】设置为18，【字偶间距】设置为7，【字符间距】设置为6，如图7-9所示。

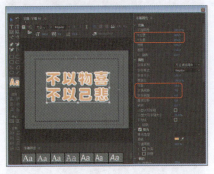

图7-9　设置参数

⑨ 然后单击 【滚动/游动选项】按钮 ，在打开的对话框中选择【字幕类型】选项组下的【滚动】，在【定时（帧）】下勾选【开始于屏幕外】复选框，然后单击【确定】按钮，如图7-10所示。

图7-10　【滚动/游动选项】对话框

提示

【滚动/游动选项】对话框：在该对话框中选中【滚动】单选按钮，即可更改字幕的类型。

⑩ 关闭字幕编辑器，将当前时间设置为00:00:03:22，将【字幕01】拖至【V2】视频轨道中，使开始处与时间线对齐，使其结束处与【V1】视频轨道中素材的结束处对齐，如图7-11所示。

图7-11　向视频轨道中拖入字幕

⑪ 设置完成后，按Ctrl+M组合键打开【导出设置】对话框，单击【输出名称】右侧的蓝色文字，设置导出文件的保存位置和名称，单击【保存】按钮，然后单击【导出】按钮，如图7-12所示。

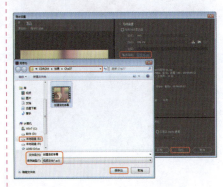

图7-12　导出视频

实例136　创建游动字幕

本案例通过新建文字字幕并为文字设置【滚动/游动选项】，来实现文字的游动；为背景添加模糊效果，以凸显滚动字幕主题，如图7-13所示。

素材	素材|Cha07|游动字幕.jpg
场景	场景|Cha07|实例136 创建游动字幕. prproj
视频	视频教学 | Cha07 |实例136 创建游动字幕.MP4

图7-13　创建游动字幕

❶ 新建项目文件和【DV-PAL】选项组下的【标准48kHz】序列文件，在【项目】面板导入随书配套资源中的素材|Cha07|游动字幕.jpg素材文件，如图7-14所示。

图7-14 导入素材文件

❷ 选择【项目】面板中的【游动字幕.jpg】文件，将其拖至【V1】视频轨道中，将其【持续时间】设置为00:00:07:22，并选择添加的素材文件，确认当前时间为00:00:00:00，切换【效果控件】面板，将【运动】选项组下的【缩放】设置为100，并单击左侧的【切换动画】按钮 ，将【不透明度】选项组下的【不透明度】设置为0%，如图7-15所示。

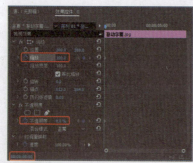

图7-15 设置【缩放】和【不透明度】参数

❸ 然后将当前时间设置为00:00:02:24，在【效果控件】面板中将【缩放】设置为77，【不透明度】设置为100%，如图7-16所示。

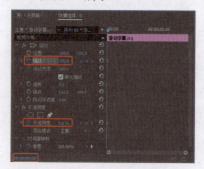

图7-16 设置参数

❹ 将当前时间设置为00:00:03:14，切换至【效果】面板搜索【快速模糊】效果，将其拖至【V1】视频轨道中的素材上，即可添加视频效果，选中【V1】视频轨道中的素材，在【效果控件】面板中单击【快速模糊】下模糊度左侧的【切换动画】按钮 ，如图7-17所示。

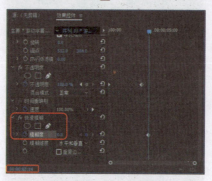

图7-17 添加视频特效

❺ 将当前时间设置为00:00:04:10，在【效果控件】面板中将【快速模糊】下的【模糊度】设置为15，如图7-18所示。

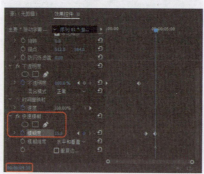

图7-18 设置【模糊度】参数

❻ 设置完成后按Ctrl+T组合键新建字幕，使用默认设置单击【确定】按钮，进入到字幕编辑器中，选择【文字工具】 输入文字，并选中文字，在右侧将【字体系列】设置为【方正隶书简体】，【字体大小】设置为100，将【填充】选项组下的【颜色】的RGB值设置为180、0、255，如图7-19所示。

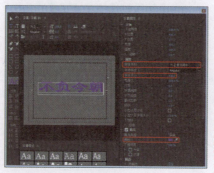

图7-19 新建字幕并设置参数

❼ 在【描边】选项组下添加一个【内描边】，将【颜色】设置为白色，添加两个外描边，将第一个【外描边】的【颜色】设置为白色，【大小】设置为20，第二个【外描边】的【类型】设置为深度，【大小】设置为24，【不透明度】设置为25%，如图7-20所示。

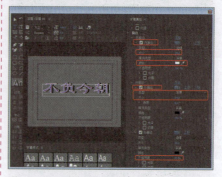

图7-20 设置参数

❽ 设置完成后在【变换】中将【X位置】和【Y位置】分别设置为404、274，如图7-21所示。

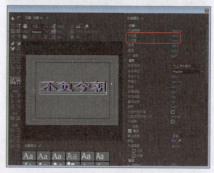

图7-21 设置参数

❾ 然后单击【滚动/游动选项】按钮 ，在打开的对话框中选择【字幕类型】选项组下的【向左游动】，在【定时（帧）】下勾选【开始于屏幕外】复选框，然后单击【确定】按钮，如图7-22所示。

图7-22 【滚动/游动选项】对话框

❿ 关闭字幕编辑器，将当前时间设置为00:00:02:24，将【字幕01】拖至【V2】视频轨道中，使开始处与时间线对齐，使其结束处与【V1】视频轨道中素材的结束处对齐，如图7-23所示。

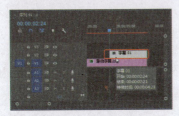

图7-23　向视频轨道中拖入字幕

⑪ 设置完成后，按Ctrl+M组合键打开【导出设置】对话框，单击【输出名称】右侧的蓝色文字，设置导出文件的保存位置和名称，单击【保存】按钮，然后单击【导出】按钮，如图7-24所示。

图7-24　导出视频

知识链接

了解字幕编辑器工具的功能

我们可以按Ctrl+T组合键新建字幕，如图7-25所示为字幕工具箱，字幕设计对话框左侧工具箱中包括生成、编辑文字与物体的工具。要使用工具做单个操作，在工具箱中单击该工具然后在字幕显示区域拖出文本框就可以输入文字；要使用一个工具做多次操作，在工具箱中双击该工具。

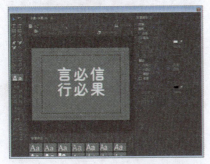

图7-25　字幕工具箱

图7-26　创建文字

下面我们介绍字幕工具箱中各工具的具体讲解。

● 【选择工具】：使用工具可用于选择一个物体或文字。按住Shift键使用选择工具可选择多个物体，直接拖动对象控制手柄改变对象区域和大小。对于Bezier曲线物体来说，还可以使用选择工具编辑节点。

● 【旋转工具】：使用工具可以旋转对象。

● 【文字工具】：使用工具可以建立并编辑文字，如图7-26所示。

● 【垂直文字工具】：该工具用于建立竖排文本。

● 【区域文字工具】：使用工具可以用于建立段落文本。段落文本工具与普通文字工具的不同在于，它建立文本的时候，首先要限定一个范围框，调整文本属性，范围框不会受到影响。

● 【垂直区域文字工具】：使用工具用于建立竖排段落文本。

● 【路径文字工具】：使用工具可以建立一段沿路径排列的文本。

● 【垂直路径文字工具】：使用工具的功能与路径文字工具相同。不同在于，【垂直路径文字工具】创建垂直于路径的文本，【路径文字工具】创建平行于路径的文本。

● 【钢笔工具】：使用工具可以创建复杂的曲线。

● 【添加锚点工具】：使用工具可以在线段上增加控制点。

● 【删除锚点工具】：使用工具可以在线段上减少控制点。

● 【转换锚点工具】：使用工具可以产生一个尖角或用来调整曲线的圆滑程度。

● 【矩形工具】：使用工具可用来绘制矩形。

● 【切角矩形工具】：使用工具可以绘制一个矩形，并且对使用矩形的边界进行剪裁控制。

● 【圆角矩形工具】：使用工具可以绘制一个带有圆角的矩形。

● 【圆角矩形工具】：使用工具可以绘制一个偏圆的矩形。

● 【楔形工具】：使用工具可以绘制一个三角形。

● 【弧形工具】：使用工具可绘制一个圆弧。

● 【椭圆工具】：使用工具可用来绘制椭圆。在拖动鼠标绘制图形的同时按住Shift键可绘制出一个正圆。

● 【直线工具】：使用工具可以绘制一条直线。

上面对Premiere Pro CC 2017的字幕工具箱进行了简单的介绍。这些工具在以后的字幕制作中会经常用到，希望读者能够熟练应用这些工具。

外部视频输入是将摄像机、影碟机的视频素材输入到计算机硬盘上。

软件视频素材输入是把一些由应用软件如3ds Max、Maya等制作的动画视频素材输入到计算机硬盘上。

实例137
设置字幕属性

本案例通过新建文本字幕并为字幕进行【属性】设置，来实现字幕的美化。

素材	素材|Cha07|字幕属性.jpg
场景	场景|Cha07|设置字幕属性.prproj
视频	视频教学 | Cha07 |实例137设置字幕属性.MP4

❶ 新建项目文件和【DV-24P】|【标准48kHz】序列文件，在【项目】面板导入随书配套资源中的素材|Cha07|字幕属性.jpg素材文件，如图7-27所示。

图7-27　导入素材文件

❷ 选择【字幕属性.jpg】文件，将其拖至【V1】视频轨道中，选择添加的素材文件，打开【效果控件】面板，将【运动】选项组下的【缩放】设置为65，

如图7-28所示。

图7-28　设置素材缩放

❸ 按Ctrl+T组合键，弹出【新建字幕】对话框，保持默认值，单击【确定】按钮，如图7-29所示。

图7-29　【新建字幕】对话框

❹ 弹出【字幕编辑器】，选择【文字工具】，输入【可爱】，将【字体系列】设置为【方正行楷简体】，将【字体大小】设置为100，如图7-30所示。

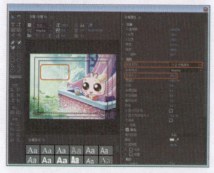

图7-30　设置字体

▶▶ 知识链接

在【属性】区域中可以对字幕的属性进行设置。对于不同的对象，可调整的属性也有所不同。下面以文字为例，讲解一下有关字体的设置。

- 【字体系列】：在该下拉列表中，显示系统中所有安装的字体，可以在其中选择需要的字体进行使用。
- 【字体样式】：Bold（粗体）、Bold Italic（粗体 倾斜）、Italic

（倾斜）、Regular（常规）、Semibold（半粗体）、Semibold Italic（半粗体 倾斜）。

- 【字体大小】：设置字体的大小。
- 【宽高比】：设置字体的长宽比。
- 【行距】：设置行与行之间的行间距。
- 【字偶间距】：设置光标位置处前后字符之间的距离，可在光标位置处形成两段有一定距离的字符。
- 【字符间距】：设置所有字符或者所选字符的间距，调整的是单个字符间的距离。
- 【基线位移】：设置字符所有字符基线的位置。通过改变该选项的值，可以方便地设置上标和下标。
- 【倾斜】：设置字符的倾斜。
- 【小型大写字母】：激活该选项，可以输入大写字母，或者将已有的小写字母改为大写字母。
- 【小型大写字母大小】：小写字母改为大写字母后，可以利用该选项来调整大小。
- 【下划线】：激活该选项，可以在文本下方添加下划线。
- 【扭曲】：在该参数栏中可以对文本进行扭曲设定。调整【扭曲】参数栏下的X轴和Y轴向扭曲度。可以产生变化多端的文本形状。

对于图形对象来说，【属性】设置栏中又有不同的参数设置，这将在后面结合不同的图形对象进行具体的学习。

实例138
设置变换属性

本案例通过新建文本字幕并为字幕进行【变换】设置，来改变文本的位置。

素材	素材|Cha07|字幕属性.jpg
场景	场景|Cha07|设置变换属性.prproj
视频	视频教学 | Cha07 |实例138设置字幕属性.MP4

❶ 继续上述案例进行操作，在【变换】选项组中将【X位置】和【Y位置】设置为175.3、108，【宽度】设置为212，如图7-31所示。

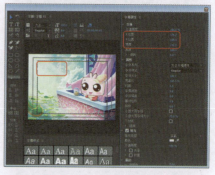

图7-31　设置【变换】参数

实例139
填充设置

本案例通过新建文本字幕并为字幕进行【填充】设置，来改变文本的颜色。

素材	素材|Cha07|字幕属性.jpg
场景	场景|Cha07|设置字幕属性.prproj
视频	视频教学 | Cha07 |实例139设置字幕属性.MP4

❶ 继续上述案例进行制作，在【填充】选项组中将【填充类型】设置为【线性渐变】，将第一个色标的颜色设置为【#FE4E7D】，将第二个色标的颜色设置为【#E8A3C8】，并适当调整色标的位置，如图7-32所示。

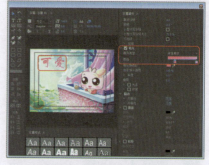

图7-32　设置【填充】参数

▶▶ 知识链接

单击【填充类型】右侧的下拉列表，在弹出的下拉菜单中选择一种选项，可以决定使用何种方式填充对象。默认情况下是以实底为其填充颜色，可单击【颜色】右侧的颜色缩略图，在弹出的【颜色拾取】对话框中为其执行一个颜色。

下面我们介绍各种填充类型的使用方法及讲解。

- 【实底】：该选项为默认选项。
- 【线性渐变】：当选择【线性渐变】进行填充时，可以分别单击两个颜色滑块，在弹出的对话框中选择渐变开始和渐变结束的颜色。选择颜色滑块后，按住鼠标左键可以拖动滑动改变位置，以决定该颜色在整个渐变色中所占的比例。
- 【色彩到不透明】：设置该参数则可以控制该点颜色的不透明度，这样就可以产生一个有透明的渐变过程。通过调整【转角】数值，可以控制渐变的角度。
- 【重复】：这项参数可以为渐变设置一个重复值。
- 【径向渐变】：【径向渐变】同【线性渐变】相似，唯一不同的是，【线性渐变】是由一条直线发射出去，而【径向渐变】是由一个点向周围渐变，呈放射状。
- 【四色渐变】：与上面两种渐变类似，但是四角上的颜色块允许重新定义。
- 【斜面】：使用【斜角边】方式，可以为对象产生一个立体的浮雕效果。选择【斜角边】后，首先需要在【高亮颜色】中指定立体字的受光面颜色。然后在【阴影颜色】栏中指定立体字的背光面颜色；还可以分别在各自的【透明度】栏中指定不透明度；【平衡】参数栏调整明暗对比度，数值越高，明暗对比越强；【大小】参数可以调整浮雕的尺寸高度；激活【变亮】选项，可以在【光照角度】选项中调整数值。让浮雕对象产生光线照射效果；【亮度级别】选项可以调整灯光强度；激活【管状】选项，可在明暗交接线上勾边，产生管状效果。使用【斜角边】的效果。
- 【消除】：在【消除】模式

下，无法看到对象。如果为对象设置了阴影或者描边，就可以清楚地看到效果。对象被阴影减去部分镂空，而其他部分的阴影则保留下来。需要注意的是，在【消除】模式下，阴影的尺寸必须大于对象，如果相同的话，同尺寸相减后是不会出现镂空效果的。

- 【重影】：在克隆模式下，隐藏了对象，却保留了阴影。这与【消除】模式类似，但是对象和阴影没有发生相减的关系，而是完整地显现了阴影。
- 【光泽】和【纹理】复选框：在【光泽】选项中，可以为对象添加光晕，产生金属光泽等一些迷人的光泽效果。【色彩】栏一般用于指定光泽的颜色，【透明度】参数控制光泽不透明度；【大小】则用来控制光泽的扩散范围；可以在【角度】参数栏中调整光泽的方向；【偏移】参数栏用于对光泽位置产生偏移。

实例140 阴影设置

本案例通过新建文本字幕并为字幕进行【阴影】设置，来添加文本的阴影。

素材	素材|Cha07|字幕属性.jpg
场景	场景|Cha07|设置字幕属性.prproj
视频	视频教学 | Cha07 |实例140 设置字幕属性.MP4

❶ 继续上述案例进行操作，勾选【阴影】复选，将【颜色】设置为【#E9A3C8】，将【不透明度】设置为50%，将【角度】设置为57°，将【距离】设置为0，将【大小】设置为14，将【扩展】设置为63，如图7-33所示。

❷ 使用【选择工具】选择创建的【可爱】文字按Ctrl+C组合键进行复制，按Ctrl+V组合键进行粘贴，然后将文字复制的文字【可爱】修改为【lovely】，如图7-34所示。

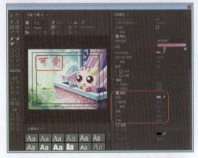

图7-33　设置【阴影】参数

图7-34　复制修改文字

❸ 选择修改的文字，将【字体系列】设置为【Bell MT】，将【字体样式】设置为【Italic】，将【字体大小】设置为55，将【字符间距】设置为20，如图7-35所示。

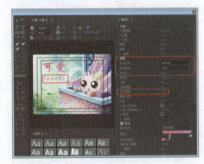

图7-35　设置字体

❹ 使用【选择工具】对英文进行适当调整，如图7-36所示。

图7-36　调整文字的位置

❺ 关闭字幕编辑器，将创建的【字幕01】拖至【V2】视频轨道中，使其与【V1】视频轨道中的素材文件对齐，如图7-37所示。

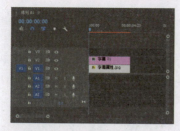

图7-37　添加字幕到【V1】视频轨道

知识链接

1.设置描边

可以在【描边】参数栏中为对象设置一个描边效果。Premiere Pro CC 2017提供了两种形式的描边。用户可以选择使用【内描边】或【外描边】，或者两者一起使用。要应用描边效果首先必须单击【添加】按钮，添加需要的描边效果。两种描边效果的参数设置基本相同，如图7-38所示为文字添加【内描边】并调整完参数后的效果。

应用描边效果后，可以在【描边类型】下拉列表中选择描边模式，分别为【边缘】、【深度】、【凹进】三种选项，下面我们将依次进行讲解。

- 【边缘】：在【深度】模式下，对象产生一个厚度，呈现立体字的效果。可以在【角度】设置栏调整数值，改变透视效果，如图7-39所示。

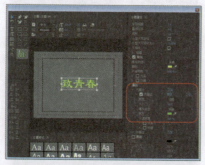

图7-38　设置【边缘】参数后的效果

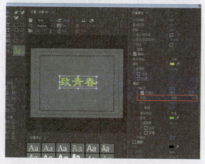

图7-39　设置【深度】参数后的效果

- 【深度】：选择【深度】选项，可以在【大小】参数栏设置边缘宽度，在【颜色】栏指定边缘颜色，在【不透明度】栏控制描边不透明度，在【填充类型】中控制描边的填充方式，这些参数和前面学习的填充模式基本一样。深度模式的效果如图7-40所示。

- 【凹进】：在【凹进】模式下，对象产生一个分离的面，类似于产生透视的投影，效果如图7-41所示。可以在【级别】设置栏控制强度，在【角度】中调整分离面的角度。

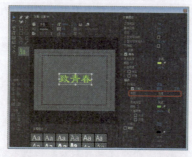

图7-40　设置【边缘】参数后的效果

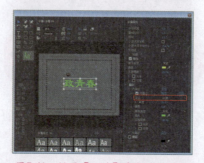

图7-41　设置【凹进】参数后的效果

2.设置背景

勾选【背景】参数复选框，可以为对象设置一个背景，效果如图7-42所示。

【背景】区域中的所有选项与上述的【填充】区域中用法一样。

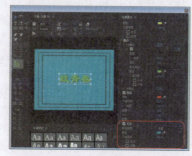

图7-42　设置【背景】参数后的效果

实例141
添加制表符

在Premiere Pro CC 2017中，制表符也是一种对齐方式，类似于在Word软件中无线制作方法。下面以案例的形式来进行讲解：

素材	素材|Cha07|字幕.prproj
场景	场景|Cha07|实例141 添加制表符.prproj
视频	视频教学 | Cha07|实例141 添加制表符.MP4

❶ 新建项目，然后将鼠标置于【项目】面板中，按Ctrl+I组合键在弹出的对话框中选择随书配套资源中的素材\|Cha07\|字幕.prproj素材文件，然后在工具箱中选择【选择工具】，在字幕编辑窗口中选择文字。

❷ 在菜单栏中选择【字幕】|【制表位】命令，如图7-43所示。

图7-43　选择【制表位】命令

❸ 执行该命令后，即可打开【制表位】对话框，如图7-44所示。

图7-44　【制表位】对话框

❹ 在该对话框中的左上方有三个按钮，分别表示左对齐、居中对齐、右对齐。单击相应的按钮，可以将其选

中，分别在第50、200、350、500处添加制表符，如图7-45所示。

图7-45 添加制表位

❺ 设置完成后，单击【确定】按钮，将光标依次置入到【空山不见人】的后面，按Tab键对其进行调整，并使用同样的方法对其他文字也进行调整，效果如图7-46所示。

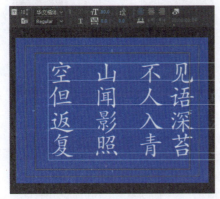

图7-46 设置后的效果

实例142 插入标记

在制作节目的过程中，经常需要在影片中插入标记，Premiere Pro CC 2017也提供了这一功能。下面以案例形式进行讲解：

素材	素材|Cha07|字幕.prproj
场景	场景|Cha07|实例142 插入标记.prproj
视频	视频教学 | Cha07 |实例142 插入标记.MP4

❶ 新建项目，然后将鼠标置于【项目】面板中，按Ctrl+I组合键在弹出的对话框中选择随书附带的素材\|Cha07\|字幕.prproj素材文件，然后打开字幕窗口，在菜单栏中选择【字幕】\|【图形】\|【插入图形】命令，如图7-47所示。

❷ 在弹出的【导入图像为标志】对话框中，找到要导入的图像，单击【打开】按钮即可，如图7-48所示。

图7-47 选择【插入图形】命令

图7-48 【导入图形】对话框

> 🏷️ **提 示**
> Premiere Pro CC支持以下格式的Logo文件：AI File，Bitmap，EPS File，PCX，Targa，TIFF，PSD及Windows Metafile。

实例143 使用钢笔工具绘制图形

下面我们通过具体的实例来介绍使用钢笔工具绘制图形的方法，具体操作步骤如下：

素材	无
场景	场景|Cha07|钢笔绘制图形.prproj
视频	视频教学 | Cha07 |实例143 钢笔绘制图形.MP4

❶ 在菜单栏中选择【新建】\|【文件】\|【项目】，在弹出的对话框中将【名称】设置为【钢笔绘制图形】，单击【浏览】按钮，选择好文件保存路径，其他保持默认，如图7-49所示。

❷ 然后按Ctrl+T组合键打开一个字幕窗口，在工具栏中选择【钢笔工

具】，在图形绘制区创建一条封闭曲线，作为所要绘制图形的轮廓，如图7-50所示。

图7-49 新建项目

图7-50 绘制轮廓

实例144 改变图形形状

使用钢笔工具绘制出的图形看上去不是很美观，这就需要改变图形形状，具体操作步骤如下：

❶ 继续上述案例进行操作，在工具栏中选择【转换锚点工具】，调整曲线上的每一个控制点，使曲线变得圆滑，如图7-51所示。

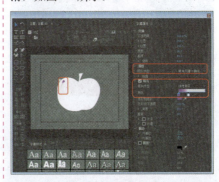

图7-51 调整控制点

❷ 确认小图形选中，在属性栏中将【图形类型】设置为【填充贝塞尔曲线】，在【填充】栏中设置【填充类型】为【线性渐变】，将左侧色块颜色的RGB设置为228、0、255，将右侧色

块颜色的RGB设置为白色，然后进行适当调整，如图7-52所示。

图7-52　对图形进行设置

❸ 在工具栏中单击【选择工具】按钮，选择图形中苹果部分。在【填充】栏中设置【填充类型】为【线性渐变】，将左侧色块颜色的RGB设置为255、0、42，将右侧色块颜色的RGB设置为白色，然后进行适当调整，如图7-53所示。

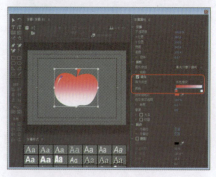

图7-53　设置【填充】

❹ 这样一个简单的图形就制作完成了，如图7-54所示。

图7-54　完成后的效果

 知识链接

改变对象排列顺序

默认情况下，字幕编辑窗口中的多个物体是按创建的顺序分层放置的，新创建的对象总是处于上方，挡住下面的对象。为了方便编辑，也可以改变对象在窗口中的排列顺序。

【排列】菜单中包括四个命令，

下面依次对其进行讲解：

- 【移到最前】：顺序置顶。该命令将选择的对象置于所有对象的最顶层。
- 【前移】：顺序提前。该命令改变当前对象在字幕中的排列顺序，使它的排列顺序提前。
- 【移到最后】：顺序置底。该命令将选择的对象置于所有对象的最底层。
- 【后移】：顺序置后。该命令改变当前对象在字幕中的排列顺序，使它的排列顺序置后一层。

现在以【前移】命令为例进行详细讲解，具体操作步骤如下：

（1）在字幕编辑窗口中选择需要改变顺序的对象。

（2）选择菜单栏中【字幕】|【排列】|【前移】，如图7-55所示。

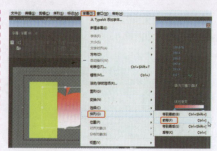

图7-55　选择【前移】命令

（3）操作完成后的效果如图7-56所示。

图7-56　完成后的效果

实例145　应用风格化效果

如果要为一个对象应用预设的风格化效果，只需要选择该对象，然后在编辑窗口下方单击【字幕样式】栏中的样式效果即可。下面以案例形式进行讲解：

素材	素材|Cha07|字幕1.prproj
场景	场景|Cha07|应用风格化效果. prproj
视频	视频教学 | Cha07 |实例145 应用风格化效果.MP4

❶ 新建项目，在【项目】面板中空白处双击，弹出【导入】对话框，打开随书配套资源中的素材\|Cha07\|字幕1.prproj素材文件，如图7-57所示。

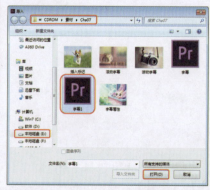

图7-57　选择素材文件

❷ 在【项目】面板中双击【字幕1.prproj】文件，弹出【字幕】窗口，如图7-58所示。

❸ 在【字幕样式】选项组中选择一个样式，如图7-59所示。

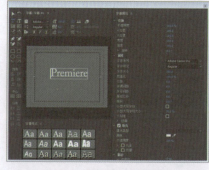

图7-58　打开【字幕】窗口

图7-59　选择字幕样式

❹ 选择样式后，也可以单击【字幕样式】右侧的菜单按钮，弹出下拉列表，如图7-60所示。

图7-60 【字幕样式】下拉列表

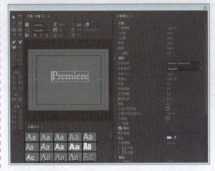

图7-62 打开【字幕】窗口

（3）单击【字幕样式】右侧的菜单按钮，弹出下拉列表，然后选择【新建样式】命令，如图7-63所示。

图7-63 选择【新建样式】命令

（4）执行完该命令后，即可在弹出的对话框中输入新样式效果的名称，单击【确定】按钮即可，如图7-64所示。至此，新建的样式就会出现在【字幕样式】选项列表中。

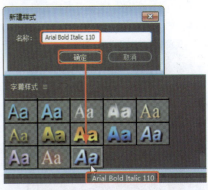

图7-64 完成后的效果

💬 **提示**

【字幕样式】下拉列表：

【新建样式】：新建一个风格化。

【应用样式】：使用当前所显示的样式

【应用带字体大小的样式】：在使用样式时只应用样式的字号。

【仅应用样式颜色】：在使用样式时只应用样式的当前色彩。

【复制样式】：复制一个风格化效果。

【删除样式】：删除选定的风格化效果。

【重命名样式】：给选定的风格化另设一个名称。

【重置样式库】：用默认样式替换当前样式。

【追加样式库】：读取风格化效果库。

【保存样式库】：可以把定制的风格化效果存储到硬盘上，产生一个"Prsl"文件，以供随时调用。

【替换样式库】：替换当前风格化效果库。

【仅文本】：在风格化效果库中仅显示名称。

【小缩览图】：小图标显示风格化效果。

【大缩览图】：大图标显示风格化效果。

🔷 **知识链接**

创建样式效果

当我们费劲心思为一个对象指定了满意的效果后，一定希望可以把这个效果保存下来，以便随时使用。为此，Premiere Pro CC 2017提供了定制风格化效果的功能。

（1）新建项目，在【项目】面板中空白处双击，弹出【导入】对话框，打开随书配套资源中的素材|Cha07|字幕1.prproj文件，如图7-61所示。

图7-61 选择素材文件

（2）在【项目】面板中双击【字幕1.prproj】文件，弹出【字幕】窗口，如图7-62所示。

第 ⑧ 章　音频效果的添加与编辑

对于一部完整的影片来说，声音具有重要的作用，无论是同期的配音还是后期的效果、伴乐，都是一部影片不可或缺的。本章对如何使用Premiere Pro CC 2017为影视作品中添加声音效果、进行音频剪辑的基本操作和理论规律进行了详细的介绍，对剪辑人员来说，了解音频的基本理论和音画合成的基本规律，以及熟练掌握Premiere Pro CC 2017 中的音频剪辑的基础操作是非常必要的。

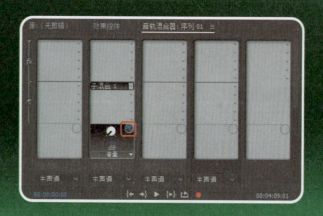
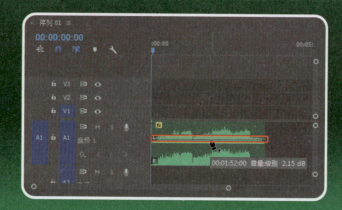

实例146　使用淡化器调节音量

选择【显示素材关键帧】或【显示轨道关键帧】命令，可以分别调节素材或者轨道的音量。下面我们以案例讲解使用淡化器调节音量。

素材	素材|Cha08|一直很安静.mp3
场景	场景|Cha08|实例146 使用淡化器调节音量. prproj
视频	视频教学 | Cha08 |实例146 使用淡化器调节音量.MP4

❶ 新建项目和序列，在【项目】面板中双击打开随书配套资源中的素材\|Cha08\|一直很安静.mp3素材文件，如图8-1所示。

图8-1　导入素材文件

❷ 然后将【一直很安静.mp3】素材文件拖至【A1】音频轨道中，默认情况

下，音频轨道面板卷展栏关闭。选择音频轨，滑动鼠标将音频轨道面板展开，如图8-2所示。

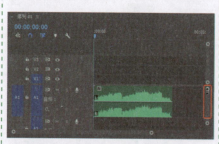

图8-2　滑动鼠标展开音频轨道面板

❸ 在【工具】面板中选择【钢笔工具】，按住Ctrl键，使用该工具拖动音频素材（或轨道）上的白线即可调节音量，如图8-3所示。

❹ 在【工具】面板中选择【钢笔工具】，同时将光标移动到音频淡化

器上，光标变为带有加号的笔头，如图8-4所示。

图8-3　使用钢笔工具调节音量

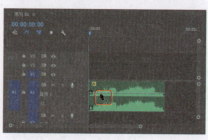

图8-4　带有加号的笔头

❺ 单击鼠标左键产生一个句柄，用户可以根据需要产生多个句柄。按住鼠标左键上下拖动句柄。句柄之间的直线指示音频素材是淡入或者淡出：一条递增的直线表示音频淡入，一条递减的直线表示音频淡出，如图8-5所示。

❻ 右键单击音频素材，选择【音

频增益】命令，弹出【音频增益】对话框，通过该对话框可以对音频增益作更详细的设置，设置完成后单击【确定】按钮即可，如图8-6所示。

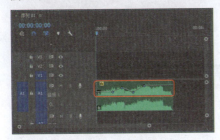

图8-5　设置音频淡入淡出

图8-6　设置【音频增益】

⑦ 设置完成后单击【确定】按钮，查看设置的音频增益，如图8-7所示。

图8-7　查看增益效果

⑧ 至此【使用淡化器调节音频】讲解完毕。

▶▶ 知识链接

【序列】面板中每个音频轨道上都有音频淡化控制，用户可通过音频淡化器调节音频素材的电平。音频淡化器初始状态为中音量，相当于录音机表中的0分贝。

可以调节整个音频素材的增益，同时保持为素材调制的电平稳定不变。

在Premiere Pro CC 2017中，用户可以通过淡化器调节工具或者音轨混合器调制音频电平。在Premiere Pro CC 2017中，对音频的调节分为【素材】调节和【轨道】调节。对素材调节时，音频的改变仅对当前的音频素材有效，删除素材后，调节效果就消失了；而轨道调节仅针对当前音频轨

道进行调节，所有在当前音频轨道上的音频素材都会在调节范围内受到影响。使用实时记录的时候，则只能针对音频轨道进行。

在音频轨道控制面板左侧单击【添加/移除关键帧】按钮，可以在弹出的菜单中选择音频轨道的显示内容。如果要调节音量，可以选择【轨道关键帧】，在弹出的菜单中选择

① 新建项目和序列，在【项目】面板中双击打开随书配套资源中的素材|Cha08|小酒窝.mp3素材文件，如图8-9所示。

图8-9　导入素材文件

② 将【小酒窝.mp3】素材文件拖至【A1】音频轨道中。如图8-10所示。

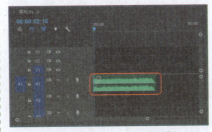

图8-10　拖至【A1】音频轨道中

③ 在菜单栏中选择【窗口】|【音

【轨道】|【音量】命令，如图8-8所示。

图8-8　显示素材或轨道音量

▶ 实例147　实时调节音频

使用Premiere Pro CC 2017的【音轨混合器】面板调节音量非常方便，用户可以在播放音频时实时进行音量调节。下面我们以案例形式使用音轨混合器调节音频。

素材	素材|Cha08|小酒窝.mp3
场景	场景|Cha08|实例147 实时调节音频. prproj
视频	视频教学 | Cha08|实例147 实时调节音频.MP4

轨混合器】命令，在【音轨混合器】面板需要进行调节的轨道上单击【读取】下拉列表，在下拉列表中进行设置，如图8-11所示。

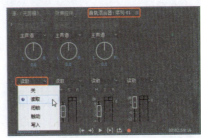

图8-11　调节音频

④ 单击混音器播放按钮▶，【序列】面板中的音频素材开始播放。拖动音量控制滑块进行调节，调节完毕，系统自动记录调节结果。

⑤ 至此【实时调节音频】讲解完毕。

▶▶ 知识链接

1.【音轨混合器】面板中的实时记录方式

● 【读取】选项：系统会读取当前音频轨道上的调节效果，但是不能记录音频调节过程。

● 【闭锁】选项：当使用自动书写功能实时播放记录调节数据时，每调节一次，下一次调节时调节滑块的初始位置会自动

转为音频对象在进行当前编辑前的参数值。

- 【触动】选项：当使用自动书写功能实时播放记录调节数据时，每调节一次，下一次调节时调节滑块初始位置会自动转为音频对象在进行当前编辑前的参数值。

- 【写入】选项：当使用自动书写功能实时播放记录调节数据时，每调节一次。下一次调节时调节滑块停留在上一次调节后位置。在混音器中激活需要调节轨道自动记录状态，一般情况下选择【写入】即可。

2.音频效果的处理方式

首先，了解一下Premiere中使用的音频素材到底有哪些效果。【序列】面板中的音频轨道，它将分成两个通道，即左、右声道（L和R通道）。如果一个音频的声音使用单声道，则Premiere可以改变这一个声道的效果。如果音频素材使用双声道，Premiere可以在两个声道间实现音频特有的效果，例如摇移，将一个声道的声音转移到另一个声道，在实现声音环绕效果时就特别有用。而更多音频轨道效果的合成处理，则（支持99轨）使用【音轨混合器】来控制是最方便的。

同时，Premiere Pro CC 2017提供了处理音频的特效。音频特效和视频特效相似，选择不同的特效可以实现不同的音频效果。项目中使用的音频素材可能在文件形式上有不同，但是一旦添加到项目中，Premiere Pro CC 2017将自动地把它转化成在音频设置框中设置的帧，可以像处理视频帧一样方便地进行处理。

3.处理音频的顺序

Premiere处理音频有一定的顺序，添加音频效果的时候就要考虑添加的次序。Premiere首先对任何应用的音频滤镜进行处理，紧接着是在时间线的音频效果的时候就要考虑添加的次序。Premiere首先对任何应用的音频滤镜进行处理，紧接着是在时间线的音频轨道中添加的任何摇移或者增益调整，它们是最后处理的影效果。要对素材调整增益，可以在【序列】面

板中选中音频素材文件，单击鼠标右键在弹出的快捷菜单中选择【音频增益...】命令，弹出【音频增益】对话框中调整数值，单击【确定】按钮，如图8-12所示。音频素材最后的效果包含在预览的节目或输出的节目中。

图8-12 【音频增益】对话框

实例148 添加与设置子轨道

我们可以为每个音频轨道增添子轨道，并且分别对每个子轨道进行不同的调节或者添加不同特效来完成复杂的声音效果设置。需要注意的是，子轨道是依附于其主轨道存在的，所以，在子轨道中无法添加音频素材，仅作为辅助调节使用。下面我们以案例形式对添加与设置子轨道的方法进行讲解：

素材	素材|Cha08|迷情仙境.mp3
场景	场景|Cha08|实例148 添加与设置子轨道. prproj
视频	视频教学 | Cha08 |实例148 添加与设置子轨道.MP4

❶ 新建项目和序列，在【项目】面板中双击打开随书配套资源中的素材\|Cha08\|迷情仙境.mp3素材文件，如图8-13所示。

图8-13 导入素材文件

❷ 然后将【迷情仙境.mp3】素材文件拖至【A1】音频轨道中。如图8-14所示。

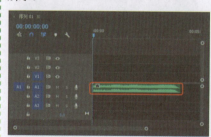

图8-14 拖至【A1】音频轨道中

❸ 单击混音器面板中左侧的按钮，展开特效和子轨道设置栏。下边的区域是用来添加音频子轨道。在子轨道的区域中单击小三角，会弹出子轨道下拉列表，如图8-15所示。

❹ 在下拉列表中选择添加【创建单声道子混合】。选择子轨道类型后，

即可为当前音频轨道添加子轨道。可以分别切换到不同的子轨道进行调节控制，如图8-16所示。

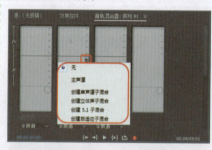

图8-15 弹出子轨道菜单

图8-16 选择【创建单声道子混合】命令

❺ 单击子轨道调节栏右上角图标，使其变为可以屏蔽当前子轨道效果，如图8-17所示。

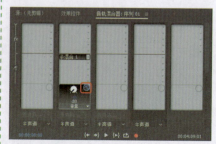

图8-17 屏蔽子轨道

⑥ 至此，添加与设置子轨道的方法讲解完毕。

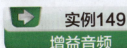

实例149
增益音频

音频素材的增益指的是音频信号的声调高低。在节目中经常要处理声音的声调，特别是当同一个视频同时出现几个音频素材的时候，就要平衡几个素材的增益。否则一个素材的音频信号或低或高，将会影响浏览。可为一个音频剪辑设置整体的增益。尽管音频增益的调整在音量、摇摆/平衡和音频效果调整之后，但它并不会删除这些设置。增益设置对于平衡几个剪辑的增益级别，或者调节一个剪辑的太高或太低的音频信号是十分有用的。

同时，如果一个音频素材在数字化的时候，由于捕获的设置不当，也会常常造成增益过低，而用Premiere Pro CC 2017提高素材的增益，有可能增大了素材的噪音甚至造成失真。要使输出效果达到最好，就应按照标准步骤进行操作，以确保每次数字化音频剪辑时有合适的增益级别。

在一个剪辑中调整音频增益的具体操作步骤如下：

素材	素材|Cha08|爱的梦中婚礼.mp3
场景	场景|Cha08|实例149 增益音频.prproj
视频	视频教学|Cha08|实例149 增益音频.MP4

① 新建项目和序列，在【项目】面板中双击打开随书配套资源中的素材|Cha08|爱的梦中婚礼.mp3素材文件，然后将该素材文件拖至【A1】音频轨道中，如图8-18所示。

图8-18 导入素材并拖至音频轨道中

② 在【序列】面板中，使用【选择工具】▶选择一个音频剪辑，此时剪辑周围出现灰色阴影框，表示该剪辑已经被选中，如图8-19所示。

③ 在菜单栏中选择【剪辑】|【音频选项】|【音频增益】命令，弹出如图

8-20所示的【音频增益】对话框。在这里将【调整增益值】设置为8 dB。然后单击【确定】按钮。

图8-19 选择音频

图8-20 【音频增益】对话框

④ 至此【增益音频】讲解完毕。

知识链接

增益设置的方式

下面将介绍增益设置的方式：

【将增益设置为】选项中可以输入−96~96之间的任意数值，表示音频增益的声音大小（分贝）。大于0的值会放大剪辑的增益，小于0的值则削弱剪辑的增益，使其声音变小。

【调整增益值】选项同样可以输入−96~96之间的任意数值，系统将依据输入的数值来自动调节音频增益。

【标准化最大峰值为】、【标准化所有峰值为】选项可根据对峰值的设定来计算音频增益。

实例150
为素材添特效

音频素材的特效添加方法与视频素材相同，这里不再赘述。下面列举一个特效进行讲解。具体操作步骤如下：

素材	素材|Cha08|远方的寂静.mp3
场景	场景|Cha08|实例150 为素材添加特效.prproj
视频	视频教学|Cha08|实例150 为素材添加特效.MP4

① 新建项目和序列，在【项目】面板中双击打开随书配套资源中的素材|Cha08|远方的寂静.mp3素材文件，如图8-21所示。

图8-21 导入素材文件

② 将【远方的寂静.mp3】素材文件拖至【A1】音频轨道中，如图8-22所示。

图8-22 拖至音频轨道中

③ 在【效果】面板中选择【音频效果】|【过时的音频效果】|【高音】，如图8-23所示。

④ 将其拖至【远方的寂静.mp3】素材文件上，如图8-24所示。

图8-23 选择音频效果

⑤ 设置完成后可以按空格键试听效果。

图8-24 拖至素材上

知识链接

在影视节目中，一般来说，语言表达寓意，音乐表达感情，音响表达效果，这是它们各自的特有功能，它们可以先后出现，也可以同时出现，当三者同时出现的时候，决不能各不相让，相互冲突，要注意三者的相互结合。

大街的繁华是把车声、人声进行混合。但并列的声音应该有主次之分，要根据画面适度调节，把在影视教学片中，声音除了与画面教学内容紧密配合以外，运用声音本身的组合也可以显示声音在表现主题上的重要作用。

1.声音的混合、对比与遮罩

声音的混合、对比和遮罩在从字面上看也不难理解，如混合就是使声音产生一种混合的效果。下面我们来看一下有关三种效果的具体介绍：

（1）声音的混合

这种声音组合即是几种声音同时出现，产生一种混合效果，用来表现某种场景。如表现大街的繁华时把车声、人声进行混合。但并列的声音应该有主次之分，要根据画面适度调节，把最有表现力的作为主旋律。

（2）声音的对比

将含义不同的声音按照需要同时安排出现，使它们在鲜明的对比中产生反衬效应。

（3）声音的遮罩

在同一场面中，并列出现多种同类的声音，有一种声音突出于其他声音之上，引起人们对某种发声体的注意。

2.接应式与转换式声音交替

接应式声音交替与转换式声音交替在一些电视剧或电影中也比较常用，下面我们来了解一下这两种声音交替方式。

（1）接应式声音交替

即同一声音此起彼伏，前后相继，为同一动作或事物进行渲染。这种有规律节奏的接应式声音交替经常用来渲染某一场景的气氛。

（2）转换式声音交替

即采用两种声音在音调或节奏上

的近似，从一种声音转化为另一种声音。如果转化为节奏上近似的音乐，既能在观众的印象中保持音响效果所造成的环境真实性，又能发挥音乐的感染作用，充分表达一定的内在情绪。同时，由于节奏上的近似，在转换过程中给人以一气呵成的感觉，这种转化效果有一种韵律感，容易记忆。

3.声音与【静默】的交替

【无声】是一种具有积极意义的表现手法，在影视片中通常作为恐惧、不安、孤独、寂静，以及人物内心空白等气氛和心情的烘托。

【无声】可以与有声在情绪上和节奏上形成明显的对比，具有强烈的艺术感染力。例如，暴风雨后的寂静无声，会使人感到时间的停顿、生命的静止，给人以强烈的情感冲击。但这种无声的场景在影片中不能太多，否则会降低节奏，失去感染力，让观众产生烦躁的情绪。

实例151 设置轨道特效

Premiere Pro CC 2017除了可以对轨道上的音频素材设置特效外，还可以直接对音频轨道添加特效，具体操作步骤如下：

素材	素材|Cha08|远方的寂静.mp3
场景	场景|Cha08|实例151 设置轨道特效.prproj
视频	视频教学|Cha08|实例151 设置轨道特效.MP4

❶ 新建项目和序列，在【项目】面板中双击打开随书配套资源中的素材\|Cha08\|远方的寂静.mp3素材文件，然后将其拖至【A1】音频轨道中，如图8-25所示。

图8-25　导入素材并拖至轨道中

❷ 首先在混音器中展开目标轨道的特效设置栏，单击右侧设置栏上的小三角，可以弹出音频特效下拉列表，

如图8-26所示，选择【动态处理】音频特效。

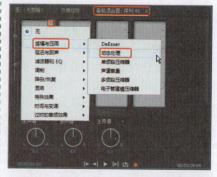

图8-26　选择【动态处理】音频特效

❸ 设置【动态处理】音频特效的效果如图8-27所示。

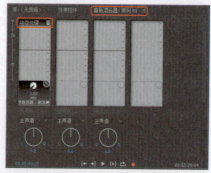

图8-27　添加音频特效的效果

❹ 如果要调节轨道的音频特效，可以右键单击特效，如图8-28所示。

图8-28　设置音频特效

❺ 在快捷菜单中单击【编辑...】按钮，可以弹出特效设置对话框，进行更加详细的设置，如图8-29所示。

❻ 设置完成后直接单击【关闭】

按钮，试听音轨添加的特效。

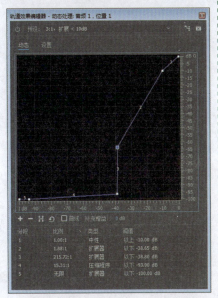

图8-29 【轨道效果编辑器】对话框

知识链接

音频特效简述

音频特效的作用和视频特效一样，主要用来创造特殊的音频效果。这些特效都存放在【效果】面板的【音频效果】文件夹中。音频效果不仅可以应用于音频素材，还可以应用于音频轨道。

1.音频过渡效果

音频过渡效果类似于视频的切换效果，例如交叉渐隐。在同一轨道可以在两个音频之间添加一个音频切换效果，默认的是【恒定功率】，是将两段素材的淡化线按照抛物线方式进行交叉，即音频可以产生一种相对接近人类听觉规律的线性淡化；也可以用【恒定增益】方式的音频切换效果，将淡化线线性交叉，这可能不是合理的线性；还可以用【指数淡化】方式的音频切换效果。

（1）首先将两个音频素材拖至【序列】面板中同一轨道中，并且邻近。

（2）激活【效果】面板，选择【音频过渡】|【交叉淡化】|【恒定增益】特效，将其拖至【序列】面板中的音频素材上，如图8-30所示。

（3）在【序列】面板中选中【恒定增益】切换效果，激活【效果控件】面板，设置过渡效果的【持续时间】【对齐】，如图8-31所示。

图8-30 将【恒定增益】过渡效果拖至素材文件上

图8-31 设置【恒定增益】持续时间

同样【指数淡化】过渡效果的添加与【恒定增益】过渡效果的添加一样。【指数淡化】过渡效果在【效果控件】面板中的设置，如图8-32所示。

图8-32 设置【指数淡化】的持续时间

2.音频效果

在【效果】面板中，音频效果的种类如图8-33所示。

图8-33 音频特效

- 【多功能延迟】：能够产生延迟，可以用在电子音乐中产生同步和重复的回声效果，其参数面板如图8-34所示。
- 【延迟】：设置原始声音与回声之间的时间，最大可设置为2秒。
- 【反转】：声音在传播的过程中遇到阻碍特会产生反射现象。

图8-34 【多功能延迟】选项组

- 【平衡】：特效用于相对调整音频片段左右声道的音量。将这个特效添加给音频轨道的音频轨道上，确认这个片段处于选中状态，在【效果控件】面板中可以看到这个特效的参数，如图8-35所示。

图8-35 【平衡】选项组

- ◆ 【旁路】：忽略特效参数设置。
- ◆ 【平衡】：调整左右声道的音量。当数值大于0时，右声道的音量所占的比例更大一些；当数值小于0时，左声道的音量所占的比例更大一些。
- 【低音】和【高音】：低音和高音可以对音频的音调进行基本的调整。在【效果控件】面板中的显示参数如图8-36所示。

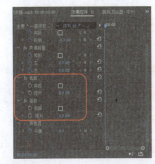

图8-36 【低音】和【高音】选项组

第 9 章 文件的导出与设置

影片制作完成后，就需要对影片进行导出，在Premiere Pro CC 2017程序中可以将影片导出为多种格式，本章首先为大家介绍一下对导出选项的设置，然后详细介绍影片导出不同格式的方法。

实例152　选择影片导出类型

在Premiere Pro CC 2017中可以将影片导出为不同的类型。下面以导出【媒体】为例对【选择影片导出类型】进行讲解，具体操作步骤如下：

素材	素材|Cha09|导出类型.prproj
场景	场景|Cha09|选择影片导出类型. prproj
视频	视频教学 | Cha09 |实例152. 选择影片导出类型.MP4

❶ 启动Premiere Pro CC 2017软件，在【开始】窗口中选择【打开项目】，选择随书配套资源中的素材\|Cha09\|导出类型.prproj素材文件，如图9-1所示。

在菜单栏中选择【文件】|【导出】命令，在弹出的子菜单中选择【媒体】命令，如图9-2所示。

择影片导出类型，其他设置为默认，单击【导出】按钮，如图9-3所示。

图9-3　【导出设置】对话框

❹ 将文件导出为媒体类型就完成了。

> **提 示**
>
> 　导出格式为【媒体】也可以直接按Ctrl+M组合键。

> **知识链接**
>
> 　下面将详细讲解导出文件的各种类型：
>
> 　在菜单栏中选择【文件】|【导出】命令，在弹出的子菜单中包含了Premiere Pro CC 2017软件中支持的导出类型，如图9-4所示。

图9-1　选择素材文件

图9-2　选择【媒体】命令

❷ 单击【打开】按钮，即可在软件中打开，然后选中【时间轴】面板，

❸ 执行此命令后，弹出【导出设置】对话框，将【输出名称】设置为选

图9-4 导出类型

导出类型功能说明如下：

- 【媒体】：选择该命令后，可以打开【导出设置】对话框，在该对话框中可以进行各种格式的媒体导出。
- 【批处理列表】：将脱机剪辑导出为批处理列表时，Premiere Pro CC 2017 按顺序排列字段：磁带名称、入点、出点、剪辑名称、记录注释、描述、场景和拍摄/获取。导出的字段数据是从【项目】面板【列表】视图中的相应列导出的。
- 【字幕】：单独导出在Premiere Pro CC 2017软件中创建的字幕文件。
- 【磁带（DV/HDV）（T）】：可以将计算机编辑的序列录制到DV/HDV设备的磁带上。
- 【磁带（串行设备）】：通过专业录像设备将编辑完成的影片直接输入到磁带上。
- 【EDL】：导出一个描述剪辑过程的数据文件，可以导入到其他的编辑软件中进行编辑。
- 【OMF】：将整个序列中所有激活的音频轨道导出为OMF格式，可以导入到DigiDesign Pro Tools等软件中继续编辑润色。
- 【AAF】：AAF格式可以支持多平台多系统的编辑软件，可以导入到其他的编辑软件中继续编辑，如Avid Media Composer。
- 【Final Cut Pro XML】：将剪辑数据转移到苹果平台的Final

Cut Pro剪辑软件上继续进行编辑。

实例153 设置导出基本选项

完成后的影片的质量取决于诸多因素。比如，编辑所使用的图形压缩类型，导出的帧速率以及播放影片的计算机系统的速度等。在合成影片前，需要在导出设置中对影片的质量进行相关的设置。导出设置中大部分与项目的设置选项相同。

选择不同的编辑格式，可供导出的影片格式和压缩设置等也有所不同。下面以案例形式进行讲解如何设置导出基本选项，具体操作步骤如下：

素材	素材|Cha09|导出类型.prproj
场景	场景|Cha09|选择影片导出类型. prproj
视频	视频教学 | Cha09 |实例153 选择影片导出类型.MP4

❶ 继续上述案例的步骤，选择需要导出的序列，在菜单栏中选择【文件】|【导出】|【媒体】命令，弹出【导出设置】对话框，如图9-5所示。

图9-5 【导出设置】对话框

❷ 在该对话框左下角的【源范围】下拉列表中选择【序列切入/序列切出】选项，如图9-6所示。

图9-6 【源范围】列表

❸ 在【导出设置】区域中，单击【格式】右侧的下三角按钮，可以在弹出的下拉菜单中选择导出使用的媒体格式为【AVI】，如图9-7所示。

图9-7 选择导出格式

❹ 勾选【导出视频】【导出音频】复选框，如图9-8所示。

图9-8 勾选复选框

❺ 参数设置完成后，单击【导出】按钮进行导出。

🏷 提 示

在项目设置中，是针对序列进行的；而在输出设置中，是针对最终输出的影片进行的。

≫ 知识链接

【源范围】下拉列表中的选项

下面对【源范围】下拉列表中的选项进行详细介绍：

- 【整个序列】：会导出所有的影片。
- 【序列切入/序列切出】：会导出切入点与切出点之间的影片。
- 【工作区域】：会导出工作区域的影片。
- 【自定义】：用户可以根据需要，自定义设置需要导出影片的区域。

常用的导出格式和相对应的使用路径说明如下：

- AVI（未压缩）：导出为不经过任何压缩的Windows操作平台数字电影。

- GIF：将影片导出为动态图片文件，适用于网页播放。
- H.264、H.264 蓝光：导出为高性能视频编码文件，适合导出高清视频和录制蓝光光盘。
- AVI：导出基于Windows操作平台的数字电影。
- MPEG4：导出为压缩比较高的视频文件，适合移动设备播放。
- PNG、Targa、TIFF：导出单张静态图片或者图片序列，适合于多平台数据交换。
- 波形音频：只导出影片声音，导出为WAV格式音频，适合于多平台数据交换。
- Windows Media：导出为微软专有流媒体格式，适合于网络播放和移动媒体播放。

实例154　导出视频和音频设置

下面来介绍一下在导出视频和音频前的一些选项设置，具体操作步骤如下：

素材	素材|Cha09|导出视音频设置.prproj
场景	场景|Cha09|导出视频和音频设置.prproj
视频	视频教学 | Cha09 |实例154 导出视频和音频设置.MP4

① 打开随书配套资源中的素材\|Cha09\|导出视音频设置.prproj素材文件，如图9-9所示。

图9-9　选择素材文件

② 单击【打开】按钮，按Ctrl+M组合键打开【导出设置】对话框，在【导出设置】对话框中勾选【导出视频】和【导出音频】复选框后，然后在该对话框中单击选择【视频】选项卡，进入【视频】选项卡设置面板中，如图9-10所示。

图9-10　打开【视频】选项

③ 在【视频编解码器】选项组中，单击【视频编解码器】右侧的下三角按钮，在弹出的下拉列表中选择用于

影片压缩的编码解码器，选用的导出格式不同，对应的编码解码器也不同，如图9-11所示。

④ 设置完成后，单击【导出】按钮，开始对影片进行渲染导出。

图9-11　选择编码解码器

知识链接

导出视频和音频设置

下面对其他的导出设置进行详细介绍：

在【基本视频设置】选项组中，可以设置【质量】【帧速率】和【场序】等选项。

- 【质量】：用于设置导出节目的质量。
- 【宽度】和【高度】：用于设置导出影片的视频大小。
- 【帧速率】：用于指定导出影片的帧速率。
- 【场序】：在该下拉列表中提供了【逐行】、【上场优先】和【下场优先】选项。
- 【长宽比】：在该下拉列表中

可以设置导出影片的像素宽高比。

- 【以最大深度渲染】复选框：未勾选该复选框时，是以8位深度进行渲染，勾选该复选框后，是以24位深度进行渲染。

在【高级设置】选项组中，可以对【关键帧】和【优化静止图像】复选框进行设置。

- 【关键帧】复选框：勾选该复选框后，会显示出【关键帧间隔】选项，关键帧间隔用于压缩格式，以输入的帧数创建关键帧。
- 【优化静止图像】复选框：勾选该复选框后，会优化长度超过一帧的静止图像。

单击选择【音频】选项卡，在该选项卡中可以设置导出音频的【采样率】、【声道】和【样本大小】等选项。

- 【采样率】：在该下拉列表中选择导出节目时所使用的采样速率。采样速率越高，播放质量越好，但需要较大的磁盘空间，并占用较多的处理时间。
- 【声道】：选择采用单声道或者立体声。
- 【样本大小】：在该下拉列表中选择导出节目时所使用的声音量化位数。要获得较好的音频质量就要使用较高的量化位数。
- 【音频交错】：指定音频数据如何插入视频帧中间。增加该值会使程序存储更长的声音片段，同时需要更大的内存容量。

实例155　导出影片

下面来介绍一下将文件导出为影片的方法，具体操作步骤如下：

素材	素材|Cha09|导出影片.prproj
场景	场景|Cha09|导出影片.prproj
视频	视频教学 | Cha09 |实例155 导出影片.MP4

① 运行Premiere Pro CC 2017软件，在欢迎界面中，单击【打开项目】按

钮，如图9-12所示。

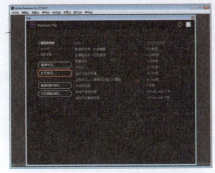

图9-12 单击【打开项目】按钮

❷ 弹出【打开项目】对话框，在该对话框中选择随书配套资源中的素材|Cha09|导出影片.prproj文件，单击【打开】按钮，如图9-13所示。

图9-13 选择素材文件

❸ 打开素材文件后，在【节目】监视器中单击【播放-停止切换】按钮▶预览影片，如图9-14所示。

图9-14 预览影片

❹ 预览完成后，在菜单栏中选择【文件】|【导出】|【媒体】命令，如图9-15所示。

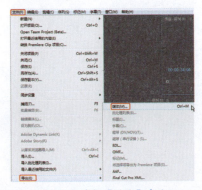

图9-15 选择【媒体】命令

❺ 弹出【导出设置】对话框，在【导出设置】区域中，设置【格式】为【AVI】，设置【预设】为【PAL DV】，单击【输出名称】右侧的蓝色文字，弹出【另存为】对话框，在该对话框中设置影片名称为【导出影片】，并设置导出路径，如图9-16所示。

图9-16 设置存储路径及名称

❻ 设置完成后单击【保存】按钮，返回到【导出设置】对话框中，在该对话框中单击【导出】按钮，如图9-17所示。

图9-17 将影片导出

❼ 影片导出完成后，在其他播放器中进行查看，效果如图9-18所示。

图9-18 影片效果

实例156 导出单帧图像

在Adobe Premiere Pro CC 2017中，我们可以选择影片中的一帧，将其导出为一个静态图片。导出单帧图像的具体操作步骤如下：

素材	素材|Cha09|导出影片.prproj
场景	场景|Cha09|导出图像. prproj
视频	视频教学	Cha09 |实例156 导出图像.MP4

❶ 打开素材文件【导出影片.prproj】，将当前时间设置为00:00:28:20，如图9-19所示。

图9-20 设置名称及存储路径

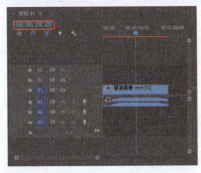

图9-19 设置时间

❷ 在菜单栏中选择【文件】|【导出】|【媒体】命令，弹出【导出设置】对话框，在【导出设置】区域中，将【格式】设置为【JPEG】，单击【输出名称】右侧的蓝色文字，弹出【另存为】对话框，在该对话框中设置影片名称和导出路径，如图9-20所示。

❸ 设置完成后单击【保存】按钮，返回到【导出设置】对话框中，在【视频】选项卡下，取消选中【导出为序列】复选框，如图9-21所示。

图9-21 取消选中【导出为序列】复选框

❹ 设置完成后，单击【导出】按钮，单帧图像导出完成后，可以在其他看图软件中进行查看，效果如图9-22所示。

图9-22 导出图片后的效果

知识链接

导出序列文件

Premiere Pro CC 2017可以将编辑完成的文件导出为一组带有序列号的序列图片。视频编辑软件，一般都具有输出序列图片的功能。那么，有了这个功能，视频素材就可以图片的形式保存了。相对来说压缩了视频素材的大小，而且这些图片还可以用Photoshop进行进一步的修改。使素材变得丰富起来，效果更加炫丽。

导出EDL文件

EDL（编辑决策列表）文件包含了项目中的各种编辑信息，包括项目所使用的素材所在的磁带名称以及编号、素材文件的长度、项目中所用的特效及转场等。EDL编辑方式是剪辑中通用的办法，通过它可以在支持EDL文件的不同剪辑系统中交换剪辑内容，不需要重新剪辑。

电视节目（如电视连续剧）等的编辑工作经常会采用EDL编辑方式。在编辑过程中，可以先将素材采集成画质较差的文件，对这个文件进行剪辑，能够降低计算机的负荷并提高工作效率；剪辑工作完成后，将剪辑过程导出成EDL文件，并将素材重新采集成画质较高的文件，导入EDL文件并进行最终成片的导出。

在菜单栏中选择【文件】|【导出】|【EDL】命令，弹出【EDL导出设置】对话框，如图9-23所示。

在该对话框中各选项功能介绍如下：

- 【EDL字幕】：设置EDL文件第一行内的标题。
- 【开始时间码】：设置序列中第一个编辑的开始时间码。
- 【包含视频电平】：在EDL中包含视频等级注释。
- 【包含音频电平】：在EDL中包含音频等级注释。
- 【使用源文件名称】：使用源文件名称。
- 【音频处理】：设置音频的处理方式，包括【音频跟随视频】、【分离的音频】和【结尾音频】三个选项。
- 【要导出的轨道】：制定导出的轨道。

设置完成后，单击【确定】按钮，即可将当前序列中被选择轨道的剪辑数据导出为EDL文件。

图9-23 【EDL导出设置】对话框

🏷 提 示

EDL文件虽然能记录特效信息，但由于不同的剪辑系统对特效的支持并不相同，其他的剪辑系统有可能无法识别在Premiere Pro CC 2017中添加的特效信息，使用EDL文件时需要注意，不同的剪辑系统之间的时间线初始化设置应该相同。

第 ⑩ 章　常用片头字幕制作技法

本章案例主要在字幕窗口中进行制作，在【序列】面板中进行编辑合成。本章重点在于如何为背景添加静态或动态的字幕。字幕的应用在影视广告中极为常见，根据对本章案例的学习与操作，相信读者可以完成基本的影视广告字幕动画效果的制作。

实例157　渐变文字效果

本案例中设计的渐变文字重在表现出文字与背景的搭配。制作渐变文字过程中主要通过新建字幕输入文字设置参数，完成最终渐变文字效果，如图10-1所示。

素材	素材|Cha10|渐变文字背景图.jpg
场景	场景|Cha10|实例157 渐变文字效果.prproj
视频	视频教学|Cha10|实例157 渐变文字效果.MP4

图10-1　渐变文字效果

❶ 新建项目文件和【DV-PAL】|【标准48kHz】序列文件，在【项目】面板导入随书配套资源中的素材\|Cha10\|渐变文字背景.jpg素材文件，如图10-2所示。

❷ 选择【项目】面板中的【渐变文字背景.jpg】文件，将其拖至【V1】视频轨道中，切换至【效果控件】面板，将【运动】选项组中的【缩放】设置为71，如图10-3所示。

图10-2　导入素材文件

图10-3　拖至素材文件

❸ 按Ctrl+T组合键新建字幕，使用默认设置单击【确定】按钮，进入到字幕编辑器中，选择【文字工具】T输入文字，并选中文字，在右侧将【字体系列】设置为【Arial】，【字体样式】设置为【Bold】，【字体大小】分别设置为92、50，【行距】设置为-25，将【填充】选项组下的类型设置为【四色渐变】，将【颜色】的RGB值分别设置为【#BAFF00】（左上方色块）、【#B9F41C】（右上方色块）、【#33C6CB】（左下方色块）、【#B439EE】（右下方色块），勾选【阴影】，将【颜色】设置为【#3C02E2】，将【不透明度】设置为50%，如图10-4所示。

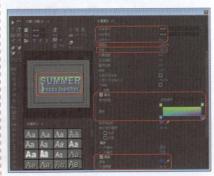

图10-4　新建字幕并设置参数

❹ 在【变换】选项组下将【X位置】和【Y位置】分别设置为346.8、

246.2，如图10-5所示。

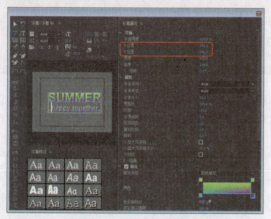

图10-5　设置参数

⑤ 再次按Ctrl+T组合键新建字幕，使用默认设置单击【确定】按钮，进入到字幕编辑器中，选择【钢笔工具】，绘制一个菱形，并将【属性】选项组下的【图形类型】设置为【填充贝塞尔曲线】，将【填充】选项组下的【不透明度】设置为50%，如图10-6所示。

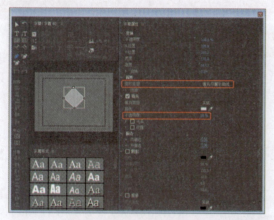

图10-6　新建字幕并设置参数

⑥ 在【变换】选项组下将【宽度】设置为6，【高度】设置为124.5，然后对它进行多次复制，并旋转角度，调整位置，效果如图10-7所示。

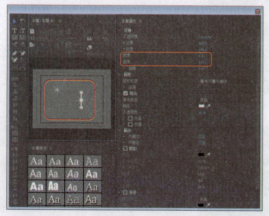

图10-7　设置参数并进行多次复制

⑦ 关闭该窗口，在【项目】面板中，将【字幕01】拖至【V2】视频轨道中，并将【字幕01】的结束位置与【渐变

文字效果.jpg】素材文件的结束处对齐，将【字幕02】拖至【V3】视频轨道中，并将【字幕02】的结束处与【渐变文字效果.jpg】素材文件的结束处对齐，如图10-8所示，对场景进行导出并保存即可。

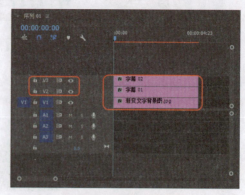

图10-8　拖至视频轨道中

实例158　卡通文字效果

本案例中设计的可爱卡通文字注重字体体现出文字的可爱之处，主要通过新建字幕，使用文字工具输入文字，并选择合适的字体，为可爱卡通文字片添加合适的装饰图片，如图10-9所示。

素材	素材|Cha10|卡通文字背景图.jpg
场景	场景|Cha10|实例158 卡通文字效果. prproj
视频	视频教学 | Cha10 |实例158 卡通文字效果.MP4

图10-9　卡通文字效果

① 新建项目文件和【DV24P】|【标准48kHz】序列文件，在【项目】面板导入随书配套资源中的素材|Cha10|卡通文字背景图.jpg素材文件，如图10-10所示。

图10-10　导入素材文件

❷ 选择【项目】面板中的【卡通文字背景图.jpg】文件，将其拖至【V1】视频轨道中，切换至【效果控件】面板，将【运动】选项组下的【缩放】设置为120，【锚点】设置为334、203，如图10-11所示。

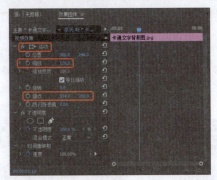

图10-11 设置【缩放】和【锚点】参数

❸ 按Ctrl+T组合键新建字幕，使用默认设置单击【确定】按钮，进入到字幕编辑器中，选择【文字工具】输入文字，并选中文字，在右侧将【字体系列】设置为【Sniglet】，【字体大小】设置为152，将【填充】选项组下的【颜色】的RGB设置为252、155、247，在【变换】选项组下将【X位置】和【Y位置】分别设置为376.7、326，如图10-12所示。

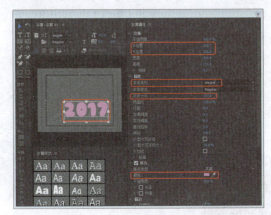

图10-12 新建字幕并设置参数

❹ 然后在【描边】下方添加一个【内描边】，将【大小】设置为18，【颜色】设置为白色，勾选【阴影】复选框，将【颜色】设置为黑色，将【不透明度】设置为35%，【角度】设置为50°，如图10-13所示。

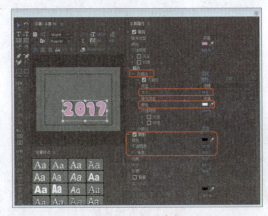

图10-13 设置参数

❺ 设置完成后按Ctrl+T组合键新建字幕，使用默认设置单击【确定】按钮，进入到字幕编辑器中，选择【路径文字工具】输入文字，并选中输入的文字，在右侧将【字体系列】设置为【Meiryo UI】，【大小】设置为40，将【填充】选项组下的【颜色】的RGB设置为235、131、75，在【变换】选项组下将【X位置】和【Y位置】分别设置为370、225.1，如图10-14所示。

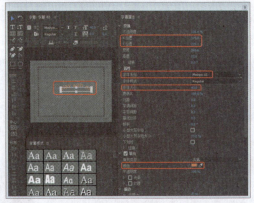

图10-14 新建字幕并设置参数

❻ 关闭该窗口，在【项目】面板中，将【字幕01】文件拖至【V2】视频轨道中，并将【字幕01】的结束处与【卡通文字背景图.jpg】的结束处对齐，将【字幕02】拖至【V3】视频轨道中，并将【字幕02】的结束处与【卡通文字背景图.jpg】的结束处对齐，如图10-15所示。

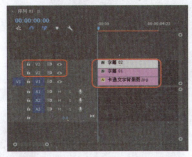

图10-15 将字幕拖至视频轨道中

❼ 选中【时间轴】窗口，按Ctrl+M组合键打开导出设置对话框，单击【输出名称】右侧的蓝色文字，在打开的对话框中选择保存位置并输入名称，单击【保存】按钮，返回到【导出设置】对话框，单击【导出】按钮，如图10-16所示，视频即可导出。

图10-16 导出视频

实例159 逐字打出的字幕

在现实生活中，人们使用键盘，在任何软件应用中输入文字，都会有一个光标在其中闪烁，提示当前文字输入的位置，将闪烁的光标应用到影视广告中当作动画使用，更能使人们联想到打字时的场景。在本案例中将介绍如何制作打字效果，效果如图10-17所示。

素材	素材|Cha10|逐字打出的字幕背景图.jpg
场景	场景|Cha10|实例159 逐字打出的字幕. prproj
视频	视频教学 | Cha10 |实例159 逐字打出的字幕.MP4

图10-17　逐字打出的字幕

❶ 新建项目文件和【DV-PAL】|【标准48kHz】序列文件，在【项目】面板导入随书配套资源中的素材\|Cha10\|逐字打出的字幕背景图.jpg素材文件，如图10-18所示。

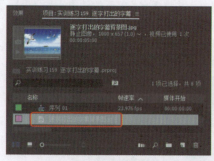

图10-18　导入素材文件

❷ 选择【项目】面板中的【逐字打出的字幕背景图.jpg】文件，将其拖至【V1】视频轨道中，并选择添加的素材文件，将其【持续时间】设置为00:00:02:07，【锚点】设置为475、328.5，切换至【效果控件】面板，将【运动】选项组下的【缩放】设置为75，如图10-19所示。

图10-19　设置参数

❸ 按Ctrl+T组合键，弹出【新建字幕】对话框，保持默认值，将【名称】设置为【光标】，然后单击【确定】按钮，如图10-20所示。

图10-20　新建字幕

❹ 进入到字幕编辑器中，选择【矩形工具】，绘制矩形，在右侧将【填充】选项组下的【颜色】设置为黑色，选中【阴影】复选框，将【不透明度】设置为50%，【角度】设置为135°，【距离】设置为3，【扩展】设置为30，如图10-21所示。

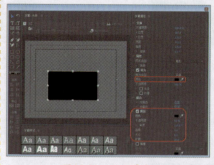

图10-21　设置参数

❺ 在【变换】选项组下将【宽度】和【高度】分别设置为3、55，【X位置】和【Y位置】分别设置为154.3、282.2，如图10-22所示。

图10-22　设置参数

为了精准调整对象的位置，应在设置其他参数之前，对【X位置】和【Y位置】参数进行设置。

❻ 按Ctrl+T组合键新建字幕，在弹出的对话框中使用默认设置，将【名称】设置为【时】，如图10-23所示，单击【确定】按钮。

图10-23　新建字幕

❼ 进入到字幕编辑器中，选择【文字工具】，输入文字，并选中输入的文字，在右侧将【属性】选项组下的【字体系列】设置为【华文细黑】，【字体大小】设置为50，将【填充】选项组下【颜色】的RGB值设置为0、78、255，如图10-24所示。

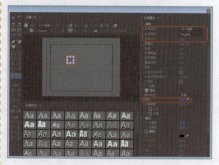

图10-24　设置参数

❽ 在【变换】选项组下将【X位置】和【Y位置】分别设置为180、282.6，如图10-25所示。

图10-25　设置参数

❾ 按Ctrl+T组合键新建字幕，在弹出的对话框中使用默认设置，将【名称】设置为【间】，单击【确定】按钮。进入到字幕编辑器中，选择【文字工具】，输入文字，并选中输入的文字，在右侧将【属性】选项组下【字体系列】设置为【华文细黑】，【字体大

小】设置为50，将【填充】选项组下【颜色】的RGB值设置为0、78、255，在【变换】选项组下将【X位置】和【Y位置】分别设置为207.5、282.6，如图10-26所示。

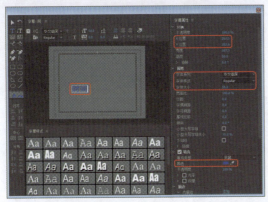

图10-26 设置参数

⑩ 按Ctrl+T组合键新建字幕，在弹出的对话框中使用默认设置，将【名称】设置为【在】，单击【确定】按钮。进入到字幕编辑器中，选择【文字工具】 ，输入文字，并选中输入的文字，在右侧将【属性】选项组下【字体系列】设置为【华文细黑】，【字体大小】设置为50，将【填充】选项组下【颜色】的RGB值设置为0、78、255，在【变换】选项组下将【X位置】和【Y位置】分别设置为234.3、282.6，如图10-27所示。

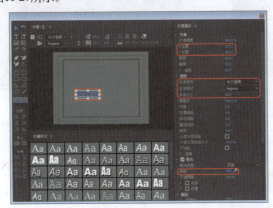

图10-27 设置参数

⑪ 按Ctrl+T组合键新建字幕，在弹出的对话框中使用默认设置，将【名称】设置为【流】，单击【确定】按钮。进入到字幕编辑器中，选择【文字工具】 ，输入文字，并选中输入的文字，在右侧将【属性】选项组下【字体系列】设置为【华文细黑】，【字体大小】设置为50，将【填充】选项组下【颜色】的RGB值设置为0、78、255，在【变换】选项组下将【X位置】和【Y位置】分别设置为261.2、282.6，如图10-28所示。

⑫ 按Ctrl+T组合键新建字幕，在弹出的对话框中使用默认设置，将【名称】设置为【逝】，单击【确定】按钮。进入到字幕编辑器中，选择【文字工具】 ，输入文字，并选中输入的文字，在右侧将【属性】选项组下【字体系列】设置为【华文细黑】，【字体大小】设置为50，将【填充】选项组下【颜色】的RGB值设置为0、78、255，在【变换】选项组下将【X位置】和【Y位置】分别设置为287.6、282.6，

如图10-29所示。

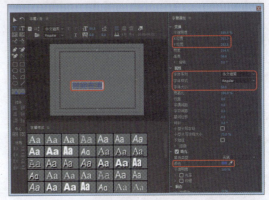

图10-28 设置参数

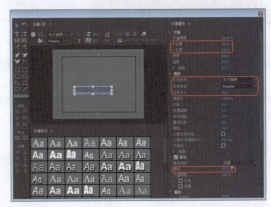

图10-29 设置参数

⑬ 将当前时间设置为00:00:00:05，在【项目】面板中将【光标】字幕拖至【V2】视频轨道中，使其开始处与时间线对齐，并将其【持续时间】设置为00:00:00:05，如图10-30所示。

图10-30 设置时间并拖入字幕

⑭ 将当前时间设置为00:00:00:15，在【项目】面板中将【光标】字幕拖至【V2】轨道中，使其开始处与时间线对齐，并将其【持续时间】设置为00:00:00:05，如图10-31所示。

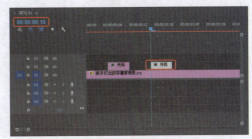

图10-31 继续拖入字幕

⑮ 使用相同的方法在【V2】视频轨道的00:00:01:01处拖入【光标】字幕，并设置其【持续时间】为00:00:00:05，在【V3】视频轨道的00:00:01:06处拖入【时】字幕，并设置【持续时间】为00:00:00:05，如图10-32所示。

图10-32　继续拖入字幕

⑯ 在【V3】视频轨道的00:00:01:11处拖入【间】字幕，并设置【持续时间】为00:00:00:05，在【V3】视频轨道的00:00:01:16处拖入【在】字幕，并设置【持续时间】为00:00:00:05，在【V3】视频轨道的00:00:01:21处拖入【流】字幕，并设置【持续时间】为00:00:00:05，在【V3】视频轨道的00:00:02:02处拖入【逝】字幕，并设置【持续时间】为00:00:00:05，最终效果如图10-33所示。

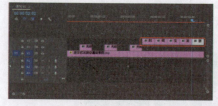

图10-33　继续拖入字幕

⑰ 选中【时间轴】窗口，按Ctrl+M组合键打开导出设置对话框，单击【输出名称】右侧的蓝色文字，在打开的对话框中选择保存位置并输入名称，单击【保存】按钮，返回到【导出设置】对话框，单击【导出】按钮，如图10-34所示，视频即可导出。

图10-34　导出视频

实例160　带滚动效果的字幕

水平滚动字幕就是在屏幕中由左到右运动的文字，在影视广告或视频短片中，经常为字幕使用的这种运动效果，如图10-35所示。

素材	素材|Cha10|带滚动效果的字幕.jpg
场景	场景|Cha10|实例160 带滚动效果的字幕.prproj
视频	视频教学|Cha10|实例160 带滚动效果的字幕.MP4

图10-35　带滚动效果的字幕

❶ 新建项目文件和【DV-PAL】|【标准48kHz】序列文件，在【项目】面板导入随书配套资源中的素材|Cha10|带滚动效果的字幕.jpg素材文件，如图10-36所示。

图10-36　导入素材文件

❷ 选择【项目】面板中的【带滚动效果的字幕.jpg】文件，将其拖至【V1】视频轨道中，将其【持续时间】设置为00:00:09:12，并选择添加的素材文件，确认当前时间为00:00:00:00，切换至【效果控件】面板，将【运动】选项组下【缩放】设置为40，并单击左侧的【切换动画】按钮，将【锚点】设置为514.8、341.5，将【不透明度】选项组下【不透明度】设置为0%，如图10-37所示。

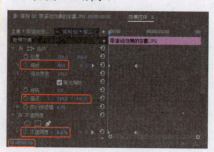

图10-37　设置参数

❸ 然后将当前时间设置为00:00:02:24，在【效果控件】面板中将【缩放】设置为88，【不透明度】设置为100%，如图10-38所示。

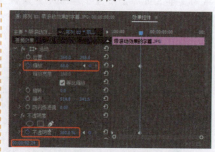

图10-38　设置参数

❹ 将当前时间设置为00:00:03:11，切换至【效果】面板搜索【快速模糊】效果，将其拖至【V1】视频轨道中的素材上，即可添加视频效果，选中【V1】视频轨道中的素材，在【效果控件】面板中单击【快速模糊】下模糊量左侧的【切换动画】按钮，如图10-39所示。

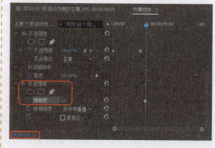

图10-39　添加视频特效

❺ 将当前时间设置为00:00:04:06，在【效果控件】面板中将【快速模糊】区域下【模糊度】设置为10，如图10-40所示。

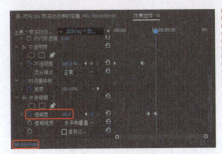

图10-40　设置参数

⑥ 设置完成后按Ctrl+T组合键新建字幕，使用默认设置单击【确定】按钮，进入到字幕编辑器中，选择【文字工具】Ｔ输入文字，并选中文字，在右侧将【字体系列】设置为【华文行楷】，【字体大小】设置为50，将【填充】选项组下【颜色】的RGB值设置为202、122、207，【行距】设置为15，在【变换】选项组下将【X位置】和【Y位置】分别设置为409、461.7，如图10-41所示。

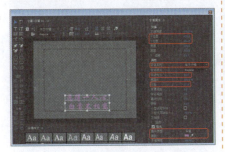

图10-41　新建字幕并设置参数

⑦ 在【描边】下添加一个【内描边】，将【颜色】设置为白色，添加两个外描边，将第一个外描边的【颜色】设置为白色，【大小】设置为1，第二个外描边的【类型】设置为【深度】，【大小】设置为1，【不透明度】设置为25%，如图10-42所示。

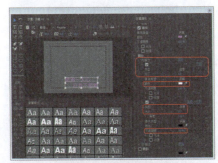

图10-42　设置参数

⑧ 在该对话框中，单击【基与当前字幕新建字幕】按钮，在弹出的对话框中使用默认设置，单击【确定】按钮，然后单击【滚动/游动选项】按钮，

在打开的对话框中选择【字幕类型】选项组下的【向左滚动】，在【时间（帧）】下选中【开始于屏幕外】复选框，然后单击【确定】按钮，如图10-43所示。

图10-43　【滚动/游动选项】对话框

⑨ 关闭字幕编辑器，将当前时间设置为00:00:03:22，将【字幕02】拖至【V2】视频轨道中，使开始处与时间线对齐，并将持续时间设置为00:00:03:01，如图10-44所示。

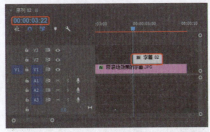

图10-44　添加字幕并设置参数

⑩ 将【字幕01】拖至【V2】视频

轨道中，使开始处与【字幕02】结束处对齐，其结束处与【V1】视频轨道中素材的结束处对齐，如图10-45所示。

图10-45　添加字幕

⑪ 设置完成后，按Ctrl+M组合键打开【导出设置】对话框，单击【输出名称】右侧的蓝色文字，在打开的对话框中选择保存位置并输入名称，单击【保存】按钮，返回到【导出设置】对话框，单击【导出】按钮，如图10-46所示。

图10-46　导出视频

➡ **实例161**　带辉光效果的字幕

带辉光效果的字幕，辉光是低压气体中的气体放电现象，看起来有种朦胧的感觉。在制作带辉光效果的字幕前，需要对设计的思路进行分析，不仅需要考虑该带辉光效果字幕的美观性，还需要为其搭配相应的背景图片，以达到更好的效果，如图10-47所示。

素材	素材|Cha10|发光背景.jpg
场景	场景|Cha10|实例161 带辉光效果的字幕.prproj
视频	视频教学 | Cha10|实例161 带辉光效果的字幕.MP4

图10-47　带辉光效果的字幕

① 新建项目文件和【DV-24P】\|【标准48kHz】序列文件，在【项目】面板的空白处双击鼠标左键，在弹出的对话框中导入随书配套资源中的素材\|第10章\|发光

背景.jpg素材文件,如图10-48所示。

图10-48　导入素材文件

❷ 选择【项目】面板中的【发光背景.jpg】素材文件,将其拖至【V1】视频轨道中,将其【持续时间】设置为00:00:05:00,切换至【效果控件】面板,将【运动】选项组下的【缩放】设置为55,如图10-49所示。

图10-49　设置【缩放】参数

❸ 按Ctrl+T组合键新建字幕,使用默认设置单击【确定】按钮,进入到字幕编辑器中,选择【文字工具】 T 输入文字,并选中输入的文字,将【字体系列】设置为【Stencil】,【字体大小】设置为50,【字偶间距】设置为14,如图10-50所示。

图10-50　设置第一个文字参数

❹ 选中第一个文字,对其单独进行设置,将【填充】选项组下【颜色】设置为白色,选中【光泽】复选框,将【大小】设置为50,添加一个【外描边】,将【类型】设置为【凹进】,将【颜色】的RGB值设置为40、11、255,选中【阴影】复选框,将【颜色】的RGB值设置为40、11、255,将【不透明度】设置为100%,【角度】

设置为0°,【距离】设置为0°,【大小】设置为40,【扩展】设置为100,如图10-51所示。

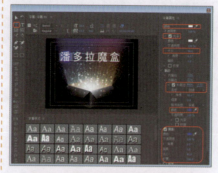

图10-51　制作其他文字后的效果

🏷 提　示

【文字工具】:使用该工具可以输入文字,是制作字幕的主要工具之一。

❺ 使用同样方法设置其他文字的参数,并为其设置不同的阴影颜色,效果如图10-52所示。

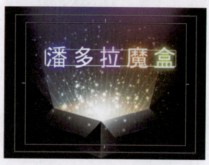

图10-52　制作其他文字

❻ 关闭字幕编辑器,在【项目】面板中,将【字幕01】拖至【V2】视频轨道中,设置完成后,按Ctrl+M组合键打开【导出设置】对话框,单击【输出名称】右侧的蓝色文字,在打开的对话框中选择保存位置并输入名称,单击【保存】按钮,返回到【导出设置】对话框,单击【导出】按钮,即可将视频导出,效果如图10-53所示。

图10-53　导出视频

实例162
图案文字效果

本节中介绍的图案文字字幕,是通过在字幕编辑器中,为文字添加纹理材质来进行制作。在制作图案文字之前,需要对设计的思路进行分析,不仅需要考虑背景的美观性,还需要考虑文字在画面中与背景融合的角度。在图案文字的制作过程中主要通过新建字幕,在字幕编辑器中使用文字工具输入文字,设置文字的位置,并为文字添加材质纹理制作出最终效果,如图10-54所示。

素材	素材|Cha10|图案文字背景.jpg
场景	场景|Cha10|实例162 图案文字效果. prproj
视频	视频教学 | Cha10 |实例162 图案文字效果.MP4

图10-54　图案文字效果

❶ 新建项目文件和【DV-NTSC】|【标准48kHz】序列文件,在【项目】面板的空白处双击鼠标左键,在弹出的对话框中导入随书配套资源中的素材|第10章|图案文字背景.jpg素材文件,如图10-55所示。

图10-55　导入素材文件

❷ 选择【项目】面板中的【图案文字背景.jpg】文件,将其拖至【V1】视频轨道中,切换至【效果控件】面板,将【运动】选项组下的【缩放】设

置为90，将【位置】设置为360、240，如图10-56所示。

图10-56 设置【缩放】

③ 按Ctrl+T组合键新建字幕，使用默认设置，单击【确定】按钮，进入到字幕编辑器中，选择【文字工具】 T 输入文字，并选中文字，将【字体系列】设置为【方正胖娃简体】，将【字体大小】设置为60，选中【填充】选项组下的【纹理】复选框，单击纹理右侧的图块，在打开的对话框中选择【1.jpg】素材文件，将【X位置】和【Y位置】分别设置为110.2、77.3，如图10-57所示。

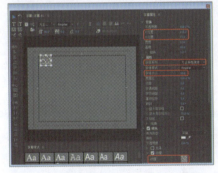

图10-57 新建字幕

④ 然后在【描边】下方添加两个外描边，将第一个【外描边】的【大小】设置为20，【颜色】设置为白色，将第二个【外描边】的【类型】设置为【深度】，【大小】设置为26，【角度】设置为0°，【颜色】设置为黑色，【不透明度】设置为11%，如图10-58所示。

> 💬 **提 示**
>
> 【描边】：可以为矩形、文字等在字幕编辑器中创建的对象添加外部或内部轮廓，并可对其设置颜色、大小等参数。

⑤ 使用同样的方法，将其他的文字制作出来，效果如图10-59所示。

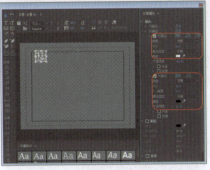

图10-58 设置文字描边

图10-59 设置【文字位置】

⑥ 关闭字幕编辑器，在【项目】面板中，将【字幕01】文件拖至【V2】轨道中，最后在视频轨道中将所有的素材文件结束处全部对齐，按Ctrl+M组合键打开【导出设置】对话框，单击【输出名称】右侧的蓝色文字，在打开的对话框中选择保存位置并输入名称，单击【保存】按钮，返回到【导出设置】对话框，单击【导出】按钮，即可将视频导出，如图10-60所示。

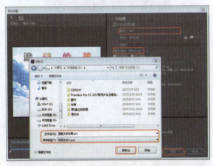

图10-60 导出视频

实例163 浮雕文字效果

浮雕文字大多体现在木质或石质物体上，能突显出该效果，并保存长久，本案例将介绍如何制作浮雕文字。在制作浮雕文字前，需要对设计的思路进行分析，不仅需要考虑文字色彩与背景的搭配，还需要考虑从文字含义与背景内容相符合的角度，以达到更好的效果，如图10-61所示。

素材	素材|Cha10|浮雕文字背景.jpg
场景	场景|Cha10|实例163 浮雕文字效果. prproj
视频	视频教学 | Cha10 |实例163 浮雕文字效果.MP4

图10-61 浮雕文字效果

① 新建项目文件和【DV-PAL】|【标准48kHz】序列文件，在【项目】面板的空白处双击鼠标左键，在弹出的对话框中导入随书配套资源中的素材|第10章|浮雕文字背景.jpg素材文件，如图10-62所示。

图10-62 导入素材文件

② 选择【项目】面板中的【浮雕文字背景.jpg】素材文件，将其拖至【V1】视频轨道中，将其【持续时间】设置为00:00:06:00，选择添加的素材文件，切换至【效果控件】面板，将【运动】选项组下的【缩放】设置为65，如图10-63所示。

③ 设置完成后按Ctrl+T组合键新建字幕，使用默认设置单击【确定】按钮，进入到字幕编辑器中，选择【文字工具】 T 输入文字【SPEED】，并选中文字，将【字体系列】设置为【长城特圆体】，【字体大小】设置为60，将【填充】选项组下【颜色】的RGB值设置为75、75、75，在【变换】选项组下将【X位置】和【Y位置】分别设置为

144.2、216.6，如图10-64所示。

图10-63　设置【缩放】参数

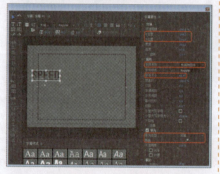

图10-64　设置字幕

💡 提示

　　【行距】：设置行与行之间的行间距。

　　【字距】：设置光标【位置】处前后字符之间的距离，可在光标【位置】处形成两段有一定距离的字符。

❹　设置完成后按Ctrl+T组合键新建字幕，使用默认设置单击【确定】按钮，进入到字幕编辑器中，选择【文字工具】⊤输入文字【Walk with you】，并选中文字，将【字体系列】设置为【长城特圆体】，【字体大小】设置为60，将【填充】选项组下【类型】设置为【实底】，将【颜色】的RGB值设置为229、229、229，在【变换】选项组下将【X位置】和【Y位置】分别设置为565.4、544.8，如图10-65所示。

❺　关闭字幕编辑器，将当前时间设置为00:00:01:00，在【项目】面板中将【字幕01】拖至【V2】视频轨道中，将其结束处与【V1】视频轨道中的素材的结束处对齐，在【效果】面板中搜索【滑动】特效，将其拖至

【V2】视频轨道中的字幕的开始处，如图10-66所示。

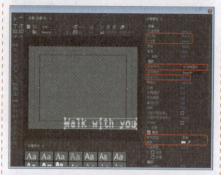

图10-65　设置第2个字幕

图10-66　添加【滑动】特效

>> 知识链接

　　单击【填充类型】右侧的下拉列表，在弹出的下拉菜单中选择一种选项，可以决定使用何种方式填充对象。默认情况下是以实底为其填充颜色，可单击【颜色】右侧的颜色缩略图，在弹出的"颜色拾取"对话框中为其执行一个颜色。

　　下面我们将介绍各种填充类型的使用方法及讲解：

- 【实色】该选项为默认选项，使用纯色进行颜色填充。

- 【线性渐变】：当选择【线性渐变】进行填充时，【色彩】渐变为渐变颜色栏。可以分别单击两个颜色滑块，在弹出的对话框中选择渐变开始和渐变结束的颜色。选择颜色滑块后，按住鼠标左键可以拖动滑动改变【位置】，以决定该颜色在整个渐变色中所占的比例。

- 【放射渐变】：【放射渐变】同【线性渐变】相似，唯一不同的是，【线性渐变】由一条直线发射出去，而【放射渐变】由一个点向周围渐变，呈放射状。

- 【四色渐变】：与上面两种渐变类似，但是四角上的颜色块允许重新定义。

- 【斜面】：使用【斜面】方

式，可以为对象产生一个立体的浮雕效果。选择【斜面】后，首先需要在【高光色】中指定立体字的受光面颜色。然后在【阴影色】栏中指定立体字的背光面颜色；还可以分别在各自的【透明度】栏中指定【透明度】；【平衡】参数栏调整明暗对比度，数值越高，明暗对比越强；【大小】参数可以调整浮雕的尺寸高度；激活【变亮】选项，可以在【照明角度】选项中调整数值。让浮雕对象产生光线照射效果；【亮度】选项可以调整灯光强度；激活【管状】选项，可在明暗交接线上勾边，产生管状效果。

- 【消除】：在【消除】模式下，无法看到对象。如果为对象设置了阴影或者描边，就可以清楚地看到效果。对象被阴影减去部分镂空，而其他部分的阴影则保留下来。需要注意的是，在【消除】模式下，阴影的尺寸必须大于对象，如果相同的话，同尺寸相减后是不会出现镂空效果的。

- 【残像】：在克隆模式下，隐藏了对象，却保留了阴影。这与【消除】模式类似，但是对象和阴影没有发生相减的关系，而是完整地显现了阴影。

❻　在【效果】面板中搜索【浮雕】视频效果，将其添加至【V2】视频轨道中【字幕01】素材文件上，如图10-67所示。

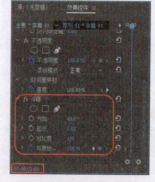

图10-67　添加【滑动框】

❼　将当前时间设置为00:00:03:00，在【项目】面板中将【字幕02】拖至【V3】视频轨道中，将其结束与

【V1】视频轨道中的素材结束处对齐，在【效果】面板中搜索【推】视频效果，将其拖至【V3】视频轨道中【字幕02】的开始处，为【字幕02】添加【推】视频效果，如图10-68所示。

图10-68　添加【推】特效

⑧ 将当前时间设置为00:00:03:00，在【效果】面板中搜索【浮雕】视频效果，将其拖至【V3】视频轨道中【字幕02】上，切换至【效果控件】面板，将【与原始图像混合】设置为100；将当前时间设置为00:00:04:00，切换至【效果控件】面板，将【与原始图像混合】设置为100；将当前时间设置为00:00:04:20，切换至【效果控件】面板，将【与原始图像混合】设置为0；将当前时间设置为00:00:06:00，切换至【效果控件】面板，将【与原始图像混合】设置为0。如图10-69所示。

图10-69　设置【推】效果

⑨ 设置完成后，按Ctrl+M组合键打开【导出设置】对话框，单击【输出名称】右侧的蓝色文字，在打开的对话框中选择保存位置并输入名称，单击【保存】按钮，返回到【导出设置】对话框，单击【导出】按钮，即可将视频导出，如图10-70所示。

图10-70　导出视频

实例164　动态旋转字幕

动态旋转字幕注重在使文字按设计者的意愿设计文字的旋转角度与速度。本案例中设计的动态旋转字幕，从美观且与背景融合的角度思考，注重体现出对动态旋转字幕的可控性特点，如图10-71所示。

素材	素材|Cha10|动态旋转背景.jpg
场景	场景|Cha10|实例164　动态旋转字幕. prproj
视频	视频教学 | Cha10 |实例164|动态旋转字幕.MP4

图10-71　动态旋转字幕

① 新建项目文件和【DV-24P】|【标准48kHz】序列文件，在【项目】面板的空白处双击鼠标左键，在弹出的对话框中导入随书配套资源中的素材|Cha10|动态旋转背景.jpg素材文件，如图10-72所示。

图10-72　导入素材文件

② 选择【项目】面板中的【动态旋转背景.jpg】素材文件，将其拖至【V1】视频轨道中，选择添加的素材文件，切换至【效果控件】面板，将【运动】选项组下的【缩放】设置为70，将【位置】设置为360、240，如图10-73所示。

图10-73　设置【缩放】参数

③ 设置完成后按Ctrl+T组合键新建字幕，使用默认设置单击【确定】按钮，进入到字幕编辑器中，选择【垂直文字工具】 输入文字，选中文字，将【字体系列】设置为【汉仪水滴体简】，将【字体大小】设置为38，选择文字中的【律动•】，将【填充】选项组下【颜色】的RGB值分别设置为白色，选择文字中的【生命】，将【填充】选项组下【颜色】的RGB值设置为71、188、0，在【变换】选项组下将【X位置】和【Y位置】分别设置为317、248，如图10-74所示。

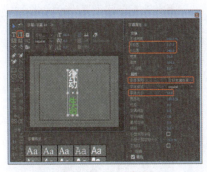

图10-74　设置字幕

④ 关闭字幕编辑器，在【项目】面板中将【字幕01】拖至【V2】视频轨道中，使其结束处与【V1】视频轨道中的素材结束处对齐，并选中【字幕01】，将当前时间设置为00:00:00:00，切换至【效果控件】面板中，将【运动】选项组下的【缩放】设置为0，将【旋转】设置为0.0°，单击【缩放】和【旋转】左侧的【切换动画】按钮，将【位置】设置为360、240，如图10-75所示。

⑤ 将当前时间设置为00:00:01:00，

在【效果控件】面板中将【运动】选项组下的【缩放】设置为50，将【旋转】设置为180°，如图10-76所示。

图10-75 设置参数

图10-76 设置动画关键帧

⑥ 将当前时间设置为00:00:02:12，在【效果控件】面板中将【运动】选项组下的【缩放】设置为100，将【旋转】设置为1×0.0°，如图10-77所示。

图10-77 设置参数

⑦ 设置完成后，按Ctrl+M组合键打开【导出设置】对话框，单击【输出名称】右侧的蓝色文字，在打开的对话框中选择保存位置并输入名称，单击【保存】按钮，返回到【导出设置】对话框，单击【导出】按钮，即可将视频导出，如图10-78所示。

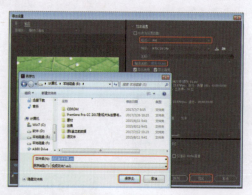

图10-78 导出视频

实例165 使用软件自带的字幕模板

本案例将介绍如何在软件中使用自带模板，如图10-79所示。

素材	素材|Cha10|使用软件自带的字幕模板背景.jpg
场景	场景|Cha10|实例165使用软件自带的字幕模板. prproj
视频	视频教学|Cha10|实例165|使用软件自带的字幕模板.MP4

图10-79 使用软件自带的字幕模板

① 新建项目文件，按Ctrl+N组合键，打开【新建序列】选项卡，选择【设置】选项组下的【编辑模式】为【自定义】，将【时基】设置为25.00帧/秒，将【帧大小】和【水平】分别设置为608、748，将【像素长宽比】设置为方形像素（1.0），设置完成后单击【确定】按钮。在【项目】面板的空白处双击鼠标左键，在弹出的对话框中导入随书配套资源中的素材\|Cha10\|使用软件自带的字幕模板背景.jpg素材文件，如图10-80所示。

② 选择【项目】面板中的【使用软件自带的字幕模板背景.jpg】素材文件，将其拖至【V1】视频轨道中，选择添加的素材文件，切换至【效果控件】面板，将【运动】选项组下的【缩放】设置为110，如图10-81所示。

图10-80 导入素材文件

图10-81 设置缩放关键帧

③ 设置完成后，按Ctrl+T组合键新建字幕，在弹出的对话框中保持默认设置，单击【确定】按钮，如图10-82所示。

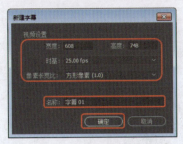

图10-82 新建字幕

④ 进入到字幕编辑器中，选择【垂直文字工具】TT 输入文字，选中文字，将【字体大小】设置为30，将【行距】和【字偶间距】都设置为12，在下方【字幕样式】面板中选择【Times New Roman】样式，将【填充】选项组下的【颜色】的RGB值设置为119、219、249，将【X位置】和【Y位置】分别设置为418.8、240.2，如图10-83所示。

图10-83 设置字幕参数

⑤ 设置完成后，关闭字幕编辑器，在【项目】面板中将【字幕01】拖至【V2】视频轨道中，使其结束处与【V1】视频轨道中的素材结束处对齐，并选中【字幕01】，将当前时间设置为00:00:00:00，切换至【效果控件】面板中，将【运动】选项组下的【旋转】设置为22°，将【位置】设置为247、332，如图10-84所示。

图10-84 设置【位置】和【缩放】参数

⑥ 设置完成后，按Ctrl+M组合键打开【导出设置】对话框，单击【输出名称】右侧的蓝色文字，在打开的对话框中选择保存位置并输入名称，单击【保存】按钮，返回到【导出设置】对话框，单击【导出】按钮，即可将视频导出，如图10-85所示。

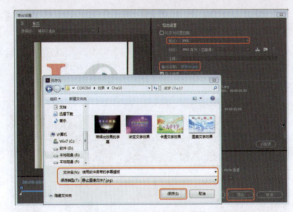

图10-85 导出视频

实例166 在视频中添加字幕

本案例将介绍为视频添加字幕，主要是字幕与背景的融合效果，如图10-86所示。

素材	素材|Cha10|植树.mov
场景	场景|Cha10|实例166 在视频中添加字幕. prproj
视频	视频教学|Cha10|实例166|在视频中添加字幕.MP4

图10-86 在视频中添加字幕

① 新建项目文件，按Ctrl+N组合键，打开【新建序列】选项卡，选择【设置】选项组下的【编辑模式】为【自定义】，将【时基】设置为25.00帧/秒，将【帧大小】和【水平】分别设置为1 920、1 080，将【像素长宽比】设置为方形像素（1.0），将【采样率】设置为44 100 Hz，设置完成后单击【确定】按钮。在【项目】面板的空白处双击鼠标左键，在弹出的对话框中导入随书配套资源中的素材\|Cha10\|植树.mov素材文件，如图10-87所示。

图10-87 导入素材文件

② 设置完成后，按Ctrl+T组合键新建字幕，保持默认设置，单击【确定】按钮，进入到字幕编辑器中，选择【文字

工具】■输入文字，选中文字，将【字体系列】设置为【汉仪魏碑简】，将【字体大小】设置为100，将【填充】选项组下【颜色】的RGB值设置为255、156、0，在【变换】选项组下将【X位置】和【Y位置】分别设置为356.4、188，如图10-88所示。

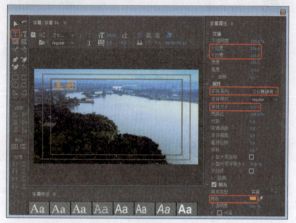

图10-88　设置字幕参数

③ 单击【基于当前字幕新建字幕】按钮■，在弹出的对话框中保持默认设置，单击【确定】按钮。将原有的文字删除，使用【垂直文字工具】■输入文字，将【填充】选项组下【颜色】的RGB值设置为72、193、30，在【变换】选项组下将【X位置】和【Y位置】分别设置为1 622.1、317，将如图10-89所示。

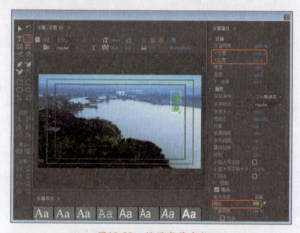

图10-89　设置字幕参数

④ 单击【基于当前字幕新建字幕】按钮■，在弹出的对话框中保持默认设置，单击【确定】按钮。将原有的文字删除，使用【垂直文字工具】■输入文字，将【填充】选项组下【颜色】的RGB值设置为227、84、240，在【变换】选项组下将【X位置】和【Y位置】分别设置为602.9、285.2，如图10-90所示。

⑤ 单击【基于当前字幕新建字幕】按钮■，在弹出的对话框中保持默认设置，单击【确定】按钮。将原有的文字删除，使用【垂直文字工具】■输入文字，将【填充】选项组下【颜色】的RGB值设置为141、58、255，在【变换】选项组下将【X位置】和【Y位置】分别设置为967.2、251.4，如图10-91所示。

图10-90　导入素材文件

图10-91　设置字幕参数

⑥ 单击【基于当前字幕新建字幕】按钮■，在弹出的对话框中保持默认设置，单击【确定】按钮。将原有的文字删除，使用【垂直文字工具】■输入文字，将【填充】选项组下【颜色】的RGB值设置为255、61、180，在【变换】选项组下将【X位置】和【Y位置】分别设置为967.7、967.3，如图10-92所示。

图10-92　设置字幕参数

⑦ 设置完成后，关闭字幕编辑器，将当前时间设置为00:00:00:00，切换至【项目】面板，将【植树.mov】素材文件拖至【V1】视频轨道中，在弹出的【剪辑不匹配警告】对话框中，选择【更改序列设置】，如图10-93所示。

⑧ 将当前时间设置为00:00:01:16，切换至【项目】面板，将【字幕01】拖至【V2】视频轨道中，将其【持续时

间】设置为00:00:02:09，设置完成后，单击【确定】按钮，如图10-94所示。

图10-93 选择更改序列设置

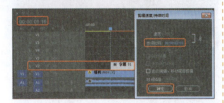

图10-94 设置【持续时间】

❾ 将当前时间设置为00:00:04:02，切换至【项目】面板，将【字幕02】拖至【V3】视频轨道中，将其【持续时间】设置为00:00:04:13，设置完成后，单击【确定】按钮，如图10-95所示。

图10-95 设置【持续时间】

❿ 将当前时间设置为00:00:09:13，切换至【项目】面板，将【字幕03】拖至【V4】视频轨道中，将其【持续时间】设置为00:00:02:05，设置完成后，单击【确定】按钮，如图10-96所示。

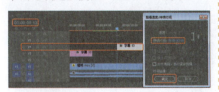

图10-96 设置【持续时间】

⓫ 将当前时间设置为00:00:11:20，切换至【项目】面板，将【字幕04】拖至【V5】视频轨道中，将其【持续时间】设置为00:00:01:09，设置完成后，单击【确定】按钮，如图10-97所示。

图10-97 设置【持续时间】

⓬ 将当前时间设置为00:00:15:06，切换至【项目】面板，将【字幕05】拖至【V6】视频轨道中，将其【持续时

间】设置为00:00:01:07，设置完成后，单击【确定】按钮，如图10-98所示。

图10-98 设置【持续时间】

⓭ 设置完成后，按Ctrl+M组合键打开【导出设置】对话框，单击【输出名称】右侧的蓝色文字，在打开的对话框中选择保存位置并输入名称，单击【保存】按钮，返回到【导出设置】对话框，单击【导出】按钮，即可将视频导出，如图10-99所示。

图10-99 导出视频

实例167 对话效果的字幕

本案例将介绍如何制作带对话效果的字幕，主要通过文字来表达问候之情。下面将介绍对话效果的字幕制作方法，如图10-100所示。

素材	素材|Cha10|对话效果的字幕背景.jpg
场景	场景|Cha10|实例167 对话效果的字幕.prproj
视频	视频教学 | Cha10 |实例167|对话效果的字幕.MP4

图10-100 对话效果的字幕

❶ 新建项目文件，按Ctrl+N组合键，打开【新建序列】选项卡，选择【设置】选项组下【编辑模式】为【自定义】，将【时基】设置为25.00帧/秒，将【帧大小】和【水平】分别设置为1 200、800，将【像素长宽比】设置为方形像素（1.0），将【采样率】设置为48 000 Hz，设置完成后单击【确定】按钮。在【项目】面板的空白处双击鼠标左键，在弹出的对话框中导入随书配套资源中的素材\|Cha10\|对话效果的字幕背景.jpg素材文件，如图10-101所示。

图10-101 导入素材文件

❷ 选择【项目】面板中的【对话效果的字幕背景.jpg】素材文件，将其拖至【V1】视频轨道中，如图10-102所示。

图10-102 将素材文件至【V1】视频轨道中

③ 设置完成后，按Ctrl+T组合键新建字幕，保持默认设置，单击【确定】按钮，进入到字幕编辑器中，选择【椭圆工具】，绘制一个椭圆，选中绘制的椭圆，将【图形类型】设置为闭合贝塞尔曲线，将【填充】选项组下的【颜色】分别设置为白色，在【变换】选项组下将【X位置】和【Y位置】分别设置为387.2、295.6，将【宽度】和【高度】分别设置为50.7、40.8，如图10-103所示。

图10-103　设置字幕参数

④ 单击【基于当前字幕新建字幕】按钮，在弹出的对话框中保持默认设置，单击【确定】按钮，选择【椭圆工具】，继续绘制一个椭圆，将【宽度】和【高度】分别设置为149.7、92，将【X位置】和【Y位置】分别设置为281.3、225.6，如图10-104所示。

图10-104　设置字幕参数

⑤ 单击【基于当前字幕新建字幕】按钮，在弹出的对话框中保持默认设置，单击【确定】按钮，选择【椭圆工具】，继续绘制一个椭圆，将【宽度】和【高度】分别设置为244.8、146.3，将【X位置】和【Y位置】分别设置为131.8、94.5，如图10-105所示。

⑥ 单击【基于当前字幕新建字幕】按钮，在弹出的对话框中保持默认设置，单击【确定】按钮，选择【文字工具】，输入文字，将【字体系列】设置为【经典趣体简】，将【字

体大小】设置为35，将【X位置】和【Y位置】分别设置为138.2、92.7，如图10-106所示。

图10-105　设置字幕参数

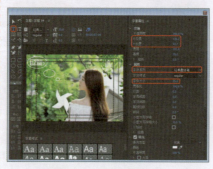

图10-106　设置字幕参数

⑦ 设置完成后，关闭字幕编辑器，将当前时间设置为00:00:00:10，切换至【项目】面板，将【字幕01】拖至【V2】视频轨道中，将其开始处与时间线对齐，将其结束处与【V1】视频轨道中的素材文件对齐，如图10-107所示。

图10-107　将素材文件拖至视频轨道中

⑧ 将当前时间设置为00:00:00:20，切换至【项目】面板，将【字幕02】拖至【V3】视频轨道中，将其开始处与时间线对齐，将其结束处与【V2】视频轨道中的素材文件对齐，如图10-108所示。

图10-108　将素材文件拖至视频轨道中

⑨ 将当前时间设置为00:00:01:05，

切换至【项目】面板，将【字幕03】拖至【V4】视频轨道中，将其开始处与时间线对齐，将其结束处与【V3】视频轨道中的素材文件对齐，如图10-109所示。

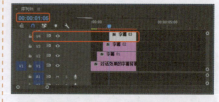

图10-109　将素材文件拖至视频轨道中

⑩ 将当前时间设置为00:00:01:15，切换至【项目】面板，将【字幕04】拖至【V5】视频轨道中，将其开始处与时间线对齐，将其结束处与【V3】视频轨道中的素材文件对齐，如图10-110所示。

图10-110　将素材文件拖至视频轨道中

⑪ 设置完成后，按Ctrl+M组合键打开【导出设置】对话框，单击【输出名称】右侧的蓝色文字，在打开的对话框中选择保存位置并输入名称，单击【保存】按钮，返回到【导出设置】对话框，单击【导出】按钮，即可将视频导出，如图10-111所示。

图10-111　导出视频

实例168

沿路径运动的字幕

本案例将介绍如何制作沿路径运动的字幕。创建完多个字幕后将字幕添加至【序列】面板中，通过更改字幕的位置及缩放使字幕沿一定路径进行运动，如图10-112所示。

素材	素材|Cha10|沿路径运动的字幕背景.jpg
场景	场景|Cha10|实例168 沿路径运动的字幕背景. prproj
视频	视频教学|Cha10|实例168|沿路径运动的字幕背景.MP4

图10-112　沿路径运动的字幕

❶ 新建项目文件，按Ctrl+N组合键，打开【新建序列】选项卡，选择【设置】选项组下【编辑模式】为【自定义】，将【时基】设置为25.00帧/秒，将【帧大小】和【水平】分别设置为600、577，将【像素长宽比】设置为方形像素（1.0），设置完成后单击【确定】按钮。在【项目】面板的空白处双击鼠标左键，在弹出的对话框中导入随书配套资源中的素材\|Cha10\|沿路径运动的字幕背景.jpg素材文件，如图10-113所示。

图10-113　导入素材文件

❷ 选择【项目】面板中的【沿路径运动的字幕背景.jpg】素材文件，将其拖至【V1】视频轨道中，如图10-114所示。

图10-114　将素材文件拖至视频轨道中

❸ 设置完成后，按Ctrl+T组合键新建字幕，使用默认设置单击【确定】按钮，进入到字幕编辑器中，选择【文字工具】输入文字，选中文字，将【字体系列】设置为【方正胖娃简体】，将【字体大小】设置为60，在【变换】选项组下将【X位置】和【Y位置】分别设置为317、248，如图10-115所示。

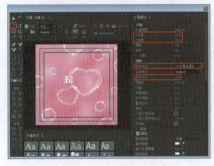

图10-115　设置字幕参数

❹ 将【填充类型】设置为【斜面】，将【高光颜色】和【阴影颜色】都设置为白色，将【大小】设置为36，添加一个【外描边】，将【外描边】选项组下的【类型】设置为【边缘】，将【颜色】的RGB值设置为252、0、168，如图10-116所示。

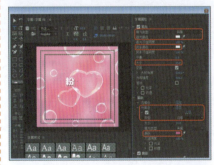

图10-116　设置字幕参数

❺ 勾选【阴影】复选框，将【颜色】的RGB值设置为151、0、52，将【不透明度】设置为77%，添加一个【外描边】，将【外描边】选项组下的【类型】设置为【边缘】，将【颜色】的RGB值设置为252、0、168，将【距离】设置为10，将【扩展】设置为30，如图10-117所示。

❻ 单击【基于当前字幕新建字幕】按钮，在弹出的对话框中保持默认设置，单击【确定】按钮。将原有的文字替换为【色】，在【变换】选项组中将【X位置】和【Y位置】分别设置为322.7、255.1，如图10-118所示。

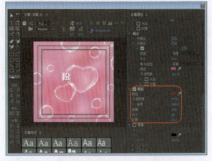

图10-117　设置字幕参数

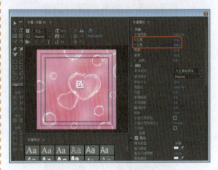

图10-118　设置字幕参数

❼ 单击【基于当前字幕新建字幕】按钮，在弹出的对话框中保持默认设置，单击【确定】按钮。将原有的文字替换为【的】，在【变换】选项组中将【X位置】和【Y位置】分别设置为377.7、255.1，如图10-119所示。

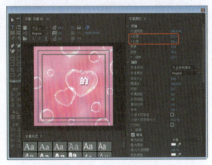

图10-119　设置字幕参数

❽ 单击【基于当前字幕新建字幕】按钮，在弹出的对话框中保持默认设置，单击【确定】按钮。将原有的文字替换为【爱】，在【变换】选项组中将【X位置】和【Y位置】分别设置为457.7、255.1，如图10-120所示。

❾ 设置完成后，关闭字幕编辑器，将当前时间设置为00:00:00:00，在【项目】面板中，将【字幕01】拖至【V2】视频轨道中，选择【字幕01】，

切换至【效果控件】面板，将【位置】设置为380、190，将【缩放】设置为32，分别单击其左侧的【切换动画】按钮 ，如图10-121所示。

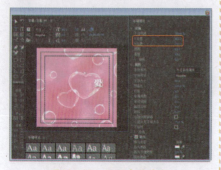

图10-120　设置字幕参数

图10-121　设置参数

⑩　将当前时间设置为00:00:00:11，切换至【效果控件】面板，将【位置】设置为343、171，将【缩放】设置为39.6。将当前时间设置为00:00:00:20，切换至【效果控件】面板，将【位置】设置为287、176，将【缩放】设置为45.9。将当前时间设置为00:00:01:05，切换至【效果控件】面板，将【位置】设置为257、200，将【缩放】设置为55.2。将当前时间设置为00:00:01:12，切换至【效果控件】面板，将【位置】设置为250、224，将【缩放】设置为61.7。将当前时间设置为00:00:01:17，切换至【效果控件】面板，将【位置】设置为247、265，将【缩放】设置为32。将当前时间设置为00:00:01:24，切换至【效果控件】面板，将【位置】设置为269、290，将【缩放】设置为100。如图10-122所示。

⑪　将当前时间设置为00:00:00:05，在【项目】面板中，将【字幕02】拖至【V3】视频轨道中，选择【字幕02】，切换至【效果控件】面板，将【位置】设置为356、189.5，将【缩放】设置为32，分别单击其左侧的【切换动画】按

钮 ，如图10-123所示。

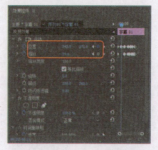

图10-122　设置参数

图10-123　设置参数

⑫　将当前时间设置为00:00:00:16，切换至【效果控件】面板，将【位置】设置为322、173.5，将【缩放】设置为39.6，将当前时间设置为00:00:01:00，切换至【效果控件】面板，将【位置】设置为290、170.5，将【缩放】设置为50.7。将当前时间设置为00:00:01:09，切换至【效果控件】面板，将【位置】设置为246、184.5，将【缩放】设置为58.9。将当前时间设置为00:00:01:16，切换至【效果控件】面板，将【位置】设置为223、222.5，将【缩放】设置为65.4。将当前时间设置为00:00:01:21，切换至【效果控件】面板，将【位置】设置为275、280.5，将【缩放】设置为70。将当前时间设置为00:00:02:01，切换至【效果控件】面板，将【位置】设置为271、290.5，将【缩放】设置为100，如图10-124所示。

图10-124　设置参数

⑬　将当前时间设置为00:00:00:10，在【项目】面板中，将【字幕03】拖至【V4】视频轨道中，选择【字幕03】，切换至【效果控件】面板，将【位置】设置为352、180.5，将【缩放】设置为32，分别单击其左侧的【切换动画】按钮 ，如图10-125所示。

图10-125　设置参数

⑭　将当前时间设置为00:00:00:21，切换至【效果控件】面板，将【位置】设置为371、180.5，将【缩放】设置为46.8。将当前时间设置为00:00:01:00，切换至【效果控件】面板，将【位置】设置为391、180.5，将【缩放】设置为50.5。将当前时间设置为00:00:01:09，切换至【效果控件】面板，将【位置】设置为402、185.5，将【缩放】设置为58.9。将当前时间设置为00:00:01:16，切换至【效果控件】面板，将【位置】设置为434、226.5，将【缩放】设置为65.4，将当前时间设置为00:00:01:21，切换至【效果控件】面板，将【位置】设置为316、282.5，将【缩放】设置为70。将当前时间设置为00:00:02:01，切换至【效果控件】面板，将【位置】设置为306、292.5，将【缩放】设置为100，如图10-126所示。

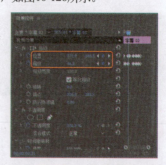

图10-126　设置参数

⑮　将当前时间设置为00:00:00:15，在【项目】面板中，将【字幕04】拖至【V5】视频轨道中，选择【字幕04】，

切换至【效果控件】面板，将【位置】设置为368、179.5，将【缩放】设置为42.4，分别单击其左侧的【切换动画】按钮 ，如图10-127所示。

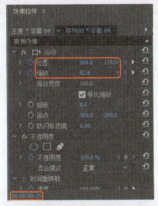

图10-127 设置参数

16 将当前时间设置为00:00:01:01，切换至【效果控件】面板，将【位置】设置为404、204.5，将【缩放】设置为51.5。将当前时间设置为00:00:01:10，切换至【效果控件】面板，将【位置】设置为402、223.5，将【缩放】设置为50.5。将当前时间设置为00:00:01:16，切换至【效果控件】面板，将【位置】设置为402、265.5，将【缩放】设置为65.4。将当前时间设置为00:00:01:21，切换至【效果控件】面板，将【位置】设置为336、282.5，将【缩放】设置为70。将当前时间设置为00:00:02:01，切换至【效果控件】面板，将【位置】设置为315、293.5，将【缩放】设置为100，如图10-128所示。

图10-128 设置参数

17 设置完成后，按Ctrl+M组合键打开【导出设置】对话框，单击【输出名称】右侧的蓝色文字，在打开的对话框中选择保存位置并输入名称，单击【保存】按钮，返回到【导出设置】对话框，单击【导出】按钮，即可将视频导出，如图10-129所示。

图10-129 导出视频

实例169 字幕排列

本案例将介绍如何对字幕排列，主要是对不同的字进行不同的设置。具体操作步骤如图10-130所示。

素材	素材|Cha10|字幕排列.jpg
场景	场景|Cha10|实例169 字幕排列. prproj
视频	视频教学 | Cha10 |实例169|字幕排列.MP4

图10-130 字幕排列

1 运行软件后，在欢迎界面中单击【新建项目】按钮，在【新建项目】对话框中，选择项目的保存路径，对项目名称进行命名，单击【确定】按钮，如图10-131所示。

图10-131 新建项目

2 按Ctrl+N组合键进入到【新建序列】对话框中，在【序列预设】选项卡中【可用预设】区域下选择【DV-24P】\|【标准48kHz】选项，对【序

列名称】进行命名，单击【确定】按钮，如图10-132所示。

图10-132 新建序列

3 进入操作界面，在【项目】面板中【名称】区域下空白处双击鼠标左键，在弹出的对话框中选择随书配套资源中的素材\|Cha10\|字幕排列.jpg素材文件，单击【打开】按钮，如图10-133所示。

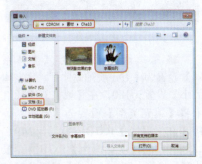

图10-133 选择素材文件

④ 将【字幕排列.jpg】文件拖至【时间线】窗口【V1】视频轨道中。单击右键选择【缩放为帧大小】命令，如图10-134所示。

图10-134 添加素材到序列中

⑤ 按下Ctrl+T键，新建字幕使用默认命名，进入到字幕编辑器中，选择【文字工具】 T，在字幕设计栏中输入【团结有爱】，在【字幕属性】栏中【属性】区域下，将【字体系列】设置为【汉仪水滴体简】，【字体大小】设置为110，如图10-135所示。

图10-135 输入文字

⑥ 然后在【填充】选项组中将【填充类型】设置为【线性渐变】，将【颜色】左上方色块RGB值设置为255、254、208，右上方色块RGB值设置为255、194、75。勾选【阴影】复选框，将【颜色】的RGB值设置为133、69、0，【不透明度】设置为60%，【角度】设置为-205°，【距离】设置为8，【大小】设置为9，如图10-136所示。

图10-136 设置文字

⑦ 继续选择【有】字【字体系列】设置为【方正琥珀简体】，【字体大小】设置为180，在【填充】选项组中将【填充类型】设置为【斜面】，将【高光颜色】RGB值设置为249、225、0，将【阴影颜色】RGB值设置为255、194、75，【大小】设置为36，

如图10-137所示。

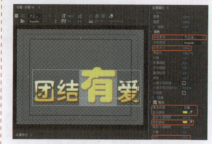

图10-137 设置文字

⑧ 选中【变亮】复选框，将【光照强度】设置为72，然后在【描边】选项组中单击【添加】按钮添加一个【外描边】，将【类型】设置为【边缘】，【大小】设置为10，将【颜色】设置为205、0、0，勾选【阴影】复选框，将【颜色】的RGB值设置为246、242、242，【不透明度】设置为96%，【角度】设置为-205°，【距离】设置为0，【大小】和【扩散】都设置为30，如图10-138所示。

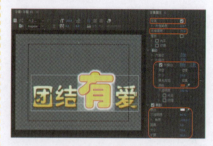

图10-138 设置文字

⑨ 然后将【团结有爱】全选，在【变换】选项组中将【X位置】和【Y位置】设置为333、340，如图10-139所示。

图10-139 设置【X位置】和【Y位置】参数

⑩ 关闭字幕编辑器，将字幕拖至【时间线】窗口【V2】视频轨道中，如图10-140所示。

图10-140 添加字幕到序列中

⑪ 此时将设置完成的场景保存，然后在【节目】窗口中看一下效果。

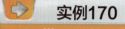

实例170
带阴影效果的字幕

本例将制作带阴影效果的字幕，其中主要涉及文字以及与背景的画面融合，效果如图10-141所示。

素材	素材|Cha10|带阴影效果的字幕.jpg
场景	场景|Cha10|实例170 带阴影效果的字幕.prproj
视频	视频教学|Cha10|实例170|带阴影效果的字幕.MP4

图10-141 带阴影效果的字幕

① 运行软件后，在欢迎界面中单击【新建项目】按钮，在【新建项目】对话框中，选择项目的保存路径，对项目名称进行命名，单击【确定】按钮，如图10-142所示。

图10-142 新建项目

② 按Ctrl+N组合键，进入到【新建序列】对话框中，在【序列预置】选项卡中【可用预设】区域下选择【DV-24P】|【标准48kHz】选项，对【序列名称】进行命名，单击【确定】按钮，如图10-143所示。

③ 进入操作界面，在【项目】面板中【名称】区域下的空白处双击鼠标

左键，在弹出的对话框中选择随书配套资源中的素材|Cha10|带阴影效果的字幕.jpg素材文件，单击【打开】按钮，如图10-144所示。

图10-143 新建序列

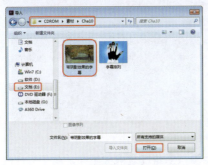

图10-144 导入素材

④ 将导入的素材文件拖至【时间线】窗口【V1】视频轨道中，确定素材文件选中的情况下，单击鼠标右键，在弹出快捷菜单中选择【缩放为帧大小】命令，如图10-145所示。

图10-145 调整素材

⑤ 按下Ctrl+T键，在弹出的对话框中使用默认命名，单击【确定】按钮，进入到字幕编辑器中，选择【文字工具】T，在字幕设计栏中输入【秋高衣爽】，在【字幕属性】栏中【属性】区域下，【字体系列】设置为【方正超粗黑简体】，【字体大小】设置为100，【字偶间距】设置为20；在【填充】区域下将【填充类型】设置为【四色渐变】，然后在【颜色】右侧，将左上方色块的RGB值分别设置为193、93、20，设置右上方色块的RGB值分别设置

为203、205、23，左下方的色块设置为白色，右下方色块的RGB值分别设置为244、149、36，然后分别单击垂直居中、水平居中按钮，将字幕居中对齐，如图10-146所示。

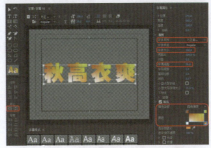

图10-146 设置字幕

> **提示**
>
> 除了使用快捷键外，还可以选择【文件】|【新建】|【字幕】命令；在【项目】面板中【名称】区域下空白处单击鼠标右键在弹出的快捷菜单中选择【字幕】，都可以打开字幕窗口。

⑥ 在【填充】区域下选中【光泽】复选框，设置【大小】为100，【角度】设置为335°；在【描边】区域下添加一个【内描边】，将【填充类型】设置为【线性渐变】，设置【颜色】左侧的色块RGB值设置为130、240、247，设置【颜色】右侧色块的RGB值设置为94、2、8，如图10-147所示。

图10-147 设置【光泽】【内描边】参数

⑦ 添加一处【外描边】，将【类型】设置为【凹进】，【角度】设置为90°，【强度】设置为16，【填充类型】设置为【径向渐变】，将【颜色】左侧的色块RGB值设置为140、145、145，右侧的色块设置为黑色；勾选【阴影】复选框，确定【颜色】为【黑色】，【不透明度】设置为54%，【角度】设置为-205°，【距离】设置为

12，【大小】设置为0，【扩展】设置为31，如图10-148所示。

图10-148 设置【外描边】【阴影】参数

⑧ 关闭字幕编辑器，将【字幕01】拖至【时间线】窗口【V2】视频轨道中，如图10-149所示。

图10-149 将字幕拖入【时间线】窗口

⑨ 将场景进行保存，在【节目】窗口中看一下效果。

> **实例171**
> 字幕样式中的英文字幕

本案例将主要对字幕应用了【字幕样式】栏中的样式，并对添加样式后的字幕进行了设置，效果如图10-150所示。

素材	素材|Cha10|字幕样式中的英文字幕.jpg
场景	场景|Cha10|实例171 字幕样式中的英文字幕.prproj
视频	视频教学|Cha10|实例171 字幕样式中的英文字幕.MP4

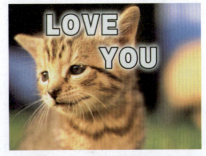

图10-150 字幕样式中的英文字幕

① 运行Premiere Pro CC 2017，在开始界面中单击【新建项目】按钮，在【新建项目】对话框中，选择项目的保存路径，对项目名称进行命名，单击【确定】按钮，如图10-151所示。

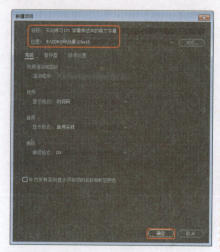

图10-151 新建项目

② 按Ctrl+N组合键，进入【新建序列】对话框中，在【序列预设】选项卡中【可用预设】区域下选择【DV-24P】|【标准48kHz】选项，单击【确定】按钮，如图10-152所示。

图10-152 新建序列

③ 进入操作界面，在【项目】面板【名称】区域下空白处双击鼠标左键，在弹出的对话框中选择随书配套资源中的素材|Cha10|字幕样式中的英文字幕.jpg素材文件，单击【打开】按钮，如图10-153所示。

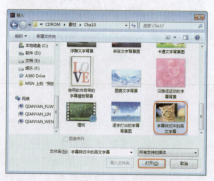

图10-153 导入素材文件

④ 将导入的素材拖至【时间轴】窗口【V1】视频轨道上，在【效果控件】面板中将【缩放】设置为40，如图10-154所示。

图10-154 设置【缩放】参数

⑤ 按下Ctrl+T键，使用默认名称，单击【确定】按钮，进入到字幕编辑器中，选择【文字工具】，在字幕设计栏中输入【LOVE YOU】，将文字选中，在【字幕属性】栏中将【属性】区域下的【字体系列】设置为【汉仪超粗黑简】，【字体大小】设置为80，【行距】设置为30，将【X位置】和【Y位置】分别设置为317.4、130.7，如图10-155所示。

图10-155 设置【LOVE YOU】字幕参数

⑥ 在【描边】区域中添加两处【外描边】，将【大小】分别设置为15、10，如图10-156所示。

⑦ 在【阴影】区域下，将【颜色】设置为【白色】，将【不透明度】设置为100%，【角度】设置为0°，【距离】设置为0，【大小】设置为40，【扩展】设置为80，如图10-157所示。

图10-156 添加【外描边】

图10-157 设置【阴影】参数

⑧ 将字幕窗口关闭，将【字幕01】拖至【时间轴】窗口【V2】视频轨道中，如图10-158所示。

图10-158 拖曳字幕文件

⑨ 将场景进行保存，在【节目监视器】窗口中看一下效果，如图10-159所示。

图10-159 查看效果

实例172 带立体旋转效果的字幕

本案例将制作立体旋转效果的字幕，主要对字幕运用【基本3D】效果特效，具体操作可以参考随书配套资源视频教程，效果如图10-160所示。

素材	素材|Cha10|带立体旋转效果的字幕.jpg
场景	场景|Cha10|实例172 带立体旋转效果的字幕.prproj
视频	视频教学|Cha10|实例172 带立体旋转效果的字幕.MP4

图10-160 带立体旋转效果的字幕

① 运行Premiere Pro CC 2017，在开始界面中单击【新建项目】按钮，在【新建项目】对话框中，选择项目的保存路径，对项目名称进行命名，单击【确定】按钮，如图10-161所示。

图10-161　新建项目

② 按Ctrl+N组合键，进入【新建序列】对话框中，在【序列预设】选项卡中【可用预设】区域下选择【DV-24P】|【标准48kHz】选项，单击【确定】按钮，如图10-162所示。

图10-162　新建序列

③ 进入操作界面，在【项目】面板中【名称】区域下空白处双击鼠标左键，在弹出的对话框中选择随书配套资源中的素材|Cha10|带立体旋转效果的字幕.jpg素材文件，单击【打开】按钮，如图10-163所示。

图10-163　打开素材文件

④ 将【带立体旋转效果的字

幕.jpg】文件拖至【时间轴】窗口【V1】视频轨道上，在【效果控件】面板中将【缩放】设置为105，如图10-164所示。

图10-164　设置【缩放】参数

⑤ 按下Ctrl+T键，新建字幕使用默认命名，进入到字幕编辑器中，使用【文字工具】 ，在字幕设计栏中输入【天生一对】，将【字体系列】设置为【华文行楷】。【字体大小】设置为95.5，将【宽高比】设置为113.1%，将【X位置】和【Y位置】分别设置为348.3、243.9，选中【填充】，将【填充类型】设置为【四色渐变】，将【颜色】左上方色块的RGB值设置为255、234、57，右上方色块的RGB值设置为241、112、0，左下方色块的RGB值设置为248、192、32，右下方色块的RGB值设置为白色，如图10-165所示。

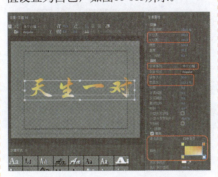

图10-165　设置【天生一对】字幕参数

⑥ 添加【外描边】，将【大小】设置为20，【填充类型】设置为【斜面】，【高光颜色】RGB值设置为255、121、5，将【阴影颜色】RGB值设置为255、235、63，再次添加【外描边】，将【大小】设置为0，【填充类型】设置为【重影】，如图10-166所示。

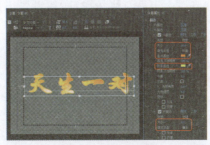

图10-166　设置【外描边】参数

⑦ 选中【阴影】将【颜色】设置为白色，【不透明度】设置为100%，【角度】设置为-90°，将【距离】设置为0，【大小】设置为60，将【扩展】设置为100，如图10-167所示。完成后关闭此窗口。

图10-167　设置【阴影】参数

⑧ 将当前时间设置为00:00:00:00，将【字幕01】文件拖至【时间轴】窗口的【V2】视频轨道中，为【V2】视频轨道中的文件添加【基本3D】特效，将【与图像的距离】设置为450，并单击其左侧的【切换动画】按钮 ，同样也单击【旋转】【倾斜】左侧的【切换动画】按钮 ，如图10-168所示。

图10-168　设置【基本3D】关键帧

⑨ 将时间设置为00:00:04:23，将【旋转】设置为3×0.0°，将【倾斜】设置为3×0.0°，【与图像的距离】设置为0，如图10-169所示。

图10-169　设置【基本3D】关键帧

⑩ 此时将设置完成的场景保存，然后在【节目监视器】窗口中看一下效果，如图10-170所示。

图10-170　查看效果

实例173　　镂空文字

镂空是一种雕刻技术，通过在物体上雕刻出通透效果的花纹或文字，使其具有若有若无的一种效果。将镂空效果应用到影视或广告中，更能令人产生深刻的印象，在本案例中将会运用到这一效果，具体操作步骤如下，效果如图10-171所示。

素材	素材|Cha10|镂空文字.jpg
场景	场景|Cha10|实例173 镂空文字. prproj
视频	视频教学 | Cha10|实例173 镂空文字.MP4

图10-175　新建字幕并进行设置

图10-171　镂空文字

❶ 运行Premiere Pro CC 2017，在开始界面中单击【新建项目】按钮，在【新建项目】对话框中，选择项目的保存路径，对项目名称进行命名，单击【确定】按钮，如图10-172所示。

图10-172　新建项目

❷ 按Ctrl+N组合键，进入【新建序列】对话框中，在【序列预设】选项卡中【可用预设】区域下选择【DV-PAL】|【标准48kHz】选项，单击【确定】按钮，如图10-173所示。

❸ 进入操作界面，在【项目】面板中【名称】区域下空白处双击鼠标左键，在弹出的对话框中选择随书配套资源中的素材|Cha10|镂空文字背景.jpg素材文件，单击【打开】按钮，如图10-174所示。

图10-173　新建序列

图10-174　导入素材文件

❹ 按下Ctrl+T键，新建字幕使用默认命名，进入到字幕编辑器中，选择【文字工具】，在字幕设计栏中输入【playgame】，将【字体系列】设置为【Impact】，在【填充】选项组中将【不透明度】设置为0%，在【描边】选项组中单击【外描边】右侧的【添加】按钮，将【大小】设置为28，将【填充类型】设置为【四色渐变】，将左上方色块的RGB值设置为249、249、249，右上方色块 的RGB值设置为118、118、188，左下方色块的RGB值设置为118、118、118，右下方色块的RGB值设置为249、249、249，将【色彩到色彩】设置为白色，将【色彩到不透明】设置为100%，如图10-175所示。

❺ 然后在【变换】选项组中将【X位置】和【Y位置】设置为494、290.4，如图10-176所示。

图10-176　设置【X位置】和【Y位置】参数

❻ 确认当前时间为00:00:00:00，将【镂空文字背景.jpg】文件拖至【序列01】中的【V1】视频轨道上，在【效果控件】面板中将【缩放】设置为75，如图10-177所示。

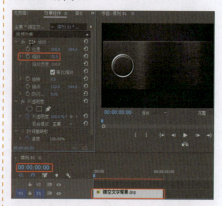
图10-177　将素材文件拖至序列中

❼ 将【字幕01】拖至【色彩到不透明】中的【V2】视频轨道上，完成后将设置完成的场景保存，然后在【节目】窗口中看一下效果，如图10-178所示。

图10-178　将字幕拖至序列中

实例174
木板文字

木板文字，顾名思义就是在木板上雕刻出来的文字，或者是写上去的文字。在木板上雕刻文字，自古就有，甚至还可以在石壁上雕刻文字，雕刻文字讲究技术与艺术，在本案例中将介绍如何制作在木板中雕刻的文字，具体操作步骤如下，效果如图10-179所示。

素材	素材|Cha10|木板文字背景.jpg
场景	场景|Cha10|实例174 木板文字.prproj
视频	实例174 木板文字.MP4

图10-179　木板文字

❶ 运行Premiere Pro CC 2017，在开始界面中单击【新建项目】按钮，在【新建项目】对话框中，选择项目的保存路径，对项目名称进行命名，单击【确定】按钮，如图10-180所示。

图10-180　新建项目

❷ 按Ctrl+N组合键，进入【新建

序列】对话框中，在【序列预设】选项卡中【可用预设】区域下选择【DV-PAL】|【标准48kHz】选项，单击【确定】按钮，如图10-181所示。

图10-181　新建序列

❸ 进入操作界面，在【项目】面板中【名称】区域下空白处双击鼠标左键，在弹出的对话框中选择随书配套资源中的素材|Cha10|木板文字背景.jpg素材文件，单击【打开】按钮，如图10-182所示。

图10-182　导入素材文件

❹ 按下Ctrl+T键，新建字幕使用默认命名，进入到字幕编辑器中，选择【文字工具】 T，在字幕设计栏中输入【welcome】，将【字体系列】设置为【方正少儿简体】，【字体大小】设置为79，在【填充】选项组中将【填充类型】设置为【实底】，将【颜色】的RGB值设置为200、185、170，在【变换】选项组中将【X位置】和【Y位置】设置为403.3、159.2，如图10-183所示。

❺ 确认当前时间为00:00:00:00，将【镂空文字背景.jpg】文件拖至【序列01】中的【V1】视频轨道上，在【效果

控件】面板中将【位置】设置为360、390，【缩放】设置为38，如图10-184所示。

图10-183　新建字幕并进行设置

图10-184　将素材文件拖至序列中

❻ 将【字幕01】拖至【序列01】中的【V2】视频轨道上，选中【字幕01】切换到【效果控件】面板中将【不透明度】下的【混合模式】设置为【相乘】，然后再切换到【效果】面板中搜索【斜面Alpha】，在【效果控件】面板中展开【斜面Alpha】，将【边缘厚度】设置为3，【光照角度】设置为120°，【光照颜色】的RGB值设置为215、215、215，【光照强度】设置为0.4，完成后将设置完成的场景保存，然后在【节目】窗口中看一下效果，如图10-185所示。

图10-185　将字幕拖至序列中

第 11 章　常用音频的编辑技巧

本章将介绍音频素材的编辑方法，用户可以选用音频素材来进行分割、连接和转换等操作练习，并通过实例练习来巩固所学知识。

实例175　为视频添加背景音乐

只有画面和字幕的影片肯定不是完整的影片，因为还少音频，声音在影片中的重要性是非常重要的，只有音频与视频相结合才是一个完美作品，效果如图11-1所示。

素材	素材|Cha11|视频.mp4、音频.mp3
场景	场景|Cha11|实例175 为视频添加背景音乐. prproj
视频	视频教学 | Cha11 |实例175 为视频添加背景音乐.MP4

图11-1　为视频添加背景音乐

❶ 运行Premiere Pro CC 2017，在欢迎界面中单击【新建项目】按钮，在【新建项目】对话框中，选择项目的保存路径，对项目名称进行命名，单击【确定】按钮，如图11-2所示。

❷ 进入工作区后按Ctrl+N组合键，打开【新建序列】对话框，在【序列预设】选项卡中【可用预设】区域下选择【DV-PAL】|【标准48kHz】选项，对【序列名称】进行命名，单击【确定】按钮，如图11-3所示。

图11-2　【新建项目】对话框

图11-3　【新建序列】对话框

③ 进入操作界面，在【项目】面板中【名称】区域下的空白处双击鼠标左键，在弹出的对话框中选择随书配套资源中的素材|Cha11|视频.mp4、音频.mp3素材文件，如图11-4所示。

图11-4 选择素材

④ 单击【打开】按钮，将【视频.mp4】文件拖至【V1】视频轨道中，弹出【剪辑不匹配警告】对话框，单击【更改序列设置】按钮，如图11-5所示。

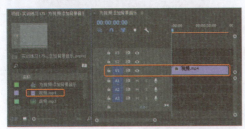

图11-5 向【V1】视频轨道拖动素材

⑤ 将【音频.mp3】文件拖至【A1】音频轨道中，并分别为音频的开始处与结束处添加【恒定增益】切换效果，在【效果控件】面板中将【持续时间】设置为00:00:03:05，如图11-6所示。

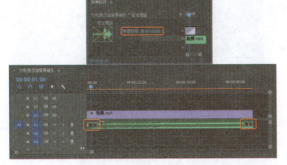

图11-6 向音频轨道添加音频并添加效果

实例176 声音的淡入和淡出

本案例将介绍声音淡入、淡出效果的操作方法，在调整音频中主要应用【钢笔工具】对音频轨道上的关键帧进行调整。

素材	素材|Cha11|音频02. wma
场景	场景 |Cha11 |实例176 声音的淡入和淡出.prproj
视频	视频教学 |Cha11 |实例176 声音的淡入和淡出.MP4

① 运行Premiere Pro CC 2017，新建项目和序列。导入随书配套资源中的素材|Cha11|音频02.wma素材文件。

② 将导入的音频拖至【时间轴】面板【A1】音频轨道中。在【效果控件】面板中，单击【级别】右侧的【添加/移除关键帧】按钮，分别在00:00:00:00、00:00:52:00、00:03:05:00和00:03:46:00处添加关键帧，如图11-7所示。

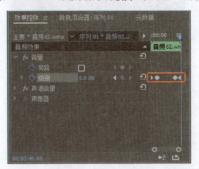

图11-7 添加关键帧

③ 在【时间轴】面板中，将【A1】音频轨道展开，选择【钢笔工具】，调整关键帧的位置，并按住Ctrl键调整音频的中间两个关键帧的控制柄，如图11-8所示。

图11-8 调整关键帧

实例177 录制音频

电脑插入麦克风后，可以在Premiere Pro CC 2017中录制音频，具体操作步骤如下：

素材	无
场景	无
视频	视频教学 |Cha11 |实例177 录制音频.MP4

① 新建序列，在菜单栏中执行【窗口】|【音轨混合器】命令，打开【音轨混合器】面板。切换至【音轨混合器】面板中，单击【A1】音频轨道中的【启用轨道以进行录制】按钮，然后单击【录制】按钮，如图11-9所示。

图11-9 【音轨混合器】面板

❷ 在【音轨混合器】面板中单击【播放—停止切换】按钮▶️，进行音频录制，如图11-10所示。

图11-10　进行音频录制

❸ 单击【播放—停止切换】按钮■停止录制，在【时间轴】面板中的【A1】音频轨道中将显示录制的音频文件，如图11-11所示。

图11-11　在【A1】音频轨道中将显示录制的音频文件

实例178　高低音的转换

高低音的转换是要通过【Dynamics】特效来实现的。

素材	素材|Cha11|音频03. wma
场景	场景 | Cha11 |实例178 高低音的转换.prproj
视频	视频教学 | Cha11 |实例178 高低音的转换.MP4

❶ 运行Premiere Pro CC 2017，新建项目和序列。导入随书配套资源中的素材\|Cha11\|音频03. wma素材文件。将导入的音频拖至【时间轴】面板【A1】音频轨道中。

❷ 选择轨道中的音频素材，切换至【效果】面板，搜索【Dynamics】音频效果，如图11-12所示。

图11-12　双击【Dynamics（过时）】音频效果

❸ 为素材添加特效，弹出【音频效果替换】对话框，单击【否】按钮，将当前时间设置为00:00:00:00，激活【效果

控件】面板，展开【Dynamics】特效【各个参数】选项组，单击所有选项左侧的【切换动画】按钮🕐，打开所有选项动画关键帧记录，如图11-13所示。

图11-13　打开所有选项动画关键帧记录

❹ 将当前时间设置为00:00:11:08，在【效果控件】面板中单击【Dynamics】右侧的【预设】按钮🔄，在弹出的快捷菜单中选择【autogate】选项，如图11-14所示。

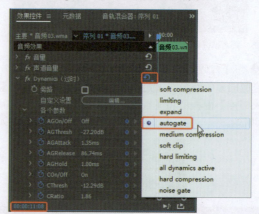

图11-14　选择【autogate】选项

❺ 将当前时间设置为00:00:17:13，在【效果控件】面板中单击【Dynamics】右侧的【预设】按钮🔄，在弹出的快捷菜单中选择【soft clip】选项，如图11-15所示。

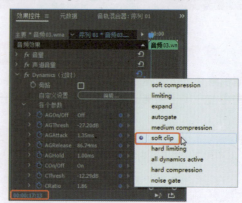

图11-15　选择【soft clip】选项

实例179
调整关键帧的音量

在调整音量时通过在【效果控件】面板中进行调整，本案例将介绍如何通过关键帧对音量进行调整。

素材	素材|Cha11|音频04.wma
场景	场景	Cha11 |实例179 调整关键帧的音量.prproj
视频	视频教学	Cha11 |实例179 调整关键帧的音量.MP4

❶ 运行Premiere Pro CC 2017，新建项目和序列。导入随书配套资源中的素材|Cha11|音频04.wma素材文件。

❷ 将导入的音频拖至【时间轴】面板【A1】音频轨道中，选中音频素材，设置当前时间为00:00:03:00，在【效果控件】面板中，将【音量】选项组中的【级别】设置为-2.0dB，如图11-16所示。

图11-16 设置参数

❸ 设置当前时间为00:02:00:00，在【效果控件】面板中，将【音量】选项组中的【级别】设置为6.0dB，如图11-17所示。

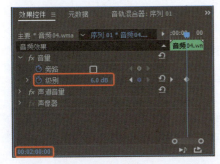
图11-17 设置参数

❹ 设置当前时间为00:03:17:00，在【效果控件】面板中，将【音量】选项组中的【级别】设置为0.0dB，如图11-18所示。

图11-18 设置参数

❺ 在【时间轴】面板中，将【A1】

音频轨道展开，选择【钢笔工具】，按住Ctrl键在【时间轴】面板中调整音频的关键帧控制柄，如图11-19所示。

图11-19 调整音频的关键帧控制柄

实例180
调整音频的速度

本案例将介绍调整音频的速度，调整音频的速度与调整视频的速度是一样的，具体操作步骤如下：

素材	无
场景	场景	Cha11 |实例180 调整音频的速度.prproj
视频	视频教学	Cha11 |实例180 调整音频的速度.MP4

❶ 继续上一实例的操作，鼠标右键单击【A1】音频轨道中的音频素材文件，在弹出的快捷菜单中选择【速度/持续时间】命令，如图11-20所示。

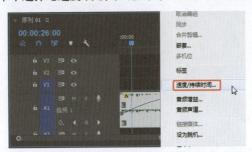
图11-20 选择【速度/持续时间】命令

❷ 在弹出的【剪辑速度/持续时间】对话框中，将【速度】设置为120%，并选中【保持音频音调】命令，如图11-21所示，单击【确定】按钮。

图11-21 【剪辑速度/持续时间】对话框

实例181
超重低音效果

起重低音效果，是影视中常见的一种效果，它加重了声音的低频强度，提高了音效的震撼力，特别是在动作片和科幻片中是常用的。

素材	素材|Cha11|音频04.wma
场景	场景	Cha11 |实例181 超重低音效果.prproj
视频	视频教学	Cha11 |实例181 超重低音效果.MP4

❶ 运行Premiere Pro CC 2017，新建项目和序列。导入随书配套资源中的素材|Cha11|音频04. wma素材文件。将导入的音频拖至【时间轴】面板【A1】音频轨道中。

❷ 选择轨道中的音频素材，切换至【效果】面板，在【音频效果】中双击【低音】音频效果，如图11-22所示。

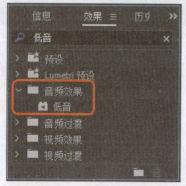

图11-22　双击【低音】音频效果

❸ 将当前时间设置为00:00:00:00，

激活【效果控件】面板，单击【提升】左侧的【切换动画】按钮，将【提升】设置为12.0dB，如图11-23所示。

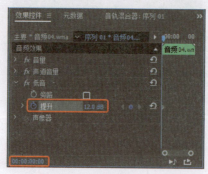

图11-23　设置【提升】参数

❹ 将当前时间设置为00:00:28:00，将【提升】设置为8.0dB，如图11-24所示。

❺ 将当前时间设置为00:01:09:00，将【提升】设置为15.0dB，如图11-25所示。

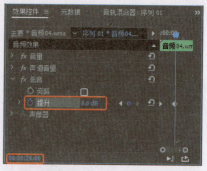

图11-24　设置【提升】参数

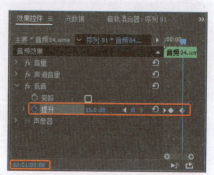

图11-25　设置【提升】参数

第 ⑫ 章　影视特技编辑技术点播

　　大多数影视作品中经常会添加一些影视特效，使作品效果更加精彩。通过使用Premiere Pro 2017中的特效功能，可以使影视作品的内容更加丰富，画面效果更加吸引人。本章将详细介绍影视特技特效的制作方法，使读者在掌握Premiere Pro 2017的基础上更进一步，为以后能够独立创作影视特效而提供参考。

实例182　电视彩条信号效果

　　本案例中设计的电视彩条信号效果重在表现出电视播放的画面与电视彩条搭配的角度考虑。制作电视彩条信号效果的过程中，主要通过添加电视播放的图片并进行相应的设置，完成最终电视彩条信号效果的效果，如图12-1所示。

素材	素材|Cha12|电视彩条信号效果背景.jpg、电视播放图片.jpg
场景	场景|Cha12|实例182 电视彩条信号效果. prproj
视频	视频教学 | Cha12 |实例182 电视彩条信号效果.MP4

图12-1　电视彩条信号效果

　　❶ 运行Premiere Pro CC 2017，新建项目文件，进入操作界面，按Ctrl+N组合键打开【新建序列】对话框，在【序列预设】选项卡中【可用预设】区域下选择【DV-24P】\|【标准48kHz】选项，使用默认名称，单击【确定】按钮。进入操作界面，在【项目】\|【名称】区域下的空白处双击鼠标左键，在弹出的对话框中导入随书配套资源中的素材\|Cha12\|电视彩条信号效果背景.jpg素材文件。如图12-2所示。

图12-2　导入素材文件

　　❷ 选择【电视彩条信号效果背景.jpg】素材文件，将其拖至【V1】视频轨道中，切换至【效果控件】，将【缩放】设置为130，如图12-3所示。

图12-3　设置【缩放】参数

　　❸ 在【项目】面板的空白处双击鼠标左键，在弹出的对话框中导入随书配套资源中的素材\| Cha12\|电视播放图片.jpg素材文件，如图12-4所示。

图12-4　导入素材文件

❹ 将当前时间设置为00:00:00:10，将【电视播放图片.jpg】素材文件拖至【V2】视频轨道中，将结束处与【V1】视频轨道中的结束处对齐，并选中该素材文件，在【效果控件】中将【位置】设置为345、255，取消【等比缩放】复选框□的选中状态，将【缩放高度】和【缩放宽度】分别设置为25、28，如图12-5所示。

图12-5　设置分层文件

❺ 继续选中该素材文件，确认当前时间为00:00:00:10，为其添加【视频效果】|【变换】|【羽化边缘】视频效果，切换至【效果控件】面板中，将【数量】设置为10，如图12-6所示。

图12-6　设置【羽化边缘】参数

❻ 确认当前时间为00:00:00:10，为其添加【视频效果】|【杂色与颗粒】|【杂色】视频效果，在【效果控件】面板中将【杂色数量】设置为100%，如图12-7所示。

图12-7　添加【杂色】效果并设置其参数

❼ 在【项目】面板中单击鼠标右键，在弹出的快捷菜单中选择【新建项目】|【HD 彩条】命令，在弹出的对话框中，将【宽度】和【高度】分别设置为210、110，其他参数保持默认设置，设置完成后，单击【确定】按钮，如图12-8所示。

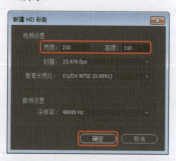

图12-8　【新建HD彩条】对话框

❽ 将当前时间设置为00:00:03:00，按住鼠标将其拖至【V1】视频轨道中，将其开始处与时间线对齐，将其结束处与【V1】视频轨道中的素材文件的结束处对齐，如图12-9所示。

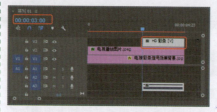

图12-9　设置【羽化边缘】参数

❾ 在【效果控件】面板中将【位置】设置为344、256，确认该对象处于

选中状态，为其添加【羽化边缘】效果，在【效果控件】面板中将【数量】设置为10，如图12-10所示。

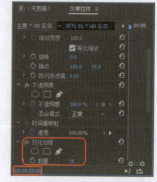

图12-10　设置【羽化边缘】参数

❿ 设置完成后，按Ctrl+M组合键打开【导出设置】对话框，单击【输出名称】右侧的蓝色文字，在打开的对话框中选择保存位置并输入名称，单击【保存】按钮，返回到【导出设置】对话框，单击【导出】按钮，即可将视频导出，如图12-11所示。

图12-11　输出视频

实例183　倒计时效果

本案例中设计动画效果时，重在使通用倒计时片头按设计者的意愿进行设置，通过设置【通用倒计时片头】参数制作出倒计时效果，如图12-12所示。

素材	素材|Cha12|倒计时效果背景.jpg
场景	场景|Cha12|实例183 倒计时效果. prproj
视频	视频教学	Cha12 |实例183 倒计时效果.MP4

图12-12　倒计时效果

❶ 运行Premiere Pro CC 2017，新建项目文件，进入操作界面，按Ctrl+N组合键打开【新建序列】对话框，在【序列预设】选项卡中【可用预设】区域下选择【DV-24P】|【标准48kHz】选项，使用默认名称，单击【确定】按钮。进入操作

界面，在【项目】|【名称】区域下空白处双击鼠标左键，在弹出的对话框中导入随书配套资源中的素材|Cha12|倒计时效果背景.jpg素材文件，按住鼠标将其拖至【V1】视频轨道中，将【持续时间】设置为00:00:11:00，如图12-13所示。

图12-13　设置【持续时间】

❷ 设置完成后，单击【确定】按钮，继续选中该素材文件，在【效果控件】面板中将【缩放】设置为70，如图12-14所示。

图12-14　设置【缩放】参数

❸ 在【项目】面板的空白处中单击鼠标右键，在弹出的快捷菜单中选择【新建项目】|【通用倒计时片头】命令，如图12-15所示。

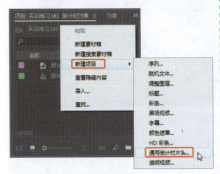

图12-15　选择【通用倒计时片头】命令

❹ 在弹出的对话框中保持默认设置，单击【确定】按钮，如图12-16所示。

❺ 在弹出的对话框中单击【擦除颜色】右侧的色块，在弹出的对话框中将RGB值设置为40、50、255，如图12-17所示。

图12-16　【新建通用倒计时片头】对话框

图12-17　设置【擦除颜色】的RGB值

❻ 单击【确定】按钮，然后再单击【背景色】右侧的色块，在弹出的对话框中将RGB值设置为255、255、255，如图12-18所示。

图12-18　设置【背景色】的RGB值

❼ 设置完成后，单击【确定】按钮，使用同样的方法将【线条颜色】的RGB值设置为226、226、226，将【数字颜色】的RGB值设置为0、0、178，勾选【在每秒都响提示音】复选框，取消勾选【倒数2秒提示音】复选框，如图12-19所示。

图12-19　设置其他参数

❽ 设置完成后，单击【确定】按钮，确认当前时间为00:00:00:00，将该素材文件拖至【V2】视频轨道中，在【效果控件】中将【位置】设置为373、241，将【缩放】设置为30，如图12-20所示。

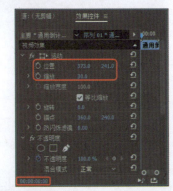

图12-20　设置【位置】和【缩放】参数

❾ 在【效果】面板中搜索【视频效果】|【变换】|【羽化边缘】效果，如图12-21所示。

图12-21　搜索【羽化边缘】效果

❿ 双击该视频效果，为选中的素材文件添加该视频效果，在【效果控件】面板中将【数量】设置为100，如图12-22所示。

图12-22　设置【羽化边缘】参数

⓫ 设置完成后，按Ctrl+M组合键打开【导出设置】对话框，单击【输出名称】右侧的蓝色文字，在打开的对

话框中选择保存位置并输入名称，单击【保存】按钮，返回到【导出设置】对话框，单击【导出】按钮，即可将视频导出，如图12-23所示。

图12-23　输出视频

实例184　画中画效果

本案例中设计的画中画效果的动画比较简单，将导入的素材文件添加到【序列】面板中，设置视频素材文件的不同缩放比例，然后将创建的字幕拖至【视频轨道】中，完成画中画场景的制作，如图12-24所示。

素材	素材|Cha12|B01-001127.mov、B01-001128.mov
场景	场景|Cha12|实例184　画中画效果.prproj
视频	视频教学|Cha12|实例184　画中画效果.MP4

图12-24　画中画效果

❶ 运行Premiere Pro CC 2017，新建项目文件，进入操作界面，按Ctrl+N组合键打开【新建序列】对话框，选择【设置】选项卡，将【编辑模式】设置为【自定义】，将【帧大小】和【水平】分别设置为1 920、1 080，单击【确定】按钮。进入操作界面，在【项目】\|【名称】区域下空白处双击鼠标左键，在弹出的对话框中导入随书配套资源中的素材\|Cha12\|B01-001127.mov、B01-001128.mov素材文件。在【项目】面板中选择【B01-001128.mov】素材文件，按住鼠标将其拖至【V1】视频轨道中，将其【持续时间】设置为00:00:03:03，如图12-25所示。

图12-25　将素材文件拖至【V1】视频轨道中

❷ 在【项目】面板中选择【B01-001127.mov】素材文件，按住鼠标将其拖至【V2】视频轨道中，将其【持续时间】设置为00:00:03:03，单击【确定】按钮，如图12-26所示。

图12-26　设置【持续时间】

❸ 选中【V1】视频轨道中的素材文件，在【效果控件】面板中将【位置】设置为960、540，将【缩放】设置为110，如图12-27所示。

图12-27　设置【位置】和【缩放】参数

❹ 设置完成后，选中【V2】视频轨道中的素材文件，在【效果控件】面板中将【位置】设置为1 630、955，将【缩放】设置为30，如图12-28所示。

图12-28　设置【位置】和【缩放】参数

❺ 继续选中该对象，为其添加【视频效果】\|【变换】\|【裁剪】效果，在【效果控件】面板中将【左侧】【顶部】【右侧】【底部】分别设置为14%、9%、14%、12%，将【位置】设置为1710、955，如图12-29所示。

图12-29　设置【裁剪】参数

❻ 继续选中该对象，为其添加【视频效果】\|【风格化】\|【Alpha发光】效果，在【效果控件】面板中将【起始颜色】和【结束颜色】都设置为黑色，如图12-30所示。

图12-30　设置【Alpha发光】参数

⑦ 设置完成后，按Ctrl+M组合键打开【导出设置】对话框，单击【输出名称】右侧的蓝色文字，在打开的对话框中选择保存位置并输入名称，单击【保存】按钮，返回到【导出设置】对话框，单击【导出】按钮，即可将视频导出，如图12-31所示。

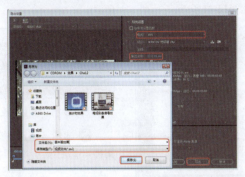

图12-31　输出视频

实例185　电视播放效果

本案例中设计的【电视播放效果】动画比较简单，首先将选择好的素材文件导入到【项目】面板中，然后将导入的素材文件拖至【序列】面板中，最后将视频特效拖至素材文件上，以完成电视放映场景的制作，如图12-32所示。

素材	素材|Cha12|电视播放效果1.jpg、B01-001127.mov
场景	场景|Cha12|实例185 电视播放效果.prproj
视频	视频教学 | Cha12 |实例185 电视播放效果.MP4

图12-32　电视播放效果

① 运行Premiere Pro CC 2017，新建项目文件，进入操作界面，按Ctrl+N组合键打开【新建序列】对话框，在【序列预设】选项卡中【可用预设】区域下选择【DV-24P】\|【标准48kHz】选项，使用默认名称，单击【确定】按钮。进入操作界面，在【项目】\|【名称】区域下空白处双击鼠标左键，在弹出的对话框中导入随书配套资源中的素材\|Cha12\|电视播放效果1.jpg、B01-001127.mov素材文件。如图12-33所示。

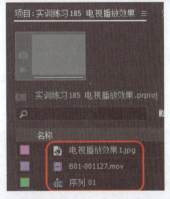

图12-33　导入素材文件

② 选择【项目】面板中的【电视播放效果1.jpg】素材文件，按住鼠标将其拖至【V1】视频轨道中，选中该素材文件，单击鼠标右键，在弹出的快捷菜单中选择【速度/持续时间】命令，在弹出的对话框中，将其【持续时间】设置为00:00:03:04，设置完成后，单击【确定】按钮，如图12-34所示。

图12-34　设置【持续时间】

③ 继续选中该素材文件，在【效果控件】中将【缩放】设置为63，如图12-35所示。

图12-35　设置【缩放】参数

④ 在【项目】面板中选择【B01-001127.mov】素材文件，按住鼠标将其拖至【V2】视频轨道中，在【效果控件】中，将【位置】设置为587、274，取消勾选【等比缩放】复选框□，将【缩放高度】和【缩放宽度】分别设置为9、7，如图12-36所示。

图12-36　设置【位置】和【缩放】参数

⑤ 切换至【效果】面板中，选择【视频效果】\|【变换】\|【羽化边缘】效果，双击该效果，在【效果控件】中【羽化边缘】选项组下，将【数量】设置为100，如图12-37所示。

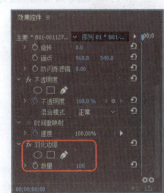

图12-37　设置【羽化边缘】参数

⑥设置完成后，按Ctrl+M组合键打开【导出设置】对话框，单击【输出名称】右侧的蓝色文字，在打开的对话框中选择保存位置并输入名称，单击【保存】按钮，返回到【导出设置】对话框，单击【导出】按钮，即可将视频导出，如图12-38所示。

图12-38　输出视频

实例186
望远镜效果

本案例中使用字幕功能制作镜头图标，然后为素材图片添加【亮度键】视频特效，将高亮度的区域去除，显示该区域下的视频内容，再设置素材图片的位置，以制作镜头移动效果，将其【位置】关键帧复制到镜头字幕上面，使字幕与素材图片的位置运动一致；最后将镜头隐藏，显示视频画面，如图12-39所示。

素材	素材|Cha12||家庭温馨瞬间.mov、望远镜效果02.jpg
场景	场景|Cha12|实例186 望远镜效果.prproj
视频	视频教学 | Cha12 |实例186 望远镜效果.MP4

图12-39　望远镜效果

①新建项目文件和【DV-PAL】|【标准48kHz】序列文件，如图12-40所示。

②在该对话框中选择【设置】选项卡，将【编辑模式】设置为【自定义】，将【时基】设置为25.00帧/秒，将【帧大小】和【水平】分别设置为

1920、1080，将【像素长宽比】设置为【方形像素（1.0）】，将【场】设置为【无场（逐行扫描）】，将【采样率】设置为48 000 Hz，设置完成后，单击【确定】按钮，如图12-41所示。

图12-40　新建项目和序列

图12-41　设置参数

③在【项目】面板中的空白处双击鼠标左键，在弹出的对话框中导入随书配套资源中的素材\|Cha12\|家庭温馨瞬间.mov、望远镜效果02.jpg 素材文件，效果如图12-42所示。

图12-42　导入素材文件

④在【项目】面板中选择【家庭

温馨瞬间.mov】素材文件，按住鼠标将其拖至【V1】视频轨道中，在弹出的【剪辑不匹配警告】对话框中，选择【更改序列设置】选项，如图12-43所示。

图12-43　选择【更改序列设置】选项

⑤选择【望远镜效果02.jpg】素材文件，按住鼠标将其拖至【V2】视频轨道中，并将其【持续时间】设置为00:00:11:03，如图12-44所示。

图12-44　设置【持续时间】

⑥继续选中该素材文件，为其添加【视频效果】|【键控】|【亮度键】效果，在【效果控件】面板中，将【阈值】设置为0%，将【屏蔽度】设置为100%，如图12-45所示。

图12-45　添加亮度键效果并设置其参数

⑦将当前时间设置为00:00:00:00，切换至【效果控件】面板，将【位置】设置为960、540，并单击其左侧的【切换动画】按钮，将【缩放】按钮设置为160，单击左侧的【切换动画】按钮如图12-46所示。

⑧将当前时间设置为00:00:00:19，将【位置】设置为682.8、500，将当前时间设置为00:00:01:07，将【位置】设置为806.8、439，如图12-47所示。

图12-46　设置【位置】和【缩放】参数

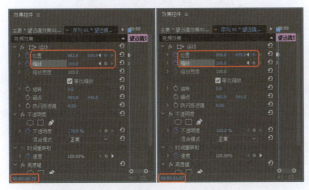

图12-47　设置【位置】和【缩放】参数

⑨ 将当前时间设置为00:00:01:12，将【位置】设置为850.8、409，将【缩放】设置为177.4，将当前时间设置为00:00:01:15，将【位置】设置为890.8、409，将【缩放】设置为178.8，如图12-48所示。

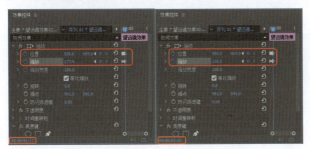

图12-48　设置【位置】和【缩放】参数

⑩ 将当前时间设置为00:00:01:16，将【位置】设置为911.8、394，将【缩放】设置为185，将当前时间设置为00:00:02:01，将【位置】设置为1044.8、365，如图12-49所示。

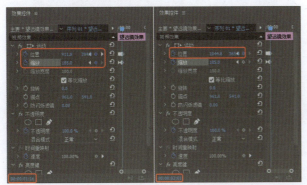

图12-49　设置【位置】和【缩放】参数

⑪ 将当前时间设置为00:00:03:12，将【位置】设置为903.8、715，将【缩放】设置为185，将当前时间设置为00:00:05:08，将【位置】设置为1 141.8、622，将【缩放】设置为213.2，如图12-50所示。

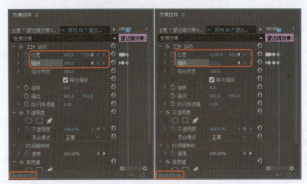

图12-50　设置【位置】和【缩放】参数

⑫ 将当前时间设置为00:00:06:17，将【位置】设置为1 171.8、753，将【缩放】设置为234.1，将当前时间设置为00:00:07:18，将【位置】设置为1 157.8、505，将【缩放】设置为250，如图12-51所示。

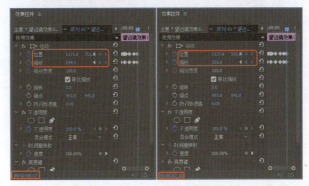

图12-51　设置【位置】和【缩放】参数

⑬ 将当前时间设置为00:00:09:10，将【位置】设置为1 037.8、403，将【缩放】设置为250，将【不透明度】设置为100%，单击【不透明度】右侧的【添加/移除关键帧】按钮，添加一个关键帧，将当前时间设置为00:00:11:02，将【位置】设置为826.8、627，将【缩放】设置为600，将【不透明度】设置为0%，如图12-52所示。

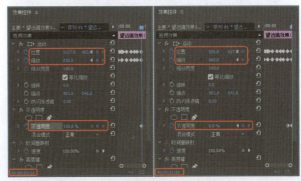

图12-52　设置【位置】和【缩放】参数

⑭ 激活【序列】面板，按Ctrl+T组合键，在弹出的对话框中将【宽度】和【高度】分别设置为1 920、1 080，将【时基】设置为25.00fps，将【像素长宽比】设置为【方形像素

（1.0）】，将【名称】设置为【字幕01】，设置完成后，单击【确定】按钮，如图12-53所示。

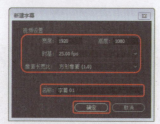

图12-53　设置参数

⑮ 在弹出的字幕编辑器中单击【椭圆工具】█，按住鼠标，在【字幕】面板中绘制一个圆形，选中绘制的对象，在【字幕属性】面板中将【变换】选项组中的【宽度】和【高度】都设置为32.4，将【X位置】和【Y位置】分别设置为328.2、241，将【属性】选项组中的【图形类型】设置为【闭合贝塞尔曲线】，如图12-54所示。

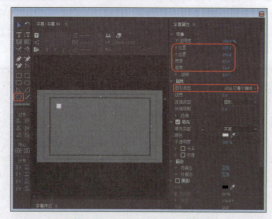

图12-54　绘制圆形并设置其参数

⑯ 单击【椭圆工具】█，按住鼠标，在【字幕】面板中绘制一个圆形，选中绘制的对象，在【字幕属性】面板中将【变换】选项组中的【宽度】和【高度】都设置为94.8，将【X位置】和【Y位置】分别设置为328.2、241，将【属性】选项组中的【图形类型】设置为【闭合贝塞尔曲线】，如图12-55所示。

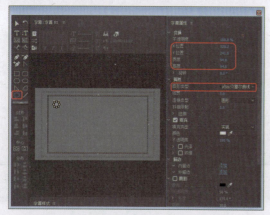

图12-55　绘制第二个圆形并设置其参数

⑰ 继续使用【椭圆工具】█，按住鼠标在【字幕】面板中绘制一个圆形，选中绘制的对象，在【字幕属性】面板中将【变换】选项组中的【宽度】和【高度】都设置为

143.9，将【X位置】和【Y位置】分别设置为328.2、241，将【属性】选项组中的【图形类型】设置为【闭合贝塞尔曲线】，如图12-56所示。

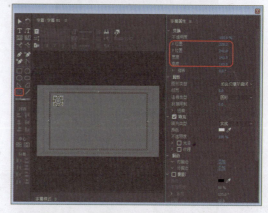

图12-56　绘制第三个圆形并设置其参数

⑱ 单击【直线工具】█，在【字幕】面板中，按住Shift键并按住鼠标进行拖动，绘制一条直线，在【字幕属性】面板中将【变换】选项组中的【宽度】和【高度】分别设置为3、238，将【X位置】和【Y位置】分别设置为329、241，在【属性】选项组中将【线宽】设置为3，如图12-57所示。

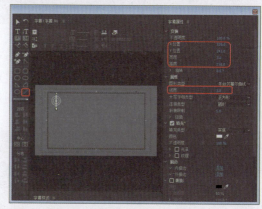

图12-57　绘制垂直直线并设置其参数

⑲ 再次使用【直线工具】█，在【字幕】面板中，按住Shift键，绘制一条直线，在【字幕属性】面板中将【变换】选项组中的【宽度】和【高度】分别设置为282、3，将【X位置】和【Y位置】分别设置为328、240，在【属性】选项组中将【线宽】设置为3，如图12-58所示。

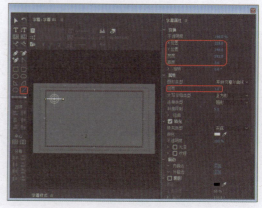

图12-58　绘制水平直线并设置其参数

⑳ 绘制完成后，关闭字幕编辑器，将【字幕01】拖至【V3】视频轨道中，并将其【持续时间】设置为00:00:11:03，设置完成后单击【确定】按钮，如图12-59所示。

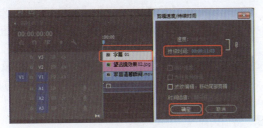

图12-59　设置【持续时间】

㉑ 将当前时间设置为00:00:00:00，继续选中该对象，在【效果控件】中将【位置】设置为1 822、873，将【缩放】设置为140，单击【位置】和【缩放】左侧的【切换动画】按钮，如图12-60所示。

图12-60　设置【位置】和【缩放】参数

㉒ 将当前时间设置为00:00:00:19，将【位置】设置为1 544、833，单击【缩放】右侧的【添加/移除关键帧】按钮，将当前时间设置为00:00:01:07，将【位置】设置为1 671、770，单击右侧的【添加/移除关键帧】按钮，如图12-61所示。

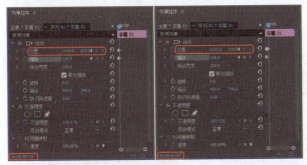

图12-61　设置【位置】参数

㉓ 将当前时间设置为00:00:01:11，将【位置】设置为1 706、748，将【缩放】设置为140，将当前时间设置为00:00:01:15，将【位置】设置为1 881、789，将【缩放】设置为160，如图12-62所示。

㉔ 将当前时间设置为00:00:01:16，将【位置】设置为1 899.4、769.6，将【缩放】设置为160，将当前时间设置为00:00:02:01，将【位置】设置为2 033、739，如图12-63所示。

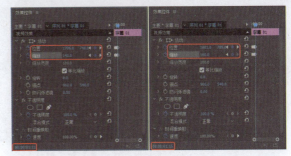

图12-62　设置【位置】和【缩放】参数

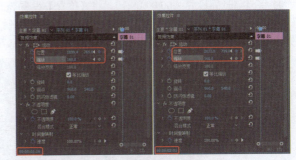

图12-63　设置【位置】和【缩放】参数

㉕ 将当前时间设置为00:00:02:05，将【位置】设置为2 017.2、777.9，将当前时间设置为00:00:03:05，将【位置】设置为1 904.3、1 023，如图12-64所示。

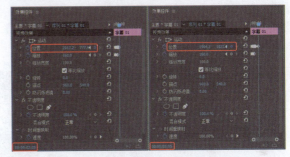

图12-64　设置【位置】参数

㉖ 将当前时间设置为00:00:03:12，将【位置】设置为1 886、1 093，将【缩放】设置为160，单击【缩放】右侧的【添加/移除关键帧】按钮，将当前时间设置为00:00:05:08，将【位置】设置为2 379、1 109，将【缩放】设置为200，效果如图12-65所示。

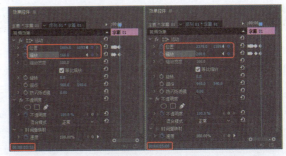

图12-65　设置【位置】和【缩放】参数

㉗ 将当前时间设置为00:00:06:17，将【位置】设置为2 530、1 292，将【缩放】设置为220，将当前时间设置为00:00:07:18，将【位置】设置为2 708、1 114，将【缩放】设置为250，如图12-66所示。

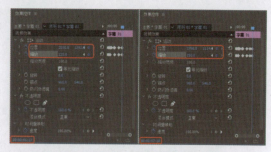

图12-66　设置【位置】和【缩放】参数

㉘ 将当前时间设置为00:00:09:10，将【位置】设置为2 585、1 014，将【缩放】设置为250，单击【不透明度】右侧的【添加/移除关键帧】按钮，将当前时间设置为00:00:11:02，将【不透明度】设置为0%，如图12-67所示。

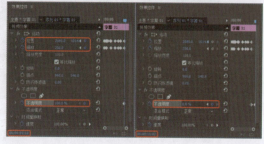

图12-67　设置【位置】【缩放】和【不透明度】参数

㉙ 设置完成后，按Ctrl+M组合键打开【导出设置】对话框，单击【输出名称】右侧的蓝色文字，在打开的对话框中选择保存位置并输入名称，单击【保存】按钮，返回到【导出设置】对话框，单击【导出】按钮，即可将视频导出，如图12-68所示。

图12-68　输出视频

 **实例187** 油画效果

本案例中在设计动画时，重在将视频素材文件中的画面制作成油画效果，主要通过为素材文件添加【查找边缘】视频特效来实现的，如图12-69所示。

素材	素材|Cha12|B01-001128.mov
场景	场景|Cha12|实例187 油画效果. prproj
视频	视频教学	Cha12 |实例187 油画效果.MP4

图12-69　油画效果

① 运行Premiere Pro CC 2017，新建项目文件，进入操作界面，按Ctrl+N组合键打开【新建序列】对话框，在【序列预设】选项卡中【可用预设】区域下选择【DV-24P】|【标准48kHz】选项，使用默认名称，单击【确定】按钮。进入操作界面，在【项目】|【名称】区域下空白处双击鼠标左键，在弹出的对话框中导入随书配套资源中的素材|Cha012|B01-001128. mov素材文件，如图12-70所示。

图12-70　导入素材文件

② 将【B01-001128.mov】素材文件拖至【序列】面板的【V1】视频轨道中，在弹出的【剪辑不匹配警告】对话框中，选择【更改序列设置】选项，如图12-71所示。

图12-71　选择【更改序列设置】选项

③ 选中【V1】视频轨道中的素材文件，激活【效果控件】面板，确认当前时间为00:00:00:00，将【运动】选项组中的【缩放】设置为110，如图12-72所示。

图12-72　设置【缩放】参数

④ 切换至【效果】面板，为素材文件添加【视频效果】|【风格化】|【查找边缘】效果，如图12-73所示。

图12-73　搜索【查找边缘】效果

⑤ 将当前时间设置为00:00:00:00，在【效果控件】面板中，将【查找边缘】中的【与原始图像混合】设置为0%，然后单击其左侧的【切换动画】按钮，如图12-74所示。

图12-74　设置【查找边缘】参数

⑥ 将当前时间设置为00:00:11:00，在【效果控件】面板中，将【查找边缘】选项组下的【与原始图像混合】设置为100%，如图12-75所示。

图12-75　设置【查找边缘】参数

⑦ 设置完成后，按Ctrl+M组合键打开【导出设置】对话框，单击【输出名

称】右侧的蓝色文字，在打开的对话框中选择保存位置并输入名称，单击【保存】按钮，返回到【导出设置】对话框，单击【导出】按钮，即可将视频导出，如图12-76所示。

图12-76　输出视频

实例188　倒放效果

本案例在制作【视频倒放效果】动画之前，需要对设计思路进行分析，要考虑到特效的制作，在播放完成后再进行倒放，如图12-77所示。

素材	素材|Cha12|竹笋.mov
场景	场景|Cha12|实例188 倒放效果.prproj
视频	视频教学 | Cha12 |实例188 倒放效果.MP4

图12-77　油画效果

① 运行Premiere Pro CC 2017，新建项目文件，进入操作界面，按Ctrl+N组合键打开【新建序列】对话框，在【序列预设】选项卡中【可用预设】区域下选择【DV-24P】|【标准48kHz】选项，使用默认名称，单击【确定】按钮。进入操作界面，在【项目】|【名称】区域下空白处双击鼠标左键，在弹出的对话框中导入随书配套资源中的素材|Cha12|竹笋.mov素材文件，如图12-78所示。

图12-78　导入素材文件

② 将【竹笋.mov】素材文件拖至【序列】面板的【V1】视频轨道中，在弹出的【剪辑不匹配警告】对话框中，单击【更改序列设置】按钮，如图12-79所示。

图12-79　选择【更改序列设置】选项

③ 选中该素材文件，按住Alt键将其拖至前一个素材文件的结束处，释放鼠标，完成复制，如图12-80所示。

图12-80　复制素材

④ 选中复制后的素材文件，在该素材文件上单击鼠标右键，在弹出的快捷菜单中选择【速度/持续时间】命令，

在弹出的对话框中勾选【倒放速度】复选框，然后单击【确定】按钮，如图12-81所示。

图12-81 勾选【倒放速度】复选框

⑤ 设置完成后，按Ctrl+M组合键打开【导出设置】对话框，单击【输出名称】右侧的蓝色文字，在打开的对话框中选择保存位置并输入名称，单击【保存】按钮，返回到【导出设置】对话框，单击【导出】按钮，即可将视频导出，如图12-82所示。

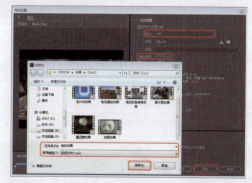

图12-82 输出视频

实例189 朦胧视频效果

本案例在制作"朦胧视频效果"动画之前，需要对设计思路进行分析，不仅要考虑到模糊的方法，还要构思模糊之处的环境以及动画效果等。本案例首先将视频文件进行模糊，然后绘制卡通电视，并在电视屏幕处添加清晰的视频文件，类似于景深效果，如图12-83所示。

素材	素材|Cha12|田野.mov
场景	场景|Cha12|实例189 朦胧视频效果. prproj
视频	视频教学 | Cha12 |实例189 朦胧视频效果.MP4

图12-83 朦胧视频效果

① 运行Premiere Pro CC 2017，新建项目文件，进入操作界面，按Ctrl+N组合键打开【新建序列】对话框，在【序列预设】选项卡中【可用预设】区域下选择【DV-24P】|【标准48kHz】选项，使用默认名称，单击【确定】按钮。进入操作界面，在【项目】|【名称】区域下空白处双击鼠标左键，在弹出的对话框中导入随书配套资源中的素材|Cha12|田野.mov素材文件，如图12-84所示。

图12-84 导入素材文件

② 将【田野.mp3】素材文件拖至【序列】面板【V1】视频轨道中。在弹出的【剪辑不匹配警告】对话框中，单击【更改序列设置】按钮，如图12-85所示。

图12-85 选择【更改序列设置】选项

③ 按Ctrl+T组合键弹出【新建字幕】对话框，在该对话框中保持默认设置，单击【确定】按钮，如图12-86所示。

图12-86 设置【字幕】参数

④ 在打开的字幕编辑器中选择【矩形工具】，绘制一个矩形，将【宽度】和【高度】分别设置为1 500、700；将【X位置】和【Y位置】分别设置为965、478；在【填充】选项组中，将【颜色】的RGB值设置为136、136、136；在【描边】区域中，添加一个【外描边】，将【类型】设置为边缘，将【颜色】设置为白色，勾选【光泽】复选框，如图12-87所示。

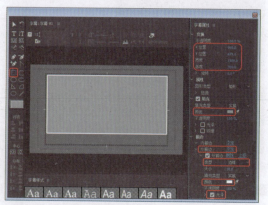

图12-87 设置【矩形】参数

⑤ 勾选【阴影】复选框，将【颜色】设置为黑色，将【不透明度】设置为80%，将【扩展】设置为50，如图12-88所示。

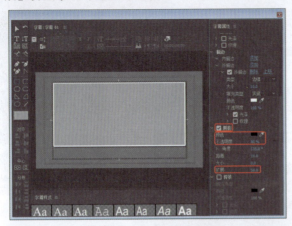

图12-88　设置【矩形】参数

⑥ 选择【圆角矩形工具】▣，绘制一个圆角矩形，将【宽度】【高度】【X位置】【Y位置】分别设置为1 000、60、978.7、880.3，如图12-89所示。

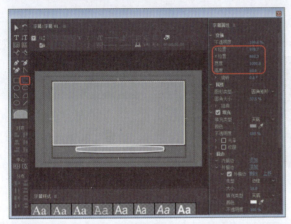

图12-89　设置【圆角矩形】参数

⑦ 关闭字幕编辑器，在【项目】面板中将【字幕01】素材文件拖至【V2】视频轨道中，将其与【V1】视频轨道中的素材文件对齐，如图12-90所示。

图12-90　将素材文件拖至【V1】视频轨道中

⑧ 选择【字幕01】素材文件，在【效果控件】面板中，将其【缩放】设置为80，如图12-91所示。

⑨ 选择【V1】视频轨道中的素材文件，切换至【效果】面板，搜索【视频效果】|【模糊与锐化】|【高斯模糊】效果，将其添加至素材文件上，切换至【效果控件】面板，将【高斯模糊】选项组下的【模糊度】设置为30，如图12-92所示。

⑩ 在【项目】面板中选择【田野.mov】素材文件，将其拖至【V3】视频轨道中，切换至【效果控件】面板中，将【位置】设置为964、488，取消勾选【等比缩放】复选框，将【缩放高度】和【缩放宽度】分别设置为51、62，如图12-93所示。

图12-91　设置【缩放】参数

图12-92　设置【高斯模糊】参数

图12-93　设置【位置】和【缩放】参数

⑪ 设置完成后，按Ctrl+M组合键打开【导出设置】对话框，单击【输出名称】右侧的蓝色文字，在打开的对话框中选择保存位置并输入名称，单击【保存】按钮，返回到【导出设置】对话框，单击【导出】按钮，即可将视频导出，如图12-94所示。

图12-94　输出视频

实例190　多画面电视墙效果

多画面也被称为"银幕切割"。它是通过两次或多次曝光，使两个或两个以上的独立画面同时出现的一种技巧，是电影艺术的一种独特的表现形式。这种方法运用得当，可以渲染气氛，产生良好的艺术效果。本案例将介绍如何制作"多画面电视墙效果"动画，如图12-95所示。

素材	素材|Cha12|蝴蝶.mov、B01-001127. mov
场景	场景|Cha12|实例190 多画面电视墙效果. prproj
视频	视频教学 | Cha12 | 实例190 多画面电视墙效果.MP4

图12-95　多画面电视墙效果

❶ 运行Premiere Pro CC 2017，新建项目文件，进入操作界面，按Ctrl+N组合键打开【新建序列】对话框，在【序列预设】选项卡中【可用预设】区域下选择【DV-24P】\|【标准48kHz】选项，使用默认名称，单击【确定】按钮。进入操作界面，在【项目】\|【名称】区域下空白处双击鼠标左键，在弹出的对话框中导入随书配套资源中的素材\|Cha12\|蝴蝶.mov、B01-001127. mov素材文件，如图12-96所示。

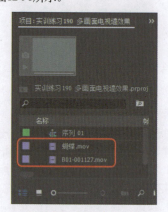

图12-96　导入素材文件

❷ 将【蝴蝶.mov】文件拖至【序列】面板的【V1】视频轨道中，在弹出的【剪辑不匹配警告】对话框中，选择【更改序列设置】选项，如图12-97所示。

图12-97　选择【更改序列设置】选项

❸ 选择该素材文件，将其【持续时间】设置为00:00:05:09，设置完成后，单击【确定】按钮，如图12-98所示。

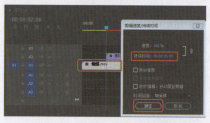

图12-98　设置【持续时间】

❹ 选中该素材文件，切换至【效果】面板，搜索【视频效果】\|【风格化】\|【复制】效果，双击该效果，切换至【效果控件】面板，将【复制】选项组下的【计数】设置为3，如图12-99所示。

图12-99　设置【复制】参数

❺ 然后为其添加【视频效果】\|【生成】\|【棋盘】效果，确认当前时间为00:00:00:00，在【效果控件】面板中将【大小依据】设置为【边角点】，将【锚点】设置为240、192，将【边角】

设置为480、384，将【混合模式】设置为【叠加】，如图12-100所示。

图12-100　设置【棋盘】参数

❻ 将当前时间设置为00:00:03:00，将【B01-001127. mov】素材文件拖至【V2】视频轨道中，与时间线对齐，如图12-101所示。

图12-101　添加素材文件

❼ 选中【V2】视频轨道中的【B01-001127. mov】素材文件，为其添加【复制】和【棋盘】特效，将【计数】设置为3，将【大小依据】设置为【边角点】，将【锚点】设置为240、192，将【边角】设置为479.6、384，将【混合模式】设置为【色相】，如图12-102所示。

图12-102　设置【复制】和【棋盘】参数

❽ 将当前时间设置为00:00:03:16，为【B01-001127. mov】素材文件添加【网格】特效，激活【效果控件】面板，将【锚点】设置为960、540，将【边角】设置为1152、648，将【混合模式】设置为正常，并单击其左侧的

【切换动画】按钮，如图12-103所示。

图12-103 设置【网格】参数

❾ 将当前时间设置为00:00:05:22，将【锚点】设置为479、192，将【边角】设置为719、384，将【混合模式】设置为【模板Alpha】，如图12-104所示。

图12-104 设置【网格】参数

❿ 设置完成后，按Ctrl+M组合键打开【导出设置】对话框，单击【输出名称】右侧的蓝色文字，在打开的对话框中选择保存位置并输入名称，单击【保存】按钮，返回到【导出设置】对话框，单击【导出】按钮，即可将视频导出，如图12-105所示。

图12-105 输出视频

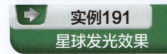
实例191
星球发光效果

在制作"星球发光效果"动画之前，需要对设计思路进行分析，不仅要考虑素材图片的选择，还要考虑星球发光动画的表现。本案例中在设计"星球发光"动画时，首先添加星球素材图片，然后通过为素材图片添加"镜头光晕"视频特效来制作星球发光的动画，如图12-106所示。

素材	素材|Cha12|星球.jpg
场景	场景|Cha12|实例191 星球发光效果. prproj
视频	视频教学 | Cha12 |实例191 星球发光效果.MP4

图12-106 星球发光效果

❶ 运行Premiere Pro CC 2017，新建项目文件，进入操作界面，按Ctrl+N组合键打开【新建序列】对话框，在【序列预设】选项卡中【可用预设】区域下选择【DV-24P】|【标准48kHz】选项，使用默认名称，单击【确定】按钮。进入操作界面，在【项目】|【名称】区域下空白处双击鼠标左键，在弹出的对话框中导入随书配套资源中的素材\|Cha12\|星球.jpg素材文件，如图12-107所示。

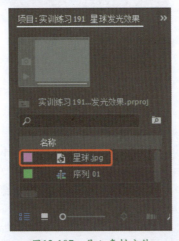
图12-107 导入素材文件

❷ 选中【项目】面板中的【星球.jpg】素材文件，将其拖至【V1】视频轨道中，激活【效果控件】面板，将【运动】选项组中的【缩放】设置为110，如图12-108所示。

图12-108 设置【缩放】参数

❸ 切换至【效果】面板，搜索【镜头光晕】视频效果，选择【生成】选项组下的【镜头光晕】，将其添加至素材文件上面，如图12-109所示。

图12-109 搜索【镜头光晕】效果

❹ 将当前时间设置为00:00:00:00，切换至【效果控件】面板，将【镜头光晕】选项组下的【光晕中心】设置为248、210.2，将【光晕亮度】和【与原始图像混合】都设置为80%，并单击其左侧的【切换动画】按钮，如图12-110所示。

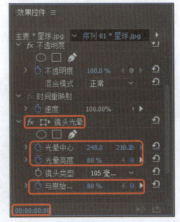
图12-110 设置【镜头光晕】参数

⑤ 将当前时间设置为00:00:02:00，切换至【效果控件】面板，将【镜头光晕】选项组下的【光晕亮度】设置为120%，将【与原始图像混合】设置为0%，如图12-111所示。

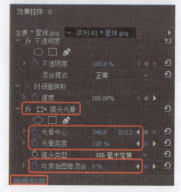

图12-111 设置【镜头光晕】参数

⑥ 将当前时间设置为00:00:04:00，切换至【效果控件】面板，将【镜头光晕】选项组下的【光晕亮度】设置为80%，将【与原始图像混合】设置为40%，如图12-112所示。

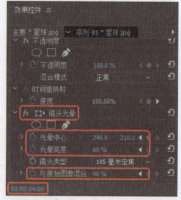

图12-112 设置【镜头光晕】参数

⑦ 设置完成后，按Ctrl+M组合键打开【导出设置】对话框，单击【输出名称】右侧的蓝色文字，在打开的对话框中选择保存位置并输入名称，单击【保存】按钮，返回到【导出设置】对话框，单击【导出】按钮，即可将视频导出，如图12-113所示。

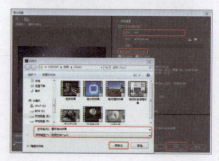

图12-113 输出视频

实例192 镜头快慢播放效果

本案例制作的"镜头快慢播放"动画比较简单，将导入的视频素材文件拖至视频轨道上，然后设置素材文件的持续时间来调整素材文件的速度，以完成镜头快慢播放效果场景的制作，如图12-114所示。

素材	素材|Cha12|金鱼1.mov
场景	场景|Cha12|实例192 镜头快慢播放效果. prproj
视频	视频教学 | Cha12 |实例192 镜头快慢播放效果.MP4

图12-114 镜头快慢播放效果

① 运行Premiere Pro CC 2017，新建项目文件，进入操作界面，按Ctrl+N组合键打开【新建序列】对话框，在【序列预设】选项卡中【可用预设】区域下选择【DV-24P】|【标准48kHz】选项，使用默认名称，单击【确定】按钮。进入操作界面，在【项目】|【名称】区域下空白处双击鼠标左键，在弹出的对话框中导入随书配套资源中的素材|Cha12|金鱼1.mov素材文件，如图12-115所示。

图12-115 导入素材文件

② 将"金鱼1.mov"素材文件拖至【序列】面板【V1】视频轨道中，在弹出的【剪辑不匹配警告】对话框中，单击【更改序列设置】按钮，选择"金鱼1.mov"素材文件，单击鼠标右键，在弹出的快捷菜单中选择【速度/持续时间】命令，在弹出的【剪辑速度/持续时间】对话框中，将【速度】设置为200%，如图12-116所示。

③ 然后单击【确定】按钮，将当前时间设置为00:00:02:24，再次将【金鱼1.mov】素材文件拖至【V1】视频轨

道中，将其开始处与时间线对齐，如图12-117所示。

图12-116 将【速度】设置为200%

图12-117 复制素材文件

④ 选中新添加的【金鱼1.mov】素材文件，单击鼠标右键，在弹出的快捷菜单中选择【速度/持续时间】命令，在弹出的【剪辑速度/持续时间】对话框中，将【速度】设置为50%，如图12-118所示。

图12-118 将【速度】设置为50%

⑤ 然后单击【确定】按钮。切换至【效果】面板，搜索【提取】视频效果，双击该效果，为素材添加视频效果，如图12-119所示。

⑥ 在【效果控件】面板中，将【提取】选项组下的【输入黑色阶】设

置为60，【输入白色阶】设置为170，【柔和度】设置为100，如图12-120所示。

图12-119　搜索【提取】效果

图12-120　设置【提取】参数

❼ 设置完成后，按Ctrl+M组合键打开【导出设置】对话框，单击【输出名称】右侧的蓝色文字，在打开的对话框中选择保存位置并输入名称，单击【保存】按钮，返回到【导出设置】对话框，单击【导出】按钮，即可将视频导出，如图12-121所示。

图12-121　输出视频

图12-123　导入素材文件

图12-124　设置【持续时间】

❸ 设置完成后，单击【确定】按钮，继续选中该对象，在【效果控件】中将【缩放】设置为120，如图12-125所示。

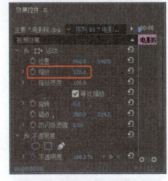

图12-125　设置【缩放】参数

❹ 选择【序列】面板中的【极速运动.MP4】素材文件，按住鼠标将其拖至【V1】视频轨道中，选中该对象，将当前时间设置为00:01:00:00，使用工具栏中的剃刀工具，沿着时间线进行切割，将切割后的视频删除，如图12-126所示。

图12-126　添加素材并进行设置

❺ 将当前时间设置为00:00:00:00，选择【极速运动.mp4】素材文件，切换至【效果控件】面板，取消勾选等比缩放复选框，将【缩放高度】和【缩放宽

实例193　宽荧屏电影效果

　　宽荧屏电影所具有的画面宽、视野大的特点，可以使观众的视觉效果接近实际生活，利用视觉的空间特性来区分物体的远近、位置、物体间的距离等，从而有助于使观众产生真实感和临场感。本案例将介绍"宽荧屏电影"动画的制作，如图12-122所示。

素材	素材|Cha12|极限运动.mp4、电影院.jpg
场景	场景|Cha12|实例193 宽荧屏电影效果. prproj
视频	视频教学 | Cha12 |实例193 宽荧屏电影效果.MP4

图12-122　宽荧屏电影效果

❶ 运行Premiere Pro CC 2017，新建项目文件，进入操作界面，按Ctrl+N组合键打开【新建序列】对话框，在【序列预设】选项卡中【可用预设】区域下选择【DV-24P】|【标准48kHz】选项，使用默认名称，单击【确定】按钮。进入操作界面，在【项目】|【名称】区域下空白处双击鼠标左键，在弹出的对话框中导入随书配套资源中的素材|Cha12|极速运动.mp4、电影院.jpg素材文件，如图12-123所示。

❷ 选择【项目】面板中的【电影院.jpg】素材文件，按住鼠标将其拖至【V1】视频轨道中，选中该对象，单击鼠标右键，在弹出的快捷菜单中选择【速度/持续时间】命令，在弹出的对话框中将【持续时间】设置为00:01:00:00，如图12-124所示。

度】分别设置为27、35，将【位置】设
置为354、155，如图12-127所示。

图12-127　设置参数

⑥ 切换至【效果】面板，搜索
【羽化边缘】视频特效，将其添加至
【极速运动.mp4】素材文件上面，如
图12-128所示。

图12-128　搜索【羽化边缘】效果

⑦ 切换至【效果控件】面板，将
【羽化边缘】选项组中的【数量】设置
为20，如图12-129所示。

图12-129　设置【羽化边缘】参数

⑧ 切换至【效果】面板，搜索
【亮度与对比度】视频特效，将其添加
至【极速运动.mp4】素材文件上面，如
图12-130所示。

⑨ 切换至【效果控件】面板，将
【亮度与对比度】选项组中的【亮度】
设置为30，将【对比度】设置为20，如
图12-131所示。

图12-130　搜索【亮度与对比度】效果

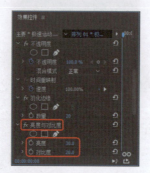

图12-131　设置【亮度与对比度】参数

⑩ 设置完成后，按Ctrl+M组合键打
开【导出设置】对话框，单击【输出名
称】右侧的蓝色文字，在打开的对话框
中选择保存位置并输入名称，单击【保
存】按钮，返回到【导出设置】对话
框，单击【导出】按钮，即可将视频导
出，如图12-132所示。

图12-132　输出视频

实例194
旋转时间指针效果

本案例将通过前面所讲解的知识来
制作旋转时间指针的动画。旋转时间指
针动画效果主要通过设置【旋转】参
数以及【球面化】效果来制作的，如
图12-133所示。

素材	素材|Cha12|旋转时间指针.jpg
场景	场景|Cha12|实例194 旋转时间指针效果. prproj
视频	视频教学 | Cha12 |实例194 旋转时间指针效果.MP4

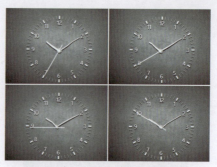

图12-133　旋转时间指针效果

① 运行Premiere Pro CC 2017，新建
项目文件，进入操作界面，按Ctrl+N组
合键打开【新建序列】对话框，在【序
列预设】选项卡中【可用预设】区域下
选择【DV-24P】|【标准48kHz】选项，
使用默认名称，单击【确定】按钮。进
入操作界面，在【项目】|【名称】区域
下空白处双击鼠标左键，在弹出的对话
框中导入随书配套资源中的素材|Cha12|
旋转时间指针.jpg素材文件，如图12-134
所示。

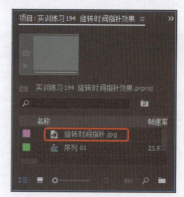

图12-134　导入素材文件

② 将【旋转时间指针.jpg】素材文
件拖至【时间线】面板【V1】视频轨
道中，激活【效果控件】面板，将【运
动】中的【缩放】设置为90，如图12-135
所示。

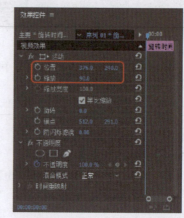

图12-135　设置【缩放】参数

❸ 将【位置】的参数设置为376、240，然后将其【持续时间】设置为00:00:15:00，如图12-136所示。

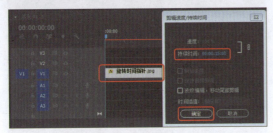

图12-136 设置【持续时间】

❹ 按Ctrl+T组合键，在弹出的对话框中，保持默认设置，单击【确定】按钮，如图12-137所示。

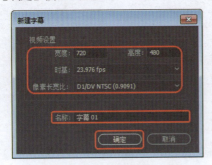

图12-137 设置【字幕】参数

❺ 在打开的字幕编辑器中选择【矩形工具】■，绘制一个矩形，将【X位置】和【Y位置】分别设置为376.9、359.3，将【宽度】和【高度】分别设置为4.7、222.4，如图12-138所示。

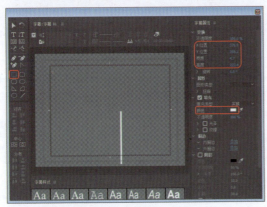

图12-138 设置【矩形】参数

❻ 将当前时间设置为00:00:00:00，将【字幕01】拖至【V2】视频轨道中，将其【持续时间】设置为00:00:15:00，设置完成后，单击【确定】按钮，如图12-139所示。

图12-139 设置【持续时间】

❼ 将当前时间设置为00:00:00:00，选择【V2】视频轨

道中的素材文件，切换至【效果控件】面板，将【位置】设置为355.1、199，将【旋转】设置为30°，单击【设置】和【旋转】左侧的【切换动画】按钮 ，将当前时间设置为00:00:01:03，将【位置】设置为400.5、193.8，将【旋转】设置为63.8°，如图12-140所示。

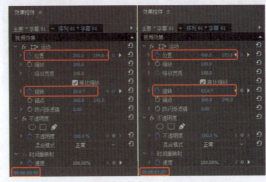

图12-140 设置【位置】和【缩放】参数

❽ 将当前时间设置为00:00:01:15，将【位置】设置为418.3、202.1，将【旋转】设置为78.8°，将当前时间设置为00:00:01:23，将【位置】设置为428.1、207.7，将【旋转】设置为88.8°，如图12-141所示。

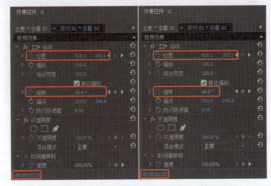

图12-141 设置【位置】和【缩放】参数

❾ 将当前时间设置为00:00:02:00，将【位置】设置为427.5、219.1，将【旋转】设置为90°。将当前时间设置为00:00:02:16，将【位置】设置为446.1、232.6，将【旋转】设置为110°，如图12-142所示。

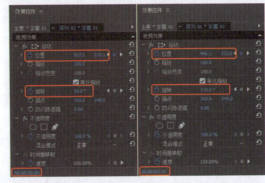

图12-142 设置【位置】和【缩放】参数

❿ 将当前时间设置为00:00:05:00，将【位置】设置为433.1、305，将【旋转】设置为180°。将当前时间设置为00:00:05:04，将【位置】设置为428.9、308，将【旋转】设置为183°，如图12-143所示。

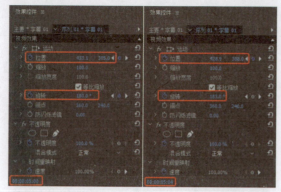

图12-143　设置【位置】和【缩放】参数

⑪ 将当前时间设置为00:00:06:00,将【位置】设置为415、318.6,将【旋转】设置为198°。将当前时间设置为00:00:07:08,将【位置】设置为382.5、323.3,将【旋转】设置为222°,如图12-144所示。

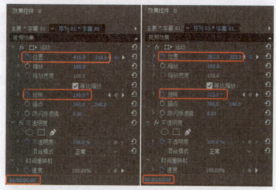

图12-144　设置【位置】和【缩放】参数

⑫ 将当前时间设置为00:00:08:16,将【位置】设置为353.6、322.6,将【旋转】设置为246°。将当前时间设置为00:00:10:00,将【位置】设置为327.1、309,将【旋转】设置为270°,如图12-145所示。

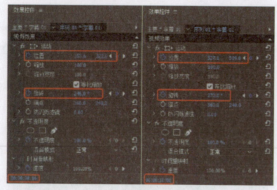

图12-145　设置【位置】和【缩放】参数

⑬ 将当前时间设置为00:00:11:00,将【位置】设置为304.1、281,将【旋转】设置为300°,将当前时间设置为00:00:12:00,将【位置】设置为307.1、245,将【旋转】设置为330°,如图12-146所示。

⑭ 将当前时间设置为00:00:13:00,将【位置】设置为320.1、213,将【旋转】设置为1×0.0°,将当前时间设置为00:00:13:12,将【位置】设置为391.5、196,将【旋转】设置为1×60°,如图12-147所示。

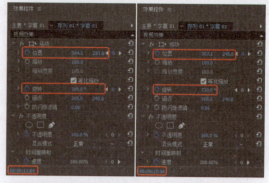

图12-146　设置【位置】和【缩放】参数

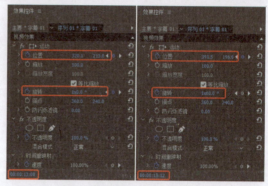

图12-147　设置【位置】和【缩放】参数

⑮ 将当前时间设置为00:00:13:20,将【位置】设置为433.6、217.6,将【旋转】设置为1×100°,将当前时间设置为00:00:14:00,将【位置】设置为445.1、241,将【旋转】设置为1×120°,如图12-148所示。

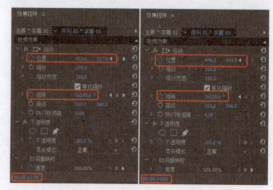

图12-148　设置【位置】和【缩放】参数

⑯ 切换至【效果】面板,搜索【球面化】效果,将其添加至【V1】视频轨道中的素材文件上面,如图12-149所示。

图12-149　搜索【球面化】效果

⑰ 切换至【效果控件】面板，将当前时间设置为00:00:00:00，将【球面化】选项组下的【半径】设置为100，单击其左侧的【切换动画】按钮，将【球面中心】设置为512、291，单击左侧的【切换动画】按钮，将当前时间设置为00:00:02:00，将【半径】设置为100，将【球面中心】设置为564、291，如图12-150所示。

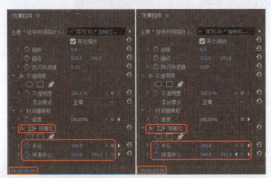

图12-150　设置【球面化】参数

⑱ 将当前时间设置为00:00:03:00，将【半径】设置为40，将【球面中心】设置为515、296，将当前时间设置为00:00:04:00，将【半径】设置为60，将【球面中心】设置为558、317，如图12-151所示。

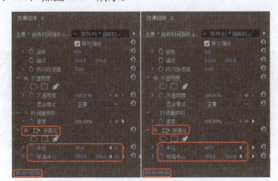

图12-151　设置【球面化】参数

⑲ 将当前时间设置为00:00:05:00，将【半径】设置为120，将【球面中心】设置为509、317，如图12-152所示。

图12-152　设置【球面化】参数

⑳ 设置完成后，按Ctrl+M组合键打开【导出设置】对话框，单击【输出名称】右侧的蓝色文字，在打开的对话框中选择保存位置并输入名称，单击【保存】按钮，返回到【导出设置】对话框，单击【导出】按钮，即可将视频导出，如图12-153所示。

图12-153　输出视频

实例195　动态残影效果

动态残影效果可以使图像产生模糊的拖影。在本案例中将介绍如何制作"动态残影效果"动画，如图12-154所示。

素材	素材|Cha12|鹦鹉.mov
场景	场景|Cha12|实例195 动态残影效果.prproj
视频	视频教学 | Cha12 |实例195 动态残影效果.MP4

图12-154　动态残影效果

❶ 运行Premiere Pro CC 2017，新建项目文件，进入操作界面，按Ctrl+N组合键打开【新建序列】对话框，在【序列预设】选项卡中【可用预设】区域下选择【DV-24P】|【标准48kHz】选项，使用默认名称，单击【确定】按钮。进入操作界面，在【项目】|【名称】区域下的空白处双击鼠标左键，在弹出的对话框中导入随书配套资源中的素材\|Cha12\|鹦鹉.mov素材文件，如图12-155所示。

图12-155　导入素材文件

❷ 将【鹦鹉.mov】素材文件拖至【序列】面板【V1】轨

道中，在弹出的【剪辑不匹配警告】对话框中，单击【更改序列设置】按钮，如图12-156所示。

图12-156　选择【更改序列设置】选项

❸ 切换至【效果控件】面板，将其【缩放】设置为128，如图12-157所示。

图12-157　设置【缩放】参数

❹ 切换至【效果】面板，搜索【残影】视频特效，将其添加至素材文件上面，如图12-158所示。

图12-158　搜索【残影】效果

❺ 切换至【效果控件】面板，将【残影】选项组下的【残影数量】设置为10，将【残影运算符】设置为最大值，如图12-159所示。

图12-159　设置【残影】参数

❻ 设置完成后，按Ctrl+M组合键打开【导出设置】对话框，单击【输

出名称】右侧的蓝色文字，在打开的对话框中选择保存位置并输入名称，单击【保存】按钮，返回到【导出设置】对话框，单击【导出】按钮，即可将视频导出，如图12-160所示。

图12-160　输出视频

> **实例196　灯光闪烁效果**

灯光闪烁特效一般会在恐怖或惊险类影视作品中出现，本案例将介绍"灯光闪烁"特效动画的制作，如图12-161所示。

素材	素材|Cha12|灯光闪烁背景.jpg
场景	场景|Cha12|实例196 灯光闪烁效果. prproj
视频	视频教学 | Cha12 |实例196 灯光闪烁效果.MP4

图12-161　灯光闪烁效果

❶ 运行Premiere Pro CC 2017，新建项目文件，进入操作界面，按Ctrl+N组合键打开【新建序列】对话框，在【序列预设】选项卡中【可用预设】区域下选择【DV-24P】|【标准48kHz】选项，使用默认名称，单击【确定】按钮。进入操作界面，在【项目】|【名称】区域下的空白处双击鼠标左键，在弹出的对话框中导入随书配套资源中的素材|Cha12|灯光闪烁背景.jpg素材文件，如图12-162所示。

图12-162　导入素材文件

❷ 将【灯光闪烁背景.jpg】素材文件拖曳至【序列】面板【V1】视频轨道中，选中【V1】视频轨道中的素材文件，激活【效果控件】面板，将【运动】中的【缩放】设置为180，如图12-163所示。

图12-163　设置【缩放】参数

❸ 切换至【效果】面板，为素材文件添加【视频效果】|【调整】|【光照效果】视频特效，如图12-164所示。

图12-164　搜索【光照效果】效果

④ 将当前时间设置为00:00:00:00，在【效果控件】面板中，将【光照效果】选项组中【光照1】的【光照类型】设置为【点光源】，将【中央】设置为448、255，将【环境光照强度】设置为20，将【表面光泽】设置为50，将【表面材质】设置为80，单击【中央】【环境光照强度】【表面光泽】【表面材质】左侧的【切换动画】按钮，将当前时间设置为00:00:01:00，在【效果控件】面板中，将【光照效果】选项组中【光照1】的【中央】设置为434、295，将【环境光照强度】设置为60，将【表面光泽】设置为50，将【表面材质】设置为80，如图12-165所示。

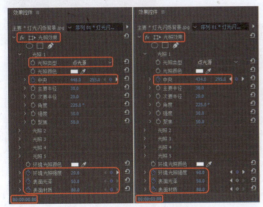

图12-165　设置【光照效果】参数

⑤ 将当前时间设置为00:00:02:00，在【效果控件】面板中，将【光照效果】选项组下【光照1】的【中央】设置为448、255，将【环境光照强度】设置为20，将【表面光泽】设置为50，将【表面材质】设置为80。将当前时间设置为00:00:03:00，在【效果控件】面板中，将【光照效果】选项组中【光照1】的【中央】设置为434、295，将【环境光照强度】设置为60，将【表面光泽】设置为50，将【表面材质】设置为80，如图12-166所示。

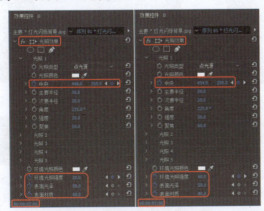

图12-166　设置【光照效果】参数

⑥ 将当前时间设置为00:00:04:00，在【效果控件】面板中，将【光照效果】选项组下【光照1】的【中央】设置为448、255，将【环境光照强度】设置为20，将【表面光泽】设置为50，将【表面材质】设置为80。将当前时间设置为00:00:04:20，在【效果控件】面板中，将【光照效果】选项组中【光照1】的【中央】设置为434、295，将【环境光照强度】设置为52，将【表面光泽】设置为50，将【表面材质】设置为80，如图12-167所示。

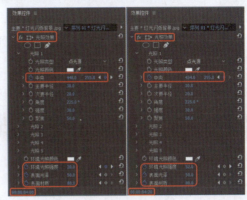

图12-167　设置【光照效果】参数

⑦ 将当前时间设置为00:00:05:00，在【效果控件】面板中，将【光照效果】选项组下的【环境光照强度】设置为60，如图12-168所示。

图12-168　设置【光照效果】参数

⑧ 设置完成后，按Ctrl+M组合键打开【导出设置】对话框，单击【输出名称】右侧的蓝色文字，在打开的对话框中选择保存位置并输入名称，单击【保存】按钮，返回到【导出设置】对话框，单击【导出】按钮，即可将视频导出，如图12-169所示。

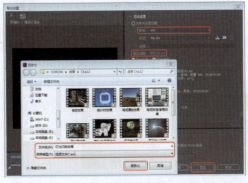

图12-169　输出影片

实例197　闪电效果

本案例将介绍如何制作闪电效果。为素材添加【闪电】特效后，通过在【效果控件】面板中设置【起始点】和【结束点】来确定闪电的位置，如图12-170所示。

素材	素材|Cha12|城市.jpg
场景	场景|Cha12|实例197 闪电效果. prproj
视频	视频教学 | Cha12 |实例197 闪电效果.MP4

图12-170　动态残影效果

❶ 运行Premiere Pro CC 2017，新建项目文件，进入操作界面，按Ctrl+N组合键打开【新建序列】对话框，在【序列预设】选项卡中【可用预设】区域下选择【DV-24P】|【标准48kHz】选项，使用默认名称，单击【确定】按钮。进入操作界面，在【项目】|【名称】区域下空白处双击鼠标左键，在弹出的对话框中导入随书配套资源中的素材\|Cha12\|城市.jpg素材文件，如图12-171所示。

图12-171　导入素材文件

❷ 选择【项目】面板中的【城市.jpg】素材文件，将其拖至【序列】面板的【V1】视频轨道中，如图12-172所示。

图12-172　将素材文件拖至视频轨道中

❸ 切换至【效果控件】面板，将【缩放】设置为30，如图12-173所示。

图12-173　设置【缩放】参数

❹ 切换至【效果】面板，搜索【闪电】视频特效，将其添加至素材文件上面，如图12-174所示。

图12-174　搜索【闪电】效果

❺ 在【效果控件】面板中，将【闪电】选项组下的【起始点】设置为474、288，将【结束点】设置为902、842，将【分段】设置为12，将【振幅】设置为20，如图12-175所示。

❻ 在【效果控件】面板中，将

【闪电】特效进行复制，然后参照图12-176设置参数。

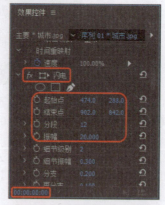

图12-175　设置【闪电】参数

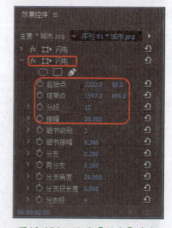

图12-176　设置【闪电】参数

❼ 设置完成后，按Ctrl+M组合键打开【导出设置】对话框，单击【输出名称】右侧的蓝色文字，在打开的对话框中选择保存位置并输入名称，单击【保存】按钮，返回到【导出设置】对话框，单击【导出】按钮，即可将视频导出，如图12-177所示。

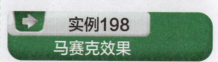

图12-177　输出视频

实例198　马赛克效果

本案例将通过为素材添加【马赛克】特效来制作马赛克效果，如图12-178所示。

素材	素材|Cha12|马赛克效果背景.jpg
场景	场景|Cha12|实例198 马赛克效果.prproj
视频	视频教学|Cha12|实例198 马赛克效果.MP4

图12-178　马赛克效果

❶ 运行Premiere Pro CC 2017, 新建项目文件, 进入操作界面, 按Ctrl+N组合键打开【新建序列】对话框, 在【序列预设】选项卡中【可用预设】区域下选择【DV-24P】|【标准48kHz】选项, 使用默认名称, 单击【确定】按钮。进入操作界面, 在【项目】|【名称】区域下空白处双击鼠标左键, 在弹出的对话框中导入随书配套资源中的素材|Cha12|马赛克效果背景.jpg素材文件, 如图12-179所示。

图12-179　导入素材文件

❷ 单击【打开】按钮, 选择【项目】面板中的【马赛克效果背景.jpg】素材文件, 按住鼠标将其拖至【V1】轨道中, 如图12-180所示。

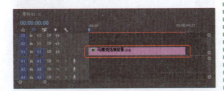

图12-180　将素材文件拖至视频轨道中

❸ 切换至【效果】面板, 搜索【视频效果】|【风格化】|【马赛克】效果, 将其添加至素材文件上, 如图12-181所示。

图12-181　搜索【马赛克】视频效果

❹ 切换至【效果控件】面板, 将【缩放】设置为135, 将【马赛克】选项组下的【水平块】和【垂直块】都设置为50, 如图12-182所示。

图12-182　设置【马赛克】参数

❺ 设置完成后, 按Ctrl+M组合键打开【导出设置】对话框, 单击【输出名称】右侧的蓝色文字, 在打开的对话框中选择保存位置并输入名称, 单击【保存】按钮, 返回到【导出设置】对话框, 单击【导出】按钮, 即可将视频导出, 如图12-183所示。

图12-183　输出视频

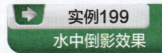
实例199
水中倒影效果

在制作"水中倒影"动画之前, 需要对设计思路进行分析, 不仅要考虑素材图片的选择, 还要构思水中倒影的制作方式。本案例中在设计"水中倒影"动画时, 首先为汽车图片添加【垂直翻转】视频特效以制作倒影效果, 然后添加【波形变形】视频特效并设置参数来模拟水中倒影, 如图12-184所示。

素材	素材|Cha12|水中倒影背景.jpg
场景	场景|Cha12|实例199 水中倒影效果.prproj
视频	视频教学|Cha12|实例199 水中倒影效果.MP4

图12-184　水中倒影效果

❶ 运行Premiere Pro CC 2017, 新建项目文件, 进入操作界面, 按Ctrl+N组合键打开【新建序列】对话框, 在【序列预设】选项卡中【可用预设】区域下选择【DV-24P】|【标准48kHz】选项, 使用默认名称, 单击【确定】按钮。进入操作界面, 在【项目】|【名称】区域下空白处双击鼠标左键, 在弹出的对话框中导入随书配套资源中的素材|Cha12|水中倒影背景.jpg素材文件, 如图12-185所示。

图12-185　导入素材文件

❷ 将导入的素材拖至【V1】轨道中, 单击鼠标右键, 在弹出的菜单栏中选择【速度/持续时间】命令, 在弹出的对话框中, 将其【持续时间】设置为00:00:09:19, 如图12-186所示。

❸ 选择【V1】视频轨道中的素材文件, 将当前时间设置为00:00:00:00, 取消勾选等比缩放复选框, 将【缩放高

度】设置为40，将【缩放宽度】设置
为47，将【位置】设置为355、403，如
图12-187所示。

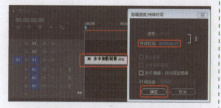

图12-186　设置【持续时间】

图12-187　设置【位置】和【缩放】参数

④ 切换至【效果】面板，搜索
【垂直翻转】效果，将其添加至素材文
件上面，如图12-188所示。

图12-188　搜索【垂直翻转】效果

⑤ 在【效果】面板中继续搜索
【波形变形】效果，将其添加至素材文
件上面，如图12-189所示。

⑥ 切换至【效果控件】面板中，将
当前时间设置为00:00:00:00，在【波形变
形】选项组下，将【波形类型】设置为
【平滑杂色】，将【波形宽度】设置为

100，将【方向】设置为0°，将【波形
速度】设置为0.2，单击相位左侧的【切
换动画】按钮，如图12-190所示。

图12-189　搜索【波形变形】视频效果

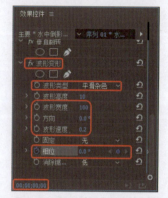

图12-190　设置【波形变形】参数

⑦ 将当前时间设置为00:00:09:19，
切换至【效果控件】面板中，将【相
位】设置为20°，如图12-191所示。

图12-191　设置【相位】参数

⑧ 设置完成后，将当前时间设置
为00:00:00:00，切换至【效果控件】
面板中，将【水中倒影背景.jpg】素材

文件拖至【V2】视频轨道中，将其与
【V1】视频轨道中的素材文件的结束处
对齐，如图12-192所示。

图12-192　将素材文件拖至视频轨道中

⑨ 确认当前时间为00:00:00:00，切
换至【效果控件】面板中，在【运动】
选项组下，取消勾选等比缩放复选框，
将【缩放高度】设置为40，将【缩放
宽度】设置为47，将【位置】设置为
360、134，如图12-193所示。

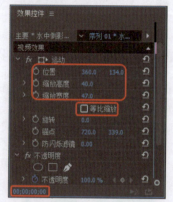

图12-193　设置【位置】和【缩放】参数

⑩ 设置完成后，按Ctrl+M组合键打
开【导出设置】对话框，单击【输出名
称】右侧的蓝色文字，在打开的对话框
中选择保存位置并输入名称，单击【保
存】按钮，返回到【导出设置】对话
框，单击【导出】按钮，即可将视频导
出，如图12-194所示。

图12-194　输出视频

本章将讲解如何制作动物世界、中国名茶和节目预告，通过对本章的学习，可以巩固前面所学习的知识点。

实例200　动物世界

地球生物的多样化，为人们的生活带来无尽的乐趣。下面将通过Premiere Pro CC 2017来制作一组动物片头，使读者认识不同的生命，认识自然对人类的影响，效果如图13-1所示。

素材	素材|Cha13|动物世界| 01.jpg、02.jpg、03.jpg、04.jpg、05.jpg、06.jpg、07.jpg、08.jpg、09.jpg、1.avi、2.mp4、3.mp4、4.mp4、5.mp4、6.mp4、7.mp4、8.avi、背景音乐.wma、背景.avi
场景	场景|Cha13|动物世界.prproj
视频	视频教学 | Cha13 |实例200 动物世界.MP4

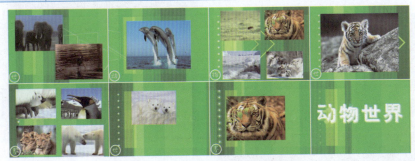

图13-1　动物世界片头分镜效果

❶运行Premiere Pro CC 2017，在开始界面中单击【新建项目】按钮，在【新建项目】对话框中，选择项目的保存路径，将项目名称命名为【电影宣传片头——《动物世界》】，单击【确定】按钮，如图13-2所示。

❷按Ctrl+N组合键，弹出【新建序列】对话框，在【序列预设】选项卡中【可用预设】区域下选择【DV-24P】|【标准 48kHz】选项，对【序列名称】进行命名【动物世界片头】，单击【确定】按钮，如图13-3所示。

图13-2　新建项目

图13-3　新建序列

③ 在【项目】面板空白处双击鼠标左键，在打开的对话框中选择随书配套资源中的素材|Cha13|动物世界文件夹，单击【导入文件夹】按钮，如图13-4所示。

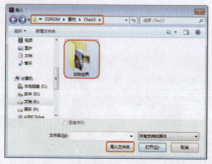

图13-4 导入文件夹

④ 在【项目】面板中可预览导入的素材文件，如图13-5所示。

图13-5 导入素材后的效果

⑤ 按下Ctrl+T键，新建字幕【标题】，单击【确定】按钮，如图13-6所示。

图13-6 新建字幕

⑥ 使用【文字工具】 ，在字幕设计栏中输入文字【动物世界】，设置【字幕样式】为【Blackoak White75】，在【字幕属性】栏中，设置【字体系列】为【汉仪竹节体简】，设置【字体

大小】为90；【字符间距】为10，设置【X位置】和【Y位置】为327、223，如图13-7所示。

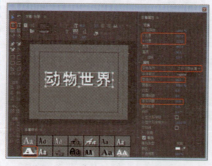

图13-7 输入文字并设置参数

⑦ 单击【基于当前字幕新建字幕】按钮 ，新建字幕【动】，单击【确定】按钮，如图13-8所示。

图13-8 新建字幕

⑧ 删除字幕设计栏中的内容，使用【文字工具】 ，在字幕设计栏中输入文字【动】，设置【字体系列】为【经典行书简】，设置【字体大小】为40，【字符间距】为10，设置【X位置】【Y位置】为145.7、229，设置【填充类型】为【实底】，设置【颜色】为白色，取消选中【阴影】复选框，如图13-9所示。

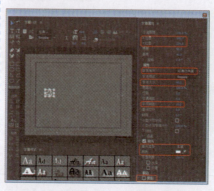

图13-9 输入文字并设置参数

⑨ 使用【椭圆工具】，在字幕设计栏中画一个正圆，在【字幕属性】栏中，设置【图形类形】为【开放贝塞尔曲线】，【线宽】为5，【填充类型】为【实底】，设置【颜色】为白色，设

置【宽度】和【高度】为70.5，【X位置】和【Y位置】为144.4、229.4，如图13-10所示。

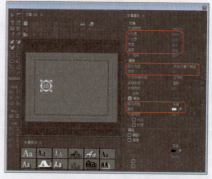

图13-10 新建字幕更改文字

⑩ 单击【基于当前字幕新建字幕】按钮 ，新建字幕【物】，更改字幕设计栏中的文字，如图13-11所示。

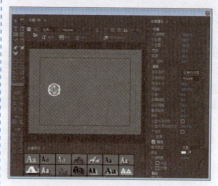

图13-11 新建字幕更改文字

⑪ 单击【基于当前字幕新建字幕】按钮 ，新建字幕【世】，更改字幕设计栏中的文字，如图13-12所示。

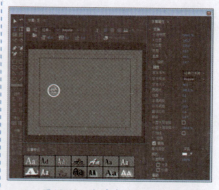

图13-12 新建字幕更改文字

⑫ 单击【基于当前字幕新建字幕】按钮 ，新建字幕【界】，更改字幕设计栏中的文字，如图13-13所示。

⑬ 按Ctrl+N组合键，在弹出的对话框中，对【序列名称】进行命名【动物世界片头02】，单击【确定】按钮，如图13-14所示。

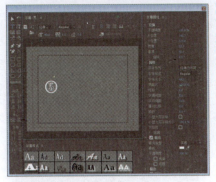

图13-13　新建字幕更改文字

图13-14　新建序列

⑭ 激活新建序列，将【标题】拖至【时间轴】窗口【V2】视频轨道中，如图13-15所示。

图13-15　将字幕拖至轨道中

⑮ 将【8.avi】拖至【时间轴】窗口【V1】视频轨道中，单击鼠标右键，在弹出的快捷菜单中选择【速度/持续时间】选项，如图13-16所示。

图13-16　选择【速度/持续时间】选项

⑯ 弹出【剪辑速度/持续时间】对话框，将【持续时间】设置为00:00:02:00，如图13-17所示。

⑰ 单击【确定】按钮，为【8.avi】添加【轨道遮罩键】【光照效果】特

效，在【效果控件】面板中，设置【轨道遮罩键】区域下的【遮罩】为【视频2】，【光照效果】区域下的【光照1】中的【光照类型】为【全光源】，【主要半径】为100，【强度】为20，如图13-18所示。

图13-17　设置【持续时间】

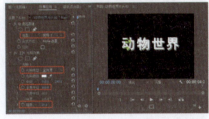

图13-18　设置参数

⑱ 再次将【8.avi】拖至【时间轴】窗口【V1】视频轨道中，将其开始处与【8.avi】的结束处对齐，结束处与【标题】的结束处对齐，如图13-19所示。

图13-19　再次将【8.avi】拖至轨道中

⑲ 为添加的【8.avi】添加【轨道遮罩键】【光照效果】特效，在【效果控件】面板中，设置【轨道遮罩键】区域下的【遮罩】为【视频2】，【光照效果】区域下的【光照1】中的【光照类型】为【全光源】，【主要半径】为100，【强度】为20，如图13-20所示。

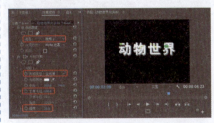

图13-20　设置参数

⑳ 按Ctrl+N组合键，在弹出的对话框中，对【序列名称】进行命名【动物

世界片头03】，单击【确定】按钮，如图13-21所示。

图13-21　新建序列

㉑ 激活新建序列，将【动】拖至【时间轴】窗口【V1】视频轨道中，如图13-22所示。

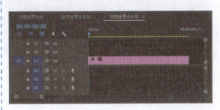

图13-22　将字幕拖至视频轨道中

㉒ 设置时间为00:00:00:03，将【动】的结束处与时间线对齐，如图13-23所示。

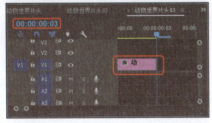

图13-23　调整完成后的效果

㉓ 将【物】拖至【时间轴】窗口【V1】视频轨道中，将其开始处与【动】结束处对齐，设置当前时间为00:00:00:06，将【物】的结束处与时间线对齐，如图13-24所示。

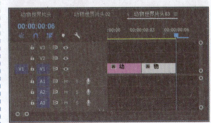

图13-24　调整完成后的效果

㉔ 向【动】和【物】的中间位置添加【交叉溶解】特效，并在【效果控件】中设置【交叉溶解】的【持续时间】为00:00:00:02，如图13-25所示。

图13-25　设置【交叉溶解】特效的【持续时间】

㉕ 将【世】拖至【时间轴】窗口【V1】视频轨道中，将其开始处与【物】结束处对齐，设置当前时间为00:00:00:09，将【世】的结束处与时间线对齐，如图13-26所示。

图13-26　将字幕拖至轨道中

㉖ 将【界】拖至【时间轴】窗口【V1】视频轨道中，将其开始处与【世】结束处对齐，设置当前时间为00:00:00:12，将【界】的结束处与时间线对齐，如图13-27所示。

图13-27　将字幕拖至轨道中

㉗ 为【物】【世】和【世】【界】的中间位置分别添加【交叉溶解】特效，并在【效果控件】中设置【交叉溶解】的【持续时间】为00:00:00:02，如图13-28所示。

图13-28　添加特效

㉘ 激活【动物世界片头】序列，将【背景.avi】拖至【时间轴】窗口【V1】视频轨道中，右击选择【速度/持续时间】，在弹出的对话框中将【持

续时间】设置为00:00:31:13，如图13-29所示。

图13-29　设置【持续时间】

㉙ 设置当前时间为00:00:00:04，将【1.avi】拖至【时间轴】窗口【V2】视频轨道中，与时间线对齐，如图13-30所示。

图13-30　将视频文件拖至轨道中

㉚ 将当前时间设置为00:00:06:00，将【1.avi】的结束处与时间线对齐，如图13-31所示。

图13-31　对齐后的效果

㉛ 将当前时间设置为00:00:01:10，将【位置】参数设置为222、157，单击【位置】左侧的【切换动画】按钮，如图13-32所示。

图13-32　设置【位置】参数

㉜ 将当前时间设置为00:00:01:20，将【位置】参数设置为222、154，如图13-33所示。

㉝ 将当前时间设置为00:00:00:04，将【缩放】参数设置为0，单击【缩放】左侧的【切换动画】按钮，如

图13-34所示。

图13-33　设置【位置】参数

图13-34　设置【缩放】参数

㉞ 将当前时间设置为00:00:01:06，将【缩放】参数设置为50，如图13-35所示。

图13-35　设置【缩放】参数

㉟ 将当前时间设置为00:00:04:20，单击【不透明度】右侧的【添加/移除关键帧】按钮，如图13-36所示。

图13-36　设置【不透明度】参数

㊱ 将当前时间设置为00:00:06:00，将【不透明度】参数设置为0%，如图13-37所示。

图13-37　设置【不透明度】参数

③⑦ 设置当前时间为00:00:01:06，将【2.mp4】拖至【时间轴】窗口【V3】视频轨道中，如图13-38所示。

图13-38 将视频文件拖至轨道中

③⑧ 单击鼠标右键，在弹出的快捷菜单中选择【速度/持续时间】选项，在弹出的对话框中将【持续时间】设置为00:00:04:19，如图13-39所示。

图13-39 设置【持续时间】

③⑨ 将当前时间设置为00:00:01:06，将【位置】设置为272、198，将【缩放】设置为50，将【不透明度】设置为0%，单击【位置】左侧的【切换动画】按钮，如图13-40所示。

图13-40 设置【位置】【缩放】和【不透明度】参数

④⓪ 将当前时间设置为00:00:01:20，将【位置】设置为510、342，将【不透明度】设置为100%，如图13-41所示。

图13-41 设置【位置】和【不透明度】参数

④① 将当前时间设置为00:00:04:22，将【不透明度】设置为100%，将当前时间设置为00:00:06:00，将【不透明度】

设置为0%，如图13-42所示。

图13-42 设置【不透明度】参数

④② 将当前时间设置为00:00:04:20，将【09.jpg】素材文件拖至【V4】视频轨道中，如图13-43所示。

图13-43 将素材文件拖至视频轨道中

④③ 单击鼠标右键，在弹出的快捷菜单中选择【速度/持续时间】选项，在弹出的对话框中将【持续时间】设置为00:00:03:04，如图13-44所示。

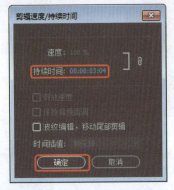

图13-44 设置【持续时间】

④④ 确认当前时间为00:00:04:20，确认素材处于选中状态，将【缩放】设置为60，将【不透明度】设置为0%，将当前时间设置为00:00:06:15，将【不透明度】设置为100%，如图13-45所示。

图13-45 设置【缩放】和【不透明度】参数

④⑤ 为素材对象添加【径向擦除】特效，将当前时间设置为00:00:06:22，将【过渡完成】设置为0%，单击左侧的【切换动画】按钮，将当前时间设置为00:00:08:00，将【过渡完成】设置为100%，如图13-46所示。

图13-46 设置【径向擦除】参数

④⑥ 将当前时间设置为00:00:09:00，将【03.jpg】素材文件拖至【V2】视频轨道中，将开始处与时间线对齐，将【持续时间】设置为00:00:05:20，如图13-47所示。

图13-47 设置【持续时间】

④⑦ 将【位置】设置为394、238，将【缩放】设置为2，将【不透明度】设置为0%，单击【位置】和【缩放】左侧【切换动画】按钮，如图13-48所示。

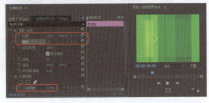

图13-48 设置【位置】【缩放】和【不透明度】参数

④⑧ 将当前时间为00:00:10:00，将【位置】设置为542、379，将【缩放】设置为15，将【不透明度】设置为100%，如图13-49所示。

图13-49 设置【位置】【缩放】和【不透明度】参数

④⑨ 将当前时间设置为00:00:10:05，将【5.mp4】素材文件拖至【V3】视频轨道中，将开始处与时间线对齐，将结束处与【V2】视频轨道中的【03.jpg】素材文件结束处对齐，如图13-50所示。

⑤⓪ 确定当前时间设置为00:00:10:05，将【缩放】设置为40，将【位置】设置为541、383，单击【位置】左侧

的【切换动画】按钮 ，将【不透明度】设置为0%，如图13-51所示。

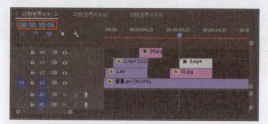

图13-50　将视频文件拖至轨道中

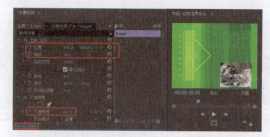

图13-51　设置【位置】【缩放】和【不透明度】参数

⑤ 将当前时间设置为00:00:11:01，将【位置】设置为229、378，将【不透明度】设置为100%，如图13-52所示。

图13-52　设置【位置】和【不透明度】参数

㊷ 确定当前时间为00:00:11:01，将【3.mp4】素材文件拖至【V4】视频轨道中，将开始处与时间线对齐，结束处与【V3】视频轨道中的【5.mp4】素材文件对齐，如图13-53所示。

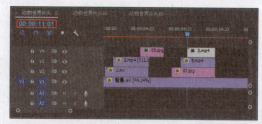

图13-53　将视频文件拖至轨道中

㊸ 在【效果控件】面板中，将【位置】设置为214、383，单击左侧的【切换动画】按钮 ，将【缩放】设置为42，将【不透明度】设置为0%，如图13-54所示。

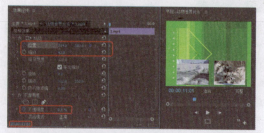

图13-54　设置【位置】【缩放】和【不透明度】参数

㊴ 将当前时间设置为00:00:11:22，将【位置】设置为226、119，将【不透明度】设置为100%，如图13-55所示。

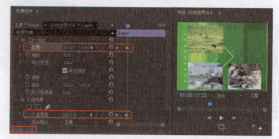

图13-55　设置【位置】和【不透明度】参数

㊵ 将当前时间设置为00:00:09:20，将【02.jpg】素材文件拖至【V5】视频轨道中，将开始处与时间线对齐，将结束处与【V4】视频轨道中的【3.mp4】的结束处对齐，如图13-56所示。

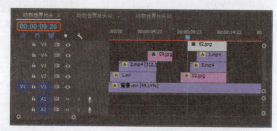

图13-56　将素材文件拖至轨道中

㊶ 将当前时间设置为00:00:09:22，将【位置】设置为477、165，将【缩放】设置为5，单击【位置】和【缩放】左侧的【切换动画】按钮 ，将【不透明度】设置为0%，如图13-57所示。

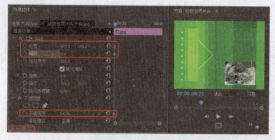

图13-57　设置【位置】和【缩放】参数

㊷ 将当前时间设置为00:00:11:00，将【位置】设置为542、117，将【缩放】设置为37，将【不透明度】设置为100%，如图13-58所示。

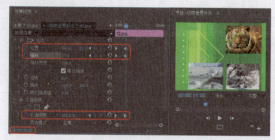

图13-58　设置【位置】【缩放】和【不透明度】参数

㊸ 将当前时间设置为00:00:14:00，将【01.jpg】素材文件拖至【V6】视频轨道中，将开始处与时间线对齐，将【持续时间】设置为00:00:02:20，如图13-59所示。

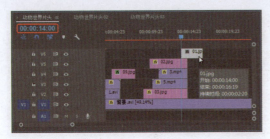

图13-59　将素材文件拖至视频轨道中

⑤⑨ 确认当前时间为00:00:14:00，将【缩放】设置为200，单击左侧的【切换动画】按钮，将【不透明度】设置为0%，如图13-60所示。

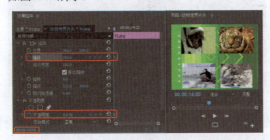

图13-60　设置【缩放】和【不透明度】参数

⑥⓪ 将当前时间设置为00:00:15:00，将【缩放】设置为50%，将【不透明度】设置为100%，如图13-61所示。

图13-61　设置【缩放】和【不透明度】参数

⑥① 为【01.jpg】素材文件添加【径向擦除】特效，将当前时间设置为00:00:15:10，将【过渡完成】设置为0%，单击左侧的【切换动画】按钮，如图13-62所示。

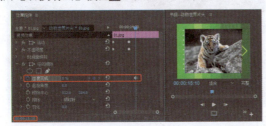

图13-62　添加【径向擦除】特效

⑥② 将当前时间设置为00:00:16:20，将【过渡完成】设置为100%，如图13-63所示。

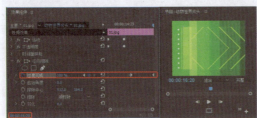

图13-63　设置【过渡完成】参数

⑥③ 将当前时间设置为00:00:17:20，将【6.mp4】素材文件拖至【V2】视频轨道中，将开始处与时间线对齐，将【持续时间】设置为00:00:05:00，如图13-64所示。

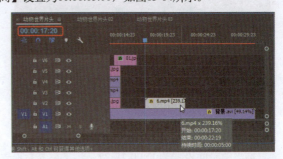

图13-64　将视频文件拖至视频轨道中

⑥④ 确认当前时间为00:00:17:20，将【位置】设置为271、123，将【缩放】设置为5，单击【位置】和【缩放】左侧的【切换动画】按钮，将【不透明度】设置为0%，如图13-65所示。

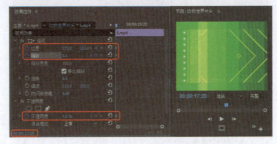

图13-65　设置【位置】和【缩放】参数

⑥⑤ 将当前时间设置为00:00:18:22，将【位置】设置为192、131，将【缩放】设置为42，将【不透明度】设置为100%，如图13-66所示。

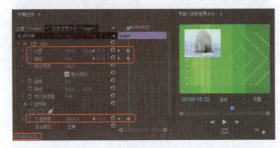

图13-66　设置【位置】【缩放】和【不透明度】参数

⑥⑥ 将当前时间设置为00:00:17:20，将【4.mp4】素材文件拖至【V3】视频轨道中，将开始处与时间线对齐，将【持续时间】设置为00:00:02:01，如图13-67所示。

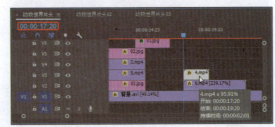

图13-67　将视频文件拖至视频轨道中

⑥⑦ 确认当前时间为00:00:17:20，将【位置】设置为377、387，将【缩放】设置为5，单击【位置】和【缩放】左侧的

【切换动画】按钮，将【不透明度】设置为0%，如图13-68所示。

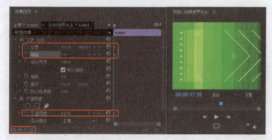

图13-68 设置【位置】和【缩放】参数

68 将当前时间设置为00:00:18:22，将【位置】设置为529、377，将【缩放】设置为45，将【不透明度】设置为100%，如图13-69所示。

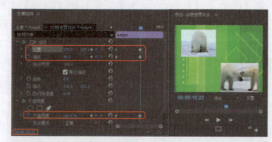

图13-69 设置【位置】【缩放】和【不透明度】参数

69 在【4.mp4】后面拖入两个【4.mp4】，将最后一个的结束处与【6.mp4】的结束处对齐，并设置这两个的【位置】为529、377，【缩放】为45，如图13-70所示。

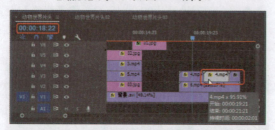

图13-70 设置完成后的效果

70 将当前时间设置为00:00:18:10，将【7.mp4】素材文件拖至【V4】视频轨道中，将开始处与时间线对齐，将结束处与【V2】视频轨道中的【6.mp4】素材文件对齐，如图13-71所示。

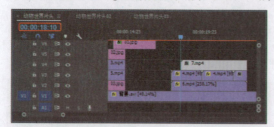

图13-71 将视频文件拖至轨道中

71 在【效果控件】面板中将【位置】设置为417、190，将【缩放】设置为5，单击【位置】和【缩放】左侧的【切换动画】按钮，将【不透明度】设置为0%，如图13-72所示。

72 将当前时间设置为00:00:19:10，将【位置】设置为522、133，将【缩放】设置为43，将【不透明度】设置为100%，如图13-73所示。

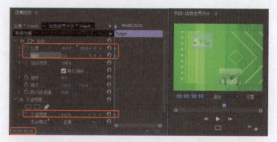

图13-72 设置【位置】和【缩放】参数

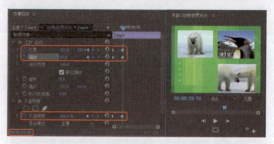

图13-73 设置【位置】和【缩放】参数

73 将当前时间设置为00:00:19:20，将【04.jpg】素材文件拖至【V5】视频轨道中，将开始处与时间线对齐，将结束处与【7.mp4】素材文件的结束处对齐，如图13-74所示。

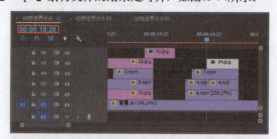

图13-74 将素材文件拖至视频轨道中

74 在【效果控件】面板中将【位置】设置为523、105，将【缩放】设置为16，单击【位置】左侧的【切换动画】按钮，将【不透明度】设置为0%，如图13-75所示。

图13-75 设置【位置】和【缩放】参数

75 将当前时间设置为00:00:20:20，将【位置】设置为195、367，将【不透明度】设置为100%，如图13-76所示。

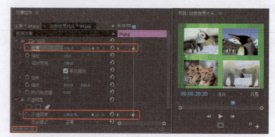

图13-76 设置【位置】和【不透明度】参数

76 将当前时间设置为00:00:22:00，将【07.jpg】素材文件拖至【V6】视频轨道中，将开始处与时间线对齐，将【持续时间】设置为00:00:01:00，如图13-77所示。

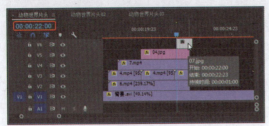

图13-77 将素材文件拖至视频轨道中

77 在【效果控件】面板中单击【位置】和【缩放】左侧的【切换动画】按钮，如图13-78所示。

图13-78 设置完成后的效果

78 将当前时间设置为00:00:23:00，将【位置】设置为360、360，将【缩放】设置为2，如图13-79所示。

图13-79 设置【位置】和【缩放】参数

79 确认当前时间为00:00:23:00，将【05.jpg】素材文件拖至【V5】视频轨道中，将开始处与时间线对齐，将【持续时间】设置为00:00:01:00，如图13-80所示。

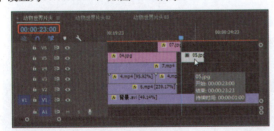

图13-80 将素材文件拖至轨道中

80 在【效果控件】面板中单击【位置】和【缩放】左侧的【切换动画】按钮，如图13-81所示。

81 将当前时间设置为00:00:24:00，将【位置】设置为394、257，将【缩放】设置为2，如图13-82所示。

82 确认当前时间为00:00:24:00，将【06.jpg】素材文件拖至【V4】视频轨道中，将【持续时间】设置为00:00:01:00，

如图13-83所示。

图13-81 设置完成后的效果

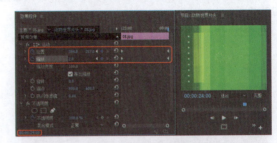

图13-82 设置【位置】和【缩放】参数

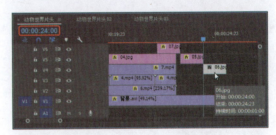

图13-83 将素材文件拖至视频轨道中

83 在【效果控件】面板中单击【位置】和【缩放】左侧的【切换动画】按钮，如图13-84所示。

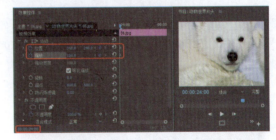

图13-84 设置完成后的效果

84 将当前时间设置为00:00:25:00，将【位置】设置为313、150，将【缩放】设置为2，如图13-85所示。

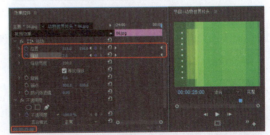

图13-85 设置【位置】和【缩放】参数

85 确认当前时间为00:00:25:00，将【08.jpg】素材文件拖至【V3】视频轨道中，将【持续时间】设置为00:00:01:00，如图13-86所示。

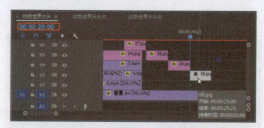

图13-86　将素材文件拖至轨道中

⑥ 确认当前时间为00:00:25:00，在【效果控件】面板中单击【位置】和【缩放】左侧的【切换动画】按钮■，如图13-87所示。

图13-87　设置完成后的效果

⑥ 将当前时间设置为00:00:26:00，将【位置】设置为370、370，将【缩放】设置为2，如图13-88所示。

图13-88　设置【位置】和【缩放】参数

⑥ 确认当前时间为00:00:26:00，将【02.jpg】素材文件拖至【V2】视频轨道中，将【持续时间】设置为00:00:01:00，如图13-89所示。

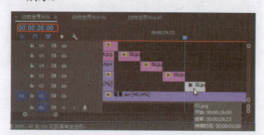

图13-89　将素材文件拖至视频轨道中

⑥ 单击【位置】和【缩放】左侧的【切换动画】按钮■，如图13-90所示。

图13-90　设置完成后的效果

⑨ 将当前时间设置为00:00:27:00，将【位置】设置为292、240，将【缩放】设置为2，如图13-91所示。

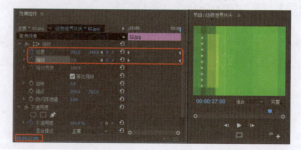

图13-91　设置【位置】和【缩放】参数

⑨ 将【动物世界片头02】序列文件拖至【V2】视频轨道中，将开始处与时间线对齐，将结束处与【背景.avi】素材文件的结束处对齐，如图13-92所示。

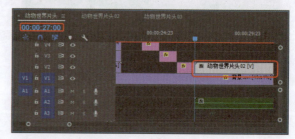

图13-92　对齐后的效果

⑨ 确认选中序列文件，单击鼠标右键，在弹出的快捷菜单中选择【取消链接】选项，如图13-93所示。

图13-93　选择【取消链接】选项

⑨ 删除音频文件，效果如图13-94所示。

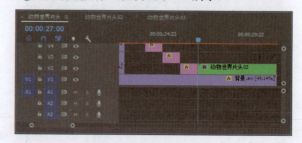

图13-94　删除音频文件

⑨ 设置当前时间为00:00:27:00，确定【动物世界片头02】序列选中的情况下，激活【效果控件】面板，【缩放】为20，单击其右侧的【切换动画】按钮■，设置时间为00:00:28:00，设置【缩放】为130，如图13-95所示。

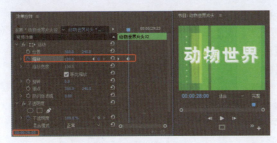

图13-95 设置【缩放】参数

95 设置当前时间为00:00:00:00，将【动物世界片头-03】序列拖至【时间线】窗口【V7】视频轨道中，与时间线对齐，删除音频文件，并设置【位置】为242、451，如图13-96所示。

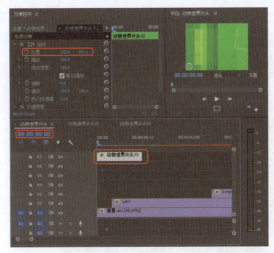

图13-96 删除音频

96 选中【动物世界片头03】将时间设置为00:00:00:12，进行复制粘贴，结束处时间为00:00:27:00，如图13-97所示。

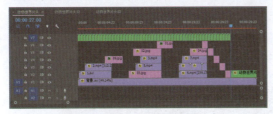

图13-97 粘贴后的效果

97 将【背景音乐.wma】拖至【时间轴】窗口【A1】音频轨道中，如图13-98所示。

图13-98 将音频文件拖至音频轨道中

98 将当前时间设置为00:00:24:20，使用【剃刀工具】，对音频进行裁剪，选中前面的音频文件，如图13-99所示。按Delete键将其删除。

99 将当前时间设置为00:00:00:00，将音频文件的开始处与时间线对齐，再次使用【剃刀工具】，将结束处多余的音频文件裁剪，然后将其删除，如图13-100所示。

图13-99 将选中的音频删除

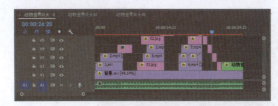

图13-100 裁剪后的效果

100 激活【动物世界片头】序列，选择【文件】|【导出】|【媒体】命令，在打开的【导出设置】对话框中，在【导出设置】区域下，设置【格式】为【AVI】，单击【输出名称】右侧的蓝色文字，在打开的对话框中选择保存位置并输入名称，单击【保存】按钮，返回到【导出设置】对话框，单击【导出】按钮，对视频进行渲染输出，如图13-101所示。

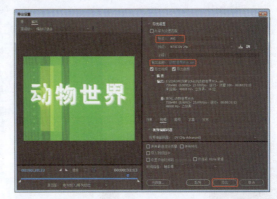

图13-101 导出媒体

实例201 中国名茶

下面将通过Premiere Pro CC 2017中制作中国名茶广告片头，效果如图13-102所示。

素材	素材|Cha13|中国名茶| 1.jpg、2.jpg、3.jpg、4.jpg、5.jpg、6.jpg、7.jpg、8.jpg、9.jpg、10.jpg、11.jpg、12.jpg、13.jpg、14.jpg、15.jpg、背景音乐.wma
场景	场景|Cha13|中国名茶.prproj
视频	视频教学	Cha13 |实例201 中国名茶.MP4

图13-102 中国名茶片头分镜效果

❶ 运行Premiere Pro CC 2017，在开始界面中单击【新建项目】按钮，在【新建项目】对话框中，选择项目的保存路径，将项目名称命名为【产品宣传片头——《中国名茶》】，单击【确定】按钮，如图13-103所示。

图13-103　新建项目

❷ 按Ctrl+N组合键，弹出【新建序列】对话框，在【序列预设】选项卡中【可用预设】区域下选择【DV-24P】|【标准48kHz】选项，对【序列名称】进行命名【中国名茶】，单击【确定】按钮，如图13-104所示。

图13-104　新建序列

❸ 进入操作界面中，按Ctrl+I组合键，在打开的对话框中选择随书配套资源中的素材|Cha13|中国名茶文件夹，单击【导入文件夹】按钮，如图13-105所示。

❹ 按Ctrl+T组合键，新建字幕【标题】，使用【文字工具】 ，在字幕设计栏中输入文字【中国名茶】，设置【字幕样式】为【HoboStad Slant Gold 80】，在【字幕属性】栏中，设置【字体系列】为【汉仪综艺体简】，设置【字体大小】为90；【字符间距】为10，将【倾斜】设置为0°，设置【X位置】和【Y位置】为339、216，将【填充】的左上方色块RGB值设置为【EA4912】，右上方色块RGB值设置为【F0984A】，左下方色块RGB值设置为【C02300】，右下方色块RGB值设置为【FFFFFF】，如图13-106所示。

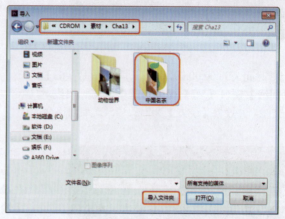

图13-105　导入素材文件夹

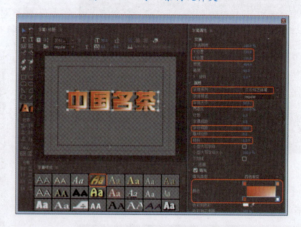

图13-106　新建【标题】

❺ 展开【描边】选项组，将【外描边】的【高光颜色】RGB值设置为【DB2800】，将【阴影颜色】RGB值设置为【AB3419】，如图13-107所示。

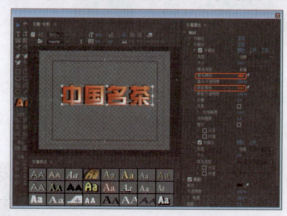

图13-107　设置【描边】参数

❻ 对文本进行复制，设置【字体大小】为28，设置【X位置】和【Y位置】为341.9、302.9，如图13-108所示。

❼ 单击【基于当前字幕新建字幕】按钮 ，新建字幕【文字01】，删除字幕设计栏中的内容，使用【文字工具】 ，在字幕设计栏中输入文字【百年名茶，信阳毛尖】，设置【字体系列】为【华文行楷】，设置【字体大小】为35，设置

【宽高比】为100%，【字符间距】为5，【倾斜】为0°，设置【填充类型】为【实底】，设置【颜色】为白色，删除所有描边，取消选中【阴影】复选框，设置【X位置】和【Y位置】为330、90，如图13-109所示。

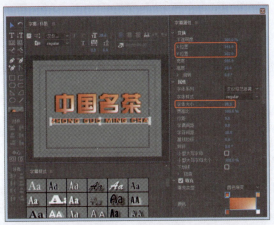

图13-108　复制文本并设置字体大小

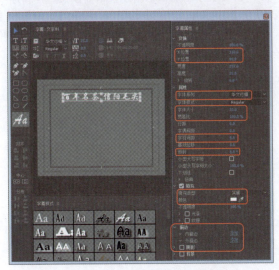

图13-109　新建【文字01】

⑧ 单击【基于当前字幕新建字幕】按钮，新建字幕【文字02】，更改字幕设计栏中的文字【烹调味尽东南美】，设置【字体大小】为35，设置【字符间距】为0，设置【X位置】和【Y位置】为470、200，如图13-110所示。

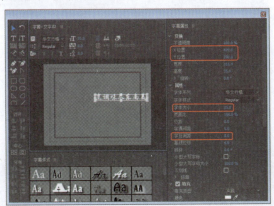

图13-110　新建【文字02】

⑨ 单击【基于当前字幕新建字幕】按钮，新建字幕

【文字03】，删除字幕设计栏中的文字，使用【垂直文字工具】输入文字【最是工夫茶与汤】，设置【字偶间距】为10，设置【X位置】和【Y位置】为100、300，如图13-111所示。

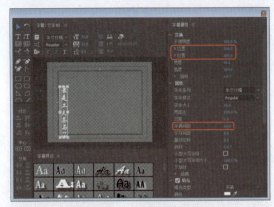

图13-111　新建【文字03】

⑩ 单击【基于当前字幕新建字幕】按钮，新建字幕【文字04】，删除字幕设计栏中的文字，使用【文字工具】输入文字【清香一缕，养生百年】，设置【X位置】和【Y位置】为233、385，如图13-112所示。

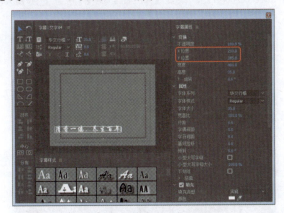

图13-112　新建【文字04】

⑪ 单击【基于当前字幕新建字幕】按钮，新建字幕【字母01】，删除字幕设计栏中的文字，使用【文字工具】输入文字【BAI NIAN MING CHA，XIN YANG MAO JIAN】，设置【字体系列】为【Arial】，设置【字体大小】为25，设置【颜色】为黑色，设置【X位置】和【Y位置】为298.4、145，如图13-113所示。

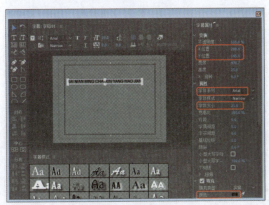

图13-113　新建【字母01】

⑫ 单击【基于当前字幕新建字幕】按钮▣，新建字幕【字母02】，更改字幕设计栏中的文字【PENG TIAO WEI JIN DONG NAN MEI】，设置【字符间距】为5，设置【颜色】为白色，设置【X位置】和【Y位置】为277.6、420，如图13-114所示。

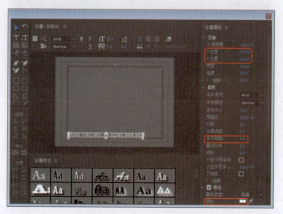

图13-114　新建【字母02】

⑬ 单击【基于当前字幕新建字幕】按钮▣，新建字幕【字母03】，更改字幕设计栏中的文字【ZUI SHI GONG FU CHA YU TANG】，设置【X位置】和【Y位置】为433.6、65，如图13-115所示。

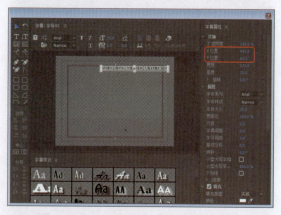

图13-115　新建【字母03】

⑭ 单击【基于当前字幕新建字幕】按钮▣，新建字幕【字母04】，更改字幕设计栏中的文字【QING XIANG YI LV,YANG SHENG BAI NIAN】，设置【X位置】和【Y位置】为314.6、405，如图13-116所示。

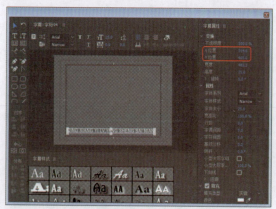

图13-116　新建【字母04】

⑮ 单击【基于当前字幕新建字幕】按钮▣，新建字幕【纵线】，将文字删除，使用【椭圆工具】▣，绘制椭圆，设置【宽度】和【高度】分别为5、481.5，设置【X位置】和【Y位置】为121、240.8，如图13-117所示。

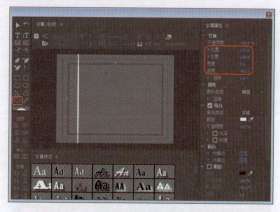

图13-117　新建【纵线】

⑯ 单击【基于当前字幕新建字幕】按钮▣，新建字幕【线01】，选中字幕设计栏中的椭圆，设置【宽度】和【高度】分别为700、5，设置【X位置】和【Y位置】为326、100，如图13-118所示。

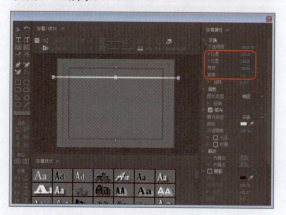

图13-118　新建【线01】

⑰ 单击【基于当前字幕新建字幕】按钮▣，新建字幕【线02】，选中字幕设计栏中的椭圆，设置【宽度】和【高度】分别为600、6，设置【X位置】和【Y位置】为298.3、380，如图13-119所示。

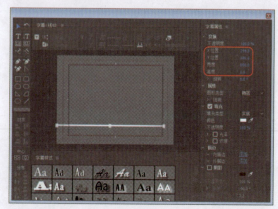

图13-119　新建【线02】

⑱ 单击【基于当前字幕新建字幕】按钮▣，新建字

幕【边框】，将字幕设计栏中的椭圆删除，使用【矩形工具】■，绘制一个矩形，设置【图形类型】为【开放贝塞尔曲线】，设置【线宽】为5，设置【宽度】和【高度】为5、37，设置【X位置】和【Y位置】为182、183.5，如图13-120所示。

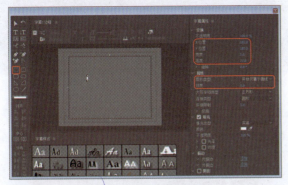

图13-120　新建【边框】

⑲ 对字幕设计栏中的矩形进行复制，设置【宽度】和【高度】为35、5，设置【X位置】和【Y位置】为200、166.3，如图13-121所示。

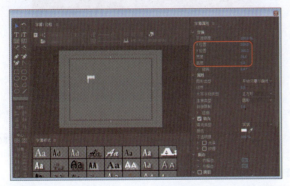

图13-121　调整边框

⑳ 选中两个矩形，对其进行移动复制，然后调整各自所在的位置，制作出边框的效果，最后单击【垂直居中】■和【水平居中】按钮■，如图13-122所示。

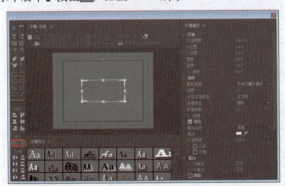

图13-122　调整边框

㉑ 单击【基于当前字幕新建字幕】按钮■，新建字幕【边框02】，对字幕设计栏中的边框进行调整，最后将字幕窗口关闭，效果如图13-123所示。

㉒ 按Ctrl+N组合键，弹出【新建序列】对话框，对【序列名称】进行命名【商品广告片头02】，单击【确定】按钮，如图13-124所示。

图13-123　调整边框

图13-124　新建序列

㉓ 激活新建序列，将【13.jpg】拖至【时间轴】窗口【V1】视频轨道中，将【持续时间】设置为00:00:07:22，如图13-125所示。

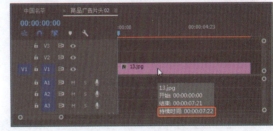

图13-125　设置【持续时间】

㉔ 设置时间为00:00:00:00，激活【效果控件】面板，设置【位置】为749.2、373.6，设置【缩放】为200，分别单击它们左侧的【切换动画】按钮■，打开动画关键帧记录，如图13-126所示。

图13-126　设置参数

㉕ 设置时间为00:00:00:14，设置【位置】为190.3、116.2，设置【缩放】为45，如图13-127所示。

图13-127 设置参数

㉖ 设置时间为00:00:01:06，将【位置】和【缩放】分别添加关键帧，设置时间为00:00:01:09，设置【位置】为109、63，设置【缩放】为21，如图13-128所示。

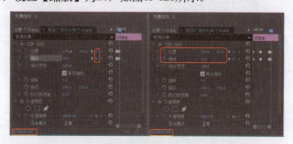

图13-128 设置参数

㉗ 设置时间为00:00:01:09，将【12.jpg】拖至【时间线】窗口【V2】视频轨道中，与时间线对齐，拖动其结束处与【13.jpg】文件结束处对齐，如图13-129所示。

图13-129 拖动素材

㉘ 激活【效果控件】面板，设置【位置】为487、345.3，设置【缩放】为400，单击【缩放】左侧的【切换动画】按钮，打开动画关键帧记录，设置【不透明度】为0%，设置时间为00:00:01:11，添加一处【缩放】关键帧，设置【不透明度】为100%，如图13-130所示。

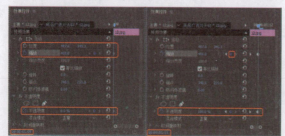

图13-130 设置参数

㉙ 设置时间为00:00:01:13，设置【缩放】为70，设置时间为00:00:01:23，单击【位置】左侧的【切换动画】按钮，打

开动画关键帧记录，设置【缩放】为45，如图13-131所示。

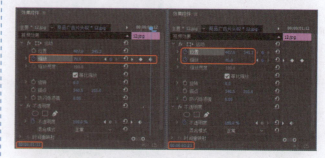

图13-131 设置参数

㉚ 设置时间为00:00:02:02，设置【位置】为281.7、63.3，设置【缩放】为21，如图13-132所示。

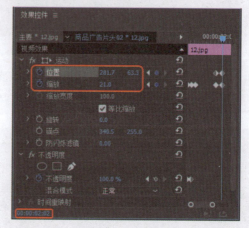

图13-132 设置参数

㉛ 设置时间为00:00:01:00，将【边框02】拖至【时间线】窗口【V3】视频轨道中，与时间线对齐，将【持续时间】设置为00:00:01:03，然后为其添加【闪光灯】特效，激活【效果控件】面板，设置【位置】为482、344，【缩放】为145，设置【闪光灯】区域下的【随机闪光机率】为15%，如图13-133所示。

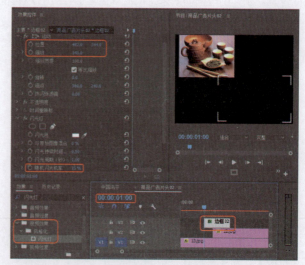

图13-133 设置参数

㉜ 设置时间为00:00:02:05，将【9.jpg】拖至【时间线】窗口【V3】视频轨道中，与时间线对齐，拖动其结束处与【12.jpg】文件结束处对齐，如图13-134所示。

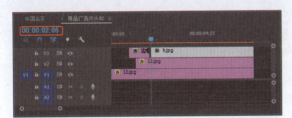

图13-134　拖动素材

㉝ 激活【效果控件】面板，设置【位置】为455、63.2，设置【缩放】为21，如图13-135所示。

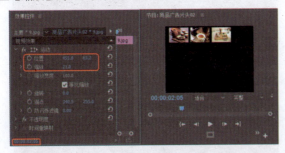

图13-135　设置参数

㉞ 设置时间为00:00:02:09，将【6.jpg】文件拖至【V4】视频轨道中，与时间线对齐，拖动其结束处与【9.jpg】文件结束处对齐，如图13-136所示。

图13-136　拖动素材

㉟ 激活【效果控件】面板，设置【位置】为627、64，设置【缩放】为21，如图13-137所示。

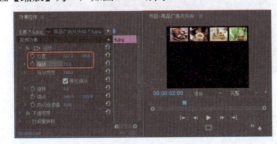

图13-137　设置参数

㊱ 按照上述方法将其他素材文件拖至各自相应的视频轨道中，并对其位置和大小进行调整设置，效果如图13-138所示。

㊲ 激活【中国名茶】序列，将【8.jpg】拖至【时间线】窗口【V1】视频轨道中，将【持续时间】设置为00:00:01:05，如图13-139所示。

㊳ 为其分别添加【高斯模糊】【裁剪】特效，设置时间为00:00:00:00，激活【效果控件】面板，在【裁剪】区域下，设置【左侧】【顶部】【右侧】【底部】均为4%，

在【高斯模糊】区域下，单击【模糊度】左侧的【切换动画】按钮，打开动画关键帧记录，设置时间为00:00:00:01，设置【缩放】为35，单击其左侧的【切换动画】按钮，打开动画关键帧记录，如图13-140所示。

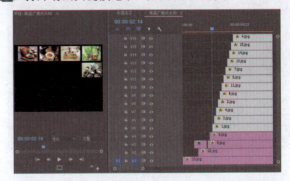

图13-138　拖动素材

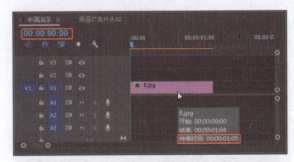

图13-139　拖动素材

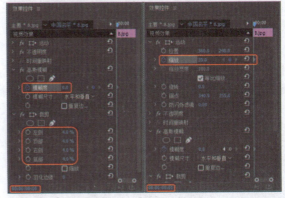

图13-140　设置参数

㊴ 设置时间为00:00:00:11，设置【缩放】为70，设置【模糊度】为10，设置时间为00:00:00:14，添加一处【不透明度】关键帧，如图13-141所示。

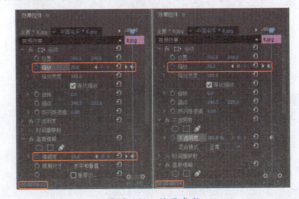

图13-141　设置参数

195

⑩ 设置时间为00:00:00:15,设置【不透明度】为0%,设置时间为00:00:00:16,设置【不透明度】为100%,如图13-142所示。

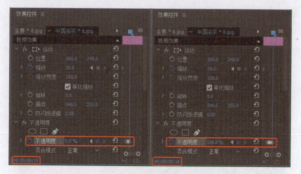

图13-142　设置参数

⑪ 设置时间为00:00:00:14,将【8.jpg】拖至【时间线】窗口【V2】视频轨道中,与时间线对齐,拖动其结束处与【V1】视频轨道中的【8.jpg】文件结束处对齐,如图13-143所示。

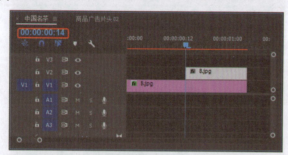

图13-143　拖动素材

⑫ 为其添加【裁剪】特效,激活【效果控件】面板,设置【缩放】为70,设置【裁剪】区域下的【左侧】为16%,设置【顶部】为18%,设置【右侧】为16%,设置【底部】为16%,如图13-144所示。

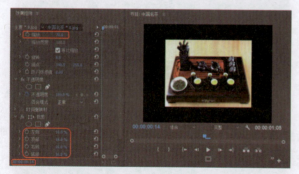

图13-144　设置参数

⑬ 设置时间为00:00:00:08,将【边框】拖至【时间线】窗口【V3】视频轨道中,与时间线对齐,拖动其结束处与【8.jpg】文件结束处对齐,为其添加【闪光灯】特效,激活【效果控件】面板,设置【缩放】为150,设置【闪光灯】区域下的【闪光色】为黑色,【随机闪光机率】为15%,如图13-145所示。

⑭ 设置时间为00:00:00:13,将【线01】拖至【时间线】窗口【V4】视频轨道中,与时间线对齐,拖动其结束处与【边框】文件结束处对齐,激活【效果控件】面板,设置

【位置】为1100、206,单击其左侧的【切换动画】按钮,打开动画关键帧记录,设置时间为00:00:00:20,设置【位置】为240.7、206,如图13-146所示。

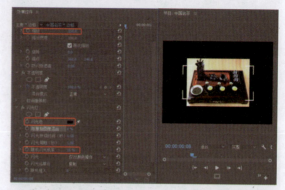

图13-145　设置参数

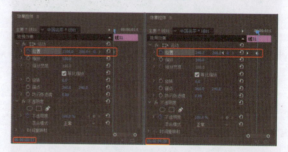

图13-146　设置参数

⑮ 设置时间为00:00:00:13,将【线01】拖至【时间线】窗口【V5】视频轨道中,与时间线对齐,拖动其结束处与【边框】文件结束处对齐,激活【效果控件】面板,设置【位置】为-465、557,单击其左侧的【切换动画】按钮,打开动画关键帧记录,设置时间为00:00:00:20,设置【位置】为551、557,如图13-147所示。

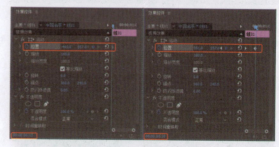

图13-147　设置参数

⑯ 设置时间为00:00:00:13,将【文字02】拖至【时间线】窗口【V6】视频轨道中,与时间线对齐,拖动其结束处与【线01】结束处对齐,激活【效果控件】面板,设置【位置】为829、80,单击其左侧的【切换动画】按钮,打开动画关键帧记录,设置时间为00:00:01:01,设置【位置】为56、80,如图13-148所示。

⑰ 设置时间为00:00:00:13,将【字母02】拖至【时间线】窗口【V7】视频轨道中,与时间线对齐,拖动其结束处与【文字02】结束处对齐,激活【效果控件】面板,设置【位置】为-210、268,单击其左侧的【切换动画】按钮,打开动画关键帧记录,设置时间为00:00:01:01,设置【位置】为435、268,如图13-149所示。

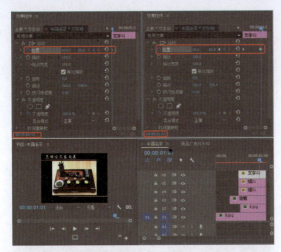

图13-148　设置参数

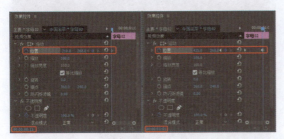

图13-149　设置参数

48 将当前时间设置为00:00:01:05，将【4.jpg】素材文件拖至【V1】视频轨道中，将开始处与时间线对齐，将【持续时间】设置为00:00:01:05，如图13-150所示。

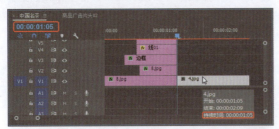

图13-150　将素材文件拖至视频轨道中

49 将【缩放】设置为60，为其添加【高斯模糊】特效，将【模糊度】设置为30，将【模糊尺寸】设置为【水平】，如图13-151所示。

图13-151　设置【高斯模糊】参数

50 将当前时间设置为00:00:01:13，将【4.jpg】素材文件拖至【V2】视频轨道中，将开始处与时间线对齐，将结束处与【V1】视频轨道中的素材文件结束处对齐，如图13-152所示。

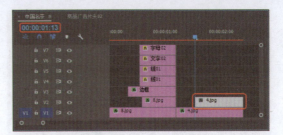

图13-152　对齐后的效果

51 将【缩放】设置为50，为素材文件添加【裁剪】特效，将【左侧】设置为0%，将【顶部】设置为20%，将【右侧】设置为0%，将【底部】设置为12%，如图13-153所示。

图13-153　设置【裁剪】参数

52 将当前时间设置为00:00:01:10，将【边框】字幕文件拖至【V3】视频轨道中，将开始处与时间线对齐，将结束处与【4.jpg】素材文件的结束处对齐，如图13-154所示。

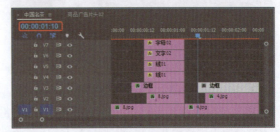

图13-154　对齐后的效果

53 将【缩放】设置为120，为素材文件添加【闪光灯】特效，将【闪光色】设置为黑色，将【随机闪光机率】设置为15%，如图13-155所示。

图13-155　设置【闪光灯】参数

54 将当前时间设置为00:00:01:06，将【线01】拖至【V4】视频轨道中，将开始处与时间线对齐，将结束处与【V3】视频轨道中的【边框】字幕文件的结束处对齐，如图13-156所示。

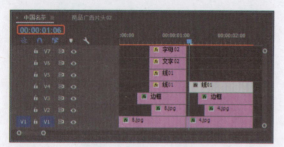

图13-156 对齐后的效果

55 确定当前时间为00:00:01:06，将【位置】设置为-377、216，单击左侧的【切换动画】按钮，如图13-157所示。

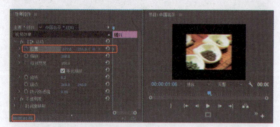

图13-157 设置【位置】参数

56 将当前时间设置为00:00:02:08，将【位置】设置为1119、216，如图13-158所示。

图13-158 设置【位置】参数

57 将当前时间设置为00:00:01:06，将【线02】拖至【V5】视频轨道中，将开始处与时间线对齐，将结束处与【V4】视频轨道中的【线01】字幕文件的结束处对齐，如图13-159所示。

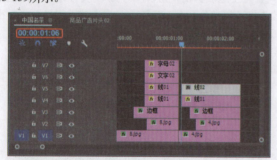

图13-159 对齐后的效果

58 确定当前时间为00:00:01:06，将【位置】设置为-324、268，单击左侧的【切换动画】按钮，如图13-160所示。

59 将当前时间设置为00:00:02:08，将【位置】设置为1097、268，如图13-161所示。

60 在【效果】面板中搜索【推】过渡特效，为【V1】视频轨道中的【4.jpg】素材文件的开始处添加过渡特效，将

【持续时间】设置为00:00:00:05，如图13-162所示。

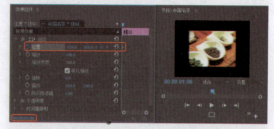

图13-160 设置【位置】参数

图13-161 设置【位置】参数

图13-162 添加视频过渡特效

61 将当前时间设置为00:00:02:10，将【1.jpg】素材文件拖至【V1】视频轨道中，将开始处与时间线对齐，将【持续时间】设置为00:00:01:05，如图13-163所示。

图13-163 将素材文件拖至视频轨道中

62 将【缩放】设置为60，为素材文件添加【高斯模糊】特效，将【模糊度】设置为30，如图13-164所示。

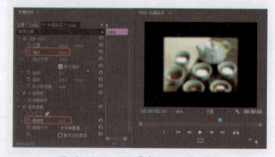

图13-164 设置【高斯模糊】特效

63 将当前时间设置为00:00:02:18，将【1.jpg】素材文件拖至【V2】视频轨道中，将其与开始处对齐，将结束处与【V1】视频轨道中的【1.jpg】素材文件的结束处对齐，如图13-165所示。

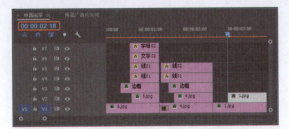

图13-165　将素材文件拖至视频轨道中

㉔ 将【缩放】设置为60，为素材文件添加【裁剪】特效，将【左侧】设置为20%，将【顶部】设置为10%，将【右侧】设置为20%，将【底部】设置为10%，如图13-166所示。

图13-166　设置【裁剪】特效

㉕ 将当前时间设置为00:00:02:13，将【边框】字幕文件拖至【V3】视频轨道中，将开始处与时间线对齐，将结束处与【V2】视频轨道中的【1.jpg】素材文件的结束处对齐，如图13-167所示。

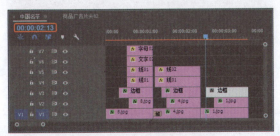

图13-167　将素材文件拖至视频轨道中

㉖ 将【缩放】设置为130，添加【闪光灯】特效，将【闪光色】设置为黑色，将【随机闪光机率】设置为15%，如图13-168所示。

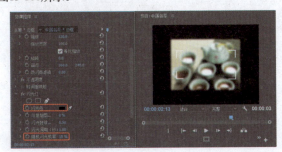

图13-168　添加【闪光灯】特效

㉗ 将当前时间设置为00:00:02:18，将【纵线】字幕文件拖至【V4】视频轨道中，将开始处与时间线对齐，将结束处与【V3】视频轨道中的【边框】字幕文件的结束处对齐，如图13-169所示。

㉘ 确认当前时间为00:00:02:18，将【位置】设置为338、747，单击左侧的【切换动画】按钮█，将当前时间设置为

00:00:03:07，将【位置】设置为338、257，如图13-170所示。

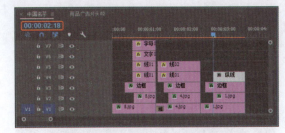

图13-169　将素材文件拖至视频轨道中

图13-170　设置【位置】参数

㉙ 将当前时间设置为00:00:03:08，单击右侧的【添加/移除关键帧】按钮█，将当前时间设置为00:00:03:14，将【位置】设置为338、-275，如图13-171所示。

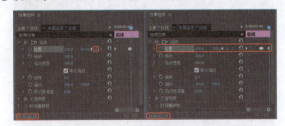

图13-171　设置【位置】参数

㉚ 将当前时间设置为00:00:02:18，将【线01】字幕文件拖至【V5】视频轨道中，将开始处与时间线对齐，将结束处与【V4】视频轨道中的【纵线】字幕文件的结束处对齐，如图13-172所示。

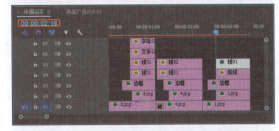

图13-172　将素材文件拖至视频轨道中

㉛ 将当前时间设置为00:00:02:18，将【位置】设置为1100、211，单击左侧的【切换动画】按钮█，将当前时间设置为00:00:03:07，将【位置】设置为400、211，如图13-173所示。

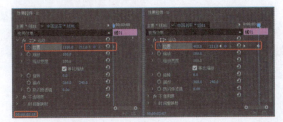

图13-173　设置【位置】参数

⑫ 将当前时间设置为00:00:03:08，单击右侧的【添加/移除关键帧】按钮 ，将当前时间设置为00:00:03:14，将【位置】设置为-373、211，如图13-174所示。

图13-174　设置【位置】参数

⑬ 将当前时间设置为00:00:02:18，将【文字03】字幕文件拖至【V6】视频轨道中，将开始处与时间线对齐，将结束处与【V5】视频轨道中的【线01】字幕文件的结束处对齐，如图13-175所示。

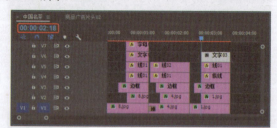

图13-175　将素材文件拖至视频轨道中

⑭ 将当前时间设置为00:00:03:08，将【位置】设置为323、240，单击左侧的【切换动画】按钮 ，如图13-176所示。

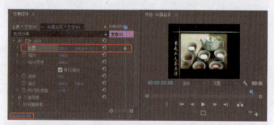

图13-176　设置【位置】参数

⑮ 将当前时间设置为00:00:03:14，将【位置】设置为214、240，如图13-177所示。

图13-177　设置【位置】参数

⑯ 将当前时间设置为00:00:02:18，将【字母03】字幕文件拖至【V7】视频轨道中，将开始处与时间线对齐，将结束处与【V6】视频轨道中的【文字03】对齐，如图13-178所示。

⑰ 将当前时间设置为00:00:03:08，将【位置】设置为360、229，单击左侧的【切换动画】按钮 ，如图13-179所示。

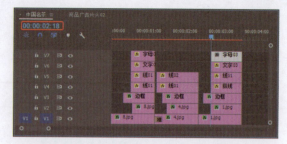

图13-178　将素材文件拖至视频轨道中

图13-179　设置【位置】参数

⑱ 将当前时间设置为00:00:03:14，将【位置】设置为360、155，如图13-180所示。

图13-180　设置【位置】参数

⑲ 为【文字03】和【字母03】的开始处添加【交叉溶解】过渡特效，将【持续时间】设置为00:00:00:10，如图13-181所示。

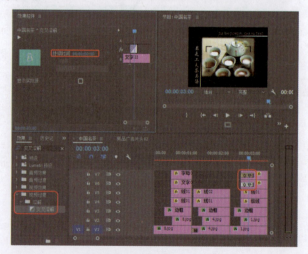

图13-181　设置【持续时间】

⑳ 为【V1】视频轨道中的【1.jpg】和【4.jpg】素材文件中间添加【胶片溶解】过渡特效，将【持续时间】设置为00:00:00:05，如图13-182所示。

㉑ 将当前时间设置为00:00:03:15，将【10.jpg】素材文件拖至【V1】视频轨道中，将开始处与时间线对齐，将【持续时间】设置为00:00:01:05，如图13-183所示。

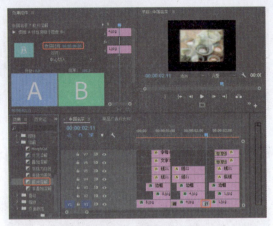

图13-182　设置【持续时间】

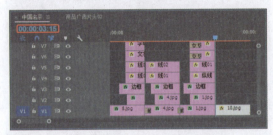

图13-183　将素材文件拖至视频轨道中

⑧ 将【位置】设置为181、138，将【缩放】设置为40，为该素材文件开始处添加【径向擦除】过渡效果，将【持续时间】设置为00:00:00:05，如图13-184所示。

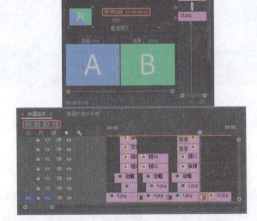

图13-184　添加【径向擦除】过渡效果

⑧ 将当前时间设置为00:00:03:20，将【边框02】字幕文件拖至【V2】视频轨道中，将开始处与时间线对齐，将【持续时间】设置为00:00:00:13，如图13-185所示。

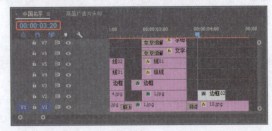

图13-185　拖动素材

⑧ 将【位置】设置为190、136，将【缩放】设置为120，如图13-186所示。

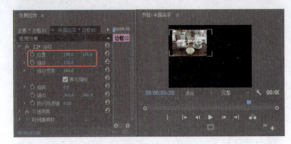

图13-186　设置参数

⑧ 为【边框02】字幕文件添加【闪光灯】效果，将【闪光色】设置为黑色，将【随机闪光机率】设置为15%，如图13-187所示。

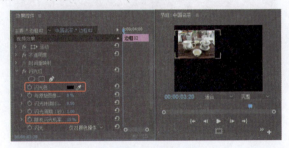

图13-187　设置参数

⑧ 将当前时间设置为00:00:04:09，将【15.jpg】素材文件拖至【V3】视频轨道中，将开始处与时间线对齐，将【持续时间】设置为00:00:00:11，如图13-188所示。

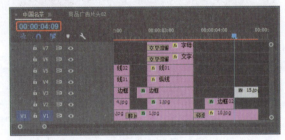

图13-188　拖动素材

⑧ 将【位置】设置为530、360，将【缩放】设置为40，如图13-189所示。

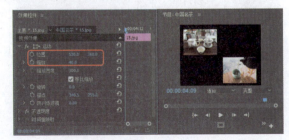

图13-189　设置参数

⑧ 为【15.jpg】素材文件的开始处添加【交叉缩放】特效，将【持续时间】设置为00:00:00:05，如图13-190所示。

⑧ 将当前时间设置为00:00:04:09，将【边框02】素材文件拖至【V4】视频轨道中，将开始处与时间线对齐，将【持续时间】设置为00:00:00:11，如图13-191所示。

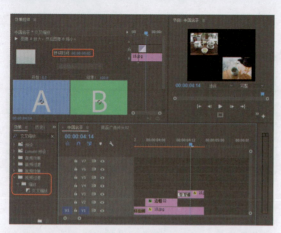

图13-190　添加特效

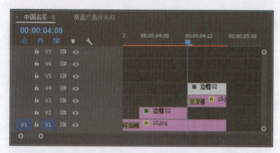

图13-191　拖动素材

90 将【位置】设置为527、362，将【缩放】设置为120，如图13-192所示。

图13-192　设置参数

91 为【边框02】素材文件添加【闪光灯】特效，将【闪光色】设置为黑色，将【随机闪光机率】设置为15%，如图13-193所示。

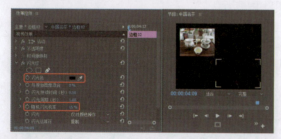

图13-193　设置参数

92 将当前时间设置为00:00:04:20，将【12.jpg】素材文件拖至【V1】视频轨道中，将开始处与时间线对齐，将【持续时间】设置为00:00:01:05，如图13-194所示。

93 将【位置】设置为513、142，将【缩放】设置为50，为其添加【高斯模糊】特效，将【模糊度】设置为30，如图13-195所示。

图13-194　拖动素材

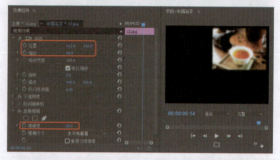

图13-195　设置参数

94 为该素材的开始处添加【油漆飞溅】过渡特效，将【持续时间】设置为00:00:00:05，如图13-196所示。

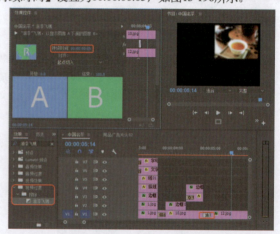

图13-196　添加特效

95 将当前时间设置为00:00:05:05，将【12.jpg】素材文件拖至【V2】视频轨道中，将开始处与时间线对齐，将结束处与【V1】视频轨道中的【12.jpg】素材文件的结束处对齐，如图13-197所示。

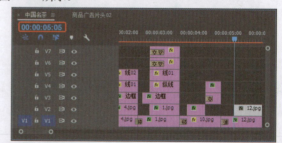

图13-197　拖动素材

96 将【位置】设置为514、143，将【缩放】设置为50，如图13-198所示。

97 为其添加【裁剪】特效，将【左侧】【顶部】【右侧】【底部】分别设置为10%、5%、10%、10%，如图13-199所示。

图13-198　设置参数

图13-199　设置参数

98 将当前时间设置为00:00:05:01，将【边框】拖至【V3】视频轨道中，将开始处与时间线对齐，将结束处与【V2】视频轨道中的【12.jpg】素材文件的结束处对齐，如图13-200所示。

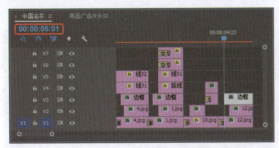

图13-200　拖动素材

99 将【位置】设置为510、149，将【缩放】设置为120，为其添加【闪光灯】特效，将【闪光色】设置为黑色，将【随机闪光机率】设置为15%，如图13-201所示。

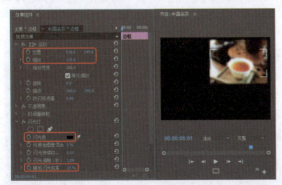

图13-201　设置参数

100 将当前时间设置为00:00:05:05，将【线02】拖至【V4】视频轨道中，将开始处与时间线对齐，将结束处与【V3】视频轨道中的【边框】字幕文件的结束处对齐，将【位置】设置为1136、163，单击左侧的【切换动画】按钮，将当前时间设置为00:00:05:18，将【位置】设置为389、163，如图13-202所示。

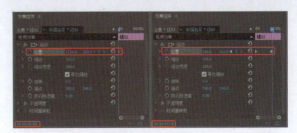

图13-202　设置参数

101 将当前时间设置为00:00:05:19，单击右侧的【添加/移除关键帧】按钮，将当前时间设置为00:00:06:00，将【位置】设置为-374、163，如图13-203所示。

图13-203　设置参数

102 将当前时间设置为00:00:05:05，将【文字04】拖至【V5】视频轨道中，将开始处与时间线对齐，将结束处与【V4】视频轨道中的【线02】字幕文件的结束处对齐，将【位置】设置为1146、196，单击左侧的【切换动画】按钮，将当前时间设置为00:00:05:18，将【位置】设置为441、196，如图13-204所示。

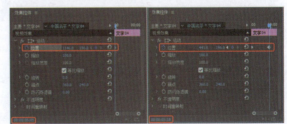

图13-204　设置参数

103 将当前时间设置为00:00:05:19，单击右侧的【添加/移除关键帧】按钮，将当前时间设置为00:00:06:00，将【位置】设置为-125、196，如图13-205所示。

图13-205　设置参数

104 将当前时间设置为00:00:05:05，将【线02】拖至【V6】视频轨道中，将开始处与时间线对齐，将结束处与【V5】视频轨道中的【文字04】字幕文件的结束处对齐，将【位置】设置为1200、240，单击左侧的【切换动画】按钮，将当前时间设置为00:00:05:18，将【位置】设置为435、240，如图13-206所示。

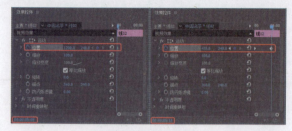

图13-206　设置参数

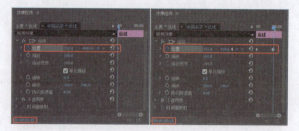

图13-210　设置参数

105 将当前时间设置为00:00:05:19，单击右侧的【添加/移除关键帧】按钮 ，将当前时间设置为00:00:06:00，将【位置】设置为-396、240，如图13-207所示。

109 将当前时间设置为00:00:05:19，单击右侧的【添加/移除关键帧】按钮 ，将当前时间设置为00:00:06:00，将【位置】设置为332、780，如图13-211所示。

图13-207　设置参数

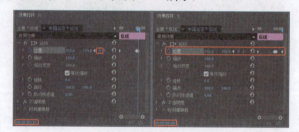

图13-211　设置参数

106 将当前时间设置为00:00:05:05，将【字母04】拖至【V7】视频轨道中，将开始处与时间线对齐，将结束处与【V6】视频轨道中的【线02】字幕文件的结束处对齐，将【位置】设置为1210、240，单击左侧的【切换动画】按钮 ，将当前时间设置为00:00:05:18，将【位置】设置为432、240，如图13-208所示。

110 将当前时间设置为00:00:06:01，将【11.jpg】素材文件拖至【V1】视频轨道中，将开始处与时间线对齐，将【持续时间】设置为00:00:01:05，如图13-212所示。

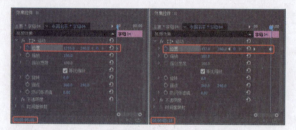

图13-208　设置参数

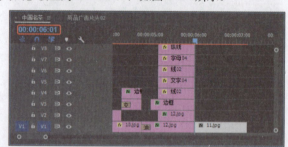

图13-212　拖动素材

107 将当前时间设置为00:00:05:19，单击右侧的【添加/移除关键帧】按钮 ，将当前时间设置为00:00:06:00，将【位置】设置为-164、240，如图13-209所示。

111 将【位置】设置为360、336，将【缩放】设置为80，为素材文件添加【裁剪】特效，将【左侧】【顶部】【右侧】和【底部】分别设置为1%、0%、2%、18%，如图13-213所示。

图13-209　设置参数

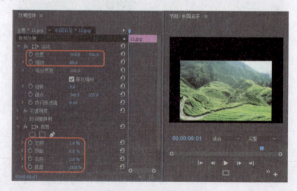

图13-213　设置参数

108 将当前时间设置为00:00:05:05，将【纵线】拖至【V8】视频轨道中，将开始处与时间线对齐，将结束处与【V7】视频轨道中的【字母04】字幕文件的结束处对齐，将【位置】设置为332、-400，单击左侧的【切换动画】按钮 ，将当前时间设置为00:00:05:18，将【位置】设置为332、194，如图13-210所示。

112 为【11.jpg】素材文件的开始处添加【百叶窗】过渡特效。将【持续时间】设置为00:00:00:05，如图13-214所示。

113 将当前时间设置为00:00:06:06，将【文字01】拖至【V2】视频轨道中，将开始处与时间线对齐，将结束处与

【V1】视频轨道中的【11.jpg】素材文件的结束处对齐，如图13-215所示。

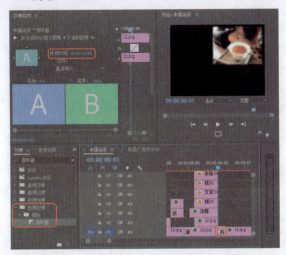

图13-214　设置【持续时间】

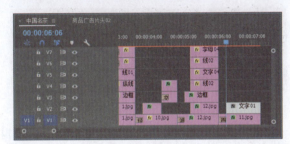

图13-215　拖动素材

114　将【位置】设置为-321、261，单击左侧的【切换动画】按钮，将【缩放】设置为120，如图13-216所示。

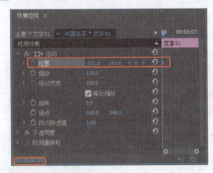

图13-216　设置参数

115　将当前时间设置为00:00:06:19，将【位置】设置为352、261，将当前时间设置为00:00:06:20，单击右侧的【添加/移除关键帧】按钮，如图13-217所示。

图13-217　设置参数

116　将当前时间设置为00:00:07:05，将【位置】设置为352、78，如图13-218所示。

图13-218　设置参数

117　将当前时间设置为00:00:06:06，将【字母01】拖至【V3】视频轨道中，将开始处与时间线对齐，将结束处与【V2】视频轨道中的【文字01】素材文件的结束处对齐，如图13-219所示。

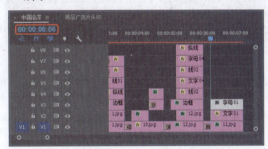

图13-219　拖动素材

118　将当前时间设置为00:00:06:06，将【位置】设置为1012、254，单击左侧的【切换动画】按钮，如图13-220所示。

图13-220　设置参数

119　将当前时间设置为00:00:06:19，将【位置】设置为364、254，将当前时间设置为00:00:06:20，单击右侧的【添加/移除关键帧】按钮，如图13-221所示。

图13-221　设置参数

120　将当前时间设置为00:00:07:05，将【位置】设置为364、-274，如图13-222所示。

121　将当前时间设置为00:00:07:06，将【商品广告片头02】拖至【V1】视频轨道中，如图13-223所示。

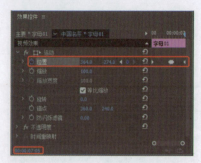

图13-222　设置参数

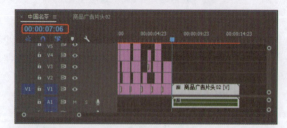

图13-223　设置参数

122 然后为其添加【相机模糊】特效，设置时间为00:00:12:10，设置【百分比模糊】为0，单击其左侧的【切换动画】按钮，打开动画关键帧记录，设置时间为00:00:13:22，设置【百分比模糊】为31，如图13-224所示。

图13-224　设置参数

123 在序列文件上单击鼠标右键，在弹出的快捷菜单中选择【取消链接】命令，将【A1】音频轨道中的音频文件删除，如图13-225所示。设置时间为00:00:13:23，将【标题】拖至【时间线】窗口【V2】视频轨道中，与时间线对齐，拖动其结束处与序列结束处对齐，如图13-226所示。

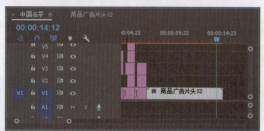

图13-225　删除音频文件

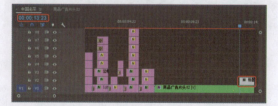

图13-226　拖动素材

124 激活【效果控件】面板，设置【缩放】为500，单击其左侧的【切换动画】按钮，打开动画关键帧记录，设置【不透明度】为0%，设置时间为00:00:14:10，设置【缩放】为100，设置【不透明度】为100%，如图13-227所示。

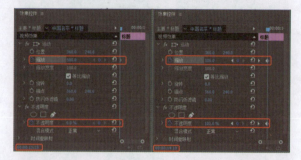

图13-227　设置参数

125 将【背景音乐.wma】拖至【时间线】窗口【A1】音频轨道中，将结束处与【V1】视频轨道中序列文件的结束处对齐，如图13-228所示。

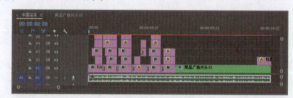

图13-228　拖动音频素材

126 激活【中国名茶】序列，选择【文件】|【导出】|【媒体】命令，在打开的【导出设置】对话框中，在【导出设置】区域下，设置【格式】为【AVI】，单击【输出名称】右侧的蓝色文字，在打开的对话框中选择保存位置并输入名称，单击【保存】按钮，返回到【导出设置】对话框，单击【导出】按钮，对视频进行渲染输出，如图13-229所示。

图13-229　导出设置

实例202　节目预告

节目预告主要介绍或预告在电视媒体本台或电视媒体其他台将要播出的节目信息。节目预告不是广告（公益广告、商业广告等）。在播出内容中无产品名称、品牌名称、厂商名称、广告词、代言人等信息。通过对本章的学习，相信读者对电视节目预告的制作有了简单的了解。效果如图13-230所示。

素材	素材|Cha13|节目预告|背景01.jpg、背景02.jpg、图像001.jpg~图像006.jpg、图像01.psd~图像07.psd、背景音乐.mp3
场景	场景|Cha13|节目预告.prproj
视频	视频教学|Cha13|实例202 节目预告.MP4

图13-230 节目预告片头分镜效果

① 启动Premiere Pro CC 2017，在开始界面中选择【新建项目】选项，如图13-231所示。

图13-231 选择【新建项目】选项

② 在弹出的对话框中将指定保存路径，将【名称】设置为【制作电视台片头——《节目预告》】，如图13-232所示。

图13-232 指定保存路径和名称

③ 设置完成后，单击【确定】按钮，在【项目】面板中右击鼠标，在弹出的快捷菜单中选择【导入】命令，如图13-233所示。

④ 在弹出的对话框中选择随书配套资源中的素材\|第13章\|节目预告文

件夹，单击【导入文件夹】按钮，如图13-234所示。

图13-233 选择【导入】命令

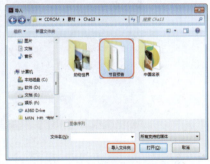

图13-234 选择素材文件

⑤ 单击【打开】按钮，在弹出的【导入分层文件：图像01】对话框中单击【确定】按钮，并在弹出的其他对话框中单击【确定】按钮，执行该操作后，即可将素材文件导入至【项目】面板中，如图13-235所示。

⑥ 按Ctrl+N组合键，在弹出的对话框中选择【序列预设】选项卡，然后选择【DV-24P】\|【标准48kHz】选项，将【序列名称】设置为【开始动画】，如图13-236所示。

图13-235 单击【新建文件夹】按钮

图13-236 新建序列

⑦ 设置完成后，单击【确定】按钮，在【素材】文件夹中选择【背景01.jpg】素材文件，按住鼠标将其拖至【V1】视频轨道中，并选中该素材文件，在【效果控件】面板中将【缩放】设置为67，如图13-237所示。

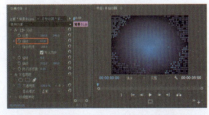

图13-237 设置【缩放】参数

⑧ 继续选中【V1】视频轨道中的素材文件，右击鼠标，在弹出的快捷菜单中选择【速度/持续时间】命令，如图13-238所示。

图13-238 选择【速度/持续时间】命令

❾ 在弹出的对话框中将【持续时间】设置为00:00:06:22，如图13-239所示。

图13-239 设置【持续时间】

❿ 设置完成后，单击【确定】按钮，在【效果】面板中搜索【光照效果】选项，如图13-240所示。

图13-240 选择【光照效果】选项

⓫ 按住鼠标将其拖至【V1】视频轨道中的素材文件上，确认当前时间为00:00:00:00，将【光照1】下的【光照类型】设置为【全光源】，将【光照颜色】的RGB值设置为21、141、252，单击【中央】左侧的【切换动画】按钮，将【中央】设置为-97.1、379.9，将【主要半径】设置为22，将【强度】设置为46，将【环境光照强度】【表面光泽】【表面材质】和【曝光】分别设置为10、62.1、51.5、10.7，如图13-241所示。

⓬ 将当前时间设置为00:00:02:05，在【效果控件】面板中将【中央】设置为1088、379.9，如图13-242所示。

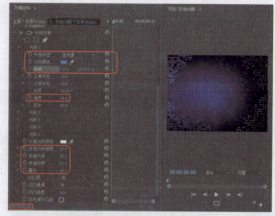

图13-241 设置【光照效果】参数

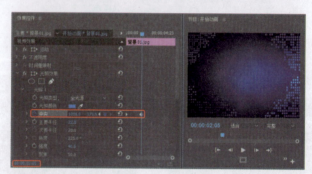

图13-242 设置【中央】参数

⓭ 确认当前时间为00:00:02:05，在【项目】面板中选择【节目预告】文件夹中的【图像01.psd】素材文件，按住鼠标将其拖至【V2】视频轨道中，并将其开始处与时间线对齐，将其结束处与【V1】视频轨道中的素材文件的结束处对齐，如图13-243所示。

图13-243 添加素材文件并进行调整

⓮ 选中【V2】视频轨道中的素材文件，在【效果控件】面板中将【位置】设置为-489、240，并单击其左侧的【切换动画】按钮，将【缩放】设置为60，将【不透明度】设置24%，如图13-244所示。

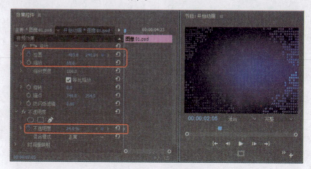

图13-244 设置参数

提　示

由于在设置【位置】时，将图像的位置调整在屏幕外，所以如图13-244所示中不会看到添加的图像文件。

⑮ 将当前时间设置为00:00:03:22，在【效果控件】面板中将【位置】设置为174、240，如图13-245所示。

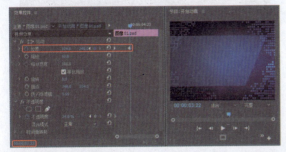

图13-245　设置【位置】参数

⑯ 按Ctrl+T组合键，在弹出的对话框中使用其默认参数，单击【确定】按钮，选择【椭圆工具】 ，在【字幕】面板中绘制一个椭圆，选中绘制的椭圆，在【变换】选项组中将【宽度】【高度】【旋转】分别设置为4.5、506.6、24.5°，在【填充】选项组中将【颜色】的RGB值设置为0、255、246，在【变换】选项组中将【X位置】和【Y位置】分别设置为537.2、241.2，如图13-246所示。

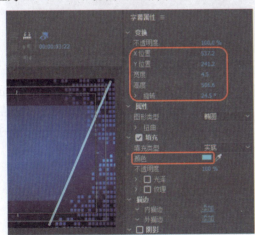

图13-246　绘制椭圆并设置其参数

⑰ 将字幕编辑器关闭，在【项目】面板中选择【字幕01】，按住鼠标将其拖至【V3】视频轨道中，将其开始处和结束处与【V2】视频轨道中的素材的开始处和结束处对齐，如图13-247所示。

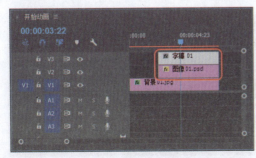

图13-247　添加素材并进行调整

⑱ 将当前时间设置为00:00:03:22，在【V3】视频轨道中选择添加的字幕，在【效果控件】面板中单击【位置】左侧的【切换动画】按钮 ，如图13-248所示。

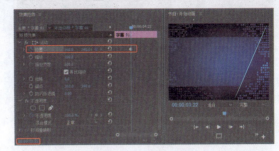

图13-248　添加关键帧

⑲ 将当前时间设置为00:00:02:05，在【效果控件】面板中将【位置】设置为-301.6、240，如图13-249所示。

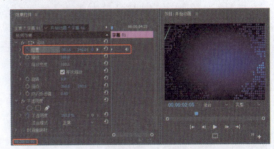

图13-249　设置【位置】参数

⑳ 将当前时间设置为00:00:03:22，在【项目】面板中选择【图像02.psd】素材文件，按住鼠标将其拖至【V3】视频轨道上方的空白轨道中，并将其开始处与时间线对齐，将其结束处与【V3】视频轨道中的素材的结束处对齐，如图13-250所示。

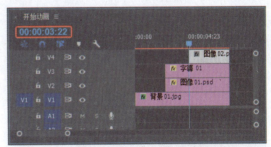

图13-250　添加素材文件并调整

㉑ 选中【V4】视频轨道中的素材文件，确认当前时间为00:00:03:22，在【效果控件】面板中单击【位置】左侧的【切换动画】按钮 ，将【位置】设置为-441、256，将【缩放】设置为53.5，如图13-251所示。

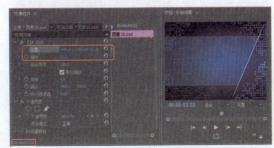

图13-251　设置【位置】和【缩放】参数

㉒ 将当前时间设置为00:00:04:16，在【效果控件】面板中将【位置】设置为210、256，如图13-252所示。

图13-252　设置【位置】参数

㉓ 将当前时间设置为00:00:03:22，在【项目】面板中选择【图像03.psd】素材文件，按住鼠标将其拖至【V4】视频轨道上方的空白轨道中，将其开始处与时间线对齐，选中该素材，右击鼠标，在弹出的快捷菜单中选择【速度/持续时间】命令，如图13-253所示。

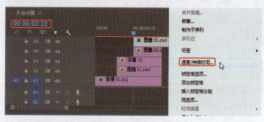

图13-253　添加素材并选择【速度/持续时间】命令

㉔ 在弹出的对话框中将【持续时间】设置为00:00:01:09，单击【确定】按钮，继续选中该素材文件，确认当前时间为00:00:03:22，在【效果控件】面板中单击【位置】左侧的【切换动画】按钮，将【位置】设置为-438、256，将【缩放】设置为53，如图13-254所示。

图13-254　设置【位置】和【缩放】参数

㉕ 将当前时间设置为00:00:04:16，在【效果控件】面板中将【位置】设置为213、256，如图13-255所示。

图13-255　设置【位置】参数

㉖ 将当前时间设置为00:00:05:02，在【项目】面板中选择【图像04.psd】素材文件，按住鼠标将其拖至【V5】视频轨道上方的空白轨道中，将其开始处与时间线对齐，将其【持续时间】设置为00:00:00:18，在【效果控件】面板中将【位置】设置为310、256，将【缩放】设置为53，将【不透明度】设置为0%，如图13-256所示。

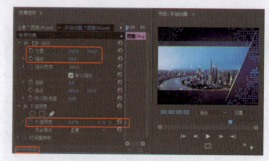

图13-256　添加素材并设置其参数

㉗ 将当前时间设置为00:00:05:12，在【效果控件】面板中将【不透明度】设置为100%，如图13-257所示。

图13-257　设置【不透明度】参数

㉘ 将当前时间设置为00:00:05:14，将【图像05.psd】素材文件拖至【V6】视频轨道上方的空白轨道中，将其开始处与时间线对齐，将其【持续时间】设置为00:00:00:18，如图13-258所示。

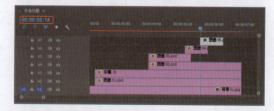

图13-258　拖动素材

㉙ 在【效果控件】面板中将【位置】设置为413、256，将【缩放】设置为53，将【不透明度】设置为0%，如图13-259所示。

图13-259　添加素材并设置其参数

㉚ 将当前时间设置为00:00:05:23，将【不透明度】设置为100%，如图13-260所示。

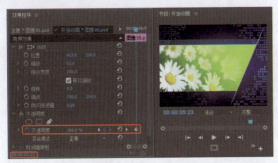

图13-260 设置【不透明度】参数

㉛ 将当前时间设置为00:00:06:02，将【图像06.psd】素材文件拖至【V7】视频轨道上方的空白轨道中，将其开始处与时间线对齐，将其【持续时间】设置为00:00:00:20，如图13-261所示。

图13-261 添加素材并设置其参数

㉜ 在【效果控件】面板中将【位置】设置为312、256，将【缩放】设置为53，将【不透明度】设置为0%，如图13-262所示。

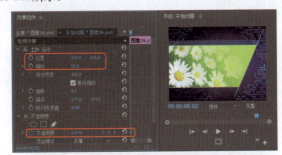

图13-262 添加素材并设置其参数

㉝ 将当前时间设置为00:00:06:11，将【不透明度】设置为100%，如图13-263所示。

图13-263 设置【不透明度】参数

㉞ 按Ctrl+T组合键，在弹出的对话框中使用其默认参数，单击【确定】按钮，在弹出的字幕编辑器中选择【文字工具】，在【字幕】面板中单击鼠标，输入文字，选中

输入的文字，在【属性】选项组中将【字体系列】设置为【汉仪菱心体简】，将【字体大小】【字间距】分别设置为20、18，在【填充】选项组中将【颜色】的RGB值设置为255、255、255，在【变换】选项组中将【X位置】和【Y位置】分别设置为347.6、105.1，如图13-264所示。

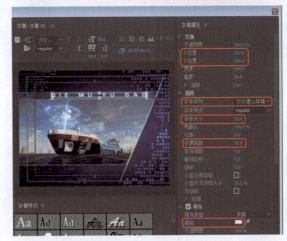

图13-264 输入文字并进行设置

㉟ 关闭字幕编辑器，将当前时间设置为00:00:04:16，在【项目】面板中选择【字幕02】，按住鼠标将其拖至【V8】视频轨道上方的空白轨道中，并将其开始处与时间线对齐，将其结束处与【V8】视频轨道中的素材文件的结束处对齐，选中该素材文件，在【效果控件】面板中将【不透明度】设置为0%，如图13-265所示。

图13-265 添加素材并设置【不透明度】参数

㊱ 将当前时间设置为00:00:05:02，在【效果控件】面板中将【不透明度】设置为100%，如图13-266所示。

图13-266 设置【不透明度】参数

㊲ 按Ctrl+N组合键，在弹出的对话框中选择【序列预设】选项卡，然后选择【DV-24P】|【标准48kHz】选项，将【序列名称】设置为【节目预告】，如图13-267所示。

㊳ 设置完成后，单击【确定】按钮，在【项目】面板中选择【开始动画】序列，按住鼠标将其拖至【V1】视频轨道

中，并选中该素材文件，右击鼠标，在弹出的快捷菜单中选择【解除视音频链接】命令，如图13-268所示。

图13-267 新建序列

图13-268 选择【取消链接】命令

提 示

执行【取消链接】命令后，用户可以对音频进行单独更改。

㊴ 在【A1】音频轨道中选择音频文件，按Delete键将其删除，在【效果】面板中搜索【镜头光晕】，按住鼠标将其拖至【开始动画】序列文件上，将当前时间设置为00:00:04:16，在【效果控件】面板中将【光晕亮度】设置为0%，单击其左侧的【切换动画】按钮，将【镜头类型】设置为【105毫米定焦】，如图13-269所示。

图13-269 添加光晕效果

㊵ 将当前时间设置为00:00:04:18，在【效果控件】面板中单击【光晕中心】左侧的【切换动画】按钮，将【光晕中心】设置为750.9、-72.3，将【光晕亮度】设置为100%，如图13-270所示。

图13-270 设置光晕参数

㊶ 将当前时间设置为00:00:06:02，在【效果控件】面板中将【光晕中心】设置为448.4、527.2，如图13-271所示。

图13-271 设置【光晕中心】参数

㊷ 设置完成后，可以通过拖动时间线查看光晕效果，效果如图13-272所示。

图13-272 添加光晕后的效果

㊸ 按Ctrl+T组合键，在弹出的对话框中使用其默认设置，在弹出的字幕编辑器中单击【垂直文字工具】，在【字幕】面板中单击鼠标，输入文字，选中输入的文字，在【属性】选项组中将【字体系列】设置为【黑体】，将【字体大小】设置为30，将【字偶间距】【字符间距】分别设置为10、16，在【填充】选项组中将【填充类型】设置为【径向渐变】，将左侧渐变滑块的RGB值设置为255、239、82，将右侧渐变滑块的RGB值设置为161、5、5，并调整渐变滑块的位置，将【变换】选项组中的【X位置】和【Y位置】分别设置为605.3、298.3，如图13-273所示。

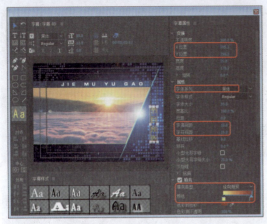

图13-273 输入文字并设置其参数

44 在【描边】选项组中单击【内描边】右侧的【添加】，添加一个【内描边】，将【类型】设置为【边缘】，将【大小】设置为8，将【填充类型】设置为【线性渐变】，将左侧渐变滑块的RGB值设置为110、52、2，将右侧渐变滑块的RGB值设置为255、232、202，将【角度】设置为130°，并调整渐变滑块的位置，单击【外描边】右侧的【添加】，添加一个【外描边】，将【类型】设置为【深度】，将【大小】设置为27，将【角度】设置为354°，将【填充类型】设置为【线性渐变】，将左侧渐变滑块的RGB值设置为255、248、208，将右侧渐变滑块的RGB值设置为121、42、2，如图13-274所示。

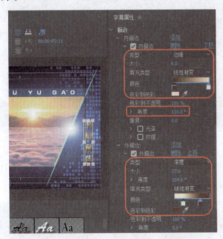

图13-274 添加描边并设置其参数

45 设置完成后，关闭字幕编辑器，将当前时间设置为00:00:04:18，将【字幕03】拖至【V2】视频轨道中，并将其开始处与时间线对齐，将其【持续时间】设置为00:00:02:04，如图13-275所示。

图13-275 添加素材并调整其【持续时间】

46 在【效果】面板中搜索【交叉溶解】切换效果，按住

鼠标将其拖至【字幕03】的开始处，将切换效果的【持续时间】设置为00:00:01:06，如图13-276所示。

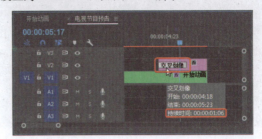

图13-276 添加切换效果

提示

【交叉溶解】：切换效果使两个素材溶解转换，即前一个素材逐渐消失同时后一个素材逐渐显示。

47 按Ctrl+T组合键，在弹出的对话框中使用其默认参数，单击【确定】按钮，在弹出的字幕编辑器中单击【矩形工具】，在【字幕】面板中绘制一个矩形，选中该矩形，在【填充】选项组中将【颜色】的RGB值设置为255、255、255，在【变换】选项组中，将【宽度】和【高度】都设置为20，将【X位置】和【Y位置】分别设置为122.5、241，如图13-277所示。

图13-277 关闭绘制矩形并调整其参数

48 绘制完成后，关闭字幕编辑器，将当前时间设置为00:00:02:05，在【项目】面板中将【字幕04】拖至【V3】视频轨道中，并将其开始处与时间线对齐，将其结束处与【V2】视频轨道中的素材文件结束处对齐，如图13-278所示。

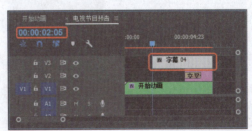

图13-278 添加素材并调整其【持续时间】

49 将当前时间设置为00:00:02:20，在【效果控件】面板中单击【不透明度】右侧的【添加/移除关键帧】按钮，添加一个关键帧，如图13-279所示。

50 将当前时间设置为00:00:02:22，在【效果控件】面板中将【不透明度】设置为80%，如图13-280所示。

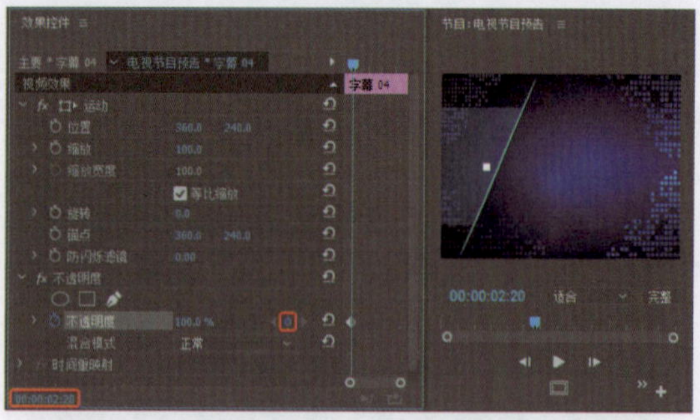

图13-279　添加【不透明度】关键帧

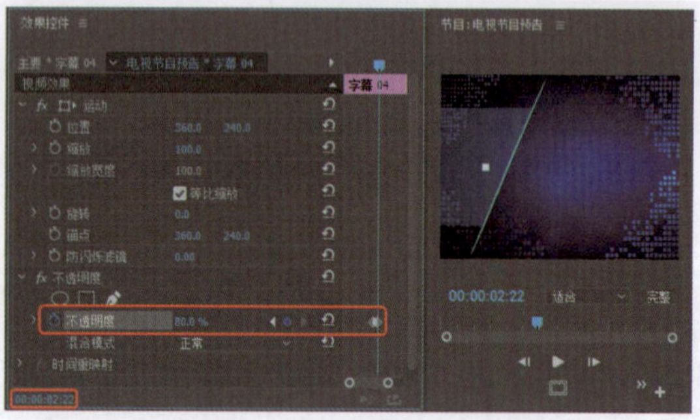

图13-280　设置【不透明度】参数

(51) 将当前时间设置为00:00:04:04，在【效果控件】面板中单击【位置】左侧的【切换动画】按钮，将【位置】设置为280、70，如图13-281所示。

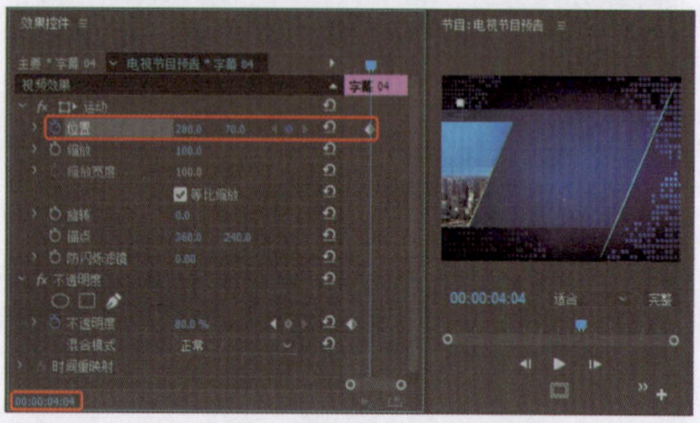

图13-281　添加【位置】关键帧

(52) 将当前时间设置为00:00:04:23，在【效果控件】面板中将【位置】设置为421.1、70，如图13-282所示。

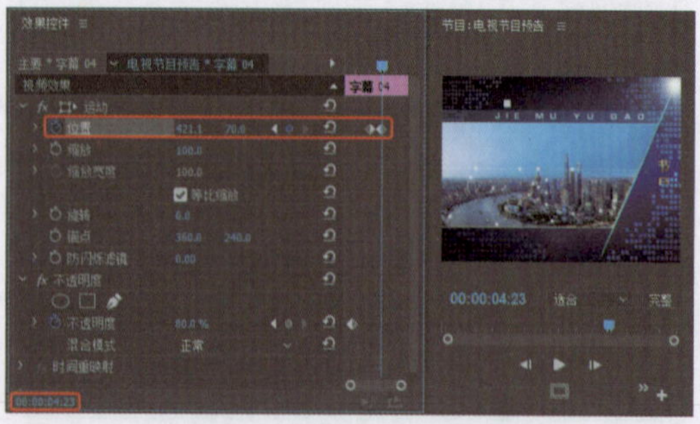

图13-282　设置【位置】参数

(53) 将当前时间设置为00:00:05:08，在【效果控件】面板中单击【不透明度】右侧的【添加/移除关键帧】按钮，如图13-283所示。

(54) 将当前时间设置为00:00:05:10，在【效果控件】面板中将【不透明度】设置为60%，如图13-284所示。

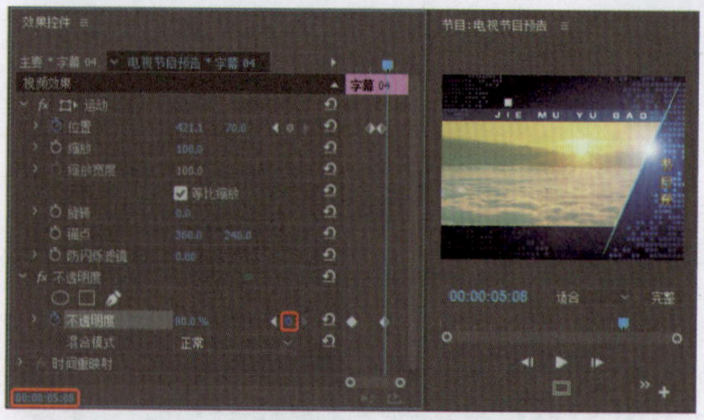

图13-283　添加【不透明度】关键帧

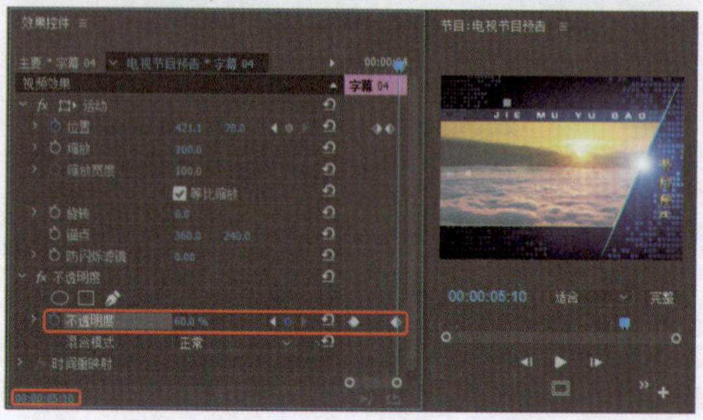

图13-284　设置【不透明度】参数

(55) 将当前时间设置为00:00:05:12，在【效果控件】面板中将【不透明度】设置为80%，如图13-285所示。

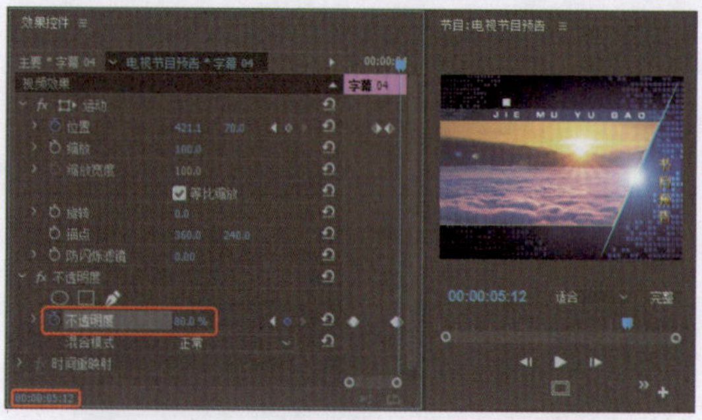

图13-285　设置【不透明度】参数

(56) 使用同样的方法在其他时间添加【不透明度】关键帧，添加后的效果如图13-286所示。

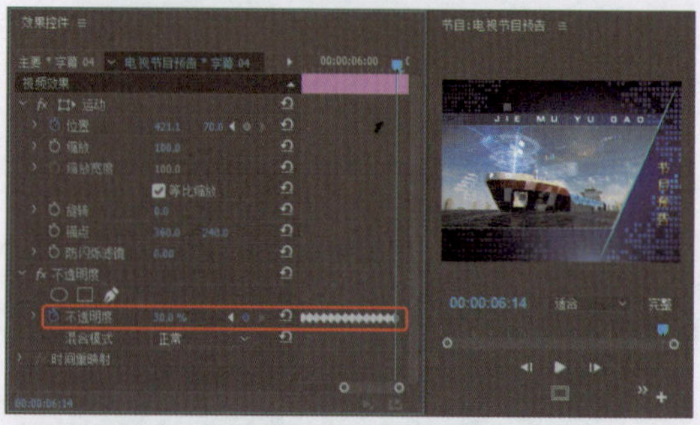

图13-286　添加其他关键帧后的效果

(57) 将当前时间设置为00:00:02:08，在【项目】面板中选择【字幕04】，按住鼠标将其拖至【V3】视频轨道上方的空白轨道中，并将其开始处与时间线对齐，将其结束处与【V3】视频轨道中的素材的结束处对齐，如图13-287所示。

(58) 根据前面所介绍的方法为该素材添加关键帧，并添加其他素材文件，效果如图13-288所示。

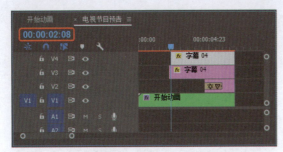

图13-287 添加素材

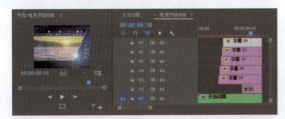

图13-288 添加其他素材并进行设置

❺ 在【项目】面板中选择【背景02.jpg】素材文件，按住鼠标将其拖至【V1】视频轨道中，将其开始处与【开始动画】的结束处对齐，在视频轨道中选中该素材文件，右击鼠标，在弹出的快捷菜单中选择【速度/持续时间】命令，如图13-289所示。

图13-289 选择【速度/持续时间】命令

❻ 在弹出的对话框中将【持续时间】设置为00:00:06:22，设置完成后，单击【确定】按钮，在【效果】面板中搜索【裁剪】视频特效，按住鼠标将其拖至【背景02】素材文件上，将当前时间设置为00:00:07:06，在【效果控件】面板中将【顶部】【底部】都设置为50%，并单击其左侧的【切换动画】按钮，如图13-290所示。

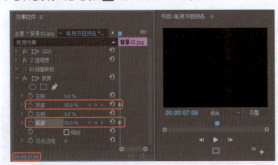

图13-290 添加【裁剪】视频特效

❼ 将当前时间设置为00:00:07:11，在【效果控件】面板中将【裁剪】区域下的【顶部】【底部】设置为0%，如图13-291所示。

❽ 在【效果】面板中搜索【光照效果】视频特效，按住鼠标将其拖至【背景02】素材文件上，在【效果控件】面板

中将【光照1】下的【光照类型】设置为【全光源】，将【中央】设置为732.8、310.5，将【主要半径】和【强度】分别设置为21.9、56.3，如图13-292所示。

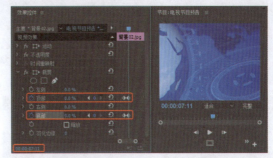

图13-291 设置【裁剪】参数

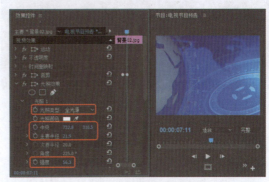

图13-292 设置【光照1】参数

❻❸ 将当前时间设置为00:00:06:21，将【环境光照颜色】的RGB值设置为205、0、0，将【环境光照强度】设置为9.7，并单击其左侧的【切换动画】按钮，将【表面光泽】【表面材质】和【凹凸高度】分别设置为47.6、92.2、63.6，如图13-293所示。

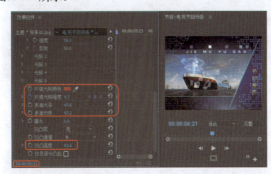

图13-293 设置【光照效果】参数

❻❹ 将当前时间设置为00:00:12:06，在【效果控件】面板中将【环境光照强度】设置为46.6，如图13-294所示。

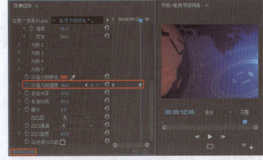

图13-294 设置【环境光照强度】参数

⑥⑤ 选中【背景02】素材文件，右击鼠标，在弹出的快捷菜单中选择【缩放为帧大小】命令，按Ctrl+T组合键，在弹出的对话框中使用其默认参数，单击【确定】按钮，在弹出的字幕编辑器中单击【椭圆工具】，绘制一个椭圆，在【填充】选项组中将【颜色】的RGB值设置为255、255、255，在【变换】选项组中将【宽度】和【高度】分别设置为250、2，将【X位置】和【Y位置】分别设置为328.2、241，如图13-295所示。

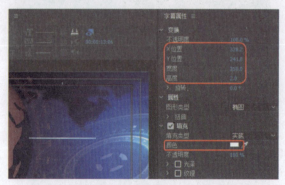

图13-295　绘制椭圆并调整其参数

⑥⑥ 关闭字幕编辑器，在【项目】面板中选择【字幕05】，按住鼠标将其拖至【V2】视频轨道中，将其开始处与【字幕03】的结束处对齐，将结束处与【背景02】的结束处对齐。选中该素材文件，将当前时间设置为00:00:07:01，在【效果控件】面板中取消勾选【等比缩放】复选框，单击【缩放宽度】左侧的【切换动画】按钮，如图13-296所示。

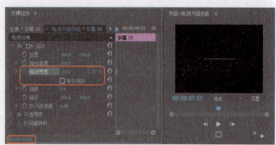

图13-296　添加【缩放宽度】关键帧

⑥⑦ 将当前时间设置为00:00:07:04，将【缩放宽度】设置为160，如图13-297所示。

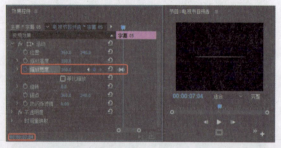

图13-297　设置【缩放宽度】参数

⑥⑧ 将当前时间设置为00:00:07:07，在【效果控件】面板中单击【不透明度】右侧的【添加/移除关键帧】按钮，添加一个关键帧，如图13-298所示。

⑥⑨ 将当前时间设置为00:00:07:10，在【效果控件】面板中将【不透明度】设置为0%，如图13-299所示。

图13-298　添加【不透明度】关键帧

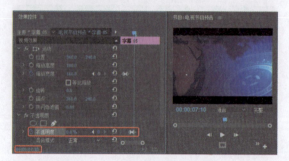

图13-299　设置【不透明度】参数

⑦⓪ 在【效果】面板中搜索【裁剪】视频特效，按住鼠标将其拖至【字幕05】上，将当前时间设置为00:00:06:22，在【效果控件】面板中将【左侧】和【右侧】都设置为50%，并单击其左侧的【切换动画】按钮，如图13-300所示。

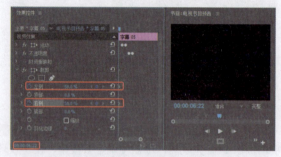

图13-300　添加【裁剪】并设置其参数

⑦① 将当前时间设置为00:00:07:01，在【效果控件】面板中将【裁剪】下的【左侧】和【右侧】都设置为0%，如图13-301所示。

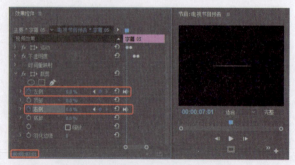

图13-301　设置【裁剪】参数

⑦② 在【效果】面板中搜索【方向模糊】视频特效，按住鼠标将其拖至【字幕05】上，确认当前时间为00:00:07:04，在【效果控件】面板中将【方向】设置为90°，将【模糊长度】设置为0，并单击其左侧的【切换动画】按钮，如图13-302所示。

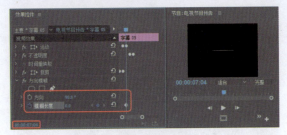

图13-302 添加【方向模糊】特效

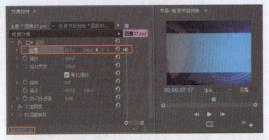

图13-306 设置【位置】参数

73 将当前时间设置为00:00:07:07,在【效果控件】面板中将【模糊长度】设置为100,如图13-303所示。

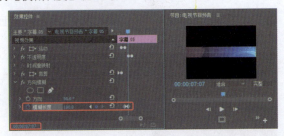

图13-303 设置【模糊长度】参数

74 将当前时间设置为00:00:07:12,在【项目】面板中选择【图像07.psd】素材文件,按住鼠标将其拖至【V3】视频轨道中,将其开始处与时间线对齐,将其【持续时间】设置为00:00:03:21,如图13-304所示。

图13-304 添加素材文件并调整其【持续时间】

75 将当前时间设置为00:00:07:11,选中该素材文件,在【效果控件】面板中将【位置】设置为-547.4、240,单击其左侧的【切换动画】按钮,如图13-305所示。

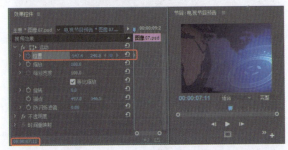

图13-305 添加【位置】关键帧

76 将当前时间设置为00:00:07:17,在【效果控件】面板中将【位置】设置为257.1、240,如图13-306所示。

77 将当前时间设置为00:00:11:04,在【效果控件】面板中将【不透明度】设置为45%,如图13-307所示。

78 将当前时间设置为00:00:11:06,在【效果控件】面板中将【不透明度】设置为0%,如图13-308所示。

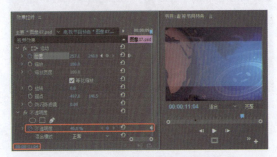

图13-307 设置【不透明度】参数

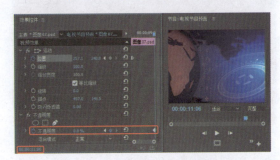

图13-308 设置【不透明度】参数

79 按Ctrl+T组合键,在弹出的对话框中使用其默认参数,单击【确定】按钮,在弹出的字幕编辑器单击【圆角矩形工具】 ,在【字幕】面板中绘制一个圆角矩形,选中绘制的圆角矩形,在【属性】选项组中将【圆角大小】设置为11%,在【填充】选项组中将【颜色】的RGB值设置为255、0、0,将【不透明度】设置为18%,在【描边】选项组中单击【外描边】右侧的【添加】,将【类型】设置为【边缘】,将【大小】设置为2,将【颜色】的RGB值设置为0、255、246,在【变换】选项组中将【宽度】和【高度】分别设置为279、234.1,将【X位置】和【Y位置】分别设置为144.8、240.9,如图13-309所示。

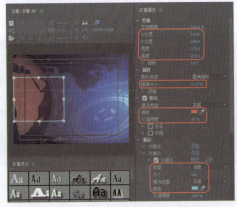

图13-309 绘制圆角矩形并进行设置

⑧⓪ 在【项目】面板中选择【字幕06】字幕文件，按住鼠标将其拖至【V4】视频轨道中，将其开始和结束处与【V3】视频轨道中的【图像07】的开始和结束处对齐，将当前时间设置为00:00:07:18，在【效果控件】中将【位置】设置为873.5、240，并单击其左侧的【切换动画】按钮，将【锚点】设置为150、240，如图13-310所示。

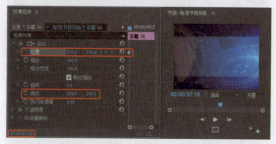

图13-310　设置【位置】和【锚点】参数

⑧① 将当前时间设置为00:00:08:00，在【效果控件】面板中将【位置】设置为152.8、240，如图13-311所示。

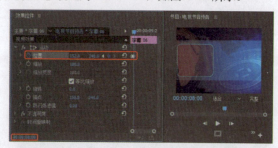

图13-311　设置【位置】参数

⑧② 将当前时间设置为00:00:09:23，在【效果控件】面板中单击【位置】右侧的【添加/移除关键帧】按钮，添加一个关键帧，如图13-312所示。

图13-312　添加关键帧

⑧③ 将当前时间设置为00:00:10:06，在【效果控件】面板中将【位置】设置为155.4、122，如图13-313所示。

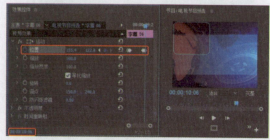

图13-313　设置【位置】参数

⑧④ 将当前时间设置为00:00:11:05，在【效果控件】面板中单击【不透明度】右侧的【添加/移除关键帧】按钮，添加一个关键帧，如图13-314所示。

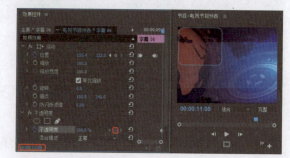

图13-314　添加【不透明度】关键帧

⑧⑤ 将当前时间设置为00:00:11:07，在【效果控件】面板中将【不透明度】设置为0%，如图13-315所示。

图13-315　设置【不透明度】参数

⑧⑥ 设置完成后，按Ctrl+T组合键，在弹出的对话框中使用其默认设置，单击【确定】按钮，在弹出的字幕编辑器中单击【圆角矩形工具】，在【字幕】面板中绘制一个圆角矩形，选中绘制的圆角矩形，在【属性】选项组中将【圆角大小】设置为11%，然后将【图形类型】设置为【闭合贝塞尔曲线】，将【线宽】设置为2，将【连接类型】设置为【斜接】，将【斜接限制】设置为0，在【填充】选项组中将【颜色】的RGB值设置为0、255、246，在【变换】选项组中将【宽度】和【高度】分别设置为279、234.1，将【X位置】和【Y位置】分别设置为269.8、241，如图13-316所示。

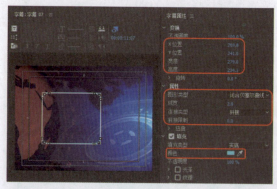

图13-316　绘制圆角矩形并进行设置

> **🏷 提　示**
>
> 在将【图形类型】设置为【闭合贝塞尔曲线】后，则没有办法再更改圆角的大小。

⑧⑦ 绘制完成后，关闭字幕编辑器，将当前时间设置为00:00:08:03，在【项目】面板中选择新建的字幕文件，按住

鼠标将其拖至【V5】视频轨道中，并将其开始处与时间线对齐，将其结束处与【V4】视频轨道中的素材文件的结束处对齐，如图13-317所示。

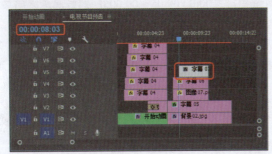

图13-317 添加素材文件并调整其时间

⑧⑧ 将当前时间设置为00:00:08:03，在视频轨道中选择新添加的字幕文件，在【效果控件】面板中将【位置】设置为164、240，并单击其左侧的【切换动画】按钮，将【锚点】设置为300、240，将【不透明度】设置为0%，如图13-318所示。

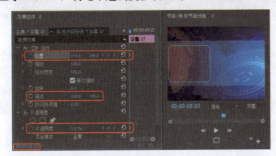

图13-318 设置【位置】【锚点】【不透明度】参数

⑧⑨ 将当前时间设置为00:00:08:05，在【效果控件】面板中将【不透明度】设置为100%，如图13-319所示。

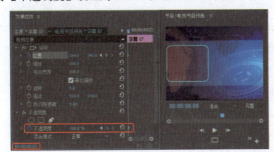

图13-319 设置【不透明度】参数

⑨⓪ 将当前时间设置为00:00:08:13，在【效果控件】面板中将【位置】设置为340、240，如图13-320所示。

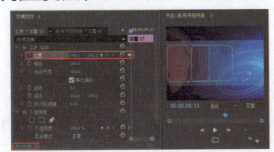

图13-320 设置【位置】参数

⑨① 将当前时间设置为00:00:11:05，在【效果控件】面板中单击【不透明度】右侧的【添加/移除关键帧】按钮，

如图13-321所示。

图13-321 添加关键帧

⑨② 将当前时间设置为00:00:11:07，在【效果控件】面板中将【不透明度】设置为0%，如图13-322所示。

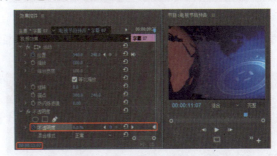

图13-322 设置【不透明度】参数

⑨③ 在【项目】面板中双击【字幕06】，在弹出的字幕编辑器中单击【基于当前字幕新建字幕】按钮，在弹出的对话框中使用其默认参数，单击【确定】按钮，在【字幕】面板中选择圆角矩形，在【变换】选项组中将【宽度】和【高度】分别设置为277、232.1，将【X位置】和【Y位置】分别设置为269.8、241，如图13-323所示。

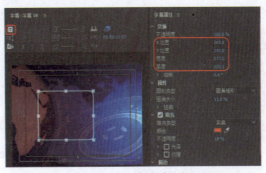

图13-323 复制字幕并进行调整

⑨④ 关闭字幕编辑器，将当前时间设置为00:00:08:13，在【项目】面板中选择【字幕08】，按住鼠标将其拖至【V6】视频轨道中，将其开始处与时间线对齐，将其【持续时间】设置为00:00:02:07，如图13-324所示。

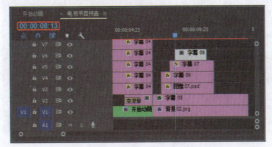

图13-324 添加素材并设置其【持续时间】

⑨5 选中该字幕文件，确认当前时间为00:00:08:13，在【效果控件】面板中将【位置】设置为400、240，并单击其左侧的【切换动画】按钮，将【不透明度】设置为0%，如图13-325所示。

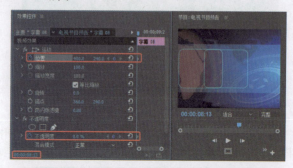

图13-325　设置【位置】和【不透明度】参数

⑨6 将当前时间设置为00:00:08:15，在【效果控件】面板中将【不透明度】设置为100%，如图13-326所示。

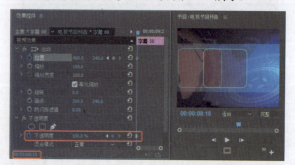

图13-326　设置【不透明度】参数

⑨7 将当前时间设置为00:00:09:05，在【效果控件】面板中将【位置】设置为512、240，如图13-327所示。

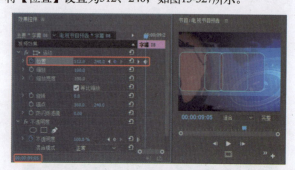

图13-327　设置【位置】参数

⑨8 将当前时间设置为00:00:09:23，在【效果控件】面板中单击【位置】右侧的【添加/移除关键帧】按钮，添加一个关键帧，如图13-328所示。

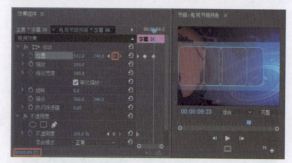

图13-328　添加关键帧

提　示

在00:00:09:23时间段添加一个位置关键帧，主要是使圆角矩形在00:00:09:05～00:00:09:23时间段之间保持位置不动。

⑨9 将当前时间设置为00:00:10:06，在【效果控件】面板中将【位置】设置为584、331，如图13-329所示。

图13-329　设置【位置】参数

⑩0 设置完成后，在【项目】面板中选择【字幕08】，双击该字幕文件，打开字幕编辑器，在弹出的字幕编辑器中单击【基于当前字幕新建字幕】按钮，在弹出的对话框中使用其默认参数即可，单击【确定】按钮，在【填充】选项组中勾选【纹理】复选框，单击【纹理】右侧的材质框，在弹出的对话框中选择【图像001.jpg】素材文件，如图13-330所示。

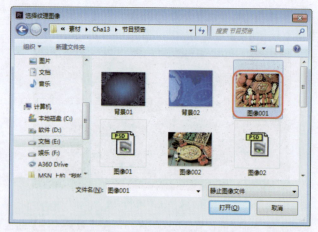

图13-330　选择素材文件

提　示

在为图形添加填充材质时，由于Premiere Pro不支持CMYK颜色模式的素材图片，则CMYK颜色模式的图像无法作为材质添加至图形中。

⑩1 单击【打开】按钮，将【缩放】下的【水平】和【垂直】分别设置为170%、139%，将【对齐】下的【规则X】和【规则Y】都设置为【中央】，如图13-331所示。

⑩2 基于当前字幕再新建其他字幕，并修改其他字幕的材质，效果如图13-332所示。

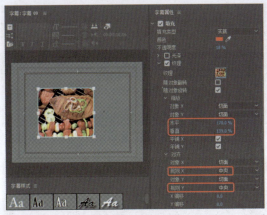

图13-331　设置参数

图13-332　新建其他字幕后的效果

103 根据前面所介绍的方法再创建方块运动动画，创建完成后的效果如图13-333所示。

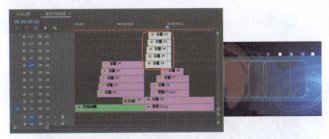

图13-333　制作方块运动动画

104 将当前时间设置为00:00:10:06，在【项目】面板中选择【字幕09】，按住鼠标将其拖至【V7】视频轨道中，将其开始处与时间线对齐，将其【持续时间】设置为00:00:00:14，如图13-334所示。

图13-334　添加素材并设置其【持续时间】

105 在视频轨道中选中新添加的字幕，在【效果控件】面板中将【位置】设置为581.7、331.1，将【不透明度】设置为0%，如图13-335所示。

106 将当前时间设置为00:00:10:08，在【效果控件】面板中将【不透明度】设置为100%，如图13-336所示。

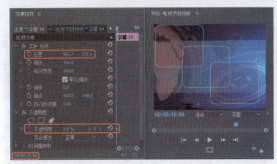

图13-335　设置【位置】和【不透明度】参数

图13-336　设置【不透明度】参数

107 将当前时间设置为00:00:10:13，在【项目】面板中选择【字幕11】，按住鼠标将其拖至【V8】视频轨道中，将其开始处与时间线对齐，将其【持续时间】设置为00:00:00:10，如图13-337所示。

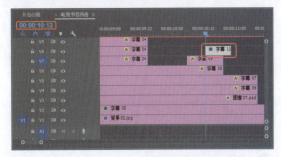

图13-337　添加素材文件并设置其【持续时间】

108 将当前时间设置为00:00:10:13，在【效果控件】面板中将【位置】设置为581.7、331.1，将【不透明度】设置为0%，如图13-338所示。

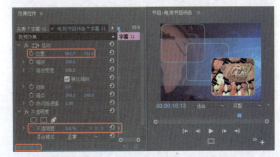

图13-338　设置【位置】和【不透明度】参数

109 将当前时间设置为00:00:10:15，在【效果控件】面板中将【不透明度】设置为100%，如图13-339所示。

110 将当前时间设置为00:00:10:20，将【字幕13】拖至【V9】视频轨道中，将【持续时间】设置为00:00:00:13，效果如图13-340所示。

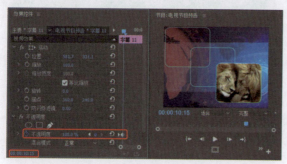

图13-339　设置【不透明度】参数

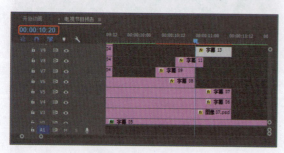

图13-340　拖动素材

111 确认当前时间为00:00:10:20，将【位置】设置为581.7、331.1，将【不透明度】设置为0%，将当前时间设置为00:00:10:22，将【不透明度】设置为100%，如图13-341所示。

图13-341　设置【位置】参数

112 将当前时间设置为00:00:11:05，单击右侧的【添加/移除关键帧】按钮，将当前时间设置为00:00:11:06，将【不透明度】设置为0%，如图13-342所示。

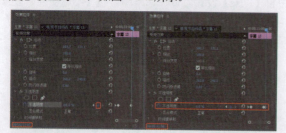

图13-342　设置【不透明度】参数

113 将当前时间设置为00:00:10:06，将【字幕10】拖至【V10】视频轨道中，将【持续时间】设置为00:00:00:14，如图13-343所示。

114 确认当前时间为00:00:10:06，将【位置】设置为229.4、122，将【不透明度】设置为0%，如图13-344所示。

115 将当前时间设置为00:00:10:08，将【不透明度】设置为100%，如图13-345所示。

图13-343　拖动素材

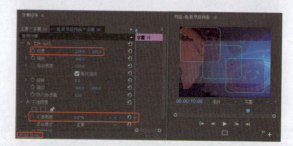

图13-344　设置【位置】和【不透明度】参数

图13-345　设置【不透明度】参数

116 将当前时间设置为00:00:10:13，将【字幕12】拖至【V11】视频轨道中，将【持续时间】设置为00:00:00:10，如图13-346所示。

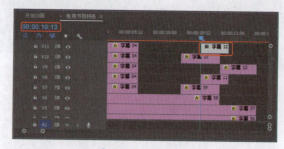

图13-346　拖动素材

117 将【位置】设置为229.4、122，将【不透明度】设置为0%，如图13-347所示。

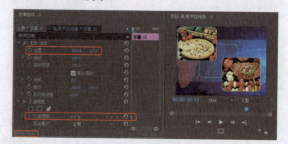

图13-347　设置【不透明度】参数

118 将当前时间设置为00:00:10:15，将【不透明度】设置为100%，如图13-348所示。

图13-348　设置【不透明度】参数

(119) 将当前时间设置为00:00:10:20，将【字幕14】拖至【V12】视频轨道中，将【持续时间】设置为00:00:00:13，如图13-349所示。

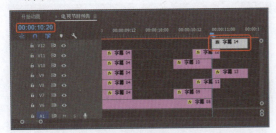

图13-349　拖动素材

(120) 将【位置】设置为229.4、122，将【不透明度】设置为0%，如图13-350所示。

图13-350　设置【不透明度】参数

(121) 将当前时间设置为00:00:10:22，将【不透明度】设置为100%，将当前时间设置为00:00:11:05，单击右侧的【添加/移除关键帧】按钮，如图13-351所示。

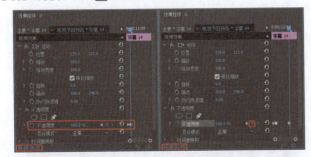

图13-351　设置【不透明度】参数

(122) 将当前时间设置为00:00:11:06，将【不透明度】设置为0%，如图13-352所示。

(123) 按Ctrl+T组合键，在弹出的对话框中使用其默认参数，单击【确定】按钮，在弹出的字幕编辑器中单击【椭圆工具】，在【字幕】面板中绘制一个椭圆，选中绘制的椭圆，在【填充】选项组中将【颜色】的RGB值设置为0、255、246，在【变换】选项组中将【宽度】和【高度】分别

设置为4.5、506.6，将【旋转】设置为24.5°，将【X位置】和【Y位置】分别设置为537.2、241.2，如图13-353所示。

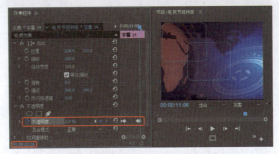

图13-352　设置【不透明度】参数

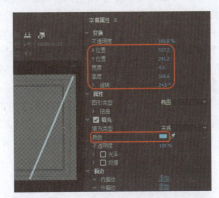

图13-353　绘制椭圆并设置其参数

(124) 设置完成后，关闭字幕编辑器，将当前时间设置为00:00:11:07，在【项目】面板中选择【字幕15】，按住鼠标将其拖至【V6】视频轨道中，将其开始处与时间线对齐，将其【持续时间】设置为00:00:02:13，如图13-354所示。

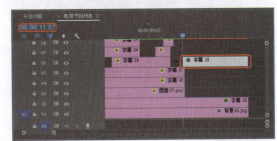

图13-354　添加素材文件并设置其【持续时间】

(125) 将当前时间设置为00:00:11:07，在【效果控件】面板中将【位置】设置为405.6、-219.7，并单击其左侧的【切换动画】按钮，如图13-355所示。

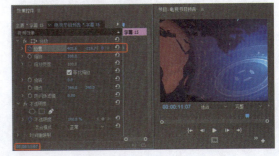

图13-355　添加【位置】关键帧

(126) 将当前时间设置为00:00:11:15，在【效果控件】面板中将【位置】设置为130.4、240，如图13-356所示。

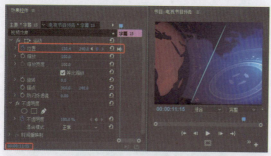

图13-356 设置【位置】参数

127 设置完成后，按Ctrl+T组合键，在弹出的对话框中使用其默认参数，单击【确定】按钮，在弹出的字幕编辑器中单击【圆角矩形工具】，在【字幕】面板中绘制一个圆角矩形，在【属性】选项组中将【圆角大小】设置为5%，在【填充】选项组中将【颜色】的RGB值设置为26、122、211，将【不透明度】设置为50%，在【描边】选项组中单击【外描边】右侧的【添加】，将【大小】设置为2，将【颜色】的RGB值设置为0、255、246，在【变换】选项组中将【宽度】和【高度】分别设置为373、222.8，将【X位置】和【Y位置】分别设置为439.2、315.1，如图13-357所示。

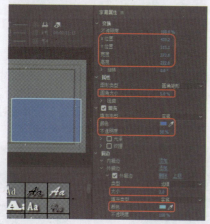

图13-357 绘制圆角矩形并进行设置

128 设置完成后，在字幕编辑器中单击【基于当前字幕新建字幕】按钮，在弹出的对话框中单击【确定】按钮，在【字幕】面板中选中圆角矩形，在【变换】选项组中将【宽度】和【高度】分别设置为367、197.8，将【X位置】和【Y位置】分别设置为235.2、132.6，如图13-358所示。

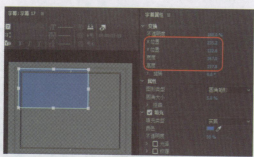

图13-358 复制字幕并进行设置

129 设置完成后，关闭字幕编辑器，将当前时间设置为00:00:11:15，在【项目】面板中选择【字幕16】，按住鼠标将其拖至【V7】视频轨道中，将其开始处与时间线对齐，将其

【持续时间】设置为00:00:02:05，如图13-359所示。

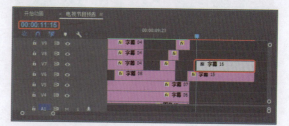

图13-359 添加字幕文件并设置其【持续时间】

130 将【不透明度】设置为80%，将【混合模式】设置为【叠加】，如图13-360所示。

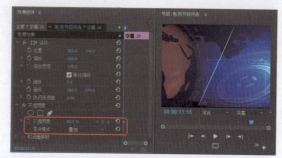

图13-360 设置【不透明度】和【混合模式】参数

131 将当前时间设置为00:00:11:15，在【项目】面板中选择【字幕17】，按住鼠标将其拖至【V8】视频轨道中，将其与时间线对齐，将其【持续时间】设置为00:00:02:05，如图13-361所示。

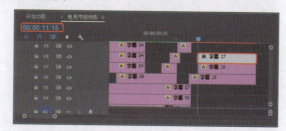

图13-361 添加素材文件并设置其【持续时间】

132 在【效果控件】面板中将【不透明度】设置为80%，将【混合模式】设置为【颜色减淡】，如图13-362所示。

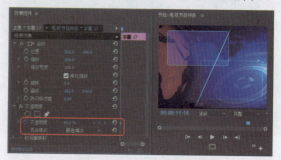

图13-362 设置【不透明度】和【混合模式】参数

133 按Ctrl+T组合键，在弹出的对话框中使用其默认参数，单击【确定】按钮，在字幕编辑器中单击【文字工具】，在【字幕】面板中绘制一个文本框，输入文字，选中输入的文字，在【属性】选项组中将【字体系列】设置为【微软雅黑】，将【字体大小】设置为28，将【行距】【字符间距】分别设置为8、10，在【填充】选项组中将【颜色】RGB

值设置为255、255、255，在【变换】选项组中将【X位置】和【Y位置】分别设置为469.8、328.3，如图13-363所示。

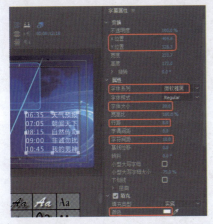

图13-363　输入文字并进行设置

> **提 示**
>
> 【字符间距】：设置所有字符或者所选字符的间距，调整的是单个字符间的距离。

134 勾选【阴影】复选框，在【阴影】选项组中将【颜色】RGB值设置为0、255、246，将【不透明度】【角度】【距离】【大小】【扩展】分别设置为35%、-205°、0、0、11，如图13-364所示。

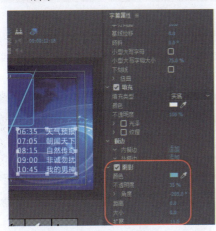

图13-364　设置【阴影】参数

135 设置完成后，选中该文本框，按住Alt键，对其进行复制，并调整其位置和内容，效果如图13-365所示。

图13-365　复制文本框并修改其内容

136 关闭字幕编辑器，将当前时间设置为00:00:12:07，在【项目】面板中选择【字幕18】，按住鼠标将其拖至【V9】视频轨道中，将其开始处与时间线对齐，将其【持续时间】设置为00:00:01:13，如图13-366所示。

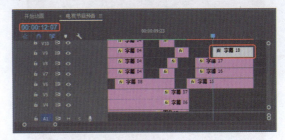

图13-366　添加字幕并设置其【持续时间】

137 将当前时间设置为00:00:12:16，选中视频轨道中的【字幕18】，在【效果控件】面板中将【不透明度】设置为0%，如图13-367所示。

图13-367　设置【不透明度】参数

138 将当前时间设置为00:00:12:18，在【效果控件】面板中将【不透明度】设置为100%，如图13-368所示。

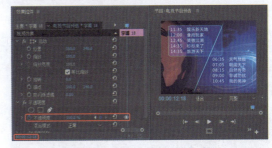

图13-368　设置【不透明度】参数

139 按Ctrl+T组合键，在弹出的对话框中使用其默认参数，单击【确定】按钮，在弹出的字幕编辑器中单击【文字工具】，在【字幕】面板中单击鼠标，输入文字，选中输入的文字，在【属性】面板中将【字体系列】设置为【汉仪综艺体简】，将【字体大小】设置为30，将【宽高比】设置为45.3%，将【字符间距】设置为10，在【填充】选项组中将【颜色】RGB值设置为255、255、255，在【变换】选项组中将【X位置】和【Y位置】分别设置为89、341.7，如图13-369所示。

140 设置完成后，在字幕编辑器中单击【基于当前字幕新建字幕】按钮，在弹出的对话框中使用其默认参数，单击【确定】按钮，对新字幕的内容进行修改，选中修改后的文字，在【属性】面板中将【字体系列】设置为【华文新魏】，将【字体大小】设置为40，将【宽高比】设置为100%，将【字偶间距】和【字符间距】分别设置为8、0，在【变换】选项组中将【X位置】和【Y位置】分别设置为516、174.6，如图13-370所示。

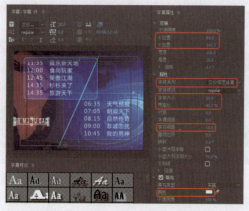

图13-369　输入文字并进行设置

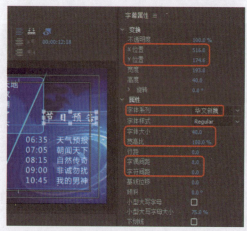

图13-370　复制字幕并进行设置

(141) 设置完成后，关闭字幕编辑器，将当前时间设置为00:00:12:07，在【项目】面板中选择【字幕19】，按住鼠标将其拖至【V10】视频轨道中，将其开始处与时间线对齐，将其【持续时间】设置为00:00:01:13，如图13-371所示。

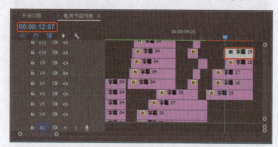

图13-371　添加素材并设置其【持续时间】

(142) 确认当前时间为00:00:12:07，在视频轨道中选中新添加的字幕，在【效果控件】面板中将【位置】设置为563.2、153，取消勾选【等比缩放】复选框，单击【缩放宽度】左侧的【切换动画】按钮，将【不透明度】设置为0%，如图13-372所示。

(143) 将当前时间设置为00:00:12:09，在【效果控件】面板中将【不透明度】设置为100，如图13-373所示。

(144) 将当前时间设置为00:00:12:20，在【效果控件】面板中将【缩放宽度】设置为142，如图13-374所示。

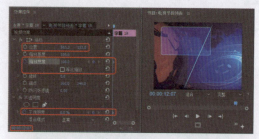

图13-372　设置【位置】和【不透明度】参数

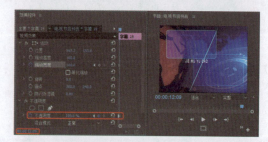

图13-373　设置【不透明度】参数

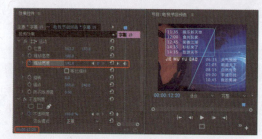

图13-374　设置【缩放】参数

(145) 将【字幕20】拖至【V11】视频轨道中，并将其开始和结束处与【字幕19】的开始和结束处对齐，如图13-375所示。

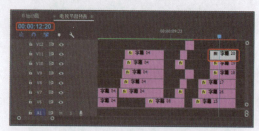

图13-375　添加素材文件

(146) 将当前时间设置为00:00:12:07，在【V11】视频轨道中选择【字幕20】，在【效果控件】面板中将【不透明度】设置为0%，如图13-376所示。

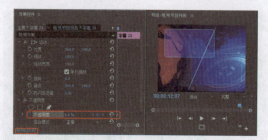

图13-376　设置【不透明度】参数

(147) 将当前时间设置为00:00:12:11，在【效果控件】面板中将【不透明度】设置为100%，如图13-377所示。

图13-377 设置【不透明度】参数

148 将当前时间设置为00:00:12:15，在【效果控件】面板中取消勾选【等比缩放】复选框，单击【缩放宽度】左侧的【切换动画】按钮，添加一个关键帧，如图13-378所示。

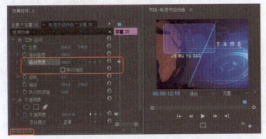

图13-378 添加【缩放宽度】关键帧

149 将当前时间设置为00:00:12:20，在【效果控件】面板中将【缩放宽度】设置为108，如图13-379所示。

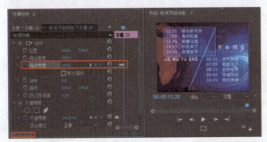

图13-379 设置【缩放宽度】参数

150 设置完成后，用户可以通过拖动时间线查看效果，效果如图13-380所示。

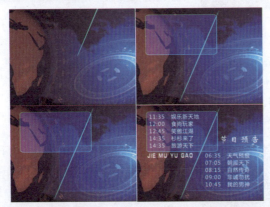

图13-380 效果展示

151 将当前时间设置为00:00:00:00，将【背景音乐.mp3】音频文件拖至【A1】音频轨道中，将开始处与时间线对齐，单击鼠标右键，在弹出的快捷菜单中选择【速度/持续时间】命令，在弹出的对话框中将【持续时间】设置为00:00:13:19，如图13-381所示。

图13-381 导入音频

152 激活【电视节目预告】序列，选择【文件】|【导出】|【媒体】命令，在打开的【导出设置】对话框中，在【导出设置】区域下，设置【格式】为【AVI】，单击【输出名称】右侧的蓝色文字，在打开的对话框中选择保存位置并输入名称，单击【保存】按钮，返回到【导出设置】对话框，单击【导出】按钮，对视频进行渲染输出，如图13-382所示。

图13-382 导出媒体

实例203 婚礼片头

本章讲解婚礼影片片头的制作，在现在的结婚录像中都有一段精彩、喜庆的片头。本案例所介绍的婚礼影片片头（如图13-383所示）是对前面所学习知识的综合运用及一些实用技巧，使读者能够更加深入地掌握Premiere Pro CC 2017，达到融会贯通、举一反三的目的，希望读者多多实践，来开拓思路制作出更好的作品。

素材	素材|Cha13|婚礼片头|素材01.avi、素材02.psd、素材03.jpg~素材06.jpg、心形.gif、音频.mp3
场景	场景|Cha13|婚礼片头.prproj
视频	视频教学|Cha13|实例203 婚礼片头.MP4

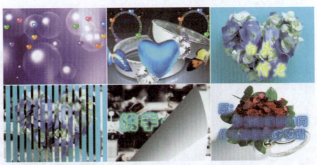

图13-383 婚礼片头分镜效果

1 运行Premiere Pro CC 2017，在开始界面中单击【新建项目】按钮，在【新建项目】对话框中，选择项目的保存路径，对项目名称进行命名，单击【确定】按钮，如图13-384所示。

② 按Ctrl+N组合键，弹出【新建序列】对话框，在【序列预设】选项卡中【可用预设】区域下选择【DV-24P】|【标准 48kHz】选项，对【序列名称】命名为【婚礼片头】，单击【确定】按钮，如图13-385所示。

图13-384　新建项目

图13-385　新建序列

③ 进入操作界面，在【项目】面板中【名称】区域下的空白处双击鼠标左键，在弹出的对话框中选择随书配套资源中的素材|Cha13|婚礼片头文件夹，单击【导入文件夹】按钮，如图13-386所示。

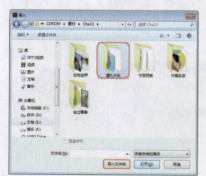

图13-386　导入文件夹

④ 在弹出的【导入分层文件：素材02】对话框中，将【导入为】设置为【各个图层】，单击【确定】按钮，如图13-387所示。

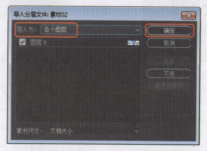

图13-387　导入分层文件

⑤ 按Ctrl+T组合键，新建字幕【白】，在字幕面板中，使用【文字工具】，在字幕设计栏中输入【白】，并将【白】选中，在【字幕属性】栏中，设置【字体系列】为【方正行楷简体】，设置【字体大小】为100，设置【宽高比】为102%，设置【字符间距】为-2.8，设置【基线位移】为5；在【填充】区域下设置【颜色】的RGB值为251、255、0，在【变换】区域下设置【X位置】和【Y位置】为389.4、209，如图13-388所示。

图13-388　创建【白】字幕

⑥ 选中【阴影】复选框，设置【颜色】RGB值为白色，设置【不透明度】为100%，设置【角度】为-237°，设置【距离】为0，设置【大小】为31，【扩展】设置为75，如图13-389所示。

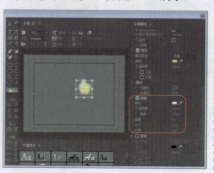

图13-389　设置【阴影】参数

⑦ 单击【基于当前字幕新建字幕】按钮，新建【头】，选中字幕设计栏中的文字，将其更改为【头】，然后使用同样方法，新建【偕】【老】，如图13-390所示。

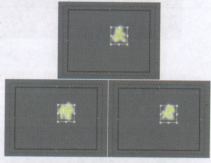

图13-390　创建【头】【偕】和【老】字幕

⑧ 再次单击【基于当前字幕新建字幕】按钮，新建【祝词01】，将字幕设计栏中的文字删除，然后再输入文本【携手一生】，设置【字体系列】为【华文彩云】，设置【字偶间距】为15，设置【宽高比】为100%，设置【字符间距】为0，在【阴影】区域下，设置【颜色】RGB值为8、222、241，分别单击【垂直居中】和【水平居中】按钮，效果如图13-391所示。

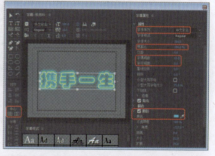

图13-391　新建【祝词01】字幕

知识链接

婚礼片应该是温馨浪漫的暖色调，但也要根据不同新人的自身风格而定，或活泼幽默，或圣洁隆重，或深沉大方，或小巧纤秀，总之风格如其人。

每对新人的生活道路都不相同，所以在婚礼片中，应该反映出主角生活中的特点、事业上的亮点、新居中的焦点，以及嘉宾中的重点。新居、宴会厅、彩车和服饰，都是让人眼花缭乱的，但是在摄像中要有主有次，让每一个场景都有亮点，让人留下深刻印象。

一部完整的婚礼片，后期编辑尤为重要，经过精心的后期制作，进行必要的删剪，适时的特技效果、片头字幕，配上优美的音乐等，使人耳目一新。

❾ 再次单击【基于当前字幕新建字幕】按钮▣，新建字幕【祝词02】，更改字幕设计栏中的文字【愿：你们的家园如同伊甸园般美好和谐】，设置【字体大小】为60，设置【行距】为21，在【填充】区域下将【颜色】RGB值设置为200、28、244，在【阴影】区域下设置【颜色】为RGB值为25、162、219，设置【扩展】为94；分别单击【垂直居中】和【水平居中】按钮，效果如图13-392所示，然后关闭字幕窗口。

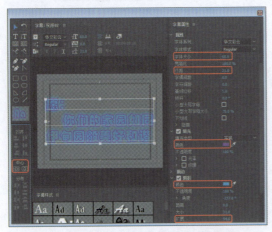

图13-392　新建【祝词02】字幕

❿ 将【素材03.jpg】文件拖至【时间线】窗口【V1】视频轨道中，设置当前时间为00:00:04:14，拖动素材结束处与时间线对齐，如图13-393所示。

图13-393　拖动素材

⓫ 在【时间线】窗口【V1】视频轨道中的素材文件上单击鼠标右键，然后当前时间设置为00:00:00:00，确定【素材03.jpg】文件选中的情况下，激活【效果控件】面板，设置【缩放】为125，然后单击【缩放】左侧的【切换动画】按钮▣，打开动画关键帧记录，如图13-394所示。

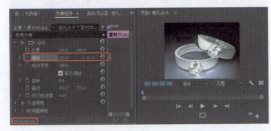

图13-394　设置参数并添加关键帧

⓬ 再将当前时间设置为00:00:01:10，设置【缩放】为88，如图13-395所示。

图13-395　设置【缩放】参数

⓭ 为【素材03.jpg】文件的结束处添加【交叉缩放】效果，激活【效果控件】面板，将该切换效果的【持续时间】设置为00:00:01:09，如图13-396所示。

图13-396　设置【持续时间】

🏷 提 示

【交叉缩放】过渡效果：图像A放大，然后图像B缩小。

⓮ 将【素材01.avi】文件拖至【时间线】窗口【V2】视频轨道中，取消视音频链接，将【持续时间】设置为00:00:01:12，将【素材02.psd】文件拖至【时间线】窗口【V2】视频轨道中，与【素材01.avi】文件的结束处对齐，如图13-397所示。

图13-397　拖动素材

⓯ 将当前时间设置为00:00:04:05，拖动【图层0/素材02.psd】的开始处与【素材01.avi】的结束处对齐，将结束处使其与时间线对齐，如图13-398所示。

图13-398　拖动素材

⑯ 为【图层0/素材02. psd】添加【高斯模糊】特效，设置时间为00:00:01:00，激活【效控制台】面板，设置【缩放】为0，然后单击【缩放】左侧的【切换动画】按钮，打开动画关键帧记录，如图13-399所示。

图13-399　设置【缩放】参数并添加关键帧

⑰ 将当前时间设置为00:00:04:01，在【高斯模糊】区域下，单击【模糊度】左侧的【切换动画】按钮，打开动画关键帧记录，如图13-400所示。

图13-400　添加【模糊度】关键帧

> 🏷 提　示
>
> 【高斯模糊】：特效能够模糊和柔化图像并能消除噪波。可以指定模糊的方向为水平、垂直或双向。

⑱ 设置当前时间为00:00:04:11，设置【缩放】为345，如图13-401所示。

图13-401　设置【缩放】参数

⑲ 设置当前时间为00:00:04:13，在【高斯模糊】区域下，设置【模糊度】为65，如图13-402所示。

图13-402　设置【高斯模糊】参数

⑳ 将【心形.gif】文件拖至【V3】视频轨道中，激活【效果控件】面板，设置【位置】为129、110，设置【缩放】为195，如图13-403所示。

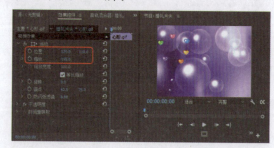

图13-403　设置【位置】和【缩放】参数

㉑ 单击鼠标右键，在弹出的快捷菜单中执行【速度/持续时间】选项，将【持续时间】设置为00:00:01:09，如图13-404所示。

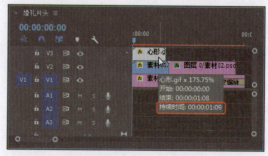

图13-404　设置【持续时间】

㉒ 在【V3】视频轨道中对【心形.gif】素材进行复制，复制出2个对象，效果如图13-405所示。

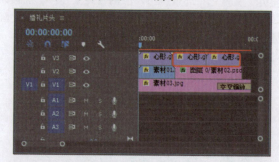

图13-405　复制心形

㉓ 在菜单栏中选择【序列】|【添加轨道】命令，在弹出的对话框中，添加2条视频轨道和0条音频轨，然后单击【确定】按钮，如图13-406所示。

图13-406　添加轨道

24 将【心形.gif】文件拖至【V4】视频轨道中，激活【效果控件】面板，设置【位置】为610、107，设置【缩放】为195，将【持续时间】设置为00:00:01:09，如图13-407所示。

图13-407　设置完成后的效果

25 在【V4】视频轨道中对【心形.gif】素材进行复制，复制出2个对象，效果如图13-408所示。

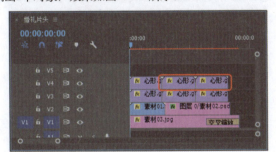

图13-408　复制心形

26 将当前时间设置为00:00:04:14，将【素材04.jpg】拖至【V1】视频轨道中，与时间线对齐，将时间设置为00:00:08:06，拖动其结束处与时间线对齐，如图13-409所示。

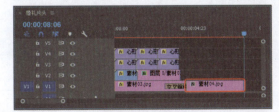

图13-409　拖动素材

27 确定【素材04.jpg】素材文件处于选中的状态下，激活【效果控件】面板，设置【位置】为351、253，将【缩放】设置为43，如图13-410所示。

图13-410　设置【位置】和【缩放】参数

28 将当前时间设置为00:00:05:00，将【白】文件拖至【V2】视频轨道中与时间线对齐；将当前时间设置为00:00:07:19，拖动其结束处与时间线对齐，如图13-411所示。

图13-411　拖动素材

29 确认【白】处于选中状态，将当前时间设置为00:00:05:00，激活【效果控件】面板，设置【位置】为592、167，然后单击左侧的【切换动画】按钮，打开动画关键帧记录，设置【缩放】为12，然后单击左侧的【切换动画】按钮，打开动画关键帧记录，如图13-412所示。

图13-412　设置参数并添加关键帧

30 设置时间为00:00:06:01，设置【位置】为397.8、148.5，如图13-413所示。

图13-413　设置【位置】参数

31 将当前时间设置为00:00:07:00，设置【位置】为211.5、302.3，设置【缩放】为100，如图13-414所示。

32 将【头】【偕】【老】文件分别拖至【V3】~【V5】视频轨道中，拖动它们的开始和结束处与【白】文件的开始和结束处对齐，如图13-415所示。

图13-414　设置【位置】和【缩放】参数

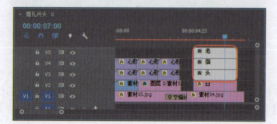

图13-415　对齐后的效果

㉝ 确定【头】素材文件处于选中的状态下，将当前时间设置为00:00:05:04，激活【效果控件】面板，设置【位置】为592、167，设置【缩放】为12，然后分别单击【位置】和【缩放】左侧的【切换动画】按钮，打开动画关键帧记录，如图13-416所示。

图13-416　设置参数并添加关键帧

㉞ 将当前时间设置为00:00:06:06，设置【位置】为434.7、164.6，如图13-417所示。

图13-417　设置【位置】参数

㉟ 将当前时间设置为00:00:07:03，设置【缩放】为100，如图13-418所示。

图13-418　设置【缩放】参数

㊱ 将当前时间设置为00:00:07:04，设置【位置】为322.2、303.3，如图13-419所示。

图13-419　设置【位置】参数

㊲ 确定【偕】素材文件处于选中的状态下，将当前时间设置为00:00:05:05，激活【效果控件】面板，设置【位置】为123、195，设置【缩放】为14，然后分别单击【位置】和【缩放】左侧的【切换动画】按钮，打开动画关键帧记录，如图13-420所示。

图13-420　设置参数并添加关键帧

㊳ 设置当前时间为00:00:06:09，设置【位置】为332.3、300.5，如图13-421所示。

图13-421　设置【位置】参数

㊴ 将当前时间设置为00:00:07:06，设置【位置】为297、437，设置【缩放】为100，如图13-422所示。

图13-422　设置参数

㊵ 选中【老】素材文件，将当前时间设置为00:00:05:00，设置【位置】为123、195，设置【缩放】为14，然后分别单击【位置】和【缩放】左侧的【切换动画】按钮，打开动画关键帧记录，如图13-423所示。

图13-423　设置参数并添加关键帧

④1 将当前时间设置为00:00:06:03, 设置【位置】为332、300, 如图13-424所示。

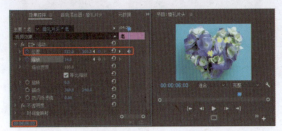

图13-424　设置【位置】参数

④2 将当前时间设置为00:00:07:00, 设置【位置】为415、440, 设置【缩放】为100, 如图13-425所示。

图13-425　设置【位置】和【缩放】参数

④3 将【素材05.jpg】拖至【V1】视频轨道中与【素材04】结束处对齐; 将当前时间设置为00:00:10:16, 拖动其结束处与时间线对齐, 如图13-426所示。

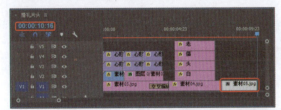

图13-426　拖动素材

④4 确认【素材05.jpg】处于选中的状态下, 激活【效果控件】面板, 设置【缩放】为151, 如图13-427所示。

图13-427　设置【缩放】参数

④5 在【素材04.jpg】和【素材05.jpg】文件中间添加【百叶窗】切换效果, 设置该切换效果的【持续时间】为00:00:00:19, 单击【自定义】按钮, 在弹出的【百叶窗设置】对话框中, 将【带数量】设置为15, 单击【自东向西】小三角按钮, 单击【确定】按钮, 如图13-428所示。

> 提 示
>
> 　【百叶窗】过渡效果: 水平擦除以显示图像A下面的图像B。

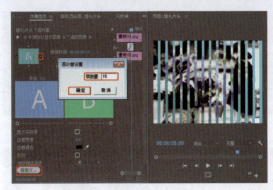

图13-428【百叶窗设置】对话框

④6 将当前时间设置为00:00:08:12, 将【祝词01】拖至【V2】视频轨道中与时间线对齐; 将当前时间设置为00:00:10:06, 拖动其结束处与时间线对齐, 效果如图13-429所示。

图13-429　拖动素材

④7 在【祝词01】素材文件的开始处添加【页面剥落】切换效果, 设置该切换效果的【持续时间】为00:00:01:01, 如图13-430所示。

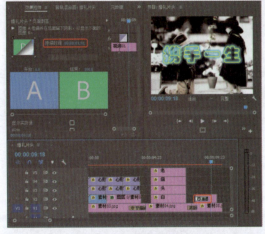

图13-430　设置【持续时间】

> 提 示
>
> 　【页面剥落】过渡效果: 产生页面剥落转换的效果。

④8 将当前时间设置为00:00:10:16, 将【素材06.jpg】拖至【V1】视频轨道中使其与【素材05.jpg】文件的结束处对齐; 将当前时间设置为00:00:14:18, 拖动其结束处与时间线对齐, 如图13-431所示。

④9 确认【素材06.jpg】处于选中的状态下, 激活【效果控件】面板, 取消勾选【等比缩放】复选框, 设置【缩放宽度】为57, 设置【缩放高度】为70, 如图13-432所示。

图13-431　拖动素材

图13-432　设置参数

50 在【素材05.jpg】和【素材06.jpg】文件中间添加【交叉缩放】切换效果，设置该切换效果的【持续时间】为00:00:00:17，如图13-433所示。

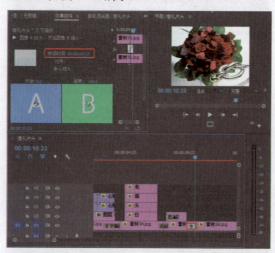

图13-433　设置【持续时间】

51 将当前时间设置为00:00:10:18，将【祝词02】拖至【V2】视频轨道中与时间线对齐，拖动其结束处与【素材06.jpg】文件结束处对齐，如图13-434所示。

图13-434　拖动素材

52 为【祝词02】添加【方向模糊】特效，将当前时间设置为00:00:10:23，激活【效果控件】面板，设置【方向模糊】区域下，【模糊长度】为100，然后单击左侧的【切换动画】按钮，打开动画关键帧记录，如图13-435所示。

53 将当前时间设置为00:00:12:12，设置【模糊长度】为0，效果如图13-436所示。

图13-435　设置【方向模糊】参数

图13-436　设置【模糊长度】参数

> **提示**
>
> 【方向模糊】：该特效是对图像选择一个有方向性的模糊，为素材添加运动感觉。

54 将【音频.mp3】文件拖至【A1】音频轨道中，将结束处与效果如图13-437所示。

图13-437　添加音频

55 激活【婚礼片头】序列，选择【文件】|【导出】|【媒体】命令，在打开的【导出设置】对话框中，在【导出设置】区域下，设置【格式】为【AVI】，单击【输出名称】右侧的蓝色文字，在打开的对话框中选择保存位置并输入名称，单击【保存】按钮，返回到【导出设置】对话框，单击【导出】按钮，对视频进行渲染输出，如图14-438所示。

图13-438　导出音频

实例204　音乐MV

在日常生活中，在电脑或电视中常常看到音乐MV，本案例将讲解如何制作音乐MV，通过对本案例的学习可以对音乐MV的制作有一定的了解，对视频后期制作有很大的帮助，效果如图13-439所示。

素材	素材|Cha13|音乐MV | A.png~Z.png、背景1.jpg、背景2.jpg、彩虹.png、草坪.png、英文字母歌.mp3
场景	场景|Cha13|音乐MV.prproj
视频	视频教学 | Cha13 |实例204 音乐MV.MP4

图13-439　音乐MV

❶ 运行Premiere Pro CC 2017，在开始界面中单击【新建项目】按钮，在【新建项目】对话框中，选择项目的保存路径，对项目名称进行命名，单击【确定】按钮，如图13-440所示。

❷ 按Ctrl+N组合键，弹出【新建序列】对话框，在【序列预设】选项卡中【可用预设】区域下选择【DV-PAL】|【标准 48kHz】选项，对【序列名称】命名为【音乐MV】，单击【确定】按钮，如图13-441所示。

图13-440　新建项目

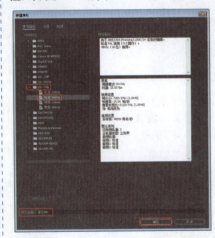

图13-441　新建序列

📎 知识链接

【MV】：音乐录像带（Music Video或Song Video，简称MV；又名音乐录像、音乐影片）是指与音乐（通常大部分是歌曲）搭配的短片，现代的音乐录像带主要是作为宣传音乐唱片而制作出来，即使音乐录像带的起源可以追溯至很久以前，但直到20世纪80年代美国音乐电视网（MTV）成立之后音乐录像带才开始成为如今的样貌与普及，音乐录像带可以包括所有影片创作的形式，包含动画、真人动作影片、纪录片等。

【英文字母歌】：英文字母歌又称字母歌或ABC歌，是世界上多个采用拉丁字母作书写文字的国家所通用学习字母时经常唱的歌，歌词很简单，就是26个英文字母按顺序唱出来。

❸ 进入操作界面，在【项目】面板中【名称】区域下的空白处双击鼠标左键，在弹出的对话框中选择随书配套资源中的素材|Cha13|音乐MV文件夹，单击【导入文件夹】按钮，如图13-442所示。

图13-442　导入文件夹

❹ 导入后的效果，如图13-443所示。

图13-443　导入文件

❺ 图片处理完成后，就可以将搜集的素材图片导入软件，部分素材图片效果如图13-444所示。

图13-444　素材效果欣赏

❻ 确认当前时间为00:00:00:00，在【项目】面板中将【英文字母歌.mp3】音频文件拖至【A1】音频轨道中，与时间线对齐，如图13-445所示。

图13-445　添加音频文件

🏷 提　示

将音频文件导入序列中后，按Space键可以试听音频文件，再次按该键，即可停止播放音频文件。

❼ 按【Ctrl+T】组合键弹出【新建字幕】对话框，输入【名称】为【歌曲名称】，单击【确定】按钮，在弹出的字幕编辑器中选择【文字工具】 T ，输入并选择文字【英文字母歌】，在【属性】选项组中将【字体系列】设置为【方正少儿简体】，将【字体大小】设置为84，在【变换】选项组中将【X位置】和【Y位置】设置为483.6、363.3，如图13-446所示。

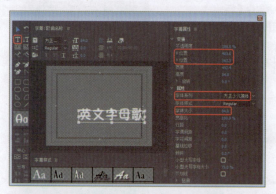

图13-446　输入并设置文字

❽ 在【描边】选项组中添加一个【外描边】，将【大小】设置为25，将【颜色】设置为白色，如图13-447所示。

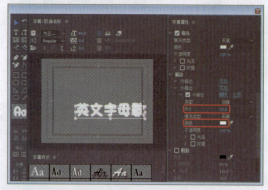

图13-447　添加描边

🏷 提　示

【文字工具】：使用该工具输入歌曲名称。

【外描边】：为文字添加白色描边，使文字更加美观。

❾ 然后选择文字【英】，在【填充】选项组中将【颜色】的RGB值设置为240、90、64，如图13-448所示。

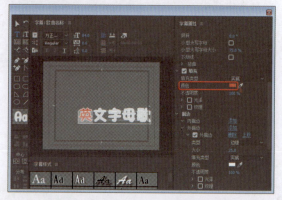

图13-448　更改文字【英】颜色

❿ 使用同样的方法，将文字【文】颜色的RGB值设置为240、162、61，将文字【字】颜色的RGB值设置为137、194、52，将文字【母】颜色的RGB值设置为150、229、254，将文字【歌】颜色的RGB值设置为254、230、93，效果如图13-449所示。

图13-449　更改其他文字颜色

⓫ 在菜单栏中选择【序列】|【添加轨道】命令，弹出【添加轨道】对话框，在该对话框中添加28条视频轨道，0条音频轨道，单击【确定】按钮，如图13-450所示。

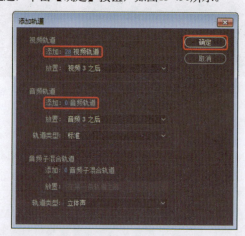

图13-450　添加轨道

⓬ 将当前时间设置为00:00:00:00，在【项目】面板中将【背景1.jpg】素材文件拖至【V1】视频轨道中，与时间线对齐，然后在素材文件上单击鼠标右键，在弹出的快捷菜单中

选择【速度/持续时间】命令，如图13-451所示。

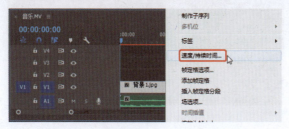

图13-451　选择【速度/持续时间】命令

⑬ 弹出【素材速度/持续时间】对话框，设置【持续时间】为00:00:07:14，单击【确定】按钮，如图13-452所示。

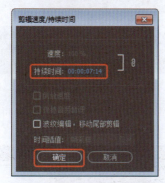

图13-452　设置【素材速度/持续时间】

⑭ 然后在【效果控件】面板中将【位置】设置为360、307，如图13-453所示。

图13-453　设置【位置】参数

⑮ 在【项目】面板中将【彩虹.png】素材图片拖至【V2】视频轨道中，与时间线对齐，将其【持续时间】设置为00:00:07:14，如图13-454所示。

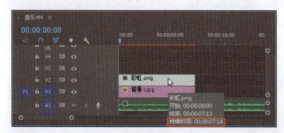

图13-454　添加素材并调整其【持续时间】

> **提　示**
>
> 　　【位置】：通过设置关键帧参数，制作歌曲名称和英文字母进入动画。

⑯ 在【项目】面板中将【歌曲名称】字幕拖至【V3】视频轨道中，与时间线对齐，将其【持续时间】设置为

00:00:07:14，然后在【效果】面板中搜索【快速模糊】视频特效，单击鼠标左键并将其拖至【V3】视频轨道中【歌曲名称】字幕上，即可为字幕添加该特效，如图13-455所示。

图13-455　设置字幕并添加特效

> **提　示**
>
> 　　【快速模糊】：该特效可以指定模糊对象的强度，也可以指定默认方向是纵向、横向或双向，是常用的模糊效果之一。

⑰ 在【效果控件】面板中将【位置】设置为360、-123，在【快速模糊】特效下将【模糊度】设置为100，然后单击【位置】和【模糊量】左侧的【切换动画】按钮，如图13-456所示。

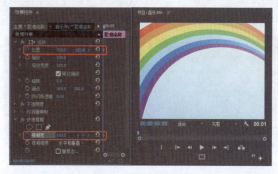

图13-456　设置参数

⑱ 将当前时间设置为00:00:01:00，在【效果控件】面板中将【位置】设置为360、288，将【模糊量】设置为0，如图13-457所示。

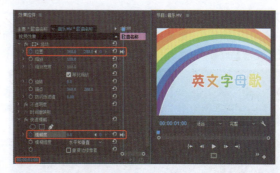

图13-457　设置参数

⑲ 将当前时间设置为00:00:01:12，在【项目】面板中将【A.png】素材图片拖至【V4】视频轨道中，与时间线对齐，将其结束处与【V3】视频轨道中【歌曲名称】字幕结束处对齐，然后在【效果控件】面板中将【位置】设置为761、486，并单击左侧的【切换动画】按钮，将【缩放】设置为35，如图13-458所示。

图13-458　添加并设置素材图片

⑳ 将当前时间设置为00:00:02:07，在【效果控件】面板中将【位置】设置为500、486，如图13-459所示。

图13-459　调整图片位置

㉑ 将当前时间设置为00:00:03:12，在【效果控件】面板中单击【旋转】左侧的【切换动画】按钮，即可添加一个关键帧，将当前时间设置为00:00:04:00，在【效果控件】面板中将【旋转】设置为16°，如图13-460所示。

图13-460　设置【旋转】参数并添加关键帧

💡 提　示

　　【旋转】：通过设置关键帧参数，制作英文字母随音乐摆动效果。

㉒ 将当前时间设置为00:00:04:13，在【效果控件】面板中将【旋转】设置为-16°，如图13-461所示。

图13-461　设置【旋转】参数

㉓ 将当前时间设置为00:00:05:01，在【效果控件】面板中将【旋转】设置为16°，如图13-462所示。

㉔ 将当前时间设置为00:00:05:14，在【效果控件】面板中将【旋转】设置为-16°，如图13-463所示。

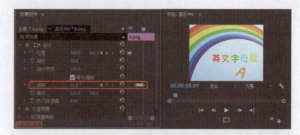

图13-462　设置【旋转】参数

图13-463　设置【旋转】参数

㉕ 然后将当前时间设置为00:00:06:02，将【旋转】设置为16°，如图13-464所示。

图13-464　设置【旋转】参数

㉖ 将当前时间设置为00:00:06:15，在【效果控件】面板中将【旋转】设置为-16°，如图13-465所示。

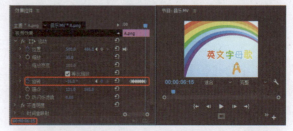

图13-465　设置【旋转】参数

㉗ 然后将当前时间设置为00:00:07:03，将【旋转】设置为0°，如图13-466所示。

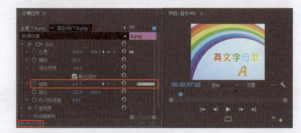

图13-466　设置【旋转】参数

㉘ 使用同样的方法，在【V5】和【V6】视频轨道中添加【B.png】素材图片和【C.png】素材图片，并设置图片的位置和旋转动画，效果如图13-467所示。

图13-467　制作其他动画效果

㉙ 将当前时间设置为00:00:07:14，在【项目】面板中将【背景1.jpg】素材图片拖至【V1】视频轨道中，与时间线对齐，将其【持续时间】设置为00:00:23:06，在【效果控件】面板中将【位置】设置为360、196，将【缩放】设置为53，如图13-468所示。

图13-468　添加并调整素材图片

㉚ 在【项目】面板中将【彩虹.png】素材图片拖至【V28】视频轨道中，与时间线对齐，将其【持续时间】设置为00:00:23:06，在【效果控件】面板中将【位置】设置为319、281，将【缩放】设置为40，如图13-469所示。

图13-469　调整素材图片【彩虹.png】

㉛ 然后在【项目】面板中将【草坪.png】素材图片拖至【V29】视频轨道中，与时间线对齐，将其【持续时间】设置为00:00:23:06，在【效果控件】面板中将【位置】设置为360、484，将【缩放】设置为61，如图13-470所示。

㉜ 将当前时间设置为00:00:07:19，在【项目】面板中将【A.png】素材图片拖至【V2】视频轨道中，与时间线对齐，将其【持续时间】设置为00:00:23:01，在【效果控件】面板中将【位置】设置为203、386，并单击左侧的【切换

动画】按钮，将【缩放】设置为13，将【旋转】设置为27°，如图13-471所示。

图13-470　调整素材图片【草坪.png】

图13-471　调整素材图片【A.png】

㉝ 将当前时间设置为00:00:08:03，在【效果控件】面板中将【位置】设置为228、341，如图13-472所示。

图13-472　设置【位置】参数

㉞ 确认当前时间为00:00:08:03，在【项目】面板中将【B.png】素材图片拖至【V3】视频轨道中，与时间线对齐，将其结束处与【V2】视频轨道中【A.png】素材图片结束处对齐。然后在【效果控件】面板中将【位置】设置为241、398，并单击左侧的【切换动画】按钮，将【缩放】设置为13，将【旋转】设置为18°，如图13-473所示。

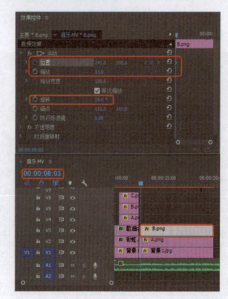

图13-473　添加并调整素材图片

㉟ 将当前时间设置为00:00:08:12，在【效果控件】面板中将【位置】设置为264、358，如图13-474所示。

图13-474　设置【位置】参数

㊱ 确认当前时间为00:00:08:12，在【项目】面板中将【C.png】素材图片拖至【V4】视频轨道中，与时间线对齐，将其结束处与【V3】视频轨道中【B.png】素材图片结束处对齐。然后在【效果控件】面板中将【位置】设置为297、411，并单击左侧的【切换动画】按钮，将【缩放】设置为13，如图13-475所示。

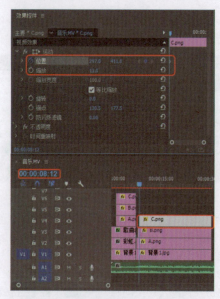

图13-475　添加并调整图片【C.png】

㊲ 将当前时间设置为00:00:08:21，在【效果控件】面板中将【位置】设置为297、366，如图13-476所示。

图13-476　设置【位置】参数

㊳ 结合前面介绍的方法，以及根据音频文件，制作其他英文字母动画效果，如图13-477所示。

图13-477　制作其他动画效果

㊴ 在节目面板中可观察效果，如图13-478所示。

图13-478　观察效果

㊵ 将当前时间设置为00:00:30:20，在【项目】面板中将【背景2.jpg】素材图片拖至【V1】视频轨道中，与时间线对齐，将其【持续时间】设置为00:00:36:01，在【效果控件】面板中将【位置】设置为360、364，将【缩放】设置为32，如图13-479所示。

图13-479　添加并调整素材图片

㊶ 将当前时间设置为00:00:30:23，在【项目】面板中将【A.png】素材图片拖至【V2】视频轨道中，与时间线对齐，将其【持续时间】设置为00:00:00:13，如图13-480所示。

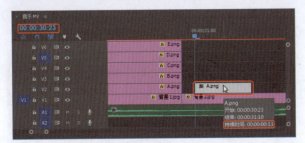

图13-480 添加并调整【A.png】素材图片

㊷ 在【项目】面板中将【B.png】素材图片拖至【V2】视频轨道中【A.png】素材图片的结束处，并将其【持续时间】设置为00:00:00:14，如图13-481所示。

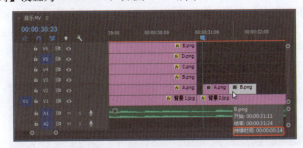

图13-481 添加并调整素材图片【B.png】

㊸ 在【项目】面板中将【C.png】素材图片拖至【V2】视频轨道中【B.png】素材图片的结束处，并将其【持续时间】设置为00:00:00:14，如图13-482所示。

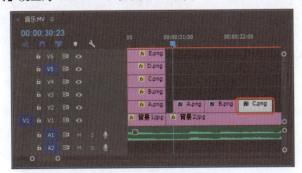

图13-482 添加并调整素材图片【C.png】

㊹ 结合前面介绍的方法，以及根据音频文件，在【V2】视频轨道中添加其他素材图片并设置【持续时间】，如图13-483所示。

图13-483 添加并调整其他素材图片

㊺ 将当前时间设置为00:00:46:04，在【项目】面板中将【X.png】素材图片拖至【V3】视频轨道中，与时间线对齐，将其【持续时间】设置为00:00:20:18，如图13-484所示。

㊻ 在【效果控件】面板中将【位置】设置为162、288，将【缩放】设置为60，并单击【旋转】左侧的【切换动画】按钮，如图13-485所示。

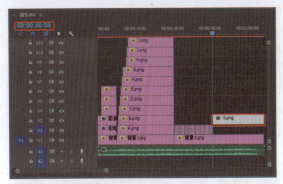

图13-484 添加并调整素材图片

图13-485 设置参数

💡 提 示

【旋转】：通过设置关键帧参数，制作英文字母随音乐摆动效果。

㊼ 将当前时间设置为00:00:46:14，在【效果控件】面板中将【旋转】设置为16°，如图13-486所示。

图13-486 设置【旋转】参数

㊽ 将当前时间设置为00:00:47:00，在【效果控件】面板中将【旋转】设置为-16°，如图13-487所示。

图13-487 设置【旋转】参数

㊾ 将当前时间设置为00:00:47:15，在【效果控件】面板中将【旋转】设置为16°，如图13-488所示。

㊿ 使用同样的方法，根据音频文件，继续添加【旋转】关键帧并设置参数，如图13-489所示。

图13-488　设置【旋转】参数

图13-489　添加并设置关键帧

　　51 结合前面介绍的方法，将【Y.png】素材图片和【Z.png】素材图片分别拖至【V4】与【V5】视频轨道中，然后添加并设置【旋转】关键帧，如图13-490所示。

图13-490　制作其他动画

　　52 按【Ctrl+T】组合键弹出【新建字幕】对话框，输入【名称】为【歌词1】，单击【确定】按钮，在弹出的字幕编辑器中选择【文字工具】 ，输入并选择英文字母【ABCDEFG】，在【属性】选项组中将【字体系列】设置为【Arial Rounded MT Bold】，将【字体大小】设置为30，将【字偶间距】设置为8，在【填充】选项组中将【颜色】的RGB值设置为65、195、220，在【变换】选项组中将【X位置】和【Y位置】分别设置为394.9、538，如图13-491所示。

图13-491　输入并设置英文字母

　　53 在【描边】选项组中添加一个【外描边】，将【大小】设置为50，将【颜色】设置为白色，如图13-492所示。

图13-492　为文字添加描边

　　54 在字幕编辑器中单击【基于当前字幕新建字幕】按钮 ，弹出【新建字幕】对话框，输入【名称】为【歌词1副本】，单击【确定】按钮，返回到字幕编辑器中，选择英文字母，在【填充】选项组中将【颜色】的RGB值设置为114、183、37，如图13-493所示。

图13-493　基于当前字幕新建并更改字幕颜色

　　55 再次单击【基于当前字幕新建字幕】按钮 ，弹出【新建字幕】对话框，输入【名称】为【歌词2副本】，单击【确定】按钮，返回到字幕编辑器中，将英文字母更改为【HIJKLMN】，在【属性】选项组中将【字偶间距】设置为8，在【变换】选项组中将【X位置】和【Y位置】分别设置为394.9、538，如图13-494所示。

图13-494　更改内容并调整位置

　　💬 提　示

　　【基于当前字幕新建字幕】：使用该功能可以快速创建属性相同的字幕。

　　56 在字幕编辑器中单击【基于当前字幕新建字幕】按钮 ，弹出【新建字幕】对话框，输入【名称】为【歌词2】，单击【确定】按钮，返回到字幕编辑器中，选择英文字母，在【填充】选项组中将【颜色】的RGB值设置为65、195、220，如图13-495所示。

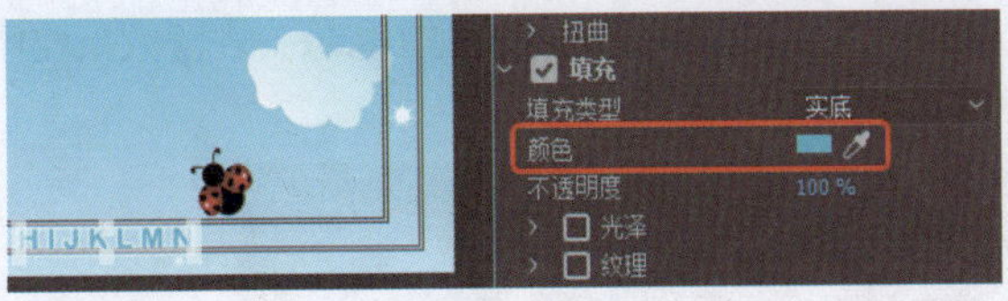

图13-495 更改文字颜色

(57) 使用同样的方法，基于当前字幕新建其他字幕，如图13-496所示。

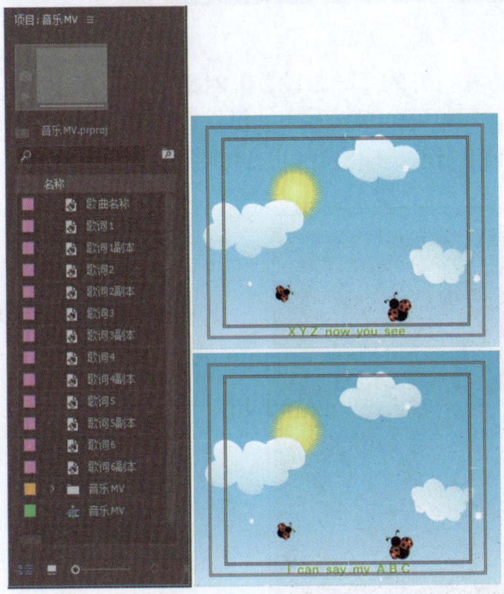

图13-496 新建其他字幕

(58) 将当前时间设置为00:00:07:14，在【项目】面板中将【歌词1】字幕拖至【V30】视频轨道中，与时间线对齐，将其【持续时间】设置为00:00:03:12，如图13-497所示。

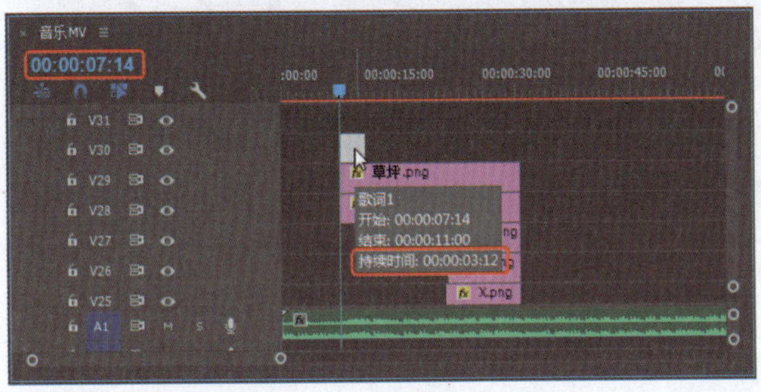

图13-497 添加并调整字幕

(59) 在【项目】面板中将【歌词1副本】字幕至【V31】视频轨道中，与时间线对齐，将其结束处与【V30】视频轨道中【歌词1】字幕结束处对齐，然后为【歌词1副本】字幕添加【裁剪】视频特效，在【效果控件】面板中单击【左侧】选项的【切换动画】按钮，添加一个关键帧，如图13-498所示。

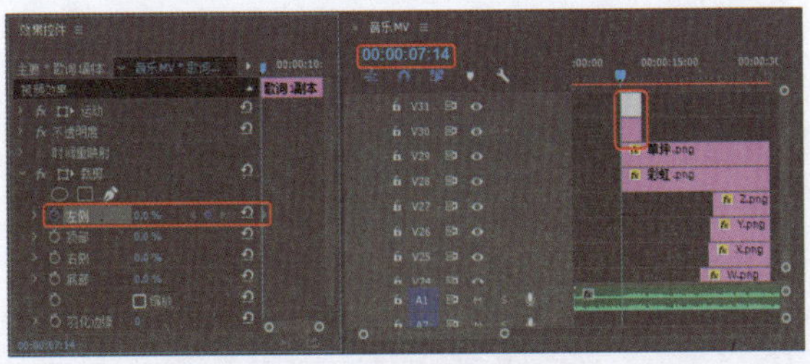

图13-498 添加并调整素材图片

提 示

【裁剪】：该特效可以将素材图片边缘的像素修剪，并可以自动将修剪过的素材尺寸变为原始尺寸，使用滑动块可以修剪素材的个别边缘。

(60) 将当前时间设置为00:00:08:03，在【效果控件】面板中将【左侧】设置为41%，如图13-499所示。

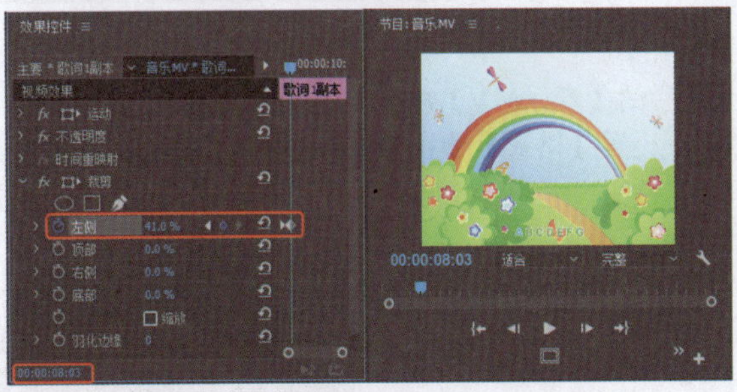

图13-499 设置【左侧】参数

(61) 将当前时间设置为00:00:08:13，在【效果控件】面板中将【左侧】设置为45%，如图13-500所示。

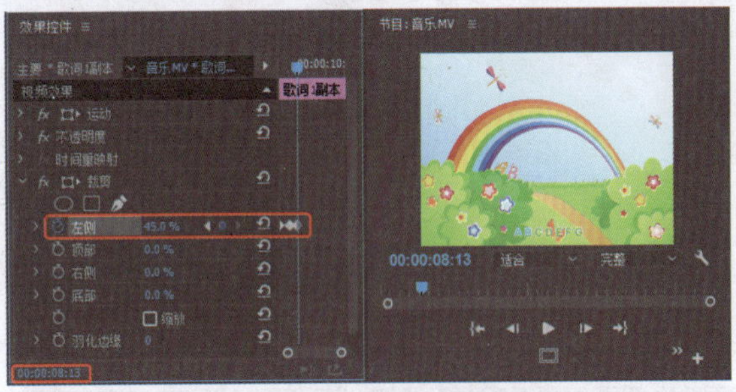

图13-500 设置【左侧】参数

(62) 将当前时间设置为00:00:08:22，在【效果控件】面板中将【左侧】设置为49%，如图13-501所示。

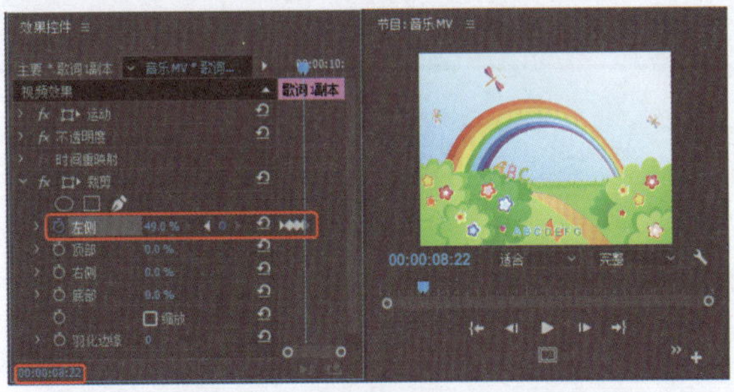

图13-501 设置【左侧】参数

(63) 使用同样的方法，根据音乐节奏，继续添加关键帧并设置参数，如图13-502所示。

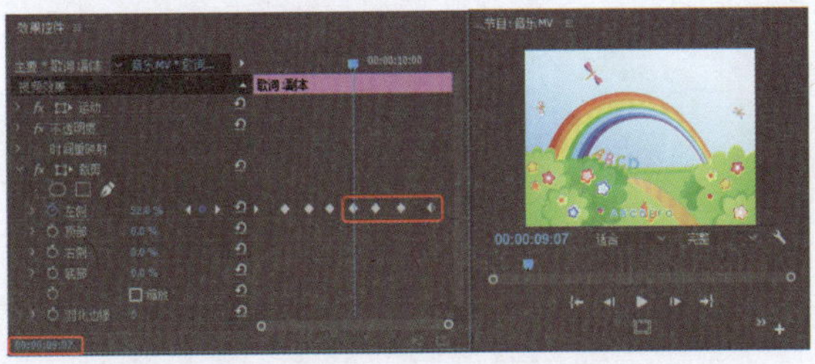

图13-502 添加关键帧并设置参数

64 结合前面介绍的方法，以及根据音频文件，继续添加字幕，然后为字幕添加【裁剪】视频特效，在【效果控件】面板中添加并设置【左侧】关键帧参数，如图13-503所示。

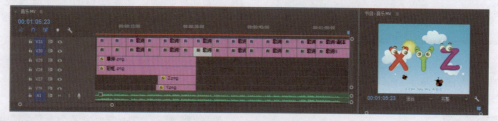

图13-503　制作其他歌词动画

65 激活【音乐MV】序列，选择【文件】|【导出】|【媒体】命令，在打开的【导出设置】对话框中，在【导出设置】区域下，设置【格式】为【AVI】，单击【输出名称】右侧的蓝色文字，在打开的对话框中选择保存位置并输入名称，单击【保存】按钮，返回到【导出设置】对话框，单击【导出】按钮，对视频进行渲染输出，如图14-504所示。

图13-504　导出设置

> **提 示**
>
> 在导出影片时主要应用到的功能及技术要点如下。
>
> 【源范围】：用于设置导出影片的范围。
>
> 【另存为】对话框：通过该对话框设置输出影片的存储位置、名称以及文件类型等。

第 **14** 章　项目指导——商业广告案例

本章将讲解如何制作电子相册和宣传广告，通过对本章的学习，巩固前面所学习的知识点。

实例205　儿童电子相册

本案例将介绍儿童电子相册的制作过程，宝宝的照片有时会随着时间而变质，现在我们可以将宝宝的照片以图、文、声、像的相册方式表现出来，制作一个精美的电子相册，效果如图14-1所示。

素材	素材|Cha14|儿童电子相册|【字幕图】文件夹、背景图像02.psd、背景音乐.mp3、动态背景01.gif~动态背景05.gif、图像01~图像06.jpg、图像07.psd、装饰图.psd
场景	场景|Cha14|儿童电子相册.prproj
视频	视频教学 | Cha14 |实例205 儿童电子相册.MP4

图14-1　儿童电子相册分镜头效果

❶ 运行Premiere Pro CC 2017，在欢迎界面中单击【新建项目】按钮，在【新建项目】对话框中，选择项目的保存路径，对项目名称进行命名，单击【确定】按钮，如图14-2所示。

❷ 按Ctrl+N组合键，进入【新建序列】对话框中，在【序列预设】选项卡中【可用预设】区域下选择【DV-24P】|【标准48kHz】选项，对【序列名称】进行

命名，单击【确定】按钮，如图14-3所示。

图14-2　新建项目

图14-3　新建序列

❸ 进入操作界面，在【项目】面板中【名称】区域下的空白处双击鼠标，在弹出的对话框中选择随书配套资源中的素材|Cha14|儿童电子相册文件夹中除【字幕图】文件夹以外的所有文件，单击【打开】按钮，如图14-4所示，导入素材。

图14-4　导入素材

❹ 由于导入的儿童电子相册文件夹中包括PSD文件，所以在导入的过程中会弹出【导入分层文件：背景图像】对话框，将【导入为：】定义为【各个图层】，单击【确定】按钮，如图14-6所示，将后面的PSD文件全部【导入为：】定义为【各个图层】。

图14-5　设置分层文件

❺ 导入素材后，单击【项目】面板中的【　】按钮，新建【Cha14】文件夹，将导入的文件拖至该文件夹中，如图14-6所示。

图14-6　新建文件夹

❻ 选择菜单栏中的【序列】|【添加轨道】命令，弹出【添加轨道】对话框，在【视频轨道】区域下添加7条视频轨道，单击【确定】按钮，如图14-7所示。

图14-7　添加轨道

❼ 在【项目】面板中，展开【Cha14】文件夹，将【背景音乐.mp3】文件拖至时间轴窗口【A1】音频轨道中，如图14-8所示。

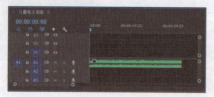

图14-8　拖入音频素材

❽ 设置当前时间为00:00:10:00，将【背景/背景图像02.psd】文件拖至时间轴窗口【V1】视频轨道中，将其结束处与时间线对齐，如图14-9所示。

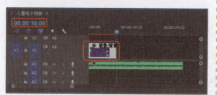

图14-9　拖入背景图像

❾ 确定【背景/背景图像02.psd】文件选中的状态下，激活【效果控件】面板，设置当前时间为00:00:09:16，将【运动】区域下的【缩放】设置为57，单击【不透明度】右侧的【添加/移除关键帧】按钮【　】，添加一个【不透明度】关键帧，如图14-10所示。设置当前时间为00:00:09:23，设置【不透明度】为0%。

图14-10　设置【不透明度】参数并添加关键帧

❿ 按Ctrl+T组合键，新建字幕【图1】，在字幕面板中，使用【圆角矩形】工具【　】，在字幕设计栏中创建圆角矩形，在【字幕属性】栏中，设置【变换】区域下的【宽度】和【高度】为210、245，设置【X位置】和【Y位置】分别为326.7、241，在【属性】区域下，设置【圆角大小】为10%；在【填充】区域下，勾选【纹理】复选框，单击【纹理】右侧的，在打开的对话框中选择随书配套资源中的素材|Cha14|字幕图|001.jpg文件，单击【打开】按钮，如图14-11所示。

图14-11　设置【图1】

⓫ 添加一处【外描边】，设置【大小】为5，设置【色彩】为【白色】；勾选【阴影】复选框，设置【色彩】为【黑色】，【不透明度】设置为50%，【角度】设置为-212.4°，【距离】设置为7，【大小】设置为3，【扩展】设置为10，如图14-12所示。

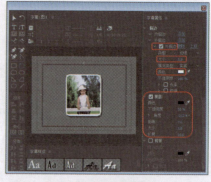

图14-12　添加【外描边】

⓬ 使用同样的方法创建【图2】，如图14-13所示。

⓭ 按Ctrl+T组合键，新建【标题】字幕，在字幕设计栏中输入文字，在【字幕样式】栏中，单击【Lithos Gold Strokes 52】，【字体系列】设置为【方正行楷简体】，【字体大小】设置为100，将【X位置】和【Y位置】分别设

置为226、193.4，如图14-14所示。

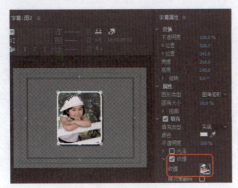

图14-13　创建【图2】

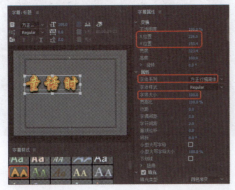

图14-14　创建并设置【标题】

⑭ 单击【基于当前字幕新建字幕】按钮，修改文字为【代】，将【X位置】和【Y位置】分别设置为517.2、193.4，如图14-15所示。

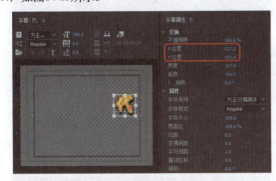

图14-15　创建并设置【代】

⑮ 设置完成后关闭字幕，将时间设置为00:00:02:08，将【图1】拖至时间轴窗口【V2】视频轨道中，与时间线对齐，如图14-16所示。

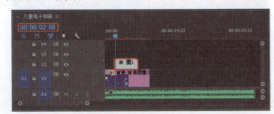

图14-16　插入【图1】

⑯ 确定【图1】选中的状态下，激活【效果控件】面板，设置当前时间为00:00:02:08，在【运动】区域下，单击【位置】左侧的【切换动画】按钮，打开动画关键帧记

录，设置其参数为-184.6、637.5。设置时间为00:00:02:20，设置【位置】为360、240，单击【旋转】左侧的【切换动画】按钮，打开动画关键帧记录，如图14-17所示。

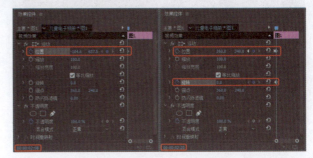

图14-17　设置参数并添加关键帧

⑰ 设置当前时间为00:00:03:00，设置【旋转】为15°。再将时间设置为00:00:03:04，设置【旋转】为-15°，如图14-18所示。

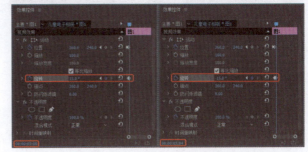

图14-18　设置【旋转】参数

⑱ 将时间设置为00:00:03:08，将【旋转】设置为5°。设置当前时间为00:00:03:12，单击【位置】右侧的【添加/移除关键帧】按钮。设置当前时间为00:00:04:00，设置【位置】为900、240，如图14-19所示。

图14-19　设置参数并添加关键帧

⑲ 设置当前时间为00:00:04:00，将【图2】拖至时间轴窗口【V3】视频轨道中，与时间线对齐，如图14-20所示。

图14-20　将【图2】拖至时间轴窗口

⑳ 确定【图2】选中的状态下，激活【效果控件】面板，设置【运动】区域下的【位置】为900、240，并单击左侧的【切换动画】按钮，打开动画关键帧记录。将时间设置为00:00:04:12，设置【位置】为360、240，单击【旋转】左

侧的【切换动画】按钮，打开动画关键帧记录，如图14-21所示。

图14-21　设置参数

㉑ 设置当前时间为00:00:04:16，设置【旋转】为-15°。设置当前时间为00:00:04:20，设置【旋转】为15°，如图14-22所示。

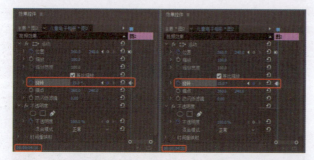

图14-22　设置【旋转】参数

㉒ 设置当前时间为00:00:05:00，【旋转】设置为0°。设置当前时间为00:00:05:04，单击【位置】右侧的【添加/移除关键帧】按钮。设置当前时间为00:00:05:16，设置【位置】为-162、-152，如图14-23所示。

图14-23　设置参数并添加关键帧

㉓ 设置当前时间为00:00:05:16，将【图3】拖至时间轴窗口【V4】视频轨道中，与时间线对齐，拖动【图3】的结束处至00:00:10:00位置处，如图14-24所示。

图14-24　拖入并设置【图3】

㉔ 设置当前时间为00:00:05:16，将【位置】设置为-162、-152，单击左侧的【切换动画】按钮，如图14-25所示。

㉕ 当前时间设置为00:00:06:04，将【位置】设置为360、

240，单击【旋转】左侧的【切换动画】按钮，如图14-26所示。

图14-25　设置【位置】参数

图14-26　设置【位置】和【旋转】参数

㉖ 设置当前时间为00:00:06:08，【旋转】设置为-15°，如图14-27所示。

图14-27　设置【旋转】参数

㉗ 当前时间设置为00:00:06:12，【旋转】设置为5°，单击【位置】右侧的【添加/移除关键帧】按钮，如图14-28所示。

图14-28　设置参数并添加关键帧

㉘ 设置当前时间为00:00:07:08，【位置】设置为360、739，如图14-29所示。

㉙ 再将当前时间设置为00:00:07:08，拖动【图4】至时间轴窗口【V5】视频轨道中，与时间线对齐，并将其结束处与【图3】的结束处对齐，如图14-30所示。

图14-29　设置【位置】参数

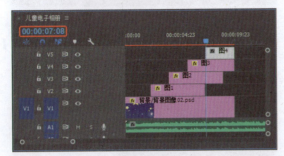

图14-30　拖入并设置【图4】

③⓪ 将【图层1/背景图像02.psd】文件拖至时间轴窗口【V8】视频轨道中，如图14-31所示。

图14-31　拖入【图层1/背景图像02.psd】文件

③① 确定【图层1/背景图像02.psd】文件选中的状态下，激活【效果控件】面板，设置【位置】为360、262，单击其左侧的【切换动画】按钮 ，打开动画关键帧记录，【缩放】设置为60。设置当前时间为00:00:00:02，设置【位置】为374、298，如图14-32所示。

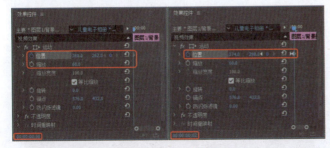

图14-32　添加关键帧

③② 在【效果控件】面板中，选择【位置】的两个关键帧，按下Ctrl+C键复制关键帧，设置当前时间为00:00:00:06，按下Ctrl+V键，粘贴关键帧，如图14-33所示。

③③ 使用同样的方法每隔四帧粘贴关键帧，如图14-34所示。

图14-33　复制粘贴关键帧

图14-34　粘贴多个关键帧

③④ 在时间轴窗口中，对【图层1/背景图像02.psd】文件进行复制粘贴，如图14-35所示。

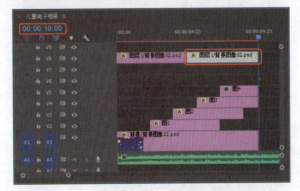

图14-35　复制粘贴文件

③⑤ 设置当前时间为00:00:09:08，将当前【位置】关键帧后的关键帧删除。设置当前时间为00:00:09:09，单击【位置】右侧的【添加/移除关键帧】按钮 ，添加一处位置关键帧，再将当前时间设置为00:00:09:21，设置【位置】为360、-262.8，如图14-36所示。

图14-36　添加关键帧

③⑥ 设置当前时间00:00:10:00，将【图层2/背景图像02.psd】文件拖至时间轴窗口【V9】视频轨道中，拖动其结束处与时间线对齐，如图14-37所示。

③⑦ 确定【图层2/背景图像02.psd】文件选中的状态下，激活【效果控件】面板，设置【缩放】为57，如图14-38所示。

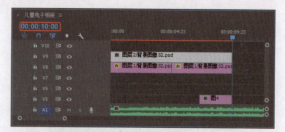

图14-37　拖入【图层2/背景图像02.psd】文件

图14-38　设置【缩放】参数

38 设置当前时间为00:00:02:08，将【装饰图.psd】文件拖至时间轴窗口【V10】视频轨道中，与时间线对齐，如图14-39所示。

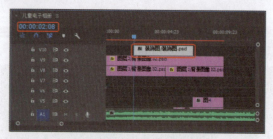

图14-39　拖入【装饰图.psd】文件

39 确定【装饰图.psd】文件选中的状态下，激活【效果控件】面板，设置【运动】区域下的【位置】为419、31，【缩放】设置为30，如图14-40所示。

图14-40　设置参数

40 设置当前时间为00:00:13:05，将【图像04.jpg】文件拖至时间轴窗口【V1】视频轨道中，与时间线对齐，如图14-41所示。

图14-41　拖入【图像04.jpg】文件

41 将时间设置为00:00:21:12，拖动【图像04.jpg】文件的结束处与时间线对齐，如图14-42所示。

图14-42　拖动【图像04.jpg】文件的结束处

42 确定【图像04.jpg】文件选中的状态下，激活【效果控件】面板，设置【运动】区域下的【缩放】为76，如图14-43所示。

图14-43　设置【缩放】

43 设置当前时间为00:00:09:16，将【动态背景01.gif】文件拖至时间轴窗口【V2】视频轨道中，与时间线对齐，如图14-44所示。

图14-44　拖入【动态背景01.gif】文件

44 确定【动态背景01.gif】文件选中的状态下，激活【效果控件】面板，设置【运动】区域下的【缩放】为82，【不透明度】设置为0%。再设置当前时间为00:00:09:19，设置【不透明度】为100%，如图14-45所示。

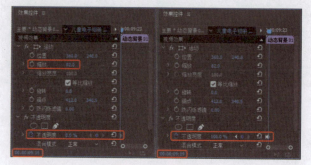

图14-45　设置参数

45 使用同样的方法，在时间轴窗口【V2】视频轨道中

【动态背景01.gif】文件的后面添加3处【动态背景01.gif】文件，如图14-46所示，最后一个的结束处与【图像04】开始处对齐，分别将它们的【缩放】设置为82。

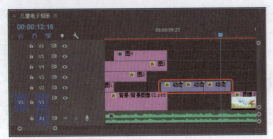

图14-46　拖入三部分文件

46 将时间设置为00:00:09:21，将【图像01.jpg】文件拖至时间轴窗口【V3】视频轨道中，与时间线对齐，将其结束处与第四个【动态背景01.gif】的结束处对齐，如图14-47所示。

图14-47　拖入【图像01.jpg】文件

47 确定【图像01.jpg】文件选中的状态下，添加【羽化边缘】特效，激活【效果控件】面板，设置时间为00:00:09:21，设置【运动】区域下的【位置】为295、-188，单击其左侧的【切换动画】按钮 ，打开动画关键帧记录，【缩放】设置为10，【羽化边缘】设置为46。将当前时间设置为00:00:10:07，设置【运动】区域下的【位置】为295、350，如图14-48所示。

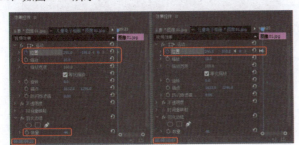

图14-48　设置参数并添加关键帧

48 设置当前时间为00:00:10:11，添加一处【不透明度】关键帧，设置当前时间为00:00:10:15，设置【不透明度】为0%，如图14-49所示。

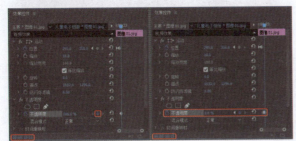

图14-49　添加【不透明度】关键帧

49 设置当前时间为00:00:11:21，添加一处【不透明度】关键帧。设置当前时间为00:00:12:01，设置【不透明度】为100%，如图14-50所示。

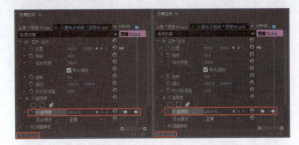

图14-50　添加【不透明度】关键帧

50 将时间设置为00:00:10:00，将【图像02.jpg】文件拖至时间轴窗口【V4】视频轨道中，与时间线对齐。将其结束处与【图像01.jpg】的结束处对齐，如图14-51所示。

图14-51　拖入【图像02.jpg】文件

51 设置当前时间为00:00:10:07，为【图像02.jpg】文件添加【羽化边缘】特效。在【效果控件】面板中，设置【运动】区域下的【位置】为295、-178，单击其左侧的【切换动画】按钮 ，打开动画关键帧记录，【缩放】设置为10.5，设置【羽化边缘】区域下的【数量】为46，如图14-48所示。设置当前时间为00:00:10:17，设置【运动】区域下的【位置】为295、319，如图14-52所示。

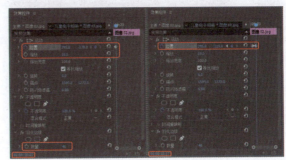

图14-52　设置参数并添加关键帧

52 设置当前时间为00:00:10:21，添加一处【不透明度】关键帧，如图14-53所示。

图14-53　添加【不透明度】关键帧

❺❸ 设置当前时间为00:00:11:01，【不透明度】设置为0%，如图14-54所示。

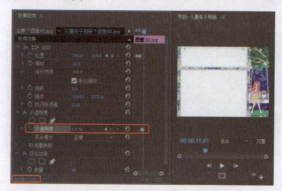

图14-54　设置【不透明度】参数

❺❹ 将当前时间设置为00:00:11:11，添加一处【不透明度】关键帧，再将当前时间设置为00:00:11:14，设置【不透明度】为100%，如图14-55所示。

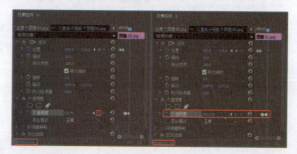

图14-55　设置【不透明度】参数并添加关键帧

❺❺ 设置当前时间为00:00:11:20，添加一处【不透明度】关键帧。设置当前时间为00:00:12:00，设置【不透明度】为0%，如图14-56所示。

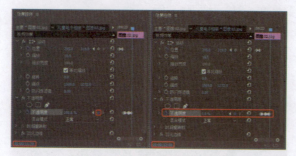

图14-56　添加【不透明度】关键帧

❺❻ 设置当前时间为00:00:12:02，设置【不透明度】为100%，如图14-57所示。

图14-57　添加关键帧

❺❼ 将【图像03.jpg】文件拖至时间轴窗口【V5】视频轨道中，将其开始处与【图4】的结束处对齐，结束处与【图像02.jpg】文件的结束处对齐，如图14-58所示。

图14-58　拖入【图像03.jpg】文件

❺❽ 确定【图像03.jpg】文件选中的状态下，添加【羽化边缘】特效，设置当前时间为00:00:10:17，激活【效果控件】面板，单击【运动】区域下【位置】左侧的【切换动画】按钮，打开动画关键帧记录，设置【位置】为296、-146，【缩放】设置为10，设置【羽化边缘】区域下的【数量】为46，如图14-59所示。

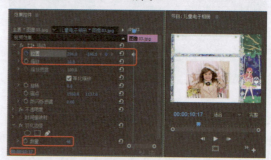

图14-59　设置参数

❺❾ 设置时间为00:00:11:03，设置【运动】区域下的【位置】为296、281，如图14-60所示。

图14-60　设置【位置】参数

❻⓪ 将当前时间设置为00:00:11:07，添加一处【不透明度】关键帧，如图14-61所示。

图14-61　添加【不透明度】关键帧

㉑ 再将当前时间设置为00:00:11:11，设置【不透明度】为0%，如图14-62所示。

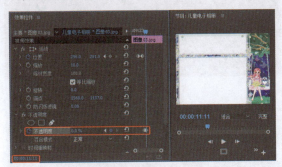

图14-62　设置【不透明度】参数

㉒ 设置当前时间为00:00:12:05，添加一处【不透明度】关键帧。设置当前时间为00:00:12:07，设置【不透明度】为100%，如图14-63所示。

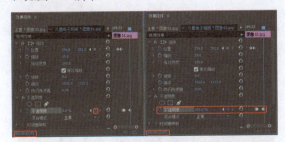

图14-63　添加【不透明度】关键帧

㉓ 设置当前时间为00:00:09:16，将【动态背景01.gif】文件拖至时间轴窗口【V6】视频轨道中，将开始处与时间线对齐，如图14-64所示。

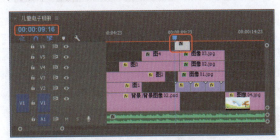

图14-64　对齐后的效果

㉔ 确定其选中的状态下，为其添加【裁剪】特效，激活【效果控件】面板，设置【运动】区域下的【缩放】为82，【不透明度】为0%；设置【裁剪】区域下的【底部】为72.5%，如图14-65所示。

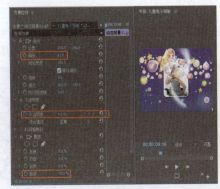

图14-65　设置参数

㉕ 设置当前时间为00:00:09:19，设置【不透明度】为100%。如图14-66所示。

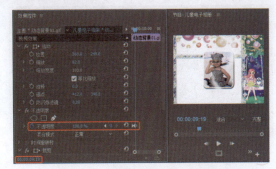

图14-66　设置【不透明度】参数

㉖ 在时间轴窗口【V6】视频轨道中【动态背景01.gif】文件的后面按住Alt键拖动鼠标复制三个【动态背景01.gif】文件，最后的结束处与【图像03】结束处对齐，如图14-67所示。

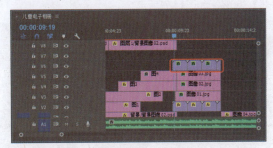

图14-67　拖入并设置【动态背景01.gif】文件

㉗ 将时间设置为00:00:09:16，将【动态背景02.gif】文件拖至时间轴窗口【V7】视频轨道中，与时间线对齐，如图14-68所示。

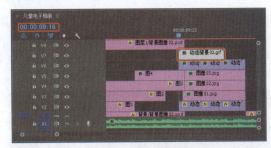

图14-68　拖入【动态背景02.gif】文件

㉘ 确定【动态背景02.gif】文件选中的状态下，激活【效果控件】面板，设置【运动】区域下的【位置】为299，150，如图14-69所示。

图14-69　设置【动态背景02.gif】文件

㉙ 将当前时间设置为00:00:12:13，将【图像04.jpg】拖至

时间轴窗口【V7】视频轨道中，与时间线对齐，并将其结束处与【动态背景01.gif】文件的结束处对齐，如图14-70所示。

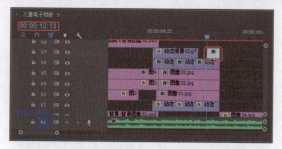

图14-70　设置结束处

🔵70 确定【图像04.jpg】文件选中的状态下，为其添加【裁剪】特效，激活【效果控件】面板，设置【运动】区域下的【缩放】为76，设置【裁剪】区域下的【顶部】为96%，单击其左侧的【切换动画】按钮🔘，打开动画关键帧记录，将时间设置为00:00:13:04，设置【裁剪】区域下的【顶部】为0%，如图14-71所示。

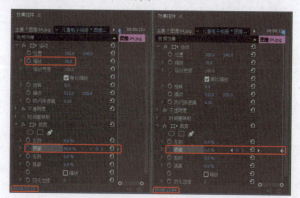

图14-71　设置参数

🔵71 设置当前时间为00:00:12:05，将【图层1/背景图像02.psd】文件拖至时间轴窗口【V8】视频轨道中，将其与时间线对齐，设置【图层1/背景图像.psd】文件的结束处与【图像04.jpg】文件的结束处对齐，如图14-72所示。

图14-72　拖入【图层1/背景图像02.psd】文件

🔵72 确定【图层1/背景图像02.psd】选中的状态下，激活【效果控件】面板，设置【运动】区域下的【位置】为360、466，单击其左侧的【切换动画】按钮🔘，打开动画关键帧记录，【缩放】设置为60。设置当前时间为00:00:13:04，设置【运动】区域下的【位置】为360、-375，如图14-73所示。

🔵73 将时间设置为00:00:12:13，将【动态背景03.gif】文件拖至时间轴窗口【V9】视频轨道中，与时间线对齐，如图14-74所示。

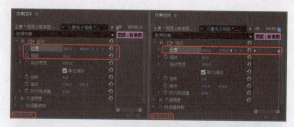

图14-73　设置参数

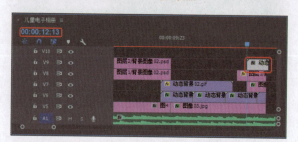

图14-74　拖入【动态背景03.gif】文件

🔵74 确定【动态背景03.gif】文件选中的状态下，激活【效果控件】面板，设置【运动】区域下的【缩放】为250，如图14-75所示。

图14-75　设置【缩放】参数

🔵75 再为【动态背景03.gif】文件的结束处添加7个【动态背景03.gif】文件，将时间设置为00:00:18:05，将最后一个【动态背景03.gif】文件的结束处与时间线对齐，设置每个【动态背景03.gif】，设置【缩放】为250，如图14-76所示。

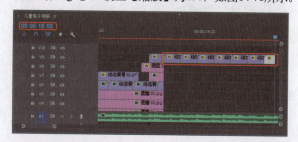

图14-76　拖入并设置多个【动态背景03.gif】文件

🔵76 将时间设置为00:00:13:05，将【图6】字幕文件拖至时间轴窗口【V2】视频轨道中，与时间线对齐，如图14-77所示。

图14-77　拖入【图6】

⑦ 确定【图6】选中的状态下，激活【效果控件】面板，设置【运动】区域下【位置】为888、672，并单击其左侧的【切换动画】按钮，打开动画关键帧记录，如图14-78所示。

图14-78 设置【位置】参数

⑦ 将时间设置为00:00:13:20，设置【位置】为360、240，如图14-79所示。

图14-79 设置【位置】参数

⑦ 将时间设置为00:00:14:03，添加一处【位置】关键帧。设置时间为00:00:14:10，设置【位置】为190、240，如图14-80所示。

图14-80 添加【位置】关键帧

⑧ 设置当前时间为00:00:14:14，添加一处【位置】关键帧。将当前时间设置为00:00:15:01，设置【位置】为-171、-170，如图14-81所示。

图14-81 添加【位置】关键帧

⑧ 将时间设置为00:00:13:05，将【图5】拖至时间轴窗口【V3】视频轨道中，与时间线对齐，将其结束处与【图6】的结束处对齐，如图14-82所示。

⑧ 确定时间为00:00:13:05，激活【效果控件】面板，设置【运动】区域下的【位置】为-176.2、669.8，单击其左侧

的【切换动画】按钮，打开动画关键帧记录。设置当前时间为00:00:13:20，将【位置】设置为360、240，如图14-83所示。

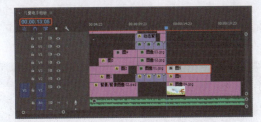

图14-82 拖入【图5】

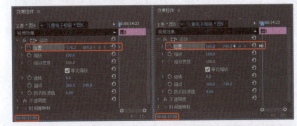

图14-83 设置【位置】参数

⑧ 设置当前时间为00:00:14:03，添加一处【位置】关键帧。再将当前时间设置为00:00:14:10，设置【位置】为531、240，如图14-84所示。

图14-84 添加【位置】关键帧

⑧ 将时间设置为00:00:14:14，添加一处【位置】关键帧，设置当前时间为00:00:15:01，设置【位置】为839、-150，如图14-85所示。

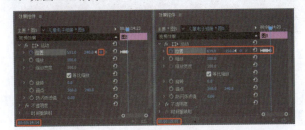

图14-85 添加【位置】关键帧

⑧ 设置当前时间为00:00:14:18，将【图8】拖至时间轴窗口【V4】视频轨道中，与时间线对齐，并将其结束处与【图5】的结束处对齐，如图14-86所示。

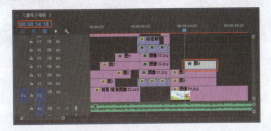

图14-86 拖入【图8】

86 确定【图8】选中的状态下，设置当前时间为00:00:14:18，激活【效果控件】面板，设置【位置】为-166、240，并单击其左侧的【切换动画】按钮，打开动画关键帧记录。设置当前时间为00:00:15:09，设置【位置】为360、240，如图14-87所示。

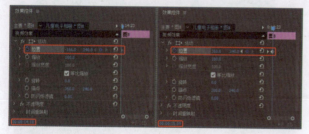

图14-87　设置【位置】参数并添加关键帧

87 设置当前时间为00:00:15:16，添加一处【位置】关键帧，将时间设置为00:00:15:23，设置【位置】为519、143，如图14-88所示。

图14-88　添加【位置】关键帧

88 设置当前时间为00:00:16:03，添加一处【位置】关键帧。设置当前时间为00:00:16:14，设置【位置】为867、143，如图14-89所示。

图14-89　添加【位置】关键帧

89 设置时间为00:00:14:18，将【图7】拖至时间轴窗口【V5】视频轨道中，与时间线对齐，并将其结束处与【图8】的结束处对齐，如图14-90所示。

图14-90　拖入【图7】

90 确定【图7】选中的状态下，激活【效果控件】面板中，设置【运动】区域下的【位置】为876、240，单击其左侧的【切换动画】按钮，打开动画关键帧记录，如图14-91所示。

图14-91　设置【位置】参数并添加关键帧

91 设置当前时间为00:00:15:09，设置【位置】为360、240，如图14-92所示。

图14-92　设置【位置】参数

92 设置当前时间为00:00:15:16，添加一处【位置】关键帧，设置当前时间为00:00:15:23，设置【位置】为220、316，如图14-93所示。

图14-93　添加【位置】关键帧

93 设置当前时间为00:00:16:03，添加一处【位置】关键帧。设置当前时间为00:00:16:14，设置【位置】为-147、316，如图14-94所示。

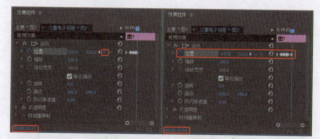

图14-94　添加【位置】关键帧

94 设置当前时间为00:00:16:09，将【图9】拖至时间轴窗口【V6】视频轨道中，与时间线对齐，将其结束处与【图7】结束处对齐，如图14-95所示。

95 确定【图9】选中的状态下，激活【效果控件】面板，设置【运动】区域下的【位置】为-172、127，单击其左侧的【切换动画】按钮，打开动画关键帧记录，如图14-96所示。

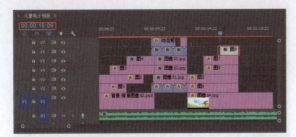

图14-95 拖入【图9】

图14-96 设置【图9】的【位置】关键帧

96 设置当前时间为00:00:17:00，设置【位置】为360、240，如图14-97所示。

图17-97 设置【位置】参数

97 设置当前时间为00:00:17:07，添加一处【位置】关键帧。设置当前时间为00:00:17:14，设置【位置】为504、317，如图14-98所示。

图14-98 添加【位置】关键帧

98 设置当前时间为00:00:17:18，添加一处【位置】关键帧。再将当前时间设置为00:00:18:04，设置【位置】为857、317，如图14-99所示。

图14-99 添加【位置】关键帧

99 确定当前时间为00:00:16:09，将【图10】拖至时间轴窗口【V7】视频轨道中，与时间线对齐，拖动其结束处与【图9】的结束处对齐，如图14-100所示。

图14-100 拖入【图10】

100 确定【图10】选中的状态下，激活【效果控件】面板，设置【运动】区域下的【位置】为889、321，单击其左侧的【切换动画】按钮，打开动画关键帧记录，如图14-101所示。

图14-101 设置【位置】参数并添加关键帧

101 设置当前时间为00:00:17:00，设置【位置】为360、240，如图14-102所示。

图14-102 添加【位置】关键帧

102 设置当前时间为00:00:17:07，添加一处【位置】关键帧。设置当前时间为00:00:17:14，设置【位置】为194、157，如图14-103所示。

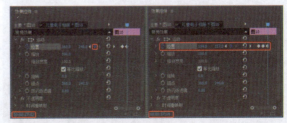

图14-103 添加【位置】关键帧

103 设置当前时间为00:00:17:18，添加一处【位置】关键帧。再将当前时间设置为00:00:18:04，设置【位置】为-181、157，如图14-104所示。

图14-104　添加【位置】关键帧

104 设置当前时间为00:00:18:02，将【图层1/背景图像02.psd】文件拖至时间轴窗口【V8】视频轨道中，与时间线对齐，如图14-105所示。

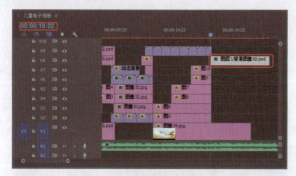

图14-105　拖入【图层1/背景图像02.psd】

105 将当前时间设置为00:00:19:04，拖动【图层1/背景图像02.psd】文件的结束处与时间线对齐，如图14-106所示。

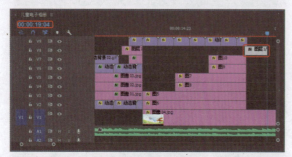

图14-106　设置结束处

106 确定【图层1/背景图像02.psd】文件选中的状态下，激活【效果控件】面板，设置当前时间为00:00:18:02，设置【运动】区域下的【位置】为360、440，单击其左侧的【切换动画】按钮，打开动画关键帧记录，将【缩放】设置为60，如图14-107所示。

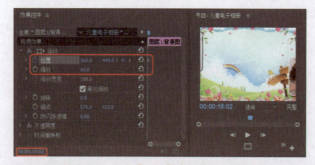

图14-107　设置【位置】参数并添加关键帧

107 设置当前时间为00:00:19:01，设置【位置】为360、-215，如图14-108所示。

图14-108　设置【位置】参数

108 确定当前时间为00:00:18:09，将【图像05.jpg】文件拖至时间轴窗口【V2】视频轨道中，与时间线对齐。将【图像05.jpg】文件的结束处与【图像04.jpg】文件的结束处对齐，如图14-109所示。

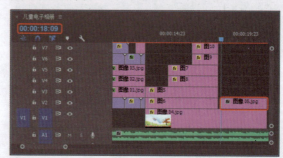

图14-109　拖入【图像05.jpg】

109 确定【图像05.jpg】文件选中的状态下，设置【运动】下的【缩放】为40，为其添加【裁剪】特效，激活【效果控件】面板，将【裁剪】区域下【顶部】设置为90%，单击其左侧的【切换动画】按钮，打开动画关键帧记录，如图14-110所示。

图14-110　设置参数

110 设置当前时间为00:00:19:01，设置【顶部】为0%，如图14-111所示。

图14-111　设置【顶部】参数

111 设置当前时间为00:00:19:04，将【图层3/图像07.psd】文件拖至时间轴窗口【V3】视频轨道中，与时间线对齐，如图14-112所示。

图14-112　拖入【图层3/图像07.psd】文件

112 设置当前时间为00:00:19:10，拖动【图层3/图像07.psd】文件的结束处，与时间线对齐，如图14-113所示。

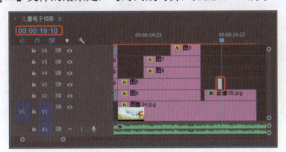

图14-113　拖动结束处

113 确定【图层3/图像07.psd】文件选中的状态下，激活【效果控件】面板，设置【位置】为209、262，【缩放】设置为110，如图14-114所示。

图14-114　设置【位置】和【缩放】参数

114 设置当前时间为00:00:19:10，将【图11】拖至时间轴窗口【V3】视频轨道中，与【图层3/图像07.psd】文件的结束处对齐，同时将该文件的结束处与【图像05.jpg】文件的结束处对齐，如图14-115所示。

图14-115　拖入【图11】

115 确定【图11】选中的状态下，激活【效果控件】面板，设置【运动】区域下的【位置】为199、240，【旋转】设置为10°，如图14-116所示。

图14-116　设置【图11】

116 为【图层3/图像07.psd】【图11】的中间位置添加【叠加溶解】切换效果，并将该切换效果的【持续时间】设置为00:00:00:05，如图14-117所示。

图14-117　添加并设置切换效果

117 将时间设置为00:00:19:10，将【图层3/图像07.psd】文件拖至时间轴窗口【V4】视频轨道中与时间线对齐，结束处时间为00:00:19:16，如图14-118所示。

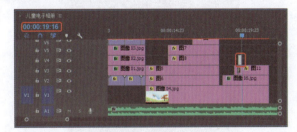

图14-118　插入并设置【图层3/图像07.psd】

118 确定【图层3/图像07.psd】文件选中的状态下，激活【效果控件】面板，设置【运动】区域下的【位置】为459、186，【缩放】设置为110，如图14-119所示。

图14-119　设置【位置】和【缩放】参数

119 设置当前时间为00:00:19:16，将【图12】拖至时间轴窗口【V4】视频轨道中，与时间线对齐，并将其结束处与【图11】的结束处对齐，如图14-120所示。

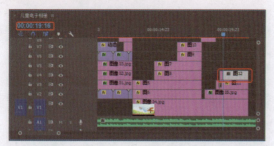

图14-120　拖入【图12】

120 确定【图12】选中的状态下，设置【运动】区域下的【位置】为441、161，【旋转】设置为-10°，如图14-121所示。

图14-121　设置【图12】

121 为【图层3/图像07.psd】【图12】的中间位置添加【叠加溶解】切换效果，并将该切换效果的【持续时间】设置为00:00:00:05，如图14-122所示。

图14-122　添加并设置切换效果

122 将当前时间设置为00:00:19:16，将【图层3/图像07.psd】文件拖至时间轴窗口【视频5】轨道中，与时间线对齐，结束处时间为00:00:19:22，如图14-123所示。

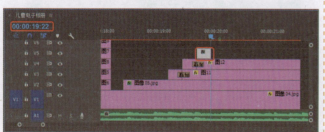

图14-123　拖入【图层3/图像07.psd】

123 确定【图层3/图像07.psd】文件选中的状态下，激活【效果控件】面板，设置【运动】区域下的【位置】为400、

326，【缩放】设置为110，如图14-124所示。

图14-124　设置【位置】和【缩放】参数

124 将【图13】拖至时间轴窗口【V5】视频轨道中，与【图层3/图像07.psd】文件的结束处对齐，并将其结束处与【图12】的结束处对齐，如图14-125所示。

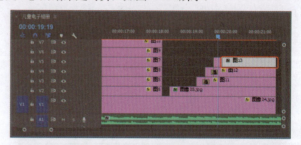

图14-125　拖入并设置【图13】

125 确定【图13】选中的状态下，激活【效果控件】面板，设置当前时间为00:00:20:07，设置【运动】区域下的【位置】为388、307，单击【缩放】左侧的【切换动画】按钮，打开动画关键帧记录，【旋转】设置为-8°，如图14-126所示。

图14-126　设置【位置】和【缩放】参数并添加关键帧

126 设置当前时间为00:00:20:12，设置【缩放】为140，如图14-127所示。

图14-127　设置【缩放】参数

127 设置当前时间为00:00:20:17，设置【缩放】为110。如图14-128所示。

图14-128 设置【缩放】参数

128 为【图层3/图像07.psd】【图13】的中间位置添加【随机擦除】切换效果，并将其【持续时间】设置为00:00:00:05，如图14-129所示。

图14-129 添加并设置切换效果

129 将当前时间设置为00:00:20:19，将【图14】拖至时间轴窗口【V6】视频轨道中，与时间线对齐，并将其结束处与【图13】的结束处对齐，如图14-130所示。

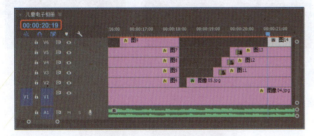

图14-130 拖入并设置【图14】

130 确定【图14】选中的状态下，激活【效果控件】面板，设置【运动】区域下的【位置】为171、240，【旋转】设置为15°，【不透明度】设置为0%，如图14-131所示。

图14-131 设置【位置】【旋转】和【不透明度】参数

131 设置当前时间为00:00:20:20，单击【缩放】左侧的【切换动画】按钮，打开动画关键帧记录，并将其参数设置为300，如图14-132所示。

图14-132 设置参数

132 将时间设置为00:00:21:05，设置【缩放】为100，【不透明度】设置为100%，如图14-133所示。

图14-133 设置【缩放】和【不透明度】参数

133 将时间设置为00:00:18:18，将【动态背景04.gif】文件拖至时间轴窗口【V7】视频轨道中，与时间线对齐，如图14-134所示。

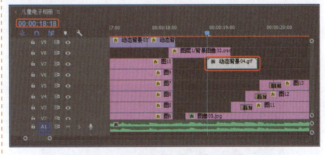

图14-134 拖入【动态背景04.gif】

134 将确定【动态背景04.gif】选中的状态下，为其添加【裁剪】特效，激活【效果控件】面板，设置【运动】区域下的【位置】为360、355，【缩放】设置为120，设置【裁剪】区域下的【顶部】为90%，并单击其左侧的【切换动画】按钮，打开动画关键帧记录。设置当前时间为00:00:19:10，设置【顶部】为0%，如图14-135所示。

135 按住Alt键动鼠标左键，在【动态背景04.gif】文件后面，复制三个【动态背景04.gif】文件，将最后一个的结束处与【图14】的结束处对齐，如图14-136所示。

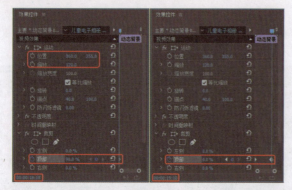

图14-135 设置参数并添加关键帧

图14-139 设置【位置】和【缩放】参数

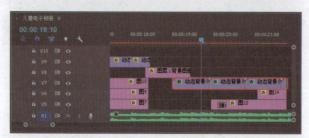

图14-136 拖入【动态背景04.gif】

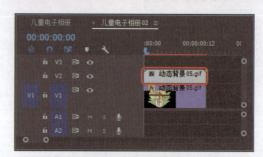

图14-140 拖入【动态背景05.gif】

136 将【图像06.jpg】文件拖至时间轴窗口【V1】视频轨道中，与【图像04.jpg】文件的结束处对齐，拖动该文件的结束处与【背景音乐.mp3】文件结束处对齐，如图14-137所示。

140 确定【V2】视频轨道中的【动态背景05.gif】文件选中的状态下，激活【效果控件】面板，设置【位置】为135、42，【缩放】为65，如图14-141所示。在【节目监视器】窗口中可能看到画面成列，如图14-142所示。

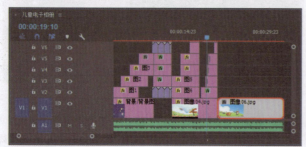

图14-137 拖入【图像06.jpg】

图14-141 设置参数 图14-142 设置后的效果

137 按Ctrl+N组合键，新建【儿童电子相册02】序列，将【动态背景05.gif】文件拖至【时间线：儿童电子相册02】窗口【V1】视频轨道中，在弹出的对话框中选择【保持现有设置】选项，如图14-138所示。

141 添加5条视频轨道，使用同样的方法，将画面排列为如图14-143所示。

图14-138 拖入【动态背景05.gif】

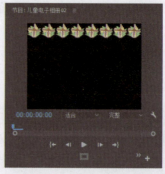

图14-143 设置后的效果

138 确定【动态背景05.gif】文件选中的状态下，激活【效果控件】面板，设置【位置】为44、42，【缩放】为65，如图14-139所示。

139 将【动态背景05.gif】文件拖至【时间线：儿童电子相册02】窗口中【V2】视频轨道中，如图14-140所示。

142 激活【儿童电子相册】序列，设置当前时间为00:00:21:11，将【儿童电子相册02】序列拖至【儿童电子相册】窗口【V8】视频轨道中，与时间线对齐，如图14-144所示。在序列上单击鼠标右键，解除视音频的链接，然后将选中的音频删除，如图14-145所示。

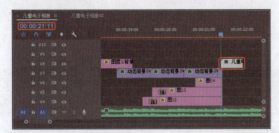

图14-144 拖入【儿童电子相册02】

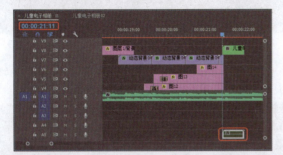

图14-145 删除音频

143 确定【儿童电子相册02】序列选中的状态下，当前时间00:00:21:11，激活【效果控件】面板，设置【运动】区域下的【位置】为360、717，单击其左侧的【切换动画】按钮，打开动画关键帧记录，如图14-146所示。

图14-146 设置【位置】参数并添加关键帧

144 设置当前时间为00:00:21:14，设置【位置】为360、240，如图14-147所示。

图14-147 设置【位置】参数

145 再次向时间轴窗口【V9】视频轨道中，拖入【儿童电子相册02】序列，将其开始处和结束处与【V8】视频轨道中的【儿童电子相册02】序列对齐，在序列上单击鼠标右键，解除视音频的链接，然后将选中的音频删除，如图14-148所示。

146 将当前时间设置为00:00:21:11，激活【效果控件】面板，设置【运动】区域下的【位置】为360、136，单击其左侧的【切换动画】按钮，打开动画关键帧记录。设置当前时间为00:00:21:14，设置【位置】为360、635，如图14-149所示。

图14-148 删除选中的音频

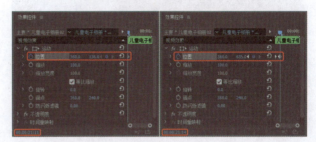

图14-149 设置【位置】参数并添加关键帧

147 将【V8】和【V9】视频轨道中的【儿童电子相册02】选中，对其进行复制，然后将当前时间设置为00:00:22:01，进行粘贴，如图14-150所示。

图14-150 复制文件

148 删除【V8】和【V9】视频轨道中粘贴后的文件中的所有关键帧，并将其位置分别设置为360、240和360、640，选中【V8】和【V9】视频轨道中的第二个【儿童电子相册02】对其进行复制，时间设置为00:00:22:15，进行粘贴，结束处时间为00:00:29:01，如图14-151所示。

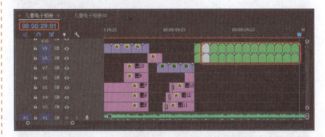

图14-151 复制文件

149 设置当前时间为00:00:21:12，将【图1】拖至时间轴窗口【V2】视频轨道中，与时间线对齐，如图14-152所示。

150 确定【图1】选中的状态下，激活【效果控件】面板，设置【运动】区域下的【位置】为942.4、240，单击其左侧的【切换动画】按钮，打开动画关键帧记录，【旋转】设置为20°，如图14-153所示。

图14-152　拖入【图1】

图14-153　设置【位置】和【旋转】参数并添加关键帧

151 设置时间为00:00:22:08，设置【位置】为360、240，单击【缩放】左侧的【切换动画】按钮，添加一个关键帧，如图14-154所示。

图14-154　设置参数并添加关键帧

152 设置当前时间为00:00:22:14，【缩放】设置为140，如图14-155所示。

图14-155　设置【缩放】参数

153 设置当前时间为00:00:22:20，【缩放】设置为100，如图14-156所示。

图14-156　设置【缩放】参数

154 设置当前时间为00:00:22:23，添加一处【位置】关键帧。再设置当前时间为00:00:23:20，设置【位置】为-170.4、240，如图14-157所示。

图14-157　添加关键帧

155 将时间设置为00:00:22:02，将【图2】拖至时间轴窗口【V3】视频轨道中，与时间线对齐，如图14-158所示。

图14-158　拖入【图2】

156 确定【图2】选中的状态下，激活【效果控件】面板，设置【运动】区域下的【位置】为882.7、240，单击其左侧的【切换动画】按钮▣，打开动画关键帧记录，【旋转】设置为-20°，如图14-159所示。

图14-159　设置参数并添加关键帧

157 设置时间为00:00:22:08，设置【位置】为750、240，如图14-160所示。

图14-160　设置【位置】参数

158 设置当前时间为00:00:22:23，添加一处【位置】关键帧。设置当前时间为00:00:23:13，设置【位置】为360、240，单击【缩放】左侧的【切换动画】按钮▣，打开动画关键帧记录，如图14-161所示。

图14-161 添加关键帧

159 设置当前时间为00:00:23:19，【缩放】设置为140，如图14-162所示。

图14-162 设置【缩放】参数

160 再设置当前时间为00:00:24:01，设置【缩放】为100，如图14-163所示。

图14-163 设置【缩放】参数

161 设置当前时间为00:00:24:06，添加一处【位置】关键帧。再设置当前时间为00:00:24:21，设置【位置】为-172、240，如图14-164所示。

图14-164 添加关键帧

162 将时间设置为00:00:23:06，拖动【图3】至时间轴窗口【V4】视频轨道中，与时间线对齐，如图14-165所示。

图14-165 拖入【图3】

163 确定【图3】选中的状态下，激活【效果控件】面板，设置【位置】为886.5、240，单击其左侧的【切换动画】按钮，打开动画关键帧记录，【旋转】设置为20°，如图14-166所示。

图14-166 设置【位置】和【旋转】参数

164 设置时间为00:00:23:13，设置【位置】设置为770、240，如图14-167所示。

图14-167 设置【位置】参数

165 设置当前时间为00:00:24:06，添加一处【位置】关键帧。再设置当前时间为00:00:24:16，设置【位置】为360、240，单击【缩放】左侧的【切换动画】按钮，打开动画关键帧记录，如图14-168所示。

图14-168 设置参数并添加关键帧

166 设置当前时间为00:00:24:22，【缩放】设置为140，如图14-169所示。

图14-169 设置【缩放】参数

167 再设置当前时间为00:00:25:04，设置【缩放】为100，如图14-170所示。

168 设置当前时间为00:00:25:09，添加一处【位置】关键帧。再设置当前时间为00:00:26:00，设置【位置】为-172、240，如图14-171所示。

图14-170　设置【缩放】参数

图14-171　添加关键帧

169 将时间设置为00:00:24:11，拖动【图5】至时间轴窗口【V5】视频轨道中，与时间线对齐，将其结束处与【图3】的结束处对齐，如图14-172所示。

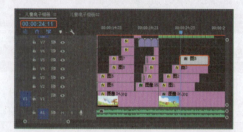

图14-172　拖入并设置【图5】

170 确定【图5】选中的状态下，激活【效果控件】面板，设置【位置】为886.5、240，单击其左侧的【切换动画】按钮，打开动画关键帧记录，【旋转】设置为-20°，如图14-173所示。

图14-173　设置【位置】和【旋转】参数

171 设置时间为00:00:24:16，设置【位置】设置为750、240，如图14-174所示。

图14-174　设置【位置】参数

172 设置当前时间为00:00:25:09，添加一处【位置】关键帧。再设置当前时间为00:00:25:19，设置【位置】为360、240，单击【缩放】左侧的【切换动画】按钮，打开动画关键帧记录，如图14-175所示。

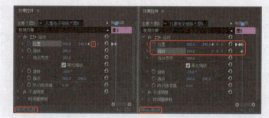

图14-175　添加关键帧

173 设置当前时间为00:00:26:01，【缩放】设置为140，如图14-176所示。

图14-176　设置【缩放】参数

174 再设置当前时间为00:00:26:07，设置【缩放】为100，如图14-177所示。

图14-177　设置【缩放】参数

175 设置当前时间为00:00:26:12，添加一处【位置】关键帧。再设置当前时间为00:00:27:03，设置【位置】为-172、240，如图14-178所示。

图14-178　添加关键帧

176 将时间设置为00:00:25:14，拖动【图11】至时间轴窗口【V6】视频轨道中，与时间线对齐，如图14-179所示，将其结束处与【图5】的结束处对齐。

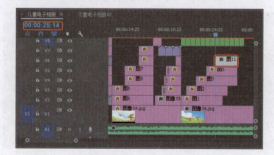

图14-179　拖入并设置【图11】

177 确定【图11】选中的状态下，激活【效果控件】面板，设置【位置】为886.5、240，单击其左侧的【切换动画】按钮，打开动画关键帧记录，【旋转】设置为20°，如图14-180所示。

图14-180 设置【位置】和【旋转】参数并添加关键帧

178 设置时间为00:00:25:19，设置【位置】为750、240，如图14-181所示。

图14-181 设置【位置】参数

179 设置当前时间为00:00:26:12，添加一处【位置】关键帧。再设置当前时间为00:00:26:22，设置【位置】为360、240，单击【缩放】左侧的【切换动画】按钮，打开动画关键帧记录，如图14-182所示。

图14-182 添加关键帧

180 设置当前时间为00:00:27:04，设置【缩放】为140，如图14-183所示。

图14-183 设置【缩放】参数

181 再设置当前时间为00:00:27:10，设置【缩放】为100，如图14-184所示。

182 设置当前时间为00:00:27:15，添加一处【位置】关键帧。再设置当前时间为00:00:28:06，设置【位置】为-172、240，如图14-185所示。

183 将当前时间设置为00:00:28:08，将【图8】拖至时间轴窗口【V2】视频轨道中，与时间线对齐。再将当前时间

设置为00:00:29:09，拖动【图8】的结束处与时间线对齐，如图14-186所示。

图14-184 设置【缩放】参数

图14-185 添加关键帧

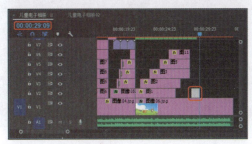

图14-186 插入【图8】

184 确定【图8】选中的状态下，激活【效果控件】面板，将当前时间设置为00:00:28:08，设置【缩放】为600，单击其左侧的【切换动画】按钮，打开动画关键帧记录，【旋转】设置为10°。设置时间为00:00:28:11，设置【缩放】为100，如图14-187所示。

185 将时间设置为00:00:28:13，将【图4】拖至时间轴窗口【V3】视频轨道中，并将其结束处与【图8】的结束处对齐，如图14-188所示。

图14-187 设置参数并添加关键帧

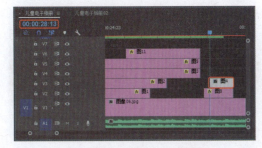

图14-188 插入并设置【图4】

186 确定【图4】选中的状态下,激活【效果控件】面板,【位置】设置为182.8、282,设置【缩放】为600,单击其左侧的【切换动画】按钮,打开动画关键帧记录,将【旋转】设置为-10°。设置时间为00:00:28:16,设置【缩放】为100,如图14-189所示。

图14-189 设置参数并添加关键帧

187 设置当前时间为00:00:28:18,将【图2】拖至时间轴窗口【V4】视频轨道中,与时间线对齐,并将其结束处与【图4】的结束对齐,如图14-190所示。

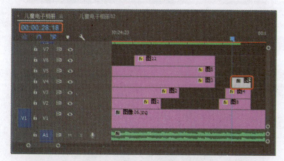

图14-190 拖入并设置【图2】

188 确定【图2】选中的状态下,激活【效果控件】面板,设置【运动】区域下的【位置】为545、227,【缩放】设置为600,单击其左侧的【切换动画】按钮,打开动画关键帧记录,【旋转】设置为-5°。设置当前时间为00:00:28:21,【缩放】设置为100,如图14-191所示。

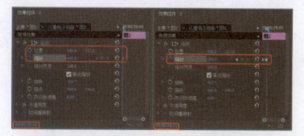

图14-191 设置参数并添加关键帧

189 设置当前时间为00:00:28:23,将【图10】拖至时间轴窗口【V5】视频轨道中,与时间线对齐,并将其结束处与【图2】的结束对齐,如图14-192所示。

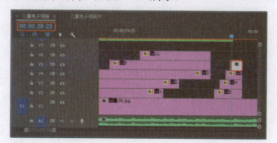

图14-192 插入并设置【图10】

190 确定【图10】选中的状态下,激活【效果控件】面板,设置【运动】区域下的【位置】为364、348,设置【缩放】为600,单击其左侧的【切换动画】按钮,打开动画关键帧记录,【旋转】设置为5°。设置当前时间为00:00:29:03,【缩放】设置为100,如图14-193所示。

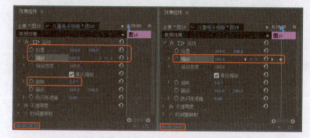

图14-193 设置参数并添加关键帧

191 将时间设置为00:00:29:08,将【标题】拖至时间轴窗口【V6】视频轨道中,与时间线对齐,将其结束处与【背景音乐.mp3】的结束处对齐,如图14-194所示。

图14-194 拖入并设置【标题】

192 确定【标题】选中的状态下,激活【效果控件】面板,设置当前时间为00:00:29:09,将【运动】区域下的【位置】设置为423、286,【缩放】设置为0,单击其左侧的【切换动画】按钮,打开动画关键帧记录,如图14-195所示。

图14-195 设置参数并添加关键帧

193 再将当前时间设置00:00:29:16,设置【缩放】为120,如图14-196所示。

图14-196 设置【缩放】参数

194 将时间设置为00:00:29:12,将【代】拖至时间轴窗口【V7】视频轨道中,与时间线对齐,将其结束处与【标题】的结束处对齐,如图14-197所示。

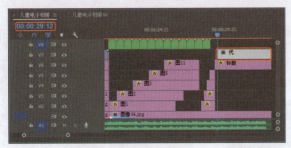

图14-197　拖入并设置【代】

195 确定【代】选中的状态下，激活【效果控件】，设置当前时间为00:00:29:16，设置【位置】为-1006、157，【缩放】设置为500，单击其左侧的【切换动画】按钮，如图14-198所示。

图14-198　设置【位置】和【缩放】参数并添加关键帧

196 设置当前时间为00:00:29:21，设置【位置】为322、286，【缩放】设置为120，如图14-199所示。

197 对两个【儿童电子相册02】进行复制粘贴，并将它们的结束处与【代】结束处对齐，如图14-200所示。

198 激活【儿童电子相册】序列，选择【文件】|【导出】|【媒体】命令，在打开的【导出设置】对话框中，在【导出设置】区域下，设置【格式】为【AVI】，单击【输出名称】右侧的蓝色文字，在打开的对话框中选择保存位置并输入名称，单击【保存】按钮，返回到【导出设置】对话框，单击【导出】按钮，对视频进行渲染输出，如图14-201所示。

图14-199　设置【位置】和【缩放】参数

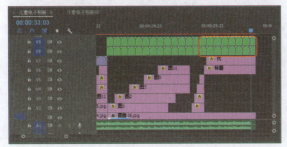

图14-200　复制粘贴【儿童电子相册02】

图14-201　导出设置

🏷 提　示

在对【导出设置】进行设置时，读者可以根据需要进行设置。

实例206　房地产宣传画

房地产宣传动画，在日常生活中随处可见，其表现形式也是多种多样，本案例将详细讲解如何制作房地产宣传动画，通过对本章的学习，可以使读者对房地产宣传类动画制作有一定的了解，如图14-202所示。

素材	素材|Cha14|房地产宣传动画|01.jpg~017.jpg、飞机.png、纹理.png、烟雾.mp4、音频01.mp4~音频02.mp4、音频03.wav
场景	场景|Cha14|房地产宣传动画.prproj
视频	视频教学|Cha14|实例206　房地产宣传动画.MP4

图14-202　房地产宣传动画分镜头效果

1 启动软件后，在欢迎界面中单击【新建项目】选项，弹出【新建项目】对话框，并将【名称】设置为【房地产宣传动画】，然后单击【确定】按钮，如图14-203所示。

图14-203　新建项目

② 激活【项目】面板，单击面板底部的【新建素材箱】按钮█，并将名称修改为【素材】，如图14-204所示。

图14-204　新建文件夹

🏷 提 示

在实际操作过程中由于序列或者素材比较多，在项目面板中可以新建文件夹，将其打包，便于管理。

③ 在【项目】面板的空白处双击鼠标在弹出的【导入】对话框，选择随书配套资源中的素材|Cha14|房地产宣传动画所有素材文件，并单击【打开】按钮，如图14-205所示。

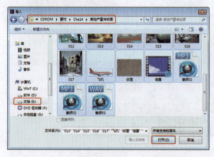

图14-205　选择需要导入的素材文件

④ 将导入的素材文件，拖至【项目】面板中的【素材】文件中，如图14-206所示。

图14-206　导入到【项目】面板

⑤ 在【项目】面板中单击底部的【新建素材箱】按钮█，并将名称修改为【标题动画】，并单击鼠标右键，在弹出的快捷菜单中选择【新建项目】|【序列】命令，如图14-207所示。

图14-207　选择【序列】选项

⑥ 弹出【新建序列】对话框，选择【DV-24P】|【标准48kHz】，将【序列名称】设置为【标题动画01】，并单击【确定】按钮，如图14-208所示。

图14-208　新建序列

⑦ 将当前时间设置为00:00:02:10，在【项目】的【素材】文件中选择【03.png】素材文件，并将其拖至【V1】视频轨道中使其开始处与时间线对齐，如图14-209所示。

⑧ 选择添加的素材文件，单击鼠标右键，在弹出的快捷菜单中选择【速

度/持续时间】命令，如图14-210所示。

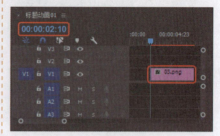

图14-209　添加素材到序列

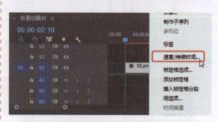

图14-210　选择【速度/持续时间】命令

⑨ 弹出【剪辑速度/持续时间】对话框，将【持续时间】设置为00:00:06:14，并单击【确定】按钮，如图14-211所示。

图14-211　设置【持续时间】

⑩ 在【效果】面板中搜索【高斯模糊】特效，并将其添加到素材文件上，确认当前时间为00:00:02:10，选择素材文件，切换到【效果控件】面板中，单击【缩放】左侧的【切换动画】按钮█，添加关键帧，并将其设置为600，在【不透明度】区域下将【不透明度】设置为0%，将【高斯模糊】区域下的【模糊度】设置为100，并设置关键帧，如图14-212所示。

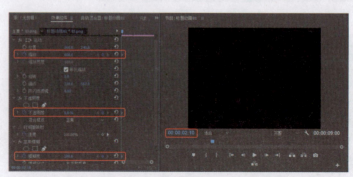

图14-212　设置参数并添加关键帧

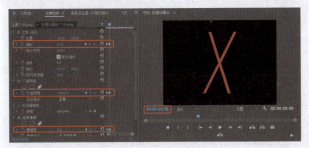

提 示

【高斯模糊】：该特效可以将对象模糊和柔化，并能消除锯齿，也可以指定模糊的方向为水平、垂直或者双向。

⑪ 将当前时间设置为00:00:03:06。将【缩放】设置为31%，【不透明度】设置为100%，【模糊度】设置为0，如图14-213所示。

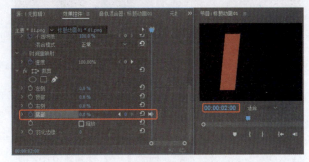

图14-217　设置参数

⑯ 继续在【项目】面板中选择【01.png】素材文件，将其添加到【V3】视频轨道中使其与【V2】视频轨道中的【01.png】素材文件对齐，如图14-218所示。

图14-213　设置参数

⑫ 将当前时间设置为00:00:01:08，选择【01.png】素材文件拖至【V2】视频轨道中使其开始处与时间线对齐，结束处与【V1】视频轨道中的素材文件结束处对齐，如图14-214所示。

图14-218　添加素材到序列

图14-214　添加素材文件

⑬ 切换到【效果控件】面板中将【位置】设置为217、240，将【缩放】设置为31，如图14-215所示。

⑰ 选择上一步添加的素材文件，切换到【效果控件】面板中，将【位置】设置为501、240，将【缩放】设置为31，如图14-219所示。

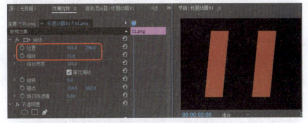

图14-219　设置【位置】和【缩放】参数

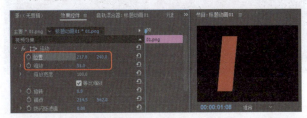

图14-215　设置参数

⑭ 在【效果】面板中搜索【裁剪】特效，并将其添加到【01.png】素材文件上，确认当前时间为00:00:01:08，在【效果控件】面板中，将【裁剪】特效下【底部】设置为100%，并单击其左侧的【切换动画】按钮，添加关键帧，如图14-216所示。

⑱ 在【效果】面板中选择【裁剪】特效，添加到素材文件上，将当前时间设置为00:00:01:08，在【效果控件】面板中将【裁剪】特效下的【顶部】设置为100%，并单击左侧的【切换动画】按钮，如图14-220所示。

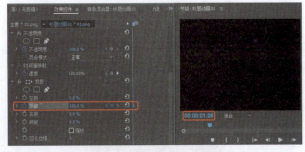

图14-220　设置参数并添加关键帧

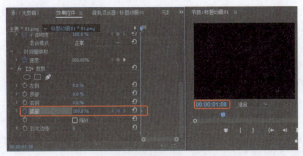

图14-216　设置参数并添加关键帧

⑲ 将当前时间设置为00:00:02:00，将【顶部】设置为0%，如图14-221所示。

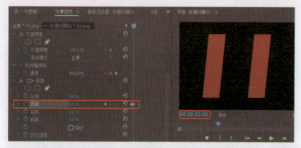

图14-221　设置参数

20 将当前时间设置为00:00:02:00,在【项目】面板中选择【02.png】素材文件,将其拖至【V4】视频轨道中,使其开始处与时间线对齐,结束处与【V3】视频轨道中的素材文件结束处对齐,如图14-222所示。

图14-222　添加文件到序列

21 选择上一步添加的素材文件,切换到【效果控件】面板中,将【缩放】设置为31,如图14-223所示。

图14-223　设置【缩放】参数

22 确认当前时间为00:00:02:00,在【效果控件】中将【不透明度】设置为0%,将当前时间设置为00:00:02:10,将【不透明度】设置为100%,如图14-224所示。

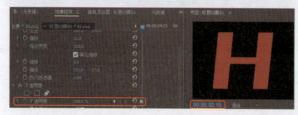

图14-224　设置【不透明度】参数

23 按Ctrl+T组合键,弹出【新建字幕】对话框,其他保持默认值,将【名称】设置为【圆01】,并单击【确定】按钮,如图14-225所示。

图14-225　新建字幕

24 进入字幕编辑器中,选择【椭圆工具】,进行绘制,在【变换】选项组中将【宽度】和【高度】都设置为100,将【X位置】和【Y位置】分别设置为328.1、238.8,在【填充】选项组中将【颜色】设置为白色,如图14-226所示。

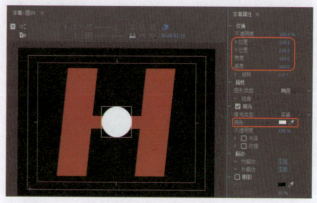

图14-226　设置参数

25 在字幕编辑器中单击【基于当前字幕新建字幕】按钮,弹出【新建字幕】对话框,将【名称】设置为【圆02】,并单击【确定】按钮,选择白色椭圆,在【填充】选项组中将【颜色】的RGB值设置为194、12、35,在【变换】选项组中将【宽度】和【高度】都设置为30,将【X位置】和【Y位置】分别设置为327.5、238.5,如图14-227所示。

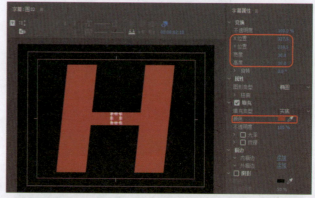

图14-227　创建圆

🏷️ 提　示

对于具有相同属性的字幕,用户可以在该字幕的基础上进行新建,这里就可以用到【基于当前字幕新建字幕】按钮,这样可以大大提高工作效率。

26 在【项目】面板中将上一步创建的两个字幕拖至【标题动画】文件夹中,将当前时间设置为00:00:03:14,将【圆01】字幕拖至【V5】视频轨道中使其开始处与时间线对齐,将其结束处与【V4】视频轨道中的素材结束处对齐,如图14-228所示。

27 确认当前时间为00:00:03:14,选择上一步添加的字幕,切换到【效果控件】面板中单击【缩放】左侧的【切换动画】按钮,添加关键帧,并将【缩放】设置为600,将【不透明度】设置为0%,如图14-229所示。

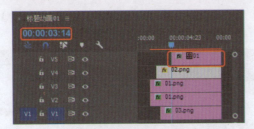

图14-228 添加字幕到序列

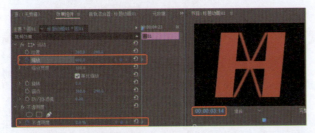

图14-229 设置参数

28 将当前时间设置为00:00:03:20，将【缩放】设置为53，将【不透明度】设置为100%，如图14-230所示。

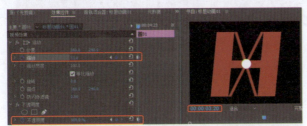

图14-230 设置参数

29 将当前时间设置为00:00:03:20，选择【圆02】字幕拖至【V6】视频轨道中，将其开始处与时间线对齐，将其结束处与【V5】视频轨道中的字幕结束处对齐，如图14-231所示。

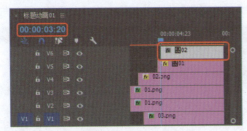

图14-231 添加字幕到序列

30 确认当前时间为00:00:03:20，在【效果控件】中将【不透明度】设置为0%，当前时间设置为00:00:05:21，【不透明度】设置为100%，如图14-232所示。

图14-232 设置参数

31 在【效果】面板中搜索【镜头光晕】特效，将其添加到【圆02】字幕上，切换到【效果控件】面板中，将【镜头

光晕】区域下的【光晕中心】设置为360.9、238.3，确认当前时间为00:00:05:21，单击【光晕亮度】左侧的【切换动画】按钮，并将【光晕亮度】设置为0%，如图14-233所示。

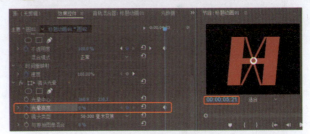

图14-233 设置参数

32 将当前时间设置为00:00:06:14，将【光晕亮度】设置为42%。将当前时间设置为00:00:07:10，将【光晕亮度】设置为0%，如图14-234所示。

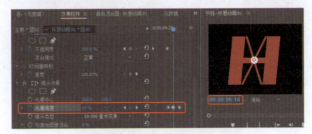

图14-234 设置参数

33 新建【标题动画02】序列，并将其放置到【项目】面板的【标题动画】文件夹中，如图14-235所示。

图14-235 新建序列

34 在【项目】面板中的【素材】文件夹中选择【04.jpg】素材文件拖至【标题动画02】序列的【V1】视频轨道中，并将【持续时间】设置为00:00:14:05，如图14-236所示。

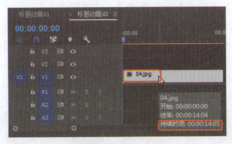

图14-236 拖入素材文件

35 选择上一步添加的素材文件，切换到【效果控件】面板中，将当前时间设置为00:00:00:00，单击【缩放】左侧的【切换动画】按钮，并将【缩放】设置为68，如图14-237所示。

图14-237　设置参数

㊱ 将当前时间设置为00:00:14:04，将【缩放】设置为100，如图14-238所示。

图14-238　设置参数

㊲ 切换到【效果】面板中搜索【渐隐为黑色】特效，并将其添加到【V1】视频轨道的素材文件的开始处，如图14-239所示。

图14-239　添加特效

㊳ 在【项目】面板中选择【标题动画01】序列拖至【V2】视频轨道中，如图14-240所示。

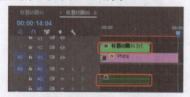

图14-240　添加序列

🏷 提　示

【渐隐为黑色】：该特效使前一个素材逐渐变黑，然后一个素材由黑逐渐显示。

㊴ 在【效果】面板中搜索【高斯模糊】特效，并将其添加到【标题动画01】序列上，将当前时间设置为00:00:08:00，切换到【效果控件】面板中单击【不透明度】右侧的【添加/移除关键帧】按钮，添加关键帧，在【高斯模糊】选项组中单击【模糊度】左侧的【切换动画】按钮，添加关键帧，如图14-241所示。

图14-241　设置参数并添加关键帧

㊵ 将当前时间设置为00:00:08:23，将【不透明度】设置为0%，将【模糊度】设置为100，如图14-242所示。

图14-242　设置参数

🏷 提　示

【高斯模糊】：该特效能够模糊和柔化图像并能消除噪波，可以指定模糊的方向为水平、垂直或双向。

㊶ 切换到【效果】面板中搜索【镜头光晕】特效，并将其添加到【V2】视频轨道中的【标题动画01】序列上，然后将当前时间设置为00:00:00:00，在【效果控件】面板中将【镜头光晕】区域下的【光晕中心】设置为-14、229.9，【光晕亮度】设置为0%，并单击【光晕中心】和【光晕亮度】左侧的【切换动画】按钮，如图14-243所示。

图14-243　添加特效并设置参数

㊷ 将当前时间设置为00:00:01:03，在【效果控件】面板中将【镜头光晕】区域下的【光晕中心】设置为121.4、229.9，【光晕亮度】设置为161%，如图14-244所示。

图14-244　设置参数

㊸ 将当前时间设置为00:00:07:19，在【效果控件】面板中将【镜头光晕】区域下的【光晕中心】设置为924.2、229.9，【光晕亮度】为166%，如图14-245所示。

图14-245　设置参数

㊹ 将当前时间设置为00:00:08:23，在【效果控件】面板中将【镜头光晕】区域下的【光晕中心】设置为1064.7、

229.9，【光晕亮度】为6%，如图14-246所示。

图14-246 设置参数

⑮ 按Ctrl+T组合键弹出【新建字幕】对话框，其他保持默认值，将【名称】设置为【标题】，然后单击【确定】按钮，如图14-247所示。

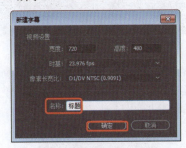

图14-247 新建字幕

⑯ 进入到字幕编辑器中，选择【文字工具】T输入【宏兴地产】，将【字体系列】设置为【方正综艺简体】，【字偶间距】设置为25，在【填充】选项组中将【颜色】的RGB值设置为195、13、35，在【变换】选项组中将【X位置】和【Y位置】分别设置为329、174，将【宽度】和【高度】分别设置为614.9、124，如图14-248所示。

图14-248 设置字幕属性

» 知识链接

- 【字体系列】：在该下拉列表中，显示系统中所有安装的字体，可以在其中选择需要的字体。
- 【字体样式】：Bold（粗体）、Bold Italic（粗体 倾斜）、Italic（倾斜）、Regular（常规）、Semibold（半粗体）、Semibold Italic（半粗体 倾斜）。
- 【字体大小】：设置字体的大小。
- 【宽高比】：设置字体的长宽比。
- 【行距】：设置行与行之间的行间距。
- 【字偶间距】：设置光标位置处前后字符之间的距

离，可在光标位置处形成两段有一定距离的字符。

- 【字符间距】：设置所有字符或者所选字符的间距，调整的是单个字符间的距离。
- 【基线位移】：设置字符所有字符基线的位置。通过改变该选项的值，可以方便地设置上标和下标。
- 【倾斜】：设置字符的倾斜。
- 【小型大写字母】：激活该选项，可以输入大写字母，或者将已有的小写字母改为大写字母。

⑰ 继续输入文字【Hong Xing Real Estate】将【字体系列】设置为【Arial】，【字体样式】设置【Black】，【字体大小】设置为83.8，在【填充】选项组中将【颜色】的RGB值设置为195、13、35，在【变换】选项组中将【X位置】和【Y位置】分别设置为330、317，将【宽度】和【高度】分别设置为619.1、83.8，如图14-249所示。

图14-249 设置字幕属性

⑱ 关闭字幕编辑器，选择创建的字幕，并将其拖至【V2】视频轨道中使其开始处与【标题动画01】序列结束处对齐，如图14-250所示。

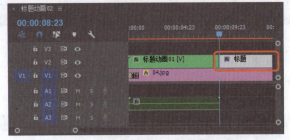

图14-250 添加字幕

» 提示

在设置【X位置】【Y位置】【宽度】【高度】时，必须先设置【宽度】和【高度】的值，然后再设置【X位置】和【Y位置】的值。

⑲ 在【效果】面板中搜索【高斯模糊】特效，并将其添加到【标题】字幕上，将当前时间设置为00:00:09:00，在【效果控件】面板中将【高斯模糊】区域下的【模糊度】设置为4787，并单击【切换动画】按钮，添加关键帧，如图14-251所示。

图14-251　设置关键帧

⑤ 将当前时间设置为00:00:10:00，将【模糊度】设置为0，如图14-252所示。

图14-252　设置参数

⑤ 切换到【效果】面板中搜索【镜头光晕】特效，将其添加到【标题】字幕上，并将当前时间设置为00:00:09:00，在【效果控件】面板中将【镜头光晕】区域下的【光晕中心】设置为-14、229.9，【光晕亮度】设置为0%，并在【光晕中心】和【光晕亮度】单击左侧的【切换动画】按钮，添加关键帧，如图14-253所示。

图14-253　添加【镜头光晕】特效

⑤ 将当前时间设置为00:00:09:16，在【效果控件】面板中将【镜头光晕】区域下的【光晕中心】设置为124.7、229.9，【光晕亮度】设置为165%，如图14-254所示。

图14-254　设置参数

⑤ 将当前时间设置为00:00:13:12，在【效果控件】面板中将【镜头光晕】区域下的【光晕中心】设置为922.3、229.9，【光晕亮度】设置为166%，如图14-255所示。

⑤ 将当前时间设置为00:00:14:05，在【效果控件】面板中将【镜头光晕】区域下的【光晕中心】设置为1069.7、229.9，【光晕亮度】设置为0%，如图14-256所示。

图14-255　设置参数

图14-256　设置参数

⑤ 在【项目】面板中，单击面板底部的【新建素材箱】按钮，新建【建筑过渡】文件夹，然后使用前面讲过的方法创建【建筑过渡动画】序列，如图14-257所示。

图14-257　新建序列

⑤ 在【项目】面板中选择【建筑过渡】文件夹，然后按Ctrl+T组合键，弹出【新建字幕】对话框，其他保持默认值，将【名称】设置为【过渡字幕01】，然后单击【确定】按钮，如图14-258所示。

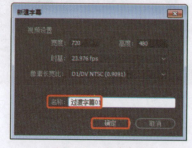

图14-258　新建字幕

⑤ 进入到字幕编辑器中，使用【文字工具】输入【我们成长的足迹】，选择输入的文字，将【字体系列】设置为【汉仪中黑简】，将【我们成长的】的【字体大小】设置为16，将【足迹】的【字体大小】设置为20，将【字偶间距】设置为10，在【填充】选项组中将【颜色】设置为白色，在【变换】选项组中将【X位置】和【Y位置】设置为179.7、104.9，将【宽度】和【高度】设置为221.1、20，如图14-259所示。

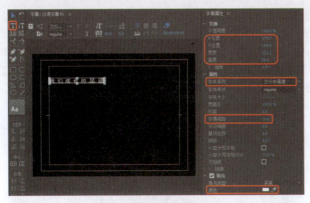

图14-259 设置字幕属性

58 使用【文字工具】T输入【在与你同行的途中，路遥而心近】，选择输入的文字，将【字体系列】设置为【汉仪中黑简】，将【在与你同行的途中，】【遥】【而】和【近】的【字体大小】设置为16，将【路】和【心】的【字体大小】设置为20，将【字偶间距】设置为10，在【填充】选项组中将【颜色】设置为白色，在【变换】选项组中将【X位置】和【Y位置】分别设置为311、138.5，将【宽度】和【高度】分别设置为386.8、20，如图14-260所示。

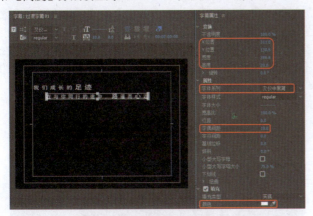

图14-260 新建字幕并设置字幕属性

59 在字幕编辑器中单击【基于当前字幕新建字幕】按钮，弹出【新建字幕】对话框，将【名称】设置为【过渡字幕02】，单击【确定】按钮，如图14-261所示。

图14-261 新建字幕

60 进入到字幕编辑器中，首先删除上一步设置的文本，然后使用【文字工具】T输入【我们收获的成绩】，选择输入的文字，将【字体系列】设置为【汉仪中黑简】，将【我们收获的】的【字体大小】设置为16，将【成绩】的【字体大小】设置为20，将【字偶间距】设置为10，将【填充】选项组中将【颜色】设置为白色，在【变换】选项组中将【X

位置】和【Y位置】分别设置为179.7、104.9，将【宽度】和【高度】分别设置为221.1、20，如图14-262所示。

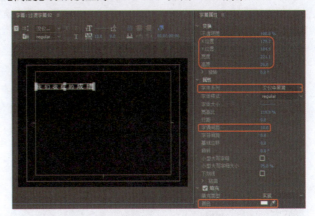

图14-262 设置字幕属性

61 使用【文字工具】T输入【是与你分享的喜悦，幸福而灿然】，选择输入的文字，将【字体系列】设置为【汉仪中黑简】，将【是与你分享的喜悦，】和【而】的【字体大小】设置为16，将【幸福】和【灿然】的【字体大小】设置为20，将【字偶间距】设置为10，将【填充】选项组中的【颜色】设置为白色，在【变换】选项组中将【X位置】和【Y位置】分别设置为311、138.5，将【宽度】和【高度】分别设置为386.8、20，如图14-263所示。

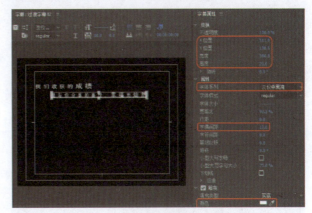

图14-263 设置字幕属性

62 在字幕编辑器中单击【基于当前字幕新建字幕】按钮，弹出【新建字幕】对话框，将【名称】设置为【过渡字幕03】，单击【确定】按钮，如图14-264所示。

图14-264 新建字幕

63 进入到字幕编辑器中，首先删除上一步设置的文本，然后使用【文字工具】T输入【我们展望未来】，选择输入的文字，将【字体系列】设置为【汉仪中黑简】，将【我们展望】的【字体大小】设置为16，将【未来】的【字体大小】设置为20，将【字偶间距】设置为10，在【填充】选项组中将【颜色】设置为白色，在【变换】选项组中将【X位置】和【Y位置】分别设置为197.3、260.8，将【宽度】和【高度】分别设置为191.2、20，如图14-265所示。

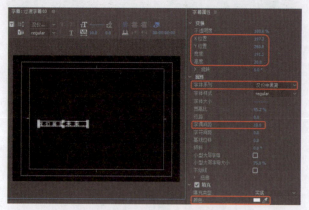

图14-265　设置字幕属性

⑥④ 使用【文字工具】 T 输入【是与你相连的希望，广阔而精彩】，选择输入的文字，将【字体系列】设置为【汉仪中黑简】，将【字体大小】设置为16，将【字偶间距】设置为10，在【填充】选项组中将【颜色】设置为白色，在【变换】选项组中将【X位置】和【Y位置】分别设置为346.9、298.6，将【宽度】和【高度】分别设置为377.5、16，如图14-266所示。

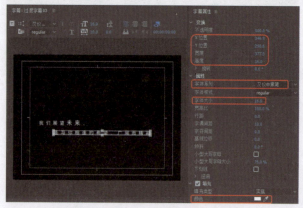

图14-266　设置字幕属性

⑥⑤ 在字幕编辑器中单击【基于当前字幕新建字幕】按钮 ，弹出【新建字幕】对话框，将【名称】设置为【过渡字幕04】，单击【确定】按钮，如图14-267所示。

图14-267　新建字幕

⑥⑥ 进入到字幕编辑器中，首先删除上一步设置的文本，然后使用【文字工具】 T 输入【宏兴房产，悉心感知】，选择输入的文字，将【字体系列】设置为【汉仪中黑简】，将【宏

兴】的【字体大小】设置为20，将【房产，】和【悉心感知】的【字体大小】设置为16，将【字偶间距】设置为10，在【填充】选项组中将【颜色】设置为白色，在【变换】选项组中将【X位置】和【Y位置】分别设置为220.2、81.7，将【宽度】和【高度】分别设置为248.7、20，如图14-268所示。

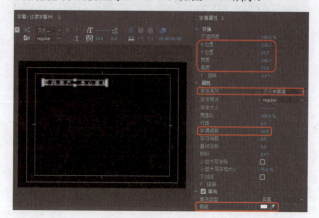

图14-268　设置字幕属性

⑥⑦ 使用【文字工具】 T 输入【只为营造一个品味之家】，选择输入的文字，将【字体系列】设置为【汉仪中黑简】，将【只为营造一个品味之】的【字体大小】设置为16，【家】的【字体大小】设置为20，将【字偶间距】设置为10，在【填充】选项组中将【颜色】设置为白色，在【变换】选项组中将【X位置】和【Y轴位置】分别设置为372.7、118.6，将【宽度】和【高度】分别设置为270.7、20，如图14-269所示。

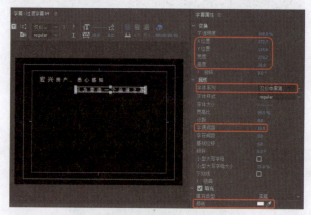

图14-269　设置字幕属性

⑥⑧ 激活【建筑过渡动画】序列，在【项目】面板中的【素材】文件夹中选择【06.jpg】素材文件，并将其拖至【V1】视频轨道中，如图14-270所示。

图14-270　新建添加素材到序列

⑥⑨ 选择上一步添加的素材文件，切换到【效果控件】面板中将【缩放】设置为30，如图14-271所示。

图14-271 设置【缩放】参数

⑦⓪ 切换到【效果】面板中，搜索【交叉溶解】特效，将其添加到【06.jpg】素材文件的前端，如图14-272所示。

图14-272 添加特效

⑦① 选择【07.jpg】素材文件，将其拖至【V1】视频轨道中使其开始处与【06.jpg】素材的结束处对齐，并在【效果控件】面板中将【缩放】设置为26，如图14-273所示。

图14-273 添加素材到序列

⑦② 在【效果】面板中搜索【交叉溶解】特效，添加到【06.jpg】和【07.jpg】素材文件之间，如图14-274所示。

图14-274 添加素材文件

⑦③ 选择【08.jpg】素材文件，将其拖至【V1】视频轨道中使其开始处与【07.jpg】素材的结束处对齐，并在【效果控件】面板中将【位置】设置为370、240，【缩放】设置为42，如图14-275所示。

图14-275 设置素材属性

⑦④ 在【效果】面板中选择【交叉溶解】特效，添加到【07.jpg】和【08.jpg】素材文件之间，如图14-276所示。

图14-276 添加特效

⑦⑤ 选择【09.jpg】素材文件，将其拖至【V1】视频轨道中使其开始处与【08.jpg】素材的结束处对齐，并在【效果控件】面板中将【位置】设置为307、240，将【缩放】设置为44，如图14-277所示。

图14-277 设置对象属性

⑦⑥ 在【效果】面板中选择【交叉溶解】特效，添加到【08.jpg】和【09.jpg】素材文件之间，如图14-278所示。

图14-278 添加特效

⑦⑦ 将当前时间设置为00:00:01:12，选择【过渡字幕01】字幕添加到【V2】视频轨道中使其开始处与时间线对齐，并设置【持续时间】为00:00:03:00，如图14-279所示。

图14-279 添加字幕

⑦⑧ 切换到【效果】面板中，搜索【高斯模糊】特效，并添加到【V2】视频轨道中字幕上，确认当前时间为00:00:01:12，在【效果控件】面板中将【高斯模糊】区域下的【模糊度】设置为30，并单击左侧的【切换动画】按钮 ，如图14-280所示。

⑦⑨ 将当前时间设置为00:00:02:07，在【效果控件】面板中将【高斯模糊】区域下的【模糊度】设置为0，如图14-281所示。

图14-280　设置参数

图14-281　设置参数

⑧ 将当前时间设置为00:00:03:17，在【效果控件】面板中将【高斯模糊】区域下的【模糊度】设置为0，如图14-282所示。

图14-282　设置参数

⑧ 将当前时间设置为00:00:04:12，在【效果控件】面板中将【高斯模糊】区域下的【模糊度】设置为30，如图14-283所示。

图14-283　设置参数

⑧ 将当前时间设置为00:00:06:12，选择【过渡字幕02】字幕添加到【V2】视频轨道中使其开始处与时间线对齐，并设置其【持续时间】为00:00:03:00，如图14-284所示。

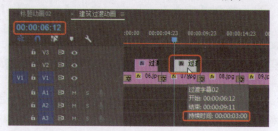

图14-284　添加字幕

⑧ 在【效果】面板中搜索【高斯模糊】特效添加到上一步字幕上，确认当前时间为00:00:06:12，在【效果控件】面板中将【高斯模糊】区域下的【模糊度】设置为30，并单击【模糊度】左侧的【切换动画】按钮，如图14-285所示。

图14-285　添加特效并设置参数

⑧ 将当前时间设置为00:00:07:07，在【效果控件】面板中将【高斯模糊】区域下的【模糊度】设置为0，如图14-286所示。

图14-286　设置参数

⑧ 将当前时间设置为00:00:08:17，在【效果控件】面板中将【高斯模糊】区域下的【模糊度】设置为0，如图14-287所示。

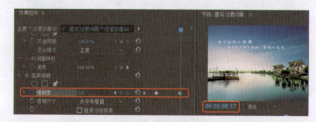

图14-287　设置参数

⑧ 将当前时间设置为00:00:09:12，在【效果控件】面板中将【高斯模糊】下的【模糊度】设置为30，如图14-288所示。

图14-288　设置参数

⑧ 将当前时间设置为00:00:11:12，选择【过渡字幕03】字幕添加到【V2】视频轨道中使其开始处与时间线对齐，并设置其【持续时间】为00:00:03:00，如图14-289所示。

⑧ 在【效果】面板中搜索【高斯模糊】特效添加到上一步字幕上，确认当前时间为00:00:11:12，在【效果控件】面板中将【高斯模糊】区域下的【模糊度】设置为30，并单击

【模糊度】左侧的【切换动画】按钮 ⊡，如图14-290所示。

图14-289 添加字幕

图14-290 添加特效并设置参数

⑧ 将当前时间设置为00:00:12:07，在【效果控件】面板中将【高斯模糊】区域下的【模糊度】设置为0，如图14-291所示。

图14-291 设置参数

⑨ 将当前时间设置为00:00:13:17，在【效果控件】面板中将【高斯模糊】区域下的【模糊度】设置为0，如图14-292所示。

图14-292 设置参数

⑨ 将当前时间设置为00:00:14:12，在【效果控件】面板中将【高斯模糊】区域下的【模糊度】设置为30，如图14-293所示。

图14-293 设置参数

⑨ 将当前时间设置为00:00:16:12，选择【过渡字幕04】字幕添加到【V2】视频轨道中使其开始处与时间线对齐，并设置其【持续时间】为00:00:03:00，如图14-294所示。

图14-294 添加字幕

⑨ 在【效果】面板中搜索【高斯模糊】特效添加到上一步字幕上，确认当前时间为00:00:16:12，在【效果控件】面板中将【高斯模糊】区域下的【模糊度】设置为30，并单击【模糊度】左侧的【切换动画】按钮 ⊡，如图14-295所示。

图14-295 添加特效并设置参数

⑨ 将当前时间设置为00:00:17:07，在【效果控件】面板中将【高斯模糊】区域下的【模糊度】设置为0，如图14-296所示。

图14-296 设置参数

⑨ 将当前时间设置为00:00:18:17，在【效果控件】面板中将【高斯模糊】区域下的【模糊度】设置为0，如图14-297所示。

图14-297 设置参数

⑨ 将当前时间设置为00:00:19:12，在【效果控件】面板中将【高斯模糊】区域下的【模糊度】设置为30，如图14-298所示。

⑨ 激活【项目】面板，单击【面板底部】的【新建素材箱】按钮 ▢，新建【三大优势】文件夹，如图14-299所示。

⑱ 在【项目】面板中选择【三大优势】文件夹，按Ctrl+T组合键，弹出【新建字幕】对话框，其他保持默认，将【名称】设置为【三大优势】，并单击【确定】按钮，如图14-300所示。

图14-298 设置参数

图14-299 新建文件夹　　图14-300【新建字幕】对话框

⑲ 使用【文字工具】T输入【宏兴地产】，将【字体系列】设置为【长城新艺体】，将【字体大小】设置为59，【字偶间距】设置为26，在【填充】选项组中将【颜色】的RGB值设置为192、0、0，在【变换】选项组中将【X位置】和【Y位置】设置为212、98.5，将【宽度】和【高度】设置为330.9、59，如图14-301所示。

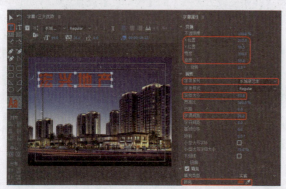

图14-301 设置字幕属性

⑳ 选择上一步输入的文字，进行复制，并修改文字内容为【三大优势】，【字偶间距】设置为26，在【变换】选项组中将【X位置】和【Y位置】设置为306、177，将【宽度】和【高度】设置为330.9、59，如图14-302所示。

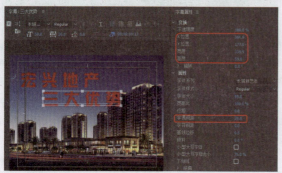

图14-302 新建字幕

⑳ 在字幕编辑器的上端单击【基于当前字幕新建字幕】按钮，弹出【新建字幕】对话框，将【名称】设置为【圆01】，并单击【确定】按钮，如图14-303所示。

图14-303 新建字幕

⑳ 进入到字幕编辑器中，将多余的文字删除，并使用【椭圆工具】绘制椭圆，在【填充】选项组中将【颜色】的RGB值设置为192、0、0，在【变换】选项组中将【宽度】和【高度】设置为140，将【X位置】和【Y位置】设置为328、241，如图14-304所示。

图14-304 绘制椭圆

🏷 提 示

使用【椭圆工具】时，按住Shift键可以绘制正圆，用户也可以在【变换】选项组中设置宽度和高度，使其成为正圆。

⑳ 使用【文字工具】T在文档中输入【3大优势】，将【字体系列】设置为【微软雅黑】，【字体大小】设置为32，在【填充】选项组中将【颜色】设置为白色，将【X位置】和【Y位置】设置为328、241，将【宽度】和【高度】设置为122.2、32，如图14-305所示。

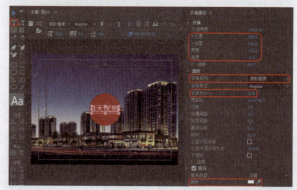

图14-305 输入文字

⑳ 继续单击【基于当前字幕新建字幕】按钮，将【名称】设置为【圆02】，进入到字幕编辑器中，将文字删

除，并将其正圆的【颜色】的RGB值设置为45，127，0，效果如图14-306所示。

图14-306 修改圆的颜色

105 继续单击【基于当前字幕新建字幕】按钮，将【名称】设置为【圆03】，进入到字幕编辑器中，并将其正圆的【颜色】的RGB值设置为0、145、158，效果如图14-307所示。

图14-307 修改圆的颜色

106 继续单击【基于当前字幕新建字幕】按钮，将【名称】设置为【圆04】，进入到字幕编辑器中，并将其正圆的【颜色】的RGB值设置为255、144、0，效果如图14-308所示。

图14-308 修改圆的颜色

107 继续单击【基于当前字幕新建字幕】按钮，将【名称】设置为【文字01】，进入到字幕编辑器中，将正圆删除，选择【文字工具】输入【便捷交通】，将【字体系列】设置为【微软雅黑】，将【字体样式】设置为【Bold】，将【字体大小】设置为30，在【填充】选项组中将【颜色】设置为白色，在【变换】选项组中将【X位置】和【Y位置】设置为456.5、110，【宽度】和【高度】设置为114.5、30，如图14-309所示。

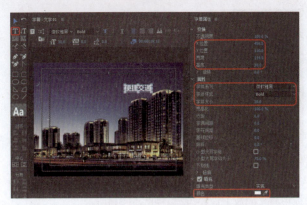

图14-309 设置文字属性

108 继续单击【基于当前字幕新建字幕】按钮，将【名称】设置为【文字02】，进入到字幕编辑器中，将文字修改为【邻近学府】，在【变换】选项组中将【X位置】和【Y位置】设置为184.8、119，将【宽度】和【高度】设置为114.5、30，如图14-310所示。

图14-310 设置文字属性

109 继续单击【基于当前字幕新建字幕】按钮，将【名称】设置为【文字03】，进入到字幕编辑器中，将文字内容修改为【优质生活】，在【变换】选项组中将【X位置】和【Y位置】设置为321.7、75，将【宽度】和【高度】设置为114.5、30，如图14-311所示。

图14-311 设置字幕的位置

110 新建名为【三大优势动画】的序列，并将其添加到【三大优势】文件夹中，如图14-312所示。

111 在【项目】面板中的【素材】文件夹中选择【10.jpg】素材拖至【三大优势动画】序列的【V1】视频轨道中，并将其【持续时间】设置为00:00:12:00，如图14-313所示。

图14-312　新建序列　　　　图14-313　添加素材到序列

⑫ 选择上一步添加的素材文件，切换到【效果控件】面板中将【缩放】设置为20，如图14-314所示。

图14-314　设置【缩放】参数

⑬ 选择【三大优势】字幕将其添加到【V2】视频轨道中，并将其【持续时间】设置为00:00:03:00，如图14-315所示。

图14-315　添加字幕到序列

⑭ 切换到【效果】面板中，搜索【球面化】特效，并将其添加到【三大优势】字幕上，将当前时间设置为00:00:00:00，在【效果控件】面板中，将【球面化】选项组中【半径】设置为231，【球面中心】设置为-293、240，并单击【球面化】左侧的【切换动画】按钮 ⚪ ，如图14-316所示。

图14-316　添加特效并设置参数

⑮ 将当前时间设置为00:00:03:00，在【效果控件】面板中，将【球面化】选项组中【半径】设置为231，【球面中心】设置为907、240，如图14-317所示。

图14-317　设置参数

提　示

【球面化】：利用该特效可以将对象转变为类似球状的形状，可以赋予物体和文字三维效果。常利用该特效制作放大镜效果。

⑯ 将当前时间设置为00:00:05:10，选择【圆04】字幕将其拖至【V2】视频轨道中使其开始处与时间线对齐，将其结束处与【V1】视频轨道中素材文件的结束处对齐，如图14-318所示。

图14-318　添加字幕到序列

⑰ 确认当前时间为00:00:05:10，切换到【效果控件】面板中单击【位置】左侧的【切换动画】按钮 ⚪ ，添加关键帧，如图14-319所示。

图14-319　添加关键帧

⑱ 将当前时间设置为00:00:06:10，将【位置】设置为504.3、109.7，如图14-320所示。

图14-320　设置参数

⑲ 确认当前时间为00:00:06:10，将【文字01】字幕添加到【V3】视频轨道中使其开始处与时间线对齐，将其结束处与【V1】视频轨道中的素材文件结束处对齐，如图14-321所示。

图14-321　添加字幕到序列

⑳ 确认当前时间为00:00:06:10，在【效果控件】中将【不透明度】设置为0%，并单击【切换动画】按钮 ⚪ ，如图14-322所示。

图14-322　设置参数

121 将当前时间设置为00:00:07:00，将【不透明度】设置为100%，如图14-323所示。

图14-323　设置参数

122 将当前时间设置为00:00:07:00，将【圆02】字幕添加到【V4】视频轨道中使其开始处与时间线对齐，结束处与【V1】视频轨道中的素材文件结束处对齐，如图14-324所示。

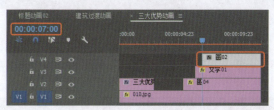

图14-324　添加字幕到序列

123 确认当前时间为00:00:07:00，在【效果控件】面板中单击【位置】左侧的【切换动画】按钮，添加关键帧，如图14-325所示。

图14-325　添加关键帧

124 将当前时间设置为00:00:08:00，将【位置】设置为203.2、118.9，如图14-326所示。

图14-326　设置参数

125 确认当前时间为00:00:08:00，将【文字02】字幕添加到【V5】视频轨道中使其开始处与时间线对齐，将其结束处与【V1】视频轨道中素材文件结束处对齐，如图14-327所示。

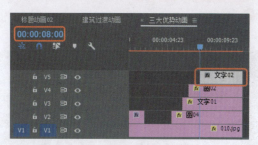

图14-327　添加字幕到序列

126 将当前时间设置为00:00:08:00，选择上一步添加的字幕，在【效果控件】面板中将【不透明度】设置为0%，如图14-328所示。

图14-328　设置参数

127 将当前时间设置为00:00:08:14，将【不透明度】设置为100%，如图14-329所示。

图14-329　设置参数

128 确认当前时间为00:00:08:14，将【圆03】字幕添加到【V6】视频轨道中使其开始处与时间线对齐，将其结束处与【V1】视频轨道中素材文件结束处对齐，如图14-330所示。

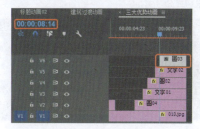

图14-330　添加字幕到序列

129 确认当前时间为00:00:08:14，切换到【效果控件】面板中单击【位置】左侧的【切换动画】按钮，添加关键帧，如图14-331所示。

图14-331　添加关键帧

130 将当前时间设置为00:00:09:14，将【位置】设置为353.7、75.4，如图14-332所示。

图14-332　设置参数

131 确认当前时间为00:00:09:14，将【文字03】字幕添加到【V7】视频轨道中，使其开始处与时间线对齐，将其结束处与【V1】视频轨道中素材文件结束处对齐，如图14-333所示。

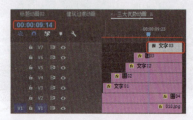

图14-333　添加字幕到序列

132 确认当前时间为00:00:09:14，切换到【效果控件】面板中，将【不透明度】设置为0%，如图14-334所示。

图14-334　设置参数

133 将当前时间设置为00:00:10:04，设置【不透明度】为100%，如图14-335所示。

图14-335　设置参数

134 确认当前时间为00:00:03:00，将【圆01】字幕添加到【V8】视频轨道中使其开始处与时间线对齐，将其结束处与【V1】视频轨道中素材文件结束处对齐，如图14-336所示。

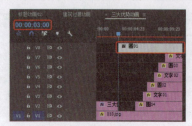

图14-336　添加字幕到序列

135 将当前时间设置为00:00:03:00，选择添加的字幕，切换到【效果控件】面板中，将【不透明度】设置为0%，如图14-337所示。

图14-337　设置参数

136 将当前时间设置为00:00:04:00，将【不透明度】设置为100%，如图14-338所示。

图14-338　设置参数

137 确认当前时间为00:00:04:00，在【效果控件】面板中单击【旋转】左侧的【切换动画】按钮，添加关键帧，如图14-339所示。

图14-339　添加关键帧

138 将当前时间设置为00:00:11:23，设置【旋转】为3×0.0°，如图14-340所示。

图14-340　设置参数

139 在【项目】面板中单击【新建素材箱】按钮，新建【飞机动画】文件，并在该文件夹下创建【飞机动画】序列，如图14-341所示。

140 激活【飞机动画】序列，在【项目】面板的【素材】文件下，选择【飞机.png】拖至【V1】视频轨道中，并将其【持续时间】设置为00:00:20:00，如图14-342所示。

图14-341　新建序列

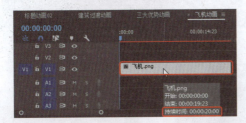

图14-342　添加素材到时间轴

141 选择上一步添加的素材文件，切换到【效果控件】面板中，将【缩放】设置为41，将当前时间设置为00:00:00:00，然后单击【位置】左侧的【切换动画】按钮 ，添加关键帧，并将【位置】设置为133、153.1，如图14-343所示。

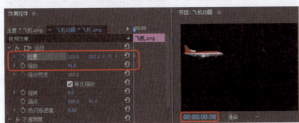

图14-343　添加关键帧

142 将当前时间设置为00:00:20:00，将【位置】设置为586、153.1，如图14-344所示。

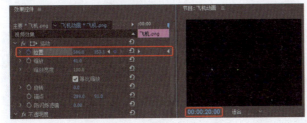

图14-344　设置参数

143 在【项目】面板中选择【飞机动画】文件夹，然后按Ctrl+T组合键，弹出【新建字幕】对话框，将【名称】设置为【飞机动画字幕】，其他保持默认值，并单击【确定】按钮，如图14-345所示。

图14-345　新建字幕

144 进入到字幕编辑器中，选择【矩形工具】 绘制矩形，在【填充】选项组中将【颜色】的RGB值设置为169、1、180，在【变换】选项组中将【宽度】设置为66，将【高度】设置为44，将【X位置】和【Y位置】设置为61.1、91.8，如图14-346所示。

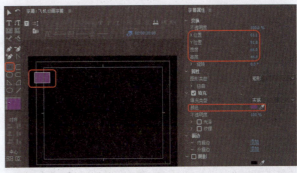

图14-346　绘制矩形

145 继续使用【矩形工具】 绘制矩形，在【填充】选项组中将【颜色】的RGB值设置为169、1、180，在【变换】选项组中将【宽度】和【高度】设置为5.7、81.8，将【X位置】和【Y位置】设置为90、115.5，如图14-347所示。

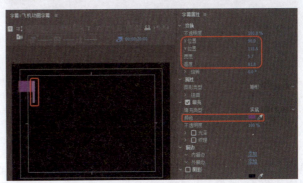

图14-347　绘制矩形

146 使用【文字工具】 输入【宏兴】文字，将【字体系列】设置为【微软雅黑】，将【字体大小】设置为25，在【填充】选项组中将【颜色】设置为白色，在【变换】选项组中将【X位置】和【Y位置】设置为58.4、93.4，如图14-348所示。

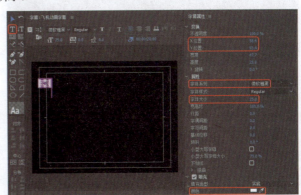

图14-348　设置参数

147 关闭字幕编辑器，选择上一步创建好的【飞机动画字幕】，并将其添加到【V2】视频轨道中使其与【飞机.png】素材文件对齐，如图14-349所示。

图14-349 添加字幕到序列

148 选择添加的字幕,切换到【效果控件】面板中,确定当前时间为00:00:00:00,单击【位置】左侧的【切换动画】按钮,添加关键帧,如图14-350所示。

图14-350 添加关键帧

149 将当前时间设置为00:00:20:00,将【位置】设置为806、240,如图14-351所示。

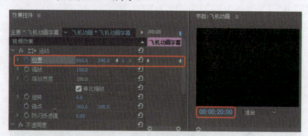

图14-351 设置参数

150 切换到【效果】面板中搜索【颜色平衡(HLS)】特效,并将其添加到【飞机动画字幕】上,将当前时间设置为00:00:00:00,在【效果控件】面板中单击【颜色平衡(HLS)】选项组下的【色相】左侧的【切换动画】按钮,添加关键帧,如图14-352所示。

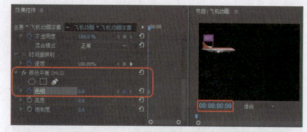

图14-352 添加关键帧

💡 提 示

【颜色平衡(HLS)】:利用该特效可以调整对象的色相、亮度、饱和度进行调整。

151 将当前时间设置为00:00:19:23,将【色相】设置为11×307°,如图14-353所示。

152 激活【项目】面板,新建【优质生活】文件夹,然后新建【优质生活动画】序列,并将其拖至【优质生活】文件夹中,如图14-354所示。

153 在【项目】面板中选中【优质生活】文件夹,然后按Ctrl+T组合键,弹出【新建字幕】对话框,将【名称】设置为【字幕01】,其他保持默认,然后单击【确定】按钮,如图14-355所示。

图14-353 设置参数

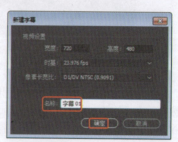

图14-354 新建序列　　图14-355【新建字幕】对话框

154 进入到字幕编辑器中,选择【文字工具】 输入【海陆空四通八达】,将【字体系列】设置为【微软雅黑】,【字体大小】设置为18,【字偶间距】设置为10,在【填充】选项组中将【颜色】设置为白色,在【变换】选项组中将【宽度】和【高度】设置为174.8、18,【X位置】和【Y位置】设置为94、289,然后单击【显示背景视频】按钮,将背景显示取消,然后单击【滚动/游动选项】按钮,在弹出的【滚动/游动选项】对话框中选择【向左游动】单选按钮,勾选【开始于屏幕外】复选框,单击【确定】按钮,如图14-356所示。

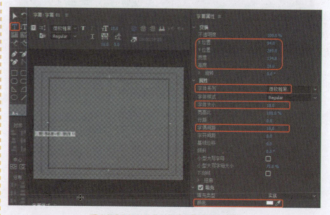

图14-356 添加文本并进行设置

155 单击【基于当前字幕新建字幕】按钮,在弹出的对话框中将【名称】设置为【字幕02】,其他保持不变,然后单击【确定】按钮,进入到字幕编辑器中,将文本修改为【位置优越,出行便捷】,然后将【变换】选项组中的【宽度】设置为227.3,如图14-357所示。

图14-357 修改字幕

156 单击【基于当前字幕新建字幕】按钮，在弹出的对话框中将【名称】设置为【字幕03】，其他保持不变，然后单击【确定】按钮，进入到字幕编辑器中，将文本修改为【学府校区，孩子上学更方便】，然后将【变换】选项组中的【X位置】设置为155，【宽度】设置为306.1，如图14-358所示。

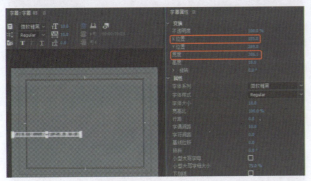

图14-358 修改字幕

157 单击【基于当前字幕新建字幕】按钮，在弹出的对话框中将【名称】设置为【字幕04】，其他保持不变，然后单击【确定】按钮，进入到字幕编辑器中，将文本修改为【体育广场，身体的保障】，然后将【变换】选项组中的【X位置】设置为129.7，【宽度】设置为253.6，如图14-359所示。

图14-359 修改字幕

158 单击【基于当前字幕新建字幕】按钮，在弹出的对话框中将【名称】设置为【字幕05】，其他保持不变，然后单击【确定】按钮，进入到字幕编辑器中，将文本修改为【豪华装饰，享受帝王级待遇】，然后将【变换】选项组中的【X位置】设置为156，【宽度】设置为306.1，如图14-360所示。

图14-360 修改字幕

159 单击【基于当前字幕新建字幕】按钮，在弹出的对话框中将【名称】设置为【字幕06】，其他保持不变，然后单击【确定】按钮，进入到字幕编辑器中，将文本修改为【临近自然，享受贵族级生活】，然后将【变换】选项组中的【X位置】设置为156，【宽度】设置为306.1，如图14-361所示。

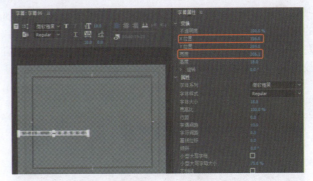

图14-361 修改字幕

160 在【项目】面板中的【素材】文件夹中选择【011.jpg】素材文件，并将其拖至【优质生活动画】序列中的【V1】视频轨道中，如图14-362所示。

图14-362 添加素材到序列

161 将当前时间设置为00:00:00:00，选择添加的素材文件，切换到【效果控件】面板中，单击【缩放】左侧的【切换动画】按钮，设置关键帧，并将【缩放】设置为600，将【不透明度】设置为22%，如图14-363所示。

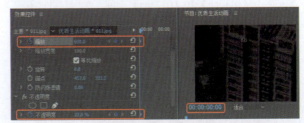

图14-363 设置关键帧

162 将当前时间设置为00:00:04:12，设置【缩放】为93，【不透明度】设置为100%，如图14-364所示。

图14-364　设置参数

163 选择【012.jpg】素材文件并将其拖至【V1】视频轨道中的【011.jpg】文件结束处，如图14-365所示。

图14-365　添加素材到序列

164 将当前时间设置为00:00:05:13，选择上一步添加的素材文件，切换到【效果控件】面板中，单击【缩放】左侧的【切换动画】按钮，添加关键帧，并设置【缩放】为71，如图14-366所示。

图14-366　设置参数并添加关键帧

165 将当前时间设置为00:00:09:23，设置【缩放】为83，如图14-367所示。

图14-367　设置参数

166 切换至【效果】面板中，搜索【交叉溶解】特效，并将其拖至【011.jpg】和【012.jpg】之间，如图14-368所示。

图14-368　添加特效

167 继续选择【013.jpg】素材文件拖至【V1】视频轨道【012.jpg】的后面，如图14-369所示。

图14-369　添加素材到序列

168 将当前时间设置为00:00:10:13，选择上一步添加的素材文件，切换到【效果控件】面板中，单击【缩放】左侧的【切换动画】按钮，添加关键帧，并设置【缩放】为67，如图14-370所示。

图14-370　设置参数并添加关键帧

169 将当前时间设置为00:00:14:12，设置【缩放】为75，如图14-371所示。

图14-371　设置参数

170 切换至【效果】面板中，搜索【交叉溶解】特效，并将其拖至【012.jpg】和【013.jpg】之间，如图14-372所示。

图14-372　添加特效

171 继续选择【014.jpg】素材文件拖至【V1】视频轨道【013.jpg】后，如图14-373所示。

图14-373　添加素材到序列

172 将当前时间设置为00:00:15:13，选择上一步添加的素材文件，切换到【效果控件】面板中，单击【缩放】左侧的【切换动画】按钮，添加关键帧，并设置【缩放】为27，如图14-374所示。

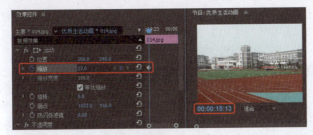

图14-374　设置参数并添加关键帧

173　将当前时间设置为00:00:19:12，设置【缩放】为35，如图14-375所示。

图14-375　设置参数

174　切换至【效果】面板中，搜索【交叉溶解】特效，并将其拖至【013.jpg】和【014.jpg】之间，如图14-376所示。

图14-376　添加特效

175　继续选择【015.jpg】素材文件拖至【V1】视频轨道【014.jpg】的后面，如图14-377所示。

图14-377　添加素材到序列

176　将当前时间设置为00:00:20:13，选择上一步添加的素材文件，切换到【效果控件】面板中，单击【缩放】左侧的【切换动画】按钮，添加关键帧，并设置【缩放】为85，如图14-378所示。

图14-378　设置参数并添加关键帧

177　将当前时间设置为00:00:24:12，设置【缩放】为100，如图14-379所示。

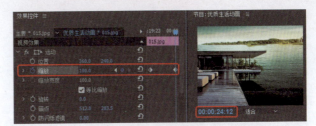

图14-379　设置参数

178　切换至【效果】面板中，搜索【交叉溶解】特效，并将其拖至【014.jpg】和【015.jpg】之间，如图14-380所示。

图14-380　添加特效

179　继续选择【016.jpg】素材文件拖至【V1】视频轨道【015.jpg】后，如图14-381所示。

图14-381　添加素材到序列

180　将当前时间设置为00:00:25:13，选择上一步添加的素材文件，切换到【效果控件】面板中，单击【缩放】左侧的【切换动画】按钮，添加关键帧，并设置【缩放】为26，如图14-382所示。

图14-382　添加关键帧

181　将当前时间设置为00:00:29:23，设置【缩放】为36，如图14-383所示。

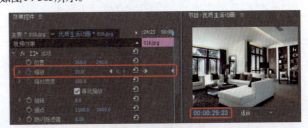

图14-383　设置参数

182　将当前时间设置为00:00:01:00，选择【字幕01】将其拖至【V2】视频轨道中，使其开始处与时间线对齐，并设置其【持续时间】为00:00:04:00，如图14-384所示。

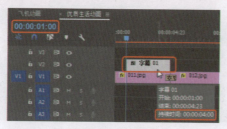

图14-384　添加字幕

183 将当前时间设置为00:00:05:13，选择【字幕02】将其拖至【V2】视频轨道中，使其开始处与时间线对齐，并设置其【持续时间】为00:00:04:11，如图14-385所示。

图14-385　添加字幕

184 使用同样的方法，分别在00:00:10:13、00:00:15:13、00:00:20:13、00:00:25:13位置添加【字幕03】-【字幕06】，并设置它们的【持续时间】为00:00:04:11，如图14-386所示。

图14-386　添加其他字幕

185 在【项目】面板中选择【飞机动画】序列，并将其添加到【V3】视频轨道中，使其开始处于00:00:00:00位置，如图14-387所示。

图14-387　添加序列

186 激活【项目】面板，新建【最终动画】序列，如图14-388所示。

图14-388　新建序列

187 在【项目】面板中选择【标题动画02】拖至【最终动画】序列的【V1】视频轨道中，使其开始处于00:00:00:00位置，如图14-389所示。

图14-389　添加序列

188 使用同样的方法，依次将【建筑过渡动画】【三大优势动画】和【优质生活动画】序列拖至【V1】视频轨道中，如图14-390所示。

图14-390　添加序列

189 激活【项目】面板，选择【素材】文件夹中的【音频01.mp3】音频文件添加到【A2】音频轨道中，如图14-391所示。

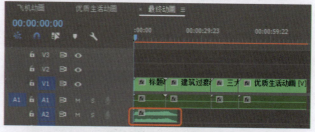

图14-391　添加音频

190 将当前时间设置为00:00:14:05，选择【剃刀工具】沿着时间线进行切割，并将时间线后面的音频删除，如图14-392所示。

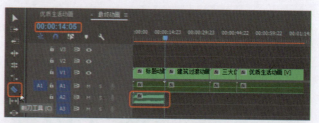

图14-392　修改多余的音频

191 将当前时间设置为00:00:11:10，选择添加的音频素材，切换到【效果控件】面板中，单击【级别】后面的【添加/移除关键帧】按钮，添加关键帧，如图14-393所示。

192 将当前时间设置为00:00:14:04，设置【级别】为-42dB，完成后的效果如图14-394所示。

图14-393 添加关键帧

图14-394 添加关键帧

193 在【素材】文件夹中选择【音频02.mp3】素材文件，并将其拖至【A2】音频轨道【音频01.mp3】的后面，并设置其【持续时间】为00:01:02:01，如图14-395所示。

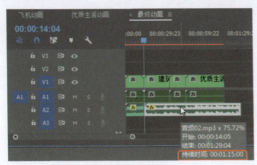

图14-395 添加音频

194 激活【最终动画】序列，按Ctrl+M组合键，弹出【导出设置】对话框，在【导出设置】选项组中选择【格式】后面的下三角按钮，在弹出的下拉列表中选择一种输出格式，在这里选择【AVI】，如图14-396所示。

图14-396 选择AVI格式

195 单击【输出名称】后面的名称按钮，弹出【另存为】对话框，将【文件名】设置为【房地产宣传动画】，并单击【保存】按钮，如图14-397所示。

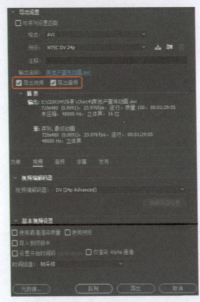

图14-397 勾选【导出视频】和【导出音频】复选框

196 返回【导出设置】对话框，勾选【导出视频】和【导出音频】复选框，然后单击【导出】按钮，如图14-398所示。

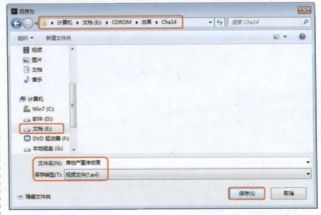

图14-398 设置保存路径

197 系统会显示导出的进度条，显示导出的剩余时间及进度，如图14-399所示。

图14-399 显示导出进度